U0259757

国家出版基金项目
NATIONAL PUBLICATION FOUNDATION

现代农业高新技术成果丛书

间套作体系豆科作物固氮生态学原理与应用

The Ecological Principles and Applications of Biological N_2 Fixation in Legumes–based Intercropping Systems

李 隆 等编著

中国农业大学出版社
·北京·

内 容 简 介

间作套种是我国传统农业的精髓，合理的间套作具有充分利用资源和抵御病虫害的特点，因此在高产高效现代农业以及低投入有机农业中仍然起一定作用。本书以豆科和非豆科间作体系中豆科作物共生固氮为主线，从豆科作物在种植体系中的作用，共生固氮的测定方法，间作套种作物生产力与氮素利用，作物种间相互作用促进生物固氮机制进行较为系统的阐述，并对豆科间作体系在农业生产中实际应用进行总结。本书可供从事农业生态、耕作栽培、土壤与植物营养相关专业研究工作者和技术人员参考。

图书在版编目（CIP）数据

间套作体系豆科作物固氮生态学原理与应用/李隆等编著 . 一北京：中国农业大学出版社，2013.5

ISBN 978-7-5655-0698-7

Ⅰ.①间…　Ⅱ.①李…　Ⅲ.①豆类作物-套作-研究 ②豆科共生固氮-研究　Ⅳ.①S52 ②Q945.13

中国版本图书馆 CIP 数据核字（2012）第 097495 号

书 名	间套作体系豆科作物固氮生态学原理与应用
作 者	李 隆 等编著

策划编辑	孙 勇	**责任编辑**	洪重光
封面设计	郑 川	**责任校对**	陈 莹　王晓凤
出版发行	中国农业大学出版社		
社 址	北京市海淀区圆明园西路2号	**邮政编码**	100193
电 话	发行部 010-62818525，8625	**读者服务部**	010-26732336
	编辑部 010-62732627，2618	**出 版 部**	010-62733440
网 址	http：//www. cau. edu. cn/caup	**e-mail**	cbsszs@cau. edu. cn
经 销	新华书店		
印 刷	涿州市星河印刷有限公司		
版 次	2013 年 5 月第 1 版　2013 年 5 月第 1 次印刷		
规 格	787×1 092　16 开　24.25 印张　606 千字　彩插 4		
定 价	108.00 元		

图书如有质量问题本社发行部负责调换

出版说明

　　瞄准世界农业科技前沿，围绕我国农业发展需求，努力突破关键核心技术，提升我国农业科研实力，加快现代农业发展，是胡锦涛总书记在 2009 年五四青年节视察中国农业大学时向广大农业科技工作者提出的要求。党和国家一贯高度重视农业领域科技创新和基础理论研究，特别是 863 计划和 973 计划实施以来，农业科技投入大幅增长。国家科技支撑计划、863 计划和 973 计划等主体科技计划向农业领域倾斜，极大地促进了农业科技创新发展和现代农业科技进步。

　　中国农业大学出版社以 973 计划、863 计划和科技支撑计划中农业领域重大研究项目成果为主体，以服务我国农业产业提升的重大需求为目标，在"国家重大出版工程"项目基础上，筛选确定了农业生物技术、良种培育、丰产栽培、疫病防治、防灾减灾、农业资源利用和农业信息化等领域 50 个重大科技创新成果，作为"现代农业高新技术成果丛书"项目申报了 2009 年度国家出版基金项目，经国家出版基金管理委员会审批立项。

　　国家出版基金是我国继自然科学基金、哲学社会科学基金之后设立的第三大基金项目。国家出版基金由国家设立、国家主导，资助体现国家意志、传承中华文明、促进文化繁荣、提高文化软实力的国家级重大项目；受助项目应能够发挥示范引导作用，为国家、为当代、为子孙后代创造先进文化；受助项目应能够成为站在时代前沿、弘扬民族文化、体现国家水准、传之久远的国家级精品力作。

　　为确保"现代农业高新技术成果丛书"编写出版质量，在教育部、农业部和中国农业大学的指导和支持下，成立了以石元春院士为主任的编审指导委员会；出版社成立了以社长为组长的项目协调组并专门设立了项目运行管理办公室。

　　"现代农业高新技术成果丛书"始于"十一五"，跨入"十二五"，是中国农业大学出版社"十二五"开局的献礼之作，她的立项和出版标志着我社学术出版进入了一个新的高度，各项工作迈上了新的台阶。出版社将以此为新的起点，为我国现代农业的发展，为出版文化事业的繁荣做出新的更大贡献。

中国农业大学出版社

2010 年 12 月

前　　言

　　人口的增长和耕地面积的下降迫切需要增加单位面积的粮食产量,高投入的集约化农业被认为是增加单位面积产量的重要措施之一。然而,化学氮肥的合成需要消耗大量的化石能,会导致温室气体增多,而且伴随着大量化学氮肥的过量施用,土壤中累积的氮素和向环境中释放的活性氮也日益增加,由此带来的环境负效应与日俱增,迫使人们把目光重新投向绿色环保的生物固氮。

　　众所周知,生物固氮在农业可持续发展中扮演重要的角色。生物固氮能力最强的是豆科植物-根瘤菌共生体系,所固定的氮素占生物固氮总量的65%以上。发达国家一直致力于大力发展生物固氮以控制和减少化肥用量。我国由于粮食安全的压力,豆科作物的种植面积不但没有增加,相反还呈下降的趋势。同时,大量化学氮肥施用不仅导致诸多的环境负效应,还进一步抑制了豆科作物生物固氮效应的发挥。因此,在高生产力前提下如何发挥植物共生固氮的生物学潜力,降低化学氮肥带来的环境风险,是我国农业可持续发展迫切需要解决的关键问题之一。

　　间作套种是我国传统农业中的精髓之一,不仅能够高效利用土地和增加单位面积粮食产量,而且能够提高光、热、水分和养分等资源的利用效率,达到减少化肥用量的目的。合理的作物搭配还能够控制病虫害从而减少化学农药的施用。禾本科/豆科间套作体系,不仅具有一般间套作体系增加产量、资源高效利用和控制病虫害的特点,更重要的是还能够充分发挥其中豆科作物的生物固氮潜力,减少化学氮肥用量,是可持续农业发展的一个重要方向。间作套种是一个复杂的生态系统,其生物固氮与单作豆科作物的不同在于其受间作作物物种相互作用的影响更大。因此,以植物种间相互作用作为切入点,对间套作体系生物固氮的生态学原理进行系统研究,阐明间套作生物固氮的影响机制,对于非豆科/豆科间套作体系的健康发展,乃至生

1

态集约化农业的发展具有重要意义。

最早开展间套作研究工作是在 1987 年,作者参与甘肃省科技攻关项目"甘肃省灌区粮食作物模式化栽培研究与应用",在甘肃省农业科学院李守谦和邱进怀等老师的指导下,在位于河西走廊的武威市白云村进行为期 3 年多的田间试验研究和示范工作,主要负责河西走廊灌区小麦/玉米间套作高产栽培模式研究。在这些研究中,逐步认识到间套作中的植物营养问题。1991—1995 年,作为主要参加人参加甘肃省科技攻关项目"河西高产带田作物营养特点及科学施肥技术研究",在甘肃省农业科学院金绍龄老师的指导下,在位于河西走廊的张掖市新墩乡与张掖农业科学研究所的同事一起进行了 4 年的田间试验研究工作,对小麦/玉米间套作地上部养分累积利用的特点进行了系统研究,并提出了相应的科学施肥技术,在间套作作物种间营养竞争利用方面也获得了一些认识,认识到种间地下部根系相互作用的重要性及其在养分资源高效利用中的作用。1996 年有幸获得国家自然科学基金的资助,开始了地下部种间相互作用对养分吸收利用的研究。特别是 1996 年进入中国农业大学在职攻读博士学位,在张福锁和李晓林两位导师指导下,开始了间套作种间相互作用与养分资源高效利用机制的研究,将研究从生产应用深入到应用基础研究,由地上部的作物配置、产量优化和养分吸收积累特点研究进入到地下部过程的研究。先后参与和主持的 3 项国家重点基础研究发展计划(973 计划)课题、1 项国家自然科学基金重大项目、5 项国家自然科学基金面上项目、4 项国家科技支撑计划课题和 2 项农业部行业专项项目、3 项教育部学科点博士点基金项目,均为间套作研究相关内容。研究内容涉及间套作作物种间相互作用与养分资源高效利用、根系分布和土壤地力变化等方面。禾本科/豆科间作生物固氮相关研究方向上已毕业 7 名博士研究生,他们的博士论文研究涉及生物固氮测定方法、植物种间相互作用对土壤氮素影响、植物种间相互作用对结瘤过程的影响以及豆科/非豆科间作和根瘤菌接种等诸多方面。尽管部分结果在国内外期刊上已发表,但大量研究结果并未系统整理。本书的目的就是系统总结这些研究结果,期望对同行的研究工作具有参考作用。

各章节分工如下:

第 1 章:1.1~1.4 节,李隆;1.5 节,王谦

第 2 章:余常兵、李隆

第 3 章:3.1 节,李隆;3.2 节,李隆、李玉英;3.3 节,范分良、李隆;3.4 节,李玉英、李隆;3.5节,李玉英

第 4 章:4.1 节,李玉英、李春杰;4.2 节,李玉英、李隆;4.3 节,范分良;4.4 节,房增国

第 5 章:5.1~5.2 节,李白、李隆;5.3 节,王瑾、李隆

第 6 章:6.1 节,梅沛沛;6.2 节,房增国;6.3~6.4 节,梅沛沛、李隆

第 7 章:7.1~7.5 节,孙建好;7.6~7.11 节,包兴国

鉴于作者的能力和水平有限,研究工作还有许多不足之处,敬请各位专家、同行批评指正。由于编著时间仓促,书中难免有错误和遗漏之处,肯请读者提出宝贵批评意见。

在本书即将出版之际,我非常感谢不同时期不同单位、导师和老前辈的悉心指导和支持,没有他们的支持和帮助,我也难以将间套作研究作为我终身的事业。也非常感谢合作研究者多年长期良好的合作,愉快的合作使我对这一事业充满信心和享受。博士和硕士研究生是研究工作的实际执行者,在试验基地遥远、生活条件艰苦的条件下,开展了大量的田间试验研究工作,做出了非常好的成绩,在此一并感谢。

在本书即将出版之际,我也要感谢国家重点基础研究发展计划(973 计划)的资助(项目编号:G1999011707,2006CB100206,2011CB100405),国家自然科学基金的资助(项目编号:39670435,30070450,30670381,30870406,30890133,31270477),国家科技支撑计划的资助(项目编号:2006BAD25B02,2007BAD89B02,2009BADA4B03,2012BAD14B04),农业部行业专项的资助(项目号:2008030030,201003043),以及教育部博士点基金项目的资助。对本书的出版特别要感谢国家出版基金的资助。

李　隆

2013 年 3 月

目　　录

第1章

豆科作物在多样性种植中的地位

1.1 全球主要豆科作物种植面积变化趋势和现状

1.1.1 全球主要豆科作物种植面积变化趋势

总的来说,自从1990年以来的20年间,全球豆科作物的收获面积逐年增加,由1990年的1.47亿 hm^2 增加到2010年的2.12亿 hm^2,增加了44.02%,年平均增长率为2.20%(图1.1)。

总收获面积增加主要是由于大豆收获面积的持续增加,由1990年的0.57亿 hm^2 增加到了2010年的1.02亿 hm^2,增长了78.95%,年平均增长率为3.95%(图1.1)。此外,豇豆的收获面积也呈增加的趋势,虽然年度间变异较大,但总趋势是上升的,由1990年的566万 hm^2 增加到了2010年的1 100万 hm^2,增长了94.34%(图1.2)。花生的收获面积由1990年的约2 000万 hm^2 增加到了2010年的2 400万 hm^2,也呈增加的趋势(图1.1)。菜豆的收获面积基本稳定在每年2 400万~2 900万 hm^2 的水平(图1.1)。

其他的豆科作物,如鹰嘴豆、木豆、扁豆、蚕豆、豌豆、豆科蔬菜等基本维持在一定的水平,并没有随年份的改变而显著增减,只有干豌豆的收获面积有所下降(图1.2,彩图1)。

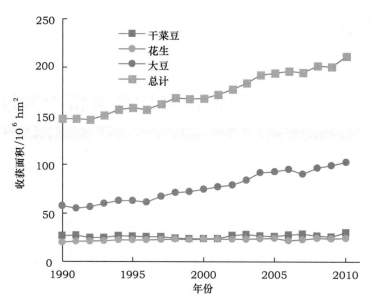

图 1.1　全球 1990—2010 年间豆科作物总收获面积，
干菜豆、花生和大豆收获面积变化趋势

来源：FAOSTAT 2012。

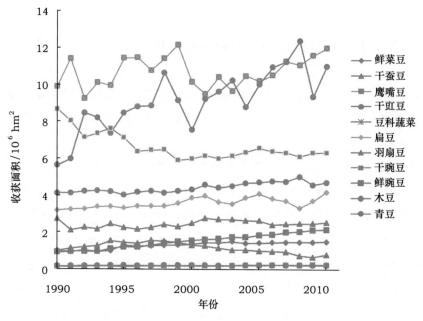

图 1.2　全球 1990—2010 年间各种豆科作物总收获面积变化趋势

来源：FAOSTAT 2012。

1.1.2　全球豆科作物种植现状

全球豆科作物中大豆和花生的种植面积最大,据联合国粮农组织统计(FAOSTAT),
2010 年豆科作物收获面积达 2.12 亿 hm²。其中大豆收获面积为 1.03 亿 hm²,干菜豆收
获面积为 3 000 万 hm²,花生收获面积为 2 400 万 hm²,鹰嘴豆和干豇豆等作物的收获面
积也在 1 000 万 hm² 以上。收获面积在 500 万 hm² 以上的豆科作物有干豌豆等。

豆科作物在美洲分布面积最大,达到 0.93 亿 hm²,其次为亚洲,约 0.72 亿 hm²,第三为非
洲约为 0.38 亿 hm²,欧洲和大洋洲分别居第四和第五。

大豆种植主要在美洲和亚洲,收获面积分别为 7 866 万 hm² 和 2 005 万 hm²;分别占全球
总面积的 76.7% 和 19.6%,两洲合计约占全球总面积的 96.3%(表 1.1)。而花生主要分布在
非洲和亚洲,收获面积均为 1 148 万 hm² 左右,二者合计面积占全球总面积为 95.7%。全球
菜豆收获面积为 3 000 多万 hm²,主要以收获干菜豆为主,其中种植面积以亚洲为最大,约占
全球总收获面积的 55.0%,其次为美洲和非洲,欧洲和大洋洲面积较小(表 1.1)。

表 1.1　2010 年全球豆科作物收获面积　　　　　　　　　　　　　　hm²

豆科作物	全球	非洲	亚洲	美洲	欧洲	大洋洲
干菜豆	29 894 958	5 908 713	16 037 736	7 650 222	253 387	44 900
鲜菜豆	1 495 408	76 477	1 215 969	74 456	122 036	6 470
干蚕豆	2 542 268	956 656	931 548	160 475	331 889	161 700
鹰嘴豆	11 977 699	531 523	10 653 088	233 255	59 833	500 000
可可豆	9 541 698	6 131 700	1 732 844	1 532 334		144 820
干豇豆	10 979 841	10 760 537	137 617	73 395	8 292	0
豆科蔬菜	240 406	49 394	50 676	100 509	39 717	110
扁豆	4 187 471	161 076	2 201 758	1 611 487	68 150	145 000
羽扇豆	795 589	12 903	440	42 690	147 556	592 000
干豌豆	6 328 447	579 168	1 785 623	1 773 548	1 901 090	289 018
鲜豌豆	2 150 886	87 585	1 661 377	190 459	201 165	10 300
木豆	4 709 151	534 962	4 133 991	40 198		
大豆	102 556 310	1 074 894	20 049 803	78 661 594	2 738 719	31 300
花生	24 011 537	11 484 352	11 486 830	1 013 443	10 712	16 200
青豆	226 558	8 000	42 570	140 102	35 866	20
合计	211 638 227	38 357 940	72 121 870	93 298 167	5 918 412	1 941 838

来源:FAOSTAT 2012。

1.2 我国主要豆科作物种植面积变化趋势和现状

1.2.1 我国主要豆科作物种植面积变化趋势

我国的豆科作物种植面积的发展趋势和全球变化趋势不同,全球豆科作物总收获面积持续增加,且保持继续增加的趋势,而我国豆科作物总收获面积从 20 世纪 60 年代初期至 70 年代末期一直下降,在 80 年代有所回升,但至 90 年代初期下降到最低点,随后有上升的趋势,但进入 21 世纪后上升趋势停止,又呈下滑的趋势(图 1.3)。总之,我国的豆科作物收获总面积一直低于 2 000 万 hm^2。

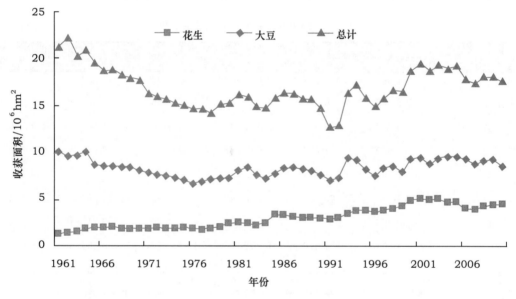

图 1.3 中国主要豆科作物大豆、花生以及豆科作物总收获面积的变化趋势

来源:FAOSTAT 2012。

在这些豆科作物中,大豆的收获面积最大,并且一直徘徊在 1 000 万 hm^2 以下,基本稳定。花生是第二大豆科油料作物,并且从 1960 年以来呈逐年上升趋势,由 1960 年约 130 万 hm^2 增加到了 2010 年的 455 万 hm^2,增加了 250%(图 1.3)。

然而,自 20 世纪 60 年代以来,干菜豆(dry beans)、干蚕豆(dry broad bean)和收获面积一直呈下降趋势,由 60 年代的 300 多万 hm^2 下降到了现在的 100 万 hm^2 左右(图 1.4)。

收获面积呈增加趋势的豆科作物有鲜豌豆(green peas)和鲜菜豆(green beans)等。前者收获面积 100 多万 hm^2,后者还不足 100 万 hm^2(图 1.4,彩图 2)。

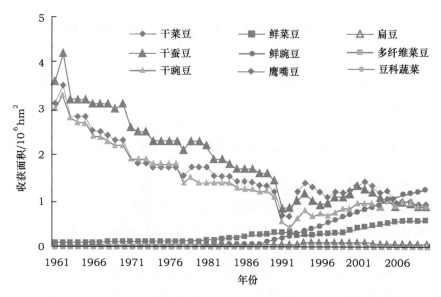

图 1.4　1960—2010 年中国主要豆科作物及豆科蔬菜的收获面积变化趋势

来源：FAOSTAT 2012。

1.2.2　我国豆科作物种植现状

据联合国粮农组织统计资料（FAOSTAT 2012），2010 年中国豆科作物总收获面积为 1 765 万 hm²。其中大豆收获面积约为 852 万 hm²，占豆科作物总收获面积的 48.3%；花生收获面积为 455 万 hm²，占豆科作物总收获面积的 25.8%；鲜豌豆收获面积为 125 万 hm²，占豆科作物总收获面积的 7.1%；3 种作物合计占总豆科作物收获面积的 81.2%。剩余约 20% 的收获面积分别是干菜豆（91 万 hm²）、蚕豆（88 万 hm²）、干豌豆（88 万 hm²）和鲜菜豆（59 万 hm²），以及扁豆、鹰嘴豆和豆科蔬菜等（FAOSTAT，2012）。

据《中国农业年鉴 2011》统计数据，2011 年我国豆类总播种面积 1 127.6 万 hm²，其中大豆 851.6 万 hm²，绿豆 74.2 万 hm²，红小豆 16.2 万 hm²。此外，被列入油料作物的花生 2011 年播种面积为 452.7 万 hm²。粮食豆科作物（大豆、绿豆和红小豆）和油料豆科作物（花生）的播种面积共计为 1 580.3 万 hm²。其中，大豆占 54.2%，花生占 28.6%。

豆类种植区主要分布在黑龙江、内蒙古和安徽等地，播种面积超过 100 万 hm²，各占全国总播种面积的 33.3%、9.8% 和 9.1%。播种面积在 30 万～100 万 hm² 的省份有云南、四川、吉林、山西、江苏和贵州等（中国农业年鉴编辑委员会，2011）。

花生的种植区主要分布在河南、山东、河北和辽宁等省份，播种面积为 30 多万至 90 多万 hm²。种植面积在 10 万～30 万 hm² 的省份（自治区）有四川、安徽、广西、江西、吉林、湖南和江苏等。

1.3　豆科作物及其在种植体系中的应用

通过适当方式固定大气中的游离氮素,将其转变为能参与生物体新陈代谢的铵态氮是地球上维持生产力的一个重要的生态过程。正确的农业生产策略应该是既增加粮食生产,又不损害土地的持久生产力,而生物固氮正好能同时满足这两个目的。应用现代科学技术建立和完善生物固氮体系已经成为解决人类目前所面临的人口、粮食、能源和环境等问题的重要技术措施。

集约化农业生产体系通常以优化单一种植体系的生产力为首要目标。在集约化农业生产体系中,作物多样性一般被降低到只有一种作物,并且在遗传上要求非常均一、整齐和对称,且都配置大量的化肥、农药等外部投入。这些种植体系由于对环境的负面影响而受到批评,造成诸如土壤侵蚀、退化,化学污染,生物多样性的丧失和化石能的过分利用等一系列问题(Giller *et al.*,1997;Tilman *et al.*,2002)。多物种的混种体系被认为应用了生物多样性,植物相互作用等生态学的原理,在生产力的稳定性、抗干扰能力以及生态可持续性方面具有明显的优势,越来越受到重视。

生物多样性与生态系统功能的关系在生态学研究中得到了持续的关注(Tilman and Downing,1994;Tilman,1996;Tilman *et al.*,1997;Hector *et al.*,1999;Loreau and Hector,2001;Tilman *et al.*,2001;Yang *et al.*,2012)。在自然生态系统中,物种多样性增加了系统的生产力和稳定性,其主要的机制是不同种植物对资源利用的补偿效应。在自然生态系统中,豆科作物作为固氮功能组,被认为在多样性增加生态系统的生产力中起到了关键的作用(Lee *et al.*,2003;Roscher *et al.*,2008;Li *et al.*,2010;Whittington *et al.*,2012)。

豆科作物在间作套种、轮作和饲料饲草生产体系中的应用很广泛(Jeranyama *et al.*,2000;Maitra *et al.*,2001;Bloem *et al.*,2009;Peoples *et al.*,2009;Jensen *et al.*,2010;McCartney and Fraser,2010)。无论是在一年生的作物间作体系还是多年生的农林复合系统都发挥了重要的作用。例如,大豆原产于中国,是我国传统作物。大豆栽培在我国已有5 000年历史(王连铮,郭庆元,2007)。19世纪末,大豆的大规模种植还只是东亚地区,其他地区和国家还处在引种试种阶段。20世纪初,90%以上的大豆种植面积与大豆产品在中国(王连铮,郭庆元,2007)。巴西自20世纪40年代开始商业种植大豆,1941年总面积为7 600多hm²,总产量9 000多t。随后20年间,并没有大的发展。然而,20世纪60年代初,随着巴西政府发起扩大小麦生产的运动,大豆也随之而迅速发展。主要原因是大豆属于冬季生长作物小麦的良好轮作作物,适合在夏季种植(Alves *et al.*,2003)。经过60多年的发展,巴西的大豆种植面积超过玉米,2000年达到1 350万 hm²,总产量占世界大豆生产量的20%;单产达2 400 kg/hm²,仅次于美国,高于中国单产的1 820 kg/hm²(Alves *et al.*,2003)。

1.3.1　豆科作物与轮作

轮作(crop rotation)指在同一田块上有顺序地在季节间和年度间轮换种植不同作物或复种组合的种植方式。在一年一熟条件下,轮作在年际间进行;在一年多熟条件下,轮作可能由不同复种方式组成,称复种轮作。以"→"表示年际间的作物轮换,年内复种以"—"表示。如一年一熟的大豆→小麦→玉米三年轮作,这是在年间进行的单一作物的轮作;在一年多熟条件下既有年间的轮作,也有年内的换茬,如南方的绿肥—水稻—水稻→油菜—水稻→小麦—水稻—水稻轮作,这种轮作有不同的复种方式组成,因此,也称为复种轮作。

中国早在西汉时就实行休闲轮作。北魏《齐民要术》中有"谷田必须岁易"、"麻欲得良田,不用故墟"、"凡谷田,绿豆、小豆底为上,麻、黍、故麻次之,芜菁、大豆为下"等记载,已指出了作物轮作的必要性,并记述了当时的轮作顺序。长期以来中国旱地多采用以禾谷类为主或禾谷类作物、经济作物与豆类作物的轮换,或与绿肥作物的轮换,有的水稻田实行与旱作物轮换种植的水旱轮作。

在我国北方春大豆区,多实行一年一熟制。一类是大豆与小麦为主的轮作,如黑龙江的春小麦→大豆→马铃薯,大豆→春小麦→春小麦,大豆→春小麦→春小麦→玉米,大豆→春小麦→玉米(或甜菜)。另一类为大豆与旱粮为主的轮作体系,在东北地区有大豆→玉米→玉米,大豆→高粱→谷子,大豆→玉米→高粱等。

我国西北地区自古以来就有禾豆轮作的习惯,至今在当地一年一熟地区仍有大豆→黍稷→谷子或大豆→谷子→黍稷的轮作习惯。新疆北部一般有甜菜→大豆→小麦→玉米,向日葵→大豆→小麦→棉花,棉花→棉花→小麦→大豆等轮作(王连铮,郭庆元,2007)。

黄淮海地区主要有冬小麦—夏大豆→冬小麦—夏玉米(或夏谷子、夏高粱、夏甘薯、夏大豆等)、春玉米→春大豆等轮作。

无论是南方的水旱轮作(表1.2)还是北方和南方丘陵地区的旱粮轮作体系(表1.3),豆科作物都在轮作体系中具有重要的作用。在一个轮作周期中,都有一季豆科作物种植,以提高和恢复土壤地力。季节性水旱轮作模式中常见的豆科作物有秋大豆、春花生、春大豆等豆科作物和各种豆科绿肥等。

表1.2　季节性水旱轮作模式及其地区分布

轮作模式	分布地区
大麦/旱大豆—晚稻→油菜—双季稻/绿肥—双季稻	长江中下游
油菜—早稻/秋大豆→小麦—早、中稻—秋杂粮或秋菜	湖北、湖南、江西
大麦/西瓜—晚稻→冬作或绿肥—双季稻	长江中下游
绿肥—双季稻→春花生—晚稻	湖北
冬闲或冬作—双季稻→玉米//大豆—晚稻	广西、湖南、浙江
春烟—晚稻//绿肥—双季稻	贵州、湖南
蚕豆—早稻—甘薯→小麦/玉米—晚稻	华南
春花生—晚稻→冬甘薯—双季稻→蚕豆—双季稻	华南
早稻—秋花生→蚕豆或冬甘薯—双季稻	广东
冬作—双季稻→大麦/春大豆或花生—晚甘薯//大豆	华南
紫云英—玉米—早稻;紫云英—玉米—晚稻;紫云英—玉米//大豆—早稻(晚稻)	湖南

来源:王宏广等,2005,中国耕作制度70年。

近半个世纪以来,我国已经形成了相对稳定的轮作体系。在一熟制地区主要采用大豆→春小麦→玉米 3 年轮作或大豆→春小麦→春玉米→春玉米 4 年轮作制;在二熟制地区主要是冬小麦—夏玉米为主或小麦—水稻→小麦—水稻→油菜—水稻轮作制;在 3 熟制地区,一般采用油菜—早稻—晚稻→绿肥—早稻—晚稻为主的轮作制(王宏广等,2005)。王宏广等(2005)对我国的各区的轮作进行了总结,如表 1.2 和表 1.3 所示。

在主要旱粮轮作体系中豆科作物也具有重要的作用。在西北的一熟制地区,轮作中豆科作物如豌豆、黑豆、大豆、蚕豆等是常见的轮作豆科作物。在二年三熟或者一年二熟制地区,大豆、绿豆、蚕豆、豌豆和花生等在轮作体系中也比较常见。在南方丘陵区,花生、蚕豆和豆科绿肥等是轮作制中的主要成分。

表 1.3　各熟制区主要旱粮轮作模式与分布

农业区	轮作模式	分布地区
春玉米 (一年一熟)	大豆→高粱(或玉米)→粟	东北
	大豆→玉米→春小麦(或高粱)→春小麦	东北
	春小麦→马铃薯→大麦→春小麦	甘肃武威
	春小麦→豌豆→燕麦→休闲	青海湟原
	豌豆→春小麦→荞麦→马铃薯→糜谷	甘肃中部
	豌豆→春小麦→芝麻→油菜→蚕豆	青海西宁
	春小麦→燕麦→黑豆	山西静乐
	玉米→大豆→糜子→荞麦→谷子	陕西安塞
	谷子→大豆→荞麦→高粱	陕西安塞
	玉米→大豆→谷子→油菜籽→糜子	内蒙古静水河
冬麦区 (二年三熟或一年二熟)	小麦→粟→春玉米/大豆	河北,山西
	小麦—玉米→高粱→小麦	河北,山西
	甘薯→小麦—大豆→小麦—芝麻→春玉米→小麦—玉米	陕西韩城
	小麦—粟谷→春玉米→小麦—绿豆	山西
	小麦—绿豆→春甘薯→小麦—芝麻	安徽淮北
南方丘陵 (一年二熟至三熟)	小麦—甘薯→蚕豆—玉米	湖北咸宁
	小麦/玉米/甘薯→小麦/玉米/花生	西南丘陵
	小麦—甘薯→冬绿肥—玉米—秋绿肥	西南丘陵
	大麦/大豆/芝麻→油菜—绿豆—甘薯	江西,湖北
	大麦/玉米//大豆或花生/甘薯	江西,湖北
	玉米—大豆→花生—玉米→小麦—甘薯	福建南部
	杭白菊—糯玉米;杭白菊—糯高粱;杭白菊—春玉米	湖南丘陵

来源:王宏广等,2005,中国耕作制度 70 年。

欧洲各国在 8 世纪以前盛行一年麦类、一年休闲的二圃式轮作。中世纪后发展三圃式轮作,即把地分为 3 区,每区按照冬谷类→春谷类→休闲的顺序轮换,3 区中每年有 1 区休闲、2 区种冬、春谷类。由于畜牧业的发展,18 世纪开始推行草田轮作。如英国的诺尔福克式轮作制(又称四圃式轮作)把耕地分为 4 区,依次轮种红三叶草、小麦(或黑麦)、饲用芜菁或甜菜、二棱大麦(或加播红三叶草),4 年为一个轮作周期。以后多种形式的大田作物和豆科牧草(或豆科与禾本科牧草混播)轮作,逐渐在欧洲、美洲和澳大利亚等地推行。19 世纪,李比希提出植物矿质营养学说,认为需氮作物、需钾作物和需钙作物的轮换可均衡地利用土壤养分。20 世纪前期,苏联 B·P·威廉斯认为多年生豆科与禾本科牧草混播,具有恢复土壤团粒结构、提高土壤肥力的作用,因此,一年生作物与多年生混播牧草轮换的草田轮作,既可保证作物和牧草产量,又可不断恢复和提高地力。

1.3.2 豆科作物与间套作

间作(intercropping)是指在同一地块上于同一生长期内,分行或分带相间种植两种或两种以上作物的种植方式。分带是指间作作物成多行或占据一定幅宽的相间种植,形成带状间作。分行相间种植的方式也称之为行间作(row intercropping)。两种作物不一定同时种同时收,但间作条件下两种作物一般具有较长的共同生长期。

套作(relay intercropping)是指在同一地块,第一种作物进入生殖生长后成熟前播种第二种作物,两种作物共同生长期相对比较短的种植方式。当两种作物播种的时间和成熟的时间相差比较大,但有较长的共同生长期时,有时笼统地称之为间套作。

混作(mixed cropping),也称混种,是指将两种或两种以上作物,不分行或同行混合在一起的种植方式。这种种植方式的特点是方法简单,有时能够获得一定的产量优势和培肥地力的效果,但是田间管理和收获极其不便,是一种原始的种植方式。如今应用越来越少。

间、混、套作是我国传统农业的精髓。早在公元前 1 世纪之前的西汉《氾胜之书》就有相关记载,在公元 6 世纪《齐民要术》中,进一步记述了桑园间作绿豆、小豆、谷子等豆科和非豆科作物;明代《农政全书》中有了关于大麦、裸麦和棉花套作,麦和蚕豆间作;清朝的《农蚕经》记述了麦与大豆的套作;至新中国成立前,玉米与豆类间作在全国各地已都有分布(刘巽浩,1994)。

1.3.2.1 我国主要的豆科作物间套作模式

1.黄淮海平原

(1)小麦、玉米、花生间套作 该模式是在小麦、玉米一年二熟种植形式上发展起来的,广泛适用于黄淮海采用小麦、玉米复种两熟或者套种两熟地区。

(2)小麦、玉米、大豆间套作 该模式也是在小麦、玉米一年二熟种植形式基础上发展起来的,是集约利用时间和空间的典型高产高效间套种模式,广泛适用于黄淮海采用小麦、玉米复种两熟或套种两熟的地区。其特点是利用小麦、春玉米套种,增种一季夏大豆,获得粮田周年产量和产值提高(中华人民共和国农业部,2005)。

2.长江流域单季稻区

(1)小麦套种花生再套种绿豆后复种杂交晚稻 指小麦收获前在小麦行间套种花生,小麦收获后在花生行间套种绿豆,花生、绿豆收获后移栽种植杂交晚稻的一种粮经结合型高产、高效种植方式。杂交晚稻是本模式的主体粮食作物,花生、绿豆是主要的经济作物,其茎蔓可用作饲料。本模式的特点是土地利用率很高、粮食单产高、含有豆科作物、节省肥料,产品功能多样且具有一定的灵活性。

(2)蚕豆套种鲜食春玉米复种后季稻 指蚕豆收获前在其行间套种鲜食用春玉米,蚕豆、玉米收获后移栽种植后季稻的一种粮经饲结合高产、高效种植方式。水稻是本模式的主体粮食作物,蚕豆和鲜食玉米是主体经济作物,玉米秸秆是上好的青饲料。该模式的特点是土地利用率高、水稻产量有保障、经济效益显著、产品多样、市场适应性强,利于提高农民种粮积极性和发展奶牛生产(中华人民共和国农业部,2005)。

3. 长江流域双季稻区

(1)绿肥、双季稻复种 指冬季种植绿肥紫云英,夏秋季种植双季稻,冬季绿肥对稻田具有显著的培肥改土作用,对确保双季稻的高产稳产起到了重要作用。这是一种典型的"用地"与"养地"相结合(简称用养结合)的高产高效种植模式。

(2)荷兰豆套种墨西哥玉米复种晚稻 指冬季种植高效经济作物荷兰豆、春季在其行间套种高产优质青饲料墨西哥玉米,再接着种植晚稻的一种高效粮经饲结合种植模式。其特点是土地的利用率高,青饲料产量较高,利于土壤肥力的恢复,水稻生产也有一定保证(中华人民共和国农业部,2005)。

4. 西南地区

西南地区光热水资源丰富,以多熟套作种植为主,小麦/玉米/甘薯和小麦/玉米/大豆三熟套作是其主要种植模式,占西南旱地玉米生产的70%以上(雍太文,2009)。

5. 南方丘陵山区

小麦、花生、玉米、蔬菜间套多熟,即小麦间作早熟蔬菜,早熟蔬菜收后种花生,形成小麦套作花生;小麦收后种植夏玉米,形成花生套作夏玉米;花生收后种植秋菜,形成夏玉米套作秋菜。该模式广泛适宜于南方丘陵旱地,尤其在人多田少、劳动力资源丰富的地区,以及土壤比较肥沃的田块较为适用(中华人民共和国农业部,2005)。

6. 华南多熟区

玉米、大豆、马铃薯间作复种(春玉米间作春大豆,然后套作秋马铃薯),是一种以生产粮食为主要目的的高产、高效间作复种方式(中华人民共和国农业部,2005)。

7. 西北一熟区

在河西走廊地区间作春小麦/春大豆(图1.5,彩图3),春小麦/春蚕豆,春玉米/春大豆,豌豆/玉米,春玉米/蚕豆等,特别是在热量条件一季有余、两季不足的条件下实现了一年两熟,增加了土地利用效率,提高了单位面积的产量。

8. 东北一熟区

东北地区是我国玉米的主产区之一。玉米/大豆间作是该地区重要的间作套种模式之一。

A. 玉米和蚕豆间作(甘肃靖远)

B. 玉米和豌豆间作(甘肃武威)

C. 小麦和蚕豆间作(甘肃永登)

D. 玉米、胡麻和大豆3作物间作(甘肃景泰)

E. 四川丘陵地区的麦/玉/豆间作体系,冬小麦和
玉米间套作,小麦收获后套种大豆(四川仁寿,四川农
业大学试验基地)

F. 木薯与花生间作(广西)

图 1.5 常见的豆科作物的间作套种

　　我国间套作种植模式分布很广,20 世纪 80 年代全国旱地套作面积 0.17 亿 hm²,间套作
面积 0.25 亿~0.28 亿 hm²,除西藏、青海外,全国都有分布。北方棉区麦棉套种面积由 1972
年的 13 万 hm² 发展到 1981 年的 340 万 hm²,进入 90 年代,全国间套作面积发展到 0.33 亿

hm²(邹超亚和李增嘉,2002)。

我国间作套种的种类分布很广泛。通过中文数据库(万方数据库)的检索,我们对中文期刊发表的相关间作套种的种类分省进行了统计(图1.6)。发现间作套种遍布我国每一个省份和地区(缺台湾、港澳等地区数据)。总的特点是东部间套作种类多于西部,南方多于北方。

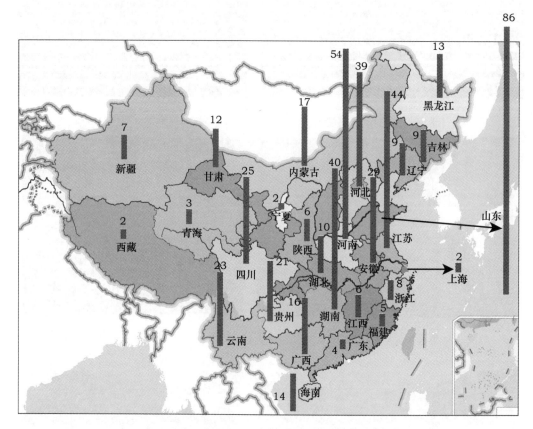

图1.6　基于发表的间套作中文文献统计的全国间套作种类分布图

我国目前还没有有关间作套种种植面积的统计数据。然而,从如下的一些零星报道也可以从另外一个侧面说明间作套种在我国现代农业中仍然具有一定的地位。1980年京津冀鲁豫晋小麦套种玉米419.7万hm²,占玉米面积的57.1%,占小麦玉米两熟的74.4%。四川省1981年小麦/玉米/甘薯已达100万hm²,占该省丘陵旱地的50%(邹超亚和李增嘉,2002)。2008年,南方间作大豆面积达到147万hm²,主要间作方式有"油—豆—稻"、"豆—稻"、"稻—豆"等多熟种植形式。此外,还有67万hm²玉米和133万hm²果树(其中仅香蕉就有33万hm²),木薯47万hm²,玉米133万hm²,甘薯133万hm²,加上大面积的幼龄果树和可利用旱地,共有约530万hm²的农田面积可发展间作套种大豆(周兴安等,2010)。2009年广西推广间作套作种植面积达33万hm²,并且从2009年到2013年,每年新增推广农作物间套作面积13万hm²,5年累计全区新增77万hm²。其中:木薯13万hm²、甘蔗23万hm²、玉米17万hm²、水果6万hm²以上、其他经济作物6万hm²以上。大力示范推广的模式就是甘蔗、木薯、果园、玉米间套作大豆、花生和西瓜等技术模式(张明沛,2011)。

2008 年河南省农田林网、农林间作面积已达 567 万 hm²（8 500 万亩）（河南科技报记者，2008）。1998 年宁夏地区推广枣粮间作共计 6.6 万 hm²（沈效东等，1998）。岷江上游干旱河谷耕地约占 65%，果粮农林复合经营面积达 70% 以上，集中分布于海拔 1 200～1 800 m。主要间作果树为苹果、花椒、李、梨、核桃等，其中苹果种植面积达 50%，花椒种植面积达 30% 左右。主要套种作物有小麦、玉米、马铃薯、大豆、苕子和多种蔬菜（包维凯，1998）。

1.3.2.2　全球主要豆科作物间套作

我们对 1 200 余篇有关豆科作物（树）的间作套种文献进行了整理，根据作物种类和种植地区，总结为表 1.4。从表 1.4 可以看出，在全球区域分布上，涉及豆科作物的间作套种不仅在热带地区广泛分布，在温带地区也很普及；不仅在发展中的贫穷国家广泛应用，在发达国家也逐渐引起人们的兴趣；涉及作物几乎覆盖所有的栽培作物种。

表 1.4　从文献调研获得的全球不同国家或地区的涉及豆科作物的主要间作组合

作物组合	国家或者地区	参考文献
玉米（*Zea may*）＋ 大豆（*Glycine max*）	阿根廷	Oelbermann and Echarte, 2011
大麦（*Hordeum vulgare*）、珍珠粟（*Pennisetum glaucum*）、无芒虎尾草、黑麦草或者苏丹草 ＋ 印度田菁（*Sesbania sesban*）或者银合欢（*Leucaena leucocephala*）；胡卢巴（*Trigonella foenum-graecum*）＋ 蚕豆（*Vicia faba*）；芫荽（*Coriandrum sativum*）＋ 蚕豆或豇豆（*Vigna unguiculata*）	埃及	Abbas et al., 2001; Fernandez-Aparicio et al., 2008; Rizk, 2011
小麦（*Triticum aestivum*）＋ 白三叶草（*Trifolium repens*）	爱尔兰	Schmidt et al., 2001
小麦、燕麦（*Avena sativa*）或者大麦 ＋ 豌豆（*Pisum sativum*）	爱沙尼亚	Lauk and Lauk, 2008
玉米 ＋ 花生（*Arachis hypogae*）或大豆；木薯（*Manihot esculenta*）＋ 大豆；木薯 ＋ 木豆（*Cajanus cajan*）	澳大利亚	Searle et al., 1981; Cenpukdee and Fukai, 1992
高粱（*Sorghum bicolor*）＋ 菜豆或者大豆；大麦 ＋ 豌豆；水稻 ＋ 田菁、绿豆、饭豆、豇豆或木豆	巴基斯坦	Kavamahanga et al., 1995; Musa et al., 2010; Jabbar et al., 2011
高粱或者玉米＋豇豆或者菜豆；甘蔗 ＋ 菜豆；木薯 ＋ 菜豆；玉米 ＋ 菜豆；花椰菜 ＋ 菜豆或者豌豆；珍珠粟（*Pennisetum glaucum*）＋ 木豆；甘蓝（*Brassica oleracea*）或玉米＋藜豆（*Mucuna deeringiana*）或猪屎豆（*Crotalaria spectabilis*）	巴西	Araujo et al., 1980; Desouza and Deandrade, 1985; Zaffaroni et al., 1991; Somarriba and Kass, 2001; Santos et al., 2002; Cardoso et al., 2007; dos Santos et al., 2010; Neto et al., 2011; Silva et al., 2011

续表1.4

作物组合	国家或者地区	参考文献
玉米—高山薯蓣（*Dioscorea rotundata*）轮作 ＋ 豆科合萌属植物（*Aeschynomene histrix*）或刺毛藜豆（*Mucuna pruriens*）	贝宁	Maliki *et al.*，2012
玉米 ＋ 蚕豆；马铃薯 ＋ 蚕豆	不丹	Roder *et al.*，1992
高粱 ＋ 豇豆	布基纳法索	Zougmore *et al.*，2000
大麦 ＋ 豌豆（*Pisum sativum*）；大麦 ＋ 豌豆（*Pisum sativum*）、蚕豆或者窄叶羽扇豆（*Lupinus angustifolius*）；冬小麦 ＋ 白三叶草	丹麦	Hauggaard-Nielsen *et al.*，2001；Knudsen *et al.*，2004；Thorsted *et al.*，2006
大麦（*Avena sativa*）＋ 豌豆（*Pisum sativum*）；小麦 ＋ 蚕豆；谷类作物 ＋ 冬豌豆；红花（*Carthamus tinctorius*）或者欧白芥（*Sinapis alba*）＋ 蚕豆	德国	Schmidtke *et al.*，2004；Gooding *et al.*，2007；Urbatzka *et al.*，2009；Schroder and Kopke，2012
玉米或者小麦 ＋ 饲用豆科作物（扁豆、豇豆、野豌豆或者三叶草）；玉米 ＋ 菜豆；大麦 ＋ 蚕豆	埃塞俄比亚	Astatke *et al.*，1995；Fininsa，2003；Agegnehu *et al.*，2006
大麦 ＋ 豌豆；小麦 ＋ 豌豆；小麦 ＋ 豌豆；高羊茅 ＋ 苜蓿；高羊茅 ＋ 三叶草	法国	Corre-Hellou *et al.*，2006；Gooding *et al.*，2007；Naudin *et al.*，2010；Barillot *et al.*，2011；Bedoussac and Justes，2011；Pelzer *et al.*，2012
旱稻 ＋ 绿豆（*Vigna radiate*）；玉米 ＋ 绿豆	菲律宾	Aggarwal *et al.*，1992；Chowdhury and Rosario，1992
木薯 ＋ 豇豆或者绿豆	哥伦比亚	Sieverding and Leihner，1984
玉米 ＋ 矮菜豆	哥斯达黎加	Woolley and Rodriguez，1987
玉米 ＋ 菜豆	海地	Clermont-Dauphin *et al.*，2003
玉米 ＋ 藜豆（*Mucuna pruriens*）	洪都拉斯	Coultas *et al.*，1996
玉米 ＋ 大豆；大麦 ＋ 豌豆或者蚕豆；玉米 ＋ 菜豆；燕麦＋ 豌豆（*Pisum sativum*）；玉米 ＋ 苜蓿、三叶草或者柔毛野豌豆（*Vicia villosa*）；小麦 ＋ 豌豆（*Pisum sativum*）、红三叶草（*Trifolium pratense*）、柔毛野豌豆；大麦 ＋ 蚕豆、窄叶羽扇豆（*Lupinus angustifolius*）或者豌豆（*Pisum sativum*）；冬小麦 ＋ 紫苜蓿（*Medicago sativa*）或红三叶草（*Trifolium pratense*）或奥地利冬豌豆（*Pisum sativum*）；小麦、大麦或者黑麦 ＋ 蚕豆	加拿大	Hamel *et al.*，1991；Latif *et al.*，1992；Izaurralde *et al.*，1995；Atuahene-Amankwa and Michaels，1997；Kwabiah，2004，2005；Pridham and Entz，2008；Strydhorst *et al.*，2008；Blackshaw *et al.*，2010；Lithourgidis and Dordas，2010
木薯或玉米＋ 大豆或者豇豆	加纳	Dapaah *et al.*，2003

续表1.4

作物组合	国家或者地区	参考文献
木薯 ＋ 合欢草（*Desmanthus virgatus*）或者墨西哥丁香（*Gliricidia sepium*）	柬埔寨	Borin and Frankow-Lindberg，2005
玉米＋豇豆或者菽麻（*Crotolaria juncea*）；棉花（*Gossypium hirsutum*）＋ 豇豆；玉米 ＋ 豇豆或木豆	津巴布韦	Jeranyama *et al.*，2000；Rusinamhodzi *et al.*，2009；Thierfelder *et al.*，2012
玉米 ＋ 菜豆；玉米 ＋ 菜豆（*Phaseolus vulgaris*），豇豆（*Vigna unguiculata*）或者花生；玉米 ＋ 大豆；玉米＋菜豆（*Phaseolus vulgaris*）、木豆；玉米 ＋ 豇豆（*Vigna subterranean*）或大豆、绿豆（*Vigna radiate*）、花生、菜豆（*Phaseolus vulgaris*）、豇豆（*Vigna unguiculata*）	肯尼亚	Pilbeam，1996；Maingi *et al.*，2001；Mucheru-Muna *et al.*，2010；Kihara *et al.*，2011；Neykova *et al.*，2011；Rutto *et al.*，2011
春小麦、春大麦或燕麦＋ 豌豆	立陶宛	Arlauskiene *et al.*，2011
玉米 ＋ 墨西哥丁香；番茄（*Lycopersicon esculentum*）或者玉米 ＋ 菜豆；玉米 ＋ 菜豆	马拉维	Akinnifesi *et al.*，2007；Fandika *et al.*，2011；Fandika *et al.*，2012
高粱 ＋ 豇豆	马里	Gilbert *et al.*，2003
玉米 ＋ 菜豆、豇豆或者藜豆（*Mucuna pruriens*）；玉米 ＋ 大豆；高粱 ＋ 大豆；冬小麦或者燕麦 ＋ 苜蓿或者三叶草；珍珠粟（*Pennisetum glaucum*）或者苋菜（*Amaranthus hypochondriacus*）＋ 豇豆或者簇生豆（*Cyamopsis tetragonoloba*）或者大豆；甜玉米 ＋ 毛野豌豆（*Vicia villosa*）、蒺藜状苜蓿（*Medicago truncatula*）、紫花苜蓿（*Medicago sativa*）、滨豆（*Lens culinaris*）或者红三叶草（*Trifolium pratense*）；向日葵 ＋ 毛野豌豆或黄花草木樨（*Melilotus officinalis*），紫花苜蓿、蜗牛苜蓿（*Medicago scutellata*）或者滨豆；高粱或者珍珠粟或者北美黍（*Panicum sonorum*）＋ 宽叶菜豆（*Phaseolus acutifolius*）；燕麦 ＋ 亚历山大三叶草（*Trifolium alexandrinum*）；玉米 ＋ 扁豆（*Lablab purpureus*）；玉米 ＋ 饲用豆科作物（奥地利冬豌豆、菜豆、豇豆、扁豆、红花菜豆、田菁、菽麻或者藜豆）；饲用玉米 ＋ 刺毛藜豆（*Mucuna pruriens*）、扁豆（*Lablab purpureus*）或者红花菜豆（*Phaseolus coccineus*）；黑麦草 ＋ 斑豆（*pinto bean*）；燕麦（*Avena sativa*）＋ 豌豆；冬小麦 ＋ 红三叶草（*Trifolium pratense*）或苜蓿（*Medicago sativa*）；玉米或者高粱 ＋ 扁豆（*Lablab purpureus*）；燕麦（*Avena sativa*）或鸭茅（*Dactylis glomerata*）＋ 豌豆或多年生红三叶草（*Trifolium pratense*）	美国	Bryan and Materu，1987；Carr *et al.*，1992；Hesterman *et al.*，1992；Nelson *et al.*，1991；Clark and Myers，1994；Guldan *et al.*，1997；Kandel *et al.*，1997；Holland and Brummer，1999；Armstrong and Albrecht，2008；Riday and Albrecht，2008；Contreras-Govea *et al.*，2009；Omondi *et al.*，2010；Begna *et al.*，2011；Blaser *et al.*，2011；Contreras-Govea *et al.*，2011；Schipanski and Drinkwater，2012

续表1.4

作物组合	国家或者地区	参考文献
玉米 ＋ 菜豆	秘鲁	Baudoin et al.，1997
玉米 ＋ 花生	莫桑比克	Tembe，1999
一年生黑麦草（Lolium multiflorum）＋ 长柔毛野豌豆（Vicia villosa）或者箭筈豌豆（Vicia sativa）	墨西哥	Hernandez-Ortega et al.，2011
珍珠粟 ＋ 豇豆	纳米比亚	McDonagh and Hillyer，2003
玉米 ＋ 菜豆；玉米 ＋ 藜豆或苘麻	南非	Mukhala et al.，1999；Silwana and Lucas，2002；Murungu et al.，2011
玉米 ＋ 大豆	尼泊尔	Clement et al.，1992
木薯、山药或者玉米 ＋ ground akidi（Sphenostylis stenocarpa）、木豆或者豇豆（Vigna unguiculata）；玉米 ＋ 硬皮豆（Macrotyloma uniflorum）、笔花豆（Stylosanthes hamat）或扁豆（Lablab purpureus）；木薯 ＋ 豇豆；玉米 ＋ 大豆	尼日利亚	Obiagwu，1995；Odunze et al.，2002；Njoku et al.，2010；Kolawole，2012
高粱 ＋ 大豆；玉米 ＋ 木豆或印度田菁（Sesbania sesban）	日本	Ofosu-Budu et al.，1993；Sekiya and Yano，2004
鹬草（Phalaris arundinacea）＋ 豆科车轴草属植物（Trifolium hybridum）、红三叶草（Trifolium pratense）、豆科山羊豆属植物（Galega orientalis Lam.）或库拉三叶草（Trifolium ambiguum）	瑞典	Lindvall et al.，2012
苏丹草（Sorghum sudanense）＋ 豇豆（Vigna unguiculata）	沙特阿拉伯	Abusuwar and Bakshawain，2012
玉米 ＋ 豇豆（Vigna unguiculata），绿豆（Vigna radiata.）或花生；辣椒（Capsicum annuum）＋ 矮菜豆（Phaseolus vulgaris）	斯里兰卡	Senaratne et al.，1995；De Costa and Perera，1998
旱稻 ＋ 菜豆；玉米 ＋ 菜豆	苏丹	Robinson，1997
玫瑰茄或木薯 ＋ 色拉豆（Macroptilium atropurpureum），Verano（Stylosanthes hamata），含羞草（Mimosa invisa）或猪屎豆（Crotalaria juncea）	泰国	Gibson and Waring，1994
高粱或玉米 ＋ 菜豆、豇豆或鹰嘴豆；玉米 ＋ 木豆	坦桑尼亚	Enyi，1973；Kimaro et al.，2009
花椰菜（Brassica oleracea）＋ 菜豆；草莓（Fragaria xananassa）＋ 蚕豆；玉米 ＋ 蚕豆或豇豆；燕麦、大麦或小麦 ＋ 野豌豆（Vicia sativa）	土耳其	Yildirim and Guvenc，2005；Karlidag and Yildirim，2007 Geren et al.，2008；Carpici and Tunali，2012
玉米 ＋ 野豌豆（Vicia sativa）；玉米 ＋ 菜豆	西班牙	Caballero et al.，1995；Santalla et al.，1999；Santalla et al.，2001

续表1.4

作物组合	国家或者地区	参考文献
大麦或者冬小麦 ＋ 野豌豆;大麦 ＋ 亚历山大三叶草(*Trifolium alexandrinum*);玉米 ＋ 菜豆(*Phaseolus vulgaris*),或豇豆(*Vigna unguiculata*);小麦(*Triticum aestivum*),黑麦(*Secale cereale*) ＋ 豌豆(*Pisum arvense*);燕麦(*Avena sativa*)或大麦(*Hordeum vulgare*) ＋ 豌豆(*Pisum arvense*)	希腊	Lithourgidis *et al.*, 2007; Vasilakoglou and Dhima, 2008; Bilalis *et al.*, 2010; Lithourgidis *et al.*, 2011; Dordas *et al.*, 2012
高粱＋田菁(*Sesbania aculeata*)	叙利亚	Kurdali *et al.*, 2003
马铃薯 ＋ 菜豆(*Phaseolus vulgaris*);玉米 ＋ 长柔毛野豌豆(*Vicia villosa* 或 *Vicia ervilia*),亚历山大三叶草(*Trifolium alexandrinum* L.)或者菜豆(*Phaseolus vulgaris*);小麦 ＋ 蚕豆;花生 ＋ 菜豆	伊朗	Asl *et al.*, 2009;Javanmard *et al.*, 2009;Eskandari, 2011;Firouzi *et al.*, 2012
禾谷类 ＋ 大豆;小麦或大麦(*Hordeum vulgare*) ＋ 羽扇豆;玉米、辣椒(*Capsicum annuum*)、番茄(*Lycopersicon esculentum*)或黍糜(*Panicum miliaceum*) ＋ 蚕豆(*Vicia faba*);番茄或玉米 ＋ 长柔毛野豌豆(*Vicia villosa*);大麦 ＋ 大豆;大麦 ＋ 长柔毛野豌豆	意大利	Andrighetto *et al.*, 1992;Graziani *et al.*, 2012;Tosti *et al.*, 2012
辣薄荷(*Mentha piperita*) ＋ 大豆;小麦 ＋ 蚕豆;小麦或大麦 ＋ 白羽扇豆或箭筈豌豆;小麦 ＋ 蚕豆	意大利	Maffei and Mucciarelli, 2003;Gooding *et al.*, 2007;Mariotti *et al.*, 2009;Tosti and Guiducci, 2010;Mariotti *et al.*, 2012
玉米 ＋ 大豆、豇豆或花生;高粱 ＋ 绿豆(*Vigna radiata*)、黑绿豆(*Vigna mungo*)、豇豆或花生;向日葵 ＋ 大豆、花生、绿豆或簇生豆(*Cyamopsis tetragonoloba*);*Chrysopogon fulvus* ＋ 草场豆科植物(*Clitoria ternatea*, *Stylosanthes hamata*, *Centrosema pubescens*, *Atylosia scarabaeoides*, *Macroptelium atropurpureum*, *Phaseolus lathyroides*, *Vigna luteola*, *Glycine javanica*);高粱 ＋ 木豆或绿豆;高粱 ＋ 大豆;旱稻 ＋ 绿豆(*Phaseolus radiatus*)、大豆、花生、黑绿豆(*Vigna mungo*)或饭豆(*Vigna umbellata*)或木豆(*Cajanus cajan*);芥菜(*Brassica juncea*) ＋ 鹰嘴豆(*Cicer arietinum*);甘蔗 ＋ 菜豆(*Phaseolus vulgaris*)、绿豆(*Vigna radiata*)、豇豆(*Vigna unguiculata*)、扁豆(*Lens culinaris*)、田菁(*Sesbania rostrata*);玉米 ＋ 硬皮豆(*Macrotyloma uniflorum*);饲用高粱 ＋ 豇豆(*Vigna unguiculata*)、瓜尔豆(*Cyamopsis tetragonoloba*)或饭豆(*Vigna umbellata*)	印度	Nair *et al.*, 1979;Singh, 1981, 1983;Narwal and Malik, 1985;Dwivedi *et al.*, 1988;Subramanian and Rao, 1988;Mandal *et al.*, 1990;Mandal *et al.*, 2000;Ramesh *et al.*, 2002;Singh and Rathi, 2003;Ghosh *et al.*, 2006;Suman *et al.*, 2006;Witcombe *et al.*, 2008;Sharma *et al.*, 2009

续表 1.4

作物组合	国家或者地区	参考文献
麦 + 蚕豆（*Vicia faba*）；春大麦（*Hordeum vulgare*）+ 蚕豆(*Vicia faba*)或饲料豌豆（*Pisum sativum*）；小麦 + 蚕豆；饲用玉米 + 菜豆；大麦或燕麦 + 豌豆或三叶草；春小麦（*Triticum aestivum*)或小黑麦（*Triticosecale* spp.）+ 白羽扇豆（*Lupinus albus*）；春大麦（*Hordeum vulgare*）+ 白三叶草(*Trifolium repens*)；大麦 + 豌豆（*Pisum sativum*）	英国	Martin and Snaydon, 1982; Assaeed *et al.*, 1990; Bulson *et al.*, 1997; Haymes and Lee, 1999; Ghanbari-Bonjar and Lee, 2002, 2003; Dawo *et al.*, 2007; Dawo *et al.*, 2009; Pappa *et al.*, 2011; Azo *et al.*, 2012; Pappa *et al.*, 2012
玉米 + 菜豆	赞比亚	Siame *et al.*, 1998

在乌干达中南部，香蕉是主要的经济来源作物，一项涉及 510 户农民的调查表明 69% 的农民采用间作种植方式，位于前 6 位的间作作物(树)从高到低分别是：菜豆、玉米、木薯、*Ficus nataliensis* 及果树（Bekunda and Woomer, 1996）。在南非的特兰斯凯地区，95%～100% 的农民采用间套作种植方式，并且以玉米、菜豆和南瓜的组合为主（Silwana and Lucas, 2002）。在尼日利亚，国民生产总值(GDP)的 42% 来自农业，整个国家劳动力的 67% 分布在农业领域，整个国家农业产出的 90% 是小农经济，每家农户的土地规模均小于 5 hm² （Adedipe *et al.*, 2004, Thapa and Yila, 2012）。基于农户的调查的数据表明，13 项为了提高产量和收入并兼顾产量稳定性的前 4 位措施中，84% 的农民采用间套作，处于第二位，仅次于使用化肥的农民比例(86%)，其次为轮作(68.7%)和使用农家肥(67.8%)（Thapa and Yila, 2012），间套作在贫穷地区改善农民生活增加收入方面的重要性可见一斑。

在贫瘠土壤上，豆科与非豆科间作是提高作物产量和土壤肥力的重要措施。例如，在非洲贫穷地区，玉米、高粱、木薯间作等主粮作物与豆科作物间作，不仅有利于提高这些作物的产量，更重要的是能够提高土壤的肥力；间作的豆科作物主要有菜豆、豇豆、大豆、绿豆、木豆、藜豆和菽麻等。

豆科和非豆科间作逐渐成为欧洲发达国家发展有机农业的重要方向之一。有机农业具有很低的外部养分投入，以及杜绝使用杀虫剂等特点，因此能够生产无任何农药和抗生素残留的农产品，并兼顾了环境友好的要求，在欧洲得到广泛的重视和发展，因此欧洲的有机农业发展居国际领先地位。豆科作物间作正是由于可以增加农田生物多样性，充分发挥生物学潜力，提高作物抗病虫害能力，控制杂草，利用作物之间对资源利用的促进和补偿作用，例如，增加生物固氮等，降低化学肥料投入，减少农药施用，对环境友好等特点，成为发展有机农业的重要组成部分（Mariotti *et al.*, 2009; Tosti and Guiducci, 2010; Corre-Hellou *et al.*, 2011; Paulsen, 2011; Graziani *et al.*, 2012; Schroder and Kopke, 2012; Tosti *et al.*, 2012）。

豆科/非豆科间作在发达国家成为优质牧草生产的重要发展方向。在欧洲，特别是在温带地区，为了提高牧草产量和增加能值，禾谷类牧草逐渐被人们重视，然而，禾谷类牧草的低蛋白含量降低了牧草的品质，因此，人们开始考虑将豆科作物和禾本科作物间作生产混合收获的优质牧草，可以达到高产优质生产的目的。例如，一年生豆科牧草亚历山大三叶草（*Trifolium alexandrinum*）在地中海国家、中亚国家种植比较广泛，近年来在美国逐渐普及，过去一直作为单作种植,通常作为干草贮藏。近年来在英国亚历山大三叶草开始与一年生禾本科牧草黑麦草(*Lolium multiflorum*)和燕麦(*Avena sativa*)混种,不仅高产而且获得营养平衡的饲草(Giambalvo *et al.*, 2011a;Giambalvo *et al.*, 2011b)。豌豆是一种重要的高蛋白优质牧草作物,但是在冷凉湿润的北欧国家,由于豌豆的抗倒伏能力很弱,很容易导致叶片病害,降低产量,倒伏还引起机械收获的困难。采用将豌豆和禾谷类牧草燕麦间作混种的办法很好地解决了这一问题(Kontturi *et al.*, 2011)。最近关于白羽扇豆和小麦或者黑麦草的间作研究表明,混合种植生产干草 20 t/hm²,无论是土地利用,产量还是营养价值,间作均优于单作(Azo *et al.*, 2012)。

豆科非豆科间作还可以通过化感作用控制杂草。例如,玉米由于具有一次性收获和易于青贮的有点,作为饲料在 20 世纪八几十年代期间在丹麦具有飞速的发展。种植面积由 1980s 的几乎没有种植增加到 1999 年的 4 万 hm²。伴随着青贮玉米的快速发展,在北欧南部国家玉米地里的杂草问题变得非常严重。用除草剂除草,不仅造成生产成本上升,同时造成环境问题。通过对各种间作作物的比较发现,蚕豆具有对玉米竞争小而对杂草竞争能力强的特点,因此蚕豆/玉米间作可以有效地控制玉米种植中的杂草问题(Jorgensen and Moller, 2000)。独脚金是一类寄生植物,在非洲普及,对于玉米等主粮作物产生危害。独脚金是通过感知来自寄主的根系分泌物中的氢醌(hydroquinone)和倍半萜烯类内酯类(sesquiterpene lactones)特别是独脚金萌发素内酯类(strigolactones)物质才能萌发,萌发后接近并寄生在寄主植物上,获得能量和营养物质,对寄主植物生长产生较大的副作用。作为牛饲料的豆科山蚂蝗属植物(*Desmodium uncinatum*)与玉米间作能够避免寄生植物独脚金属植物 *Striga hermonthica* 寄生在玉米上,因此在防治杂草中具有重要启发意义(Hooper *et al.*, 2009)。

豆科作物和生物质能源植物间作。随着化石能的耗竭,生物质能源被越来越广泛的关注和种植。一般认为,作为生物质能源植物,多年生植物具有生产期长和产量高等特点,而优于一年生植物。然而,多年生植物一般在开始时产量较低,例如,多年生植物虉草(*Phalaris aundinacea*),自 20 世纪 80 年代中期以来成为美国和欧洲重要的生物质能源植物之一,一般能够种植 8~10 年。在种植的第 1 年,产量较低,并且在后期的生产过程中需要使用化学氮肥等,相对成本较高,当与豆科作物间作时,在收获两次时具有明显的产量优势(Lindvall *et al.*, 2012)。

1.3.3 豆科作物与农林复合系统

农林复合生态系统,也称之为林(果)农间作,是将木本多年生植物通过空间布局或时间布局与农作物和(或)家畜合理地安排在同一土地经营单元内,使其形成各组分间在生态上和经济上具有相互作用的土地利用系统和技术系统的集合。豆科作物(植物)在农林复合系统中同样扮演了重要的作用。在农林复合系统中,豆科植物可以是木本植物,如在农林复合系统中常见的墨西哥丁香(*Gliricidia sepium*)或者银合欢(*Leucaena leucocephala*)等。豆科作物也可以是农作物,如在胶农间作和果粮间作中的大豆、绿豆和蚕豆等。

在我国,农林复合系统从远古时代的刀耕火种开始,已延续了几千年。我国的劳动人民在实践中创造出许许多多的农林复合生态系统类型。华北平原和中原地区是我国农林复合经营类型非常丰富的地区之一。我国许多地区实现了枣粮间作、条粮间作(指白蜡条、紫穗槐等与

农作物间作）、杨树与农作物间作、柿粮间作、果粮间作（指苹果、红果、核桃等与农作物间作）、
农桐间作、林草间作、花椒与作物间作等等（图1.7，彩图4）。在西北地区的枣粮、枣棉和核桃
与农作物间作系统也比较普及。

A. 红枣与菜豆间作（新疆和田）

B. 红枣与花生间作（新疆和田）

C. 核桃与大豆间作（新疆喀什）

D. 红枣与大豆间作（新疆喀什）

E. 火龙果与大豆间作（广东）

F. 香蕉和大豆间作（广西）

图1.7　几种常见的农林复合系统

胡耀华等（2006）对我国热带地区的主要的农林复合系统种类进行了总结，其中涉及豆科
作物农林复合系统主要有以下体系。

1. 胶农间作

为避免间作对胶园土壤造成的不利影响，胶农间作一般均实行轮作制，常用的轮作制大体
有一年轮作制、二年轮作制和三年轮作制3种类型：

一年轮作制一般多以豆科作物(花生、绿豆、大豆、田菁等)与番薯轮作,也有以禾谷类作物(旱稻、玉米、粟等)与番薯轮作的。

二年轮作制第一年多种植:①禾谷类作物(旱稻、玉米等)—番薯。②豆科绿肥(田菁、灰叶豆等)。③豆科绿肥(田菁、灰叶豆等)。第二年则多种植:①豆科作物(花生、绿豆、大豆等)—番薯;②薯类作物(大薯、蕉芋、南椰等)。③水果类作物(香蕉、菠萝等)。

三年轮作制每年的种植作物具体如下:

①番薯—豆科绿肥(第 1 年)→旱稻(玉米)(第 2 年)→花生—番薯(第 3 年);

②花生—番薯(第 1 年)→豆科绿肥(第 2 年)→经济作物(香蕉、胡椒等)(第 3 年);

③绿肥(第 1 年)→旱稻(玉米)(第 2 年)→覆盖作物(毛蔓豆、爪哇葛藤等)(第 3 年)。

2. 果农间作

热带地区栽培面积较大的果树如桩果、荔枝、龙眼、橙等与花生、豆类间作。

3. 绿篱型

用做绿篱的植物大多为豆科或非豆科固氮树种,如合欢、银合欢、甜荚豆等。通常将它们单行、双行或多行密植,形成结构紧密的绿篱,篱间留有较大的行距,然后再在行间间作各种粮油作物或经济作物。

4. 林林间作型

橡胶(椰子、柚子林)—咖啡间作:在柚木林中间作时,通常以柚木为上层,咖啡为中层,豆科作物、蔬菜等作为下层,组合成以咖啡为主的复合结构。

在非洲贫瘠土壤上,农民经常利用豆科树种墨西哥丁香或银合欢作为固氮树种,增加生物固氮,从而达到培肥地力和为间作的农作物玉米或者高粱提供部分氮素营养,同时这些树种也能够作为家畜饲料等。农林复合系统中的豆科作物主要有大豆、木豆、绿豆、豇豆、鹰嘴豆和花生等(表 1.5)。

表 1.5　文献中检索到的主要涉及豆科植物的农林复合系统

作物组合	国家或者地区	参考文献
香蕉 + 菜豆	乌干达	Wortmann and Sengooba, 1993
咖啡树 + 菜豆、鲜豌豆、绿豆、豇豆或者鹰嘴豆;银合欢(Leucaena leucocephala) + 玉米	肯尼亚	Njoroge and Mwakha, 1994; Sileshi et al., 2011
泡桐 + 菜豆;池杉(Taxodium ascendens) + 大豆或绿豆;银杏 + 蚕豆;胡桃(Juglans regia) + 小麦-绿豆(Vigna radiata)	中国	Newman et al., 1997; Huang and Xu, 1999; Cao et al., 2009; Lu et al., 2012
胡桃(Juglans nigra) + 紫花苜蓿(Medicago sativa)或红豆草(Onobrychis sativa)	法国	Dupraz et al., 1998
豆科的株樱花属植物(Calliandra calothyrus)、山蚂蝗属植物(Desmodium ransonii)、千斤拔属(Flemingia congesta)、墨西哥丁香(Gliricidia sepium)、美丽决明(Cassia spectabilis)或菊科的肿柄菊(Tithonia diversifolia) + 绿豆(Vigna I radiata)	斯里兰卡	De Costa and Chandrapala, 2000

续表1.5

作物组合	国家或者地区	参考文献
墨西哥丁香＋银合欢(*Leucaena leucocephala*)	巴西	Barreto and Fernandes, 2001
墨西哥丁香＋毛梗双花草(*Dichantium aristatum*)	芬兰	Jalonen *et al.*, 2009
墨西哥丁香＋玉米	南非	Beedy *et al.*, 2010
薄荷(*Mentha arvensis*)＋豇豆(*Vigna unguiculata*)	印度	Singh *et al.*, 2010
美国山核桃(*Carya illinoinensis*)＋库拉三叶草(*Trifolium ambiguum*)	美国	Kremer and Kussman, 2011
银合欢＋玉米;墨西哥丁香＋玉米	赞比亚	Sileshi *et al.*, 2011; Sileshi *et al.*, 2012
墨西哥丁香＋玉米	马拉维	Sileshi *et al.*, 2012

1.4 豆科作物及其生物固氮

生物固氮和工业固氮具有共同的特点：

$$N_2 + (6H) = 2NH_3$$

两个过程所不同的是：

生物固氮在常温和1个大气压条件下,由酶作为催化剂-固氮酶来完成,还原剂是有机物质。

工业固氮在300~400℃,50 662 kPa(500个大气压)条件下,由化学催化剂——Fe、Al氧化物,还原剂是氢。

豆科-根瘤菌的共生固氮过程在成熟且未衰老的根瘤组织中进行,依托于钼铁固氮酶系统进行。由于固氮菌是好氧菌,同时固氮过程需要消耗大量能量(固定1 mol 氮气需要消耗16 mol ATP),意味着固氮菌生境不能处于厌氧状态。然而固氮酶对氧气浓度表现非常敏感,一旦遭遇氧气将发生不可逆失活(陈文新,2011)。根瘤通过皮层细胞的氧气扩散屏障及豆血红蛋白来调和产能过程对氧气的消耗及固氮酶氧敏感的矛盾。

固氮反应机理为固氮酶催化 N_2 向 NH_3 的转化过程。固氮过程的基本生化反应方程式为(王贺祥,2003)：

$$N_2 + 16ATP + 8H + 8e^- \longrightarrow 2NH_3 + H_2 + 16ADP + 16Pi$$

固氮反应的决定性因素是固氮酶的活性。固氮酶由两种蛋白构成,钼铁蛋白和铁蛋白。钼铁蛋白又称为钼铁还原蛋白或固分子氮酶,是催化固氮反应发生的中心;铁蛋白又称固氮铁氧还蛋白或固分子氮还原酶,负责与 Mg-ATP 结合进而提供促使两组分结合和电子转移的能量,是活化电子的中心。两种酶的单一存在不具有活性,只有复合体才表现出催化活性(王贺祥,2003)。

半还原态的钼铁蛋白与还原态的铁蛋白组合成为稳定的固氮复合体系(Tajima *et al.*,2007)。此时,还原态铁蛋白的电子传递到半还原态的钼铁蛋白上,使它转化为完全还原状态,而铁蛋白本身被氧化,转化为氧化态铁蛋白。随后细胞中电子传递链所提供的电子将氧化态铁蛋白还原为还原态。完全还原态的钼铁蛋白与分子态氮(N_2)络合,通过 ATP 水解成 ADP＋Pi 释放的能量,使电子和氢离子与氮结合,生成两分子的氨(NH_3)。一般认为,固氮酶钼铁辅因子在这个反应过程中起关键作用,是固氮酶的活性中心(Corbett *et al.*, 2006)。

1.4.1　生物固氮的类型

生物固氮是指固氮微生物将大气中的氮气还原成氨的过程。固氮生物都属于个体微小的原核生物,所以,固氮生物又叫做固氮微生物。根据固氮微生物的固氮特点及其与植物的关系,可以将它们分为共生固氮微生物、联合固氮微生物和自生固氮微生物三类。根据笼统的土地利用和植被类型,可以将全球生物固氮分为两个系统,即农业生态系统和自然生态系统。生物固氮的类型见图1.8。

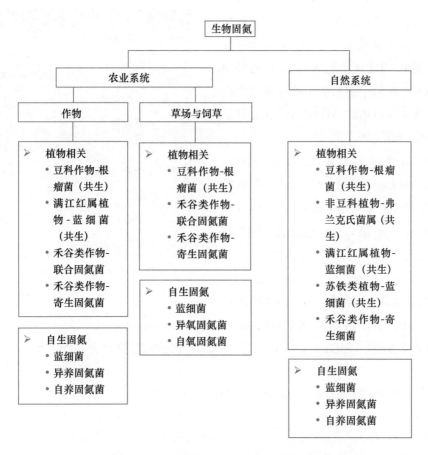

图 1.8　农业生态系统和自然生态系统主要的生物固氮类型

来源:Peoples *et al.*, 2002。

自生固氮微生物在土壤或培养基中生活时,可以自行固定空气中的分子态氮,对植物没有依存关系。常见的自生固氮微生物包括以圆褐固氮菌为代表的好氧性自生固氮菌、以梭菌为代表的厌氧性自生固氮菌,以及以鱼腥藻、念珠藻和颤藻为代表的具有异形胞的固氮蓝藻(异形胞内含有固氮酶,可以进行生物固氮)。

根瘤共生固氮,共生固氮微生物只有和植物互利共生时,才能固定空气中的分子态氮。共生固氮微生物可以分为两类:一类是与豆科植物互利共生的根瘤菌,以及与桤木属、杨梅属和沙棘属等非豆科植物共生的弗兰克氏放线菌;另一类是与红萍(又叫做满江红)等水生蕨类植物或罗汉松等裸子植物共生的蓝藻。由蓝藻和某些真菌形成的地衣也属于这一类。

联合固氮,有些固氮微生物如固氮螺菌、雀稗固氮菌等,能够生活在玉米、雀稗、水稻和甘蔗等植物根内的皮层细胞之间。这些固氮微生物和共生的植物之间具有一定的专一性,但是不形成根瘤那样的特殊结构。这些微生物还能够自行固氮,它们的固氮特点介于自生固氮和共生固氮之间,这种固氮形式叫做联合固氮。

据 2002 年出版的《The Nature and Properties of Soils》估计,生物固氮量是非生物固氮量的 2 倍左右(表 1.6)。生物固氮量每年达 1.93 亿 t,非生物固氮每年固氮量 9 400 万 t。生物固氮中,以陆地生物固氮为主,约 1.53 亿 t,占 79%。陆地生态系统生物固氮量中有 3 900 万 t 是由豆科植物和根瘤菌形成的共生固氮系统来实现的(表 1.6)。

关于全球生物固氮量,最早是由 Delwiche(1970)和 Burns 和 Hardy(1975)发表的估计数据分别为每年 1 亿 t 和 1.75 亿 t,后来该数据修正为 1.22 亿 t,这个包括农业和自然生态系统的数字被广泛引用(引自 Peoples *et al.*，2008)。Galloway 等（1995）和 Smil (1999)对农业系统(不包括广阔的热带稀树草原)中生物固氮进行了估算,二者估算的数字分别为每年 4 300 万 t(3 200 万～5 300 万 t)和 3 300 万 t(2 500 万～4 100 万 t)。Galloway 等(2004)将该数字修订为 3 200 万 t。

表 1.6　全球生物和非生物固氮量

10^6 t/年

固氮来源	固氮量
陆地	153
豆科	39
非豆科	10
其他	104
海洋	40
生物总固氮量	193
闪电	9
工业合成	85
非生物固氮	94

来源：Brady and Weil. The Nature and Properties of Soils, 2002。

1.4.2　农田生态系统主要豆科作物生物固氮量

全球共有 34 亿 hm^2 的草场,14 亿 hm^2 的耕地面积和 1.36 亿 hm^2 永久性作物(permanent crops),农业占据了将近全球土地面积的 40%。生物固氮能够为饲料、叶菜、豆荚、种子和块茎生产提供直接的氮素营养,满足人类蛋白质的需求。同时,生物固氮也为土壤增加氮素肥力提供了重要的来源。除光合作用外,生物固氮可能是仅次于光合作用对地球具有重要影响的生物学过程(Unkovich *et al.*，2008)。

表1.7 农业生态系统中的生物固氮

固氮途径	测定值范围 /[kg/(hm²·年)]	最常见测定值范围 /[kg/(hm²·年)]
自生固氮		
异氧细菌	1~39	<5
蓝细菌(蓝绿藻)	10~80	10~30
联合固氮		
热带草地	0~45	10~20
作物	0~240	5~65
共生固氮		
满江红属植物	10~150	10~50
豆科绿肥	5~325	50~150
豆科牧草/青贮	1~680	50~250
饲料		
豆科作物	0~450	30~150
豆科树/灌木	5~470	100~200

来源:Unkovich et al., 2008。

生物固氮的3个主要途径(自生、联合和共生固氮)中,自生固氮的固氮量常见在10~30 kg/(hm²·年),联合固氮约为10~20 kg/(hm²·年)(热带草地)或5~65 kg/(hm²·年)(作物);而共生固氮根据作物不同通常在10~250 kg/(hm²·年)范围内变动(表1.7)。可见,共生固氮是固氮效率最高的一个体系,即豆科作物、饲草或者绿肥等与根瘤菌形成的共生固氮系统。

Herridge等根据不同作物类型的统计面积和其固氮能力进一步估算了不同土地利用类型下不同生物固氮途径全球生物固氮量(表1.8)。尽管估算受到统计数据有效性和准确性的影响,以及不同体系不同作物体内来自大气氮比例(%Ndfa)等研究数据的有效性和准确性的制约,但是估算结果能够给我们一个大概的数量框架。普通豆科作物(菜豆、豇豆、鹰嘴豆、豌豆、扁豆和蚕豆等)和豆科油料作物(花生和大豆)全球种植面积1.85亿hm²,平均固氮量按照115 kg/(hm²·年)计算,估算的豆科作物-根瘤菌共生固氮系统的固氮量是每年2 145万t,其中花生和大豆等油料作物固定的氮为1 850万t,其余的豆科作物(菜豆、豇豆、鹰嘴豆、豌豆、扁豆和蚕豆等)固定295万t氮(Herridge et al., 2008)。可见大豆和花生是生物固氮的两大农作物。牧草和饲料豆科作物由于统计数据缺乏,准确性较低,估计豆科饲草-根瘤菌共生系统的固氮量每年在1 200万~2 500万t。水稻田中的满江红属植物-蓝细菌(蓝绿藻)共生系统的固氮量为500万t左右;甘蔗的联合和自生固氮估计为每年50万t;广阔的热带稀树草原的联合和自生固氮量每年接近1 400万t;除豆科和水稻田外的其他农田中的联合和自生固氮估计为少于每年400万t(Herridge et al., 2008)。

表 1.8　农田生态系统中共生、联合和自生固氮的年固氮量

固氮类型	农田	面积/10^6 hm²	固氮量/[kg N/(hm²·年)]	总固氮量/(10^6 t·年)	数据说明
豆科植物-根瘤菌	豆科作物	186	115	21	比较准确
	饲草饲料豆科作物	110	110~227	12~25	面积的不准确导致精确估算较困难
满江红属植物-蓝绿藻共生,自生固氮	水稻	150	33	5	尽管基于乙炔还原法,但比较准确
内生、联合或自生固氮菌	甘蔗	20	25	0.5	用自然分度法测定的结果变异很大,导致准确估算困难
内生、联合或自生固氮菌	除豆科和水稻以外作物	800	<5	<4	非常有可能如此,但没有更多数据支持
内生、联合或自生固氮菌	用于放牧的广阔热带稀树草原	1 390	<10	<14	有人估计高达 42 kg/(hm²·年),但有可能高估了

来源：Herridge et al.,2008。

利用联合国粮农组织(FAO)2005 年的统计数据(FAOSTAT),Herridge 等(2008)估算全球大豆生产中的生物固氮量为 1 644 万 t,其中美国、巴西、阿根廷和中国分别为 574 万、461万、344 万和 95 万 t(Herridge et al.,2008),分别占全球大豆总固氮量的 35%、28%、21%和6%,4 个国家大豆固氮量合计占全球大豆固氮量的 90%。

Brady 和 Weil(2002)还对一些豆科牧草的固氮量进行了总结,其中苜蓿固氮量最高,达146~246 kg N/hm²,其次为三叶草 100~146 kg N/hm²,大豆为 50~146 kg N/hm²,草木樨为 50~146 kg N/hm²,干菜豆为 28~50 kg N/hm²(表 1.9)。

表 1.9　大田豆科作物固氮量　　　　　　　　　　　　　kg N/(hm²·年)

作物	N 固定
苜蓿	146~246
三叶草	100~146
草木樨	50~146
干菜豆	28~50
大豆	50~146

来源：Brady and Weil,2002。

1.4.3 主要豆科作物在全球不同地区的固氮量

Peoples 等（2009）利用 2008 年的联合国粮农组织（FAO）的豆科作物统计数据（FAOSTAT，2008）估算了主要栽培豆科作物在全球不同地区的固氮范围和平均值（表 1.10）。不同豆科作物的固氮能力不同。各种豆科作物的地上部固氮量为：大豆 119 kg N/hm², 菜豆 48 kg N/ hm², 花生 98 kg N/ hm², 豌豆 86 kg N/ hm², 豇豆 59 kg N/ hm², 鹰嘴豆 51 kg N/ hm², 扁豆 kg N/ hm², 木豆 58 kg N/ hm², 蚕豆 129 kg N/ hm²。以蚕豆和大豆的固氮量最高，均超过 110 kg N/ hm²（Peoples *et al.*，2009）。

表 1.10 世界各地不同地域广泛种植的豆科作物根系固氮量和固氮比例的估计[a]

豆科作物种类及种植区域	$Ndfa$[b]/%		地上部固氮量/(kg N/hm²)	
	范围	平均值	范围	平均值
大豆：				
种植面积＝9 340 万 hm²（产量＝21 500 万 t：美国 38%，巴西 23%，阿根廷 18%）[c]				
南亚	44~88	74	21~197	88
东南亚	0~82	60	0~450	115
非洲	65~89	77	159~227	193
北美	13~80	50	14~311	144
南美	60~95	78	80~193	136
总的平均值		68		119
菜豆（四季豆）：				
种植面积＝2 510 万 hm²（产量＝1 800 万 t：巴西 17%，印度 16%）[c]				
南亚	42~92	66	99~152	116
东南亚	16~77	60	21~200	100
非洲	19~79	55	17~103	48
南美	54~78	67	68~116	75
总的平均值		62		98
豌豆：				
种植面积＝1 040 万 hm²（产量＝1 100 万 t：加拿大 29%，法国 12%，中国 12%）[c]				
西亚	70~74	72	33~62	47
欧洲	26~99	60	28~215	130
北美	33~75	59	11~196	83
大洋洲	31~95	68	26~183	83
总的平均值		65		86

续表 1.10

豆科作物种类及种植区域	Ndfa[b]/%		地上部固氮量/(kg N/hm²)	
	范围	平均值	范围	平均值
豇豆:				
种植面积=920 万 hm²(产量=460 万 t:尼日利亚 59%,尼日尔 14%,缅甸 3%)[c]				
南亚	33~77	58	57~125	84
非洲	15~89	52	3~201	63
南美	32~74	53	9~51	29
总的平均值		54		59
鹰嘴豆:				
种植面积=660 万 hm²(产量=840 t:印度 76%,巴基斯坦 8%,土耳其 6%)[c]				
南亚	25~97	60	18~80	36
西亚	8~91	60	3~115	51
欧洲	44~77	56	23~74	43
北美	47~60	54	24~84	54
大洋洲	37~86	60	43~124	70
总的平均值		58		51
扁豆:				
种植面积=440 万 hm²(产量=410 万 t:印度 30%,加拿大 24%,土耳其 13%)[c]				
南亚	9~97	65	4~90	42
西亚	58~68	64	110~152	122
总的平均值		65		82
木豆:				
种植面积=440 万 hm²(产量=320 万 t:印度 75%,缅甸 15%,肯尼亚 3%)[c]				
南亚	10~88	57	7~88	58
蚕豆:				
种植面积=270 万 hm²(产量=430 万 t:中国 42%,埃塞俄比亚 10%,埃及 9%)[c]				
西亚	63~76	69	78~133	100
欧洲	60~92	74	73~211	153
北美	60~92	74	13~252	118
大洋洲	69~89	82	82~216	143
总的平均值		75		129

来源:Peoples *et al.*,2009。

[a] 根据发表的数据和作者未发表的数据所进行的整理(参考文献见 Peoples *et al.*,2009),来源于 N 施肥处理的数据被排除。[b] 作物从空气中所固定的氮的比例。[c] 全球粮食总产量,主产国和它们对总产量的贡献(FAO,2008)。

以往的生物固氮研究大都集中在豆科作物的地上部,由于地下部固氮量计算的难度较大,因此固氮量在根系中的数据非常有限。然而,根系固定氮的定量化对于土壤肥力的贡献以及土壤氮素循环具有重要意义,Peoples 等(2009)利用 FAO 的统计数据对不同豆科作物根系的固氮量进行了计算(表 1.11)。可以看出,大豆、花生和豌豆等豆科作物的根系都有大量的固定氮的累积,说明这些作物通过生物固氮大约能够每年向土壤中输入 100 kg N/ hm²。这在农田生态系统中氮循环和土壤肥力的维持中是一个不可低估的氮素来源。

表 1.11　植株固定氮的比例[氮来源于生物固氮(Ndfa)的比例]和田间豆科作物固氮量

豆科作物和区域[a]	测定地块数	Ndfa 平均值/%	根系固氮量/(kg N/ hm²)
大豆:			
南亚	22	62	39
东南亚	43	71	148
非洲	14	58	na[b]
南美	42	64	182
大洋洲	33	53	179
总的平均值		62	137
菜豆:			
非洲	10	36	na[b]
南美	1	25	15
总的平均值		31	15
花生:			
南亚	18	58	123
东南亚	60	47	83
非洲	61	50	na[b]
总的平均值		52	103
豌豆:			
欧洲	9	65	57
大洋洲	8	75	160
总的平均值		70	108
鹰嘴豆:			
南亚	102	75	59
西亚	39	58	na[b]
大洋洲	15	28[c]	20[c]
总的平均值		54	40

续表1.11

豆科作物和区域	测定地块数	$Ndfa$ 平均值/%	根系固氮量/(kg N/ hm²)
扁豆:			
南亚	57	71	53
西亚	37	71	na[b]
大洋洲	4	79	90
总的平均值		74	71
木豆:			
南亚	5	65	na[b]
非洲	16	92	59
总的平均值		78	59
蚕豆:			
南亚	2	85	na[b]
大洋洲	56	68	95
总的平均值		77	95
黑豆:			
南亚	83	47	26
绿豆:			
大洋洲	65	28	na[b]
班巴拉花生			
非洲	16	54	na[b]

来源：Peoples *et al.*，2009。

[a]综合已发表和peoples等人来发展的数据。[b]无数据。[c]该数据源于干旱和较长时间休闲后较高土壤硝酸盐浓度条件下。

1.5　生物固氮研究的文献统计分析

我们用 Web of Science 数据库以 N₂ Fixation，Nitrogen fixation or Biological N₂ fixation or Biological Nitrogen fixation or Symbiosis N₂ fixation or Symbiosis Nitrogen fixation or Symbiotic N₂ fixation or Symbiotic Nitrogen fixation 等为主题词进行检索，共检索出 100 多

年来发表的生物固氮相关的文献 18 646 篇。文献发表量随年份的变化见图 1.9。

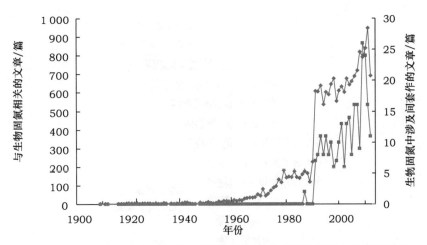

图 1.9　近 100 年生物固氮与生物固氮中间套作研究的国际文献收录数量

由图 1.9 可知,生物固氮的研究从 20 世纪 60 年代开始明显增加,其中 90 年代后出现突飞猛进的增长,2000 年后每年文献维持在 700 篇以上。近 20 年来生物固氮已经成为一个多学科的综合性研究项目,分别在分子、细胞、个体和生态等多层次水平上,从微观到宏观各个层次展开全面研究。

我们在上述检索到的文献基础上,用关键词(intercropping 或 intercrop)进一步检索生物固氮中涉及间套作的研究论文 270 多篇。从时间上,间套作生物固氮从 20 世纪 90 年代才出现了明显增长,2000 年后每年文献维持在 10 篇左右。并且随着生物固氮研究的增加生物固氮中涉及间套作的研究也随之增加。

根据发表论文的数量,从全球范围来看,生物固氮研究涉及的学科领域最主要的是农业,其次是:植物科学、微生物学、环境生态学、生物化学与分子生物学、海洋与淡水生物学、化学、海洋学、地质学、生物医学等等。间套作生物固氮研究涉及的学科领域最多仍然是农业,其次是植物科学、环境生态学和微生物学等(图 1.10)。

研究生物固氮较多的国家(由多到少排序)分别是:美国、德国、法国、英国、澳大利亚、印度、加拿大、日本、巴西、西班牙、中国、瑞典、荷兰,中国位于第 11 位(图 1.11)。而生物固氮中涉及间套作研究较多的国家分别是:丹麦、美国、巴西、印度、中国、法国、加拿大、英国、德国、澳大利亚等,中国位于第 5 位(图 1.12)。

从事生物固氮相关研究机构,按照发表文章数量,位于前 25 位的机构(由多到少排序)分别是:美国加州大学系统(University of California System)、美国农业部(USDA)、澳大利亚联邦科学与工业研究组织(CSIRO)、巴西农业研究合作组织(EMBRAPA)、西班牙国家研究委员会(CSIC)、法国国家农科院(INRA)、墨西哥国立自治大学(National Autonomous University of Mexico)、俄罗斯科学院、美国加州大学戴维斯分校(UC-DAVIS)、美国明尼苏达大学(University of Minnesota Twin Cities)、威斯康星大学系统(University of Wisconsin System)、

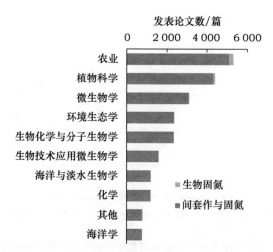

图 1.10　生物固氮及生物固氮中涉及间套作的研究领域发表论文数

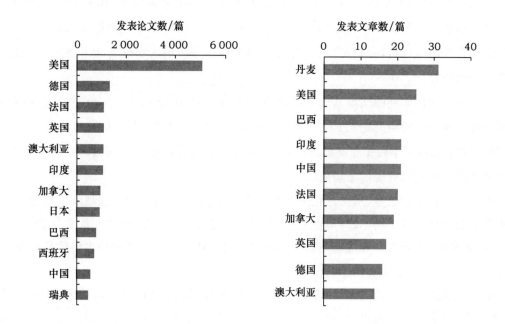

图 1.11　生物固氮相关论文发表数量最多的国家　　图 1.12　间套作生物固氮发表文章数量最多的国家

中国科学院、瑞士联邦理工学院、美国威斯康星大学-麦德森、德国马普学会、康奈尔大学、澳大利亚西澳大学、瑞典农业大学、英国 John Innes 研究中心、夏威夷大学系统、斯德哥尔摩大学、东京大学、瓦格宁根大学、邓迪大学和纽约州立大学系统(图 1.13)。

　　从事间套作生物固氮研究的机构,按照发表文章数量的多少,前 25 位分别是:丹麦哥本哈根大学(University of Copenhagen)、中国农业大学(China Agricultural University)、丹麦里索国家实验室(丹麦理工大学)(Riso Natl Lab,Technical University of Denmark)、法国国家农

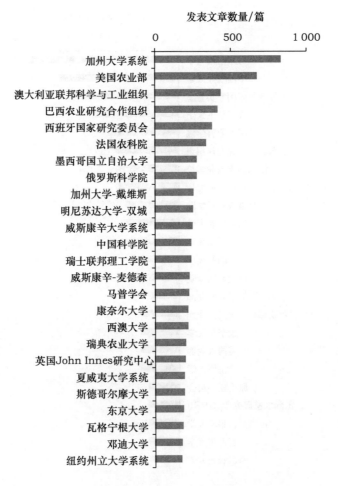

图 1.13　全球生物固氮发表文章最多的研究机构

业科学院(INRA)、巴西农业研究合作组织(Brazilian Enterprise For Agricultural Research EMBRAPA)、法国高等农业学校(Ecole Super Agr)、国际半干旱热带作物研究所(Int Crops Res Inst Semi Arid Trop)、甘肃农业科学院(Gansu Acad Agr Sci)、瑞典农业大学(Swedish University of Agricultural Sciences)、澳大利亚西澳大学(University of Western Australia)、丹麦奥胡斯大学(Aarhus University)、英国伦敦帝国学院(Imperial College London)、加拿大农业部(Agr Canada)、澳大利亚联邦科学与工业组织(Commonwealth Scientific and Industrial Research Organisation CSIRO)、康奈尔大学(Cornell University)、美国农业部(United States Department of Agriculture USDA)、雷德大学(University of Reading)、原子能委员会(Atom Energy Commission)、国际水稻研究所(IRRI)、肯尼亚肯雅塔大学(Kenyatta University)、麦吉尔大学(Mcgill University)、南京农业大学(Nanjing Agricultural University)等(图 1.14)。

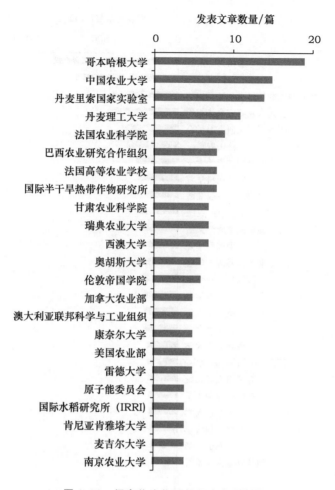

发表文章数量/篇

图 1.14　间套作生物固氮研究主要机构

参考文献

Abbas M., Monib M., Rammah A., *et al.*, 2001. Intercropping of sesbania (*Sesbania sesban*) and leucaena (*Leucaena leucocephala*) with five annual grasses under semi-arid conditions as affected by inoculation with specific rhizobia and associative diazotrophs. Agronomie 21, 517-525.

Abusuwar A.O., Bakshawain A.A., 2012. Effect of chemical fertilizers on yield and nutritive value of intercropped Sudan grass (*Sorghum sudanense*) and cowpea (*Vigna unguiculata* L. Walp) forages grown in an adverse environment of western Saudi Arabia. African Journal of Microbiology Research 6, 3485-3491.

Agegnehu G., Ghizaw A., Sinebo W., 2006. Yield performance and land-use efficiency of barley and faba bean mixed cropping in Ethiopian highlands. European Journal of Agronomy 25, 202-207.

Aggarwal P. K. , Garrity D. P. , Liboon S. P. , *et al.* , 1992. Resource use and plant interactions in a rice-mungbean intercrop. Agronomy Journal 84, 71-78.

Akinnifesi F. K. , Makumba W. , Sileshi G. , *et al.* , 2007. Synergistic effect of inorganic N and P fertilizers and organic inputs from Gliricidia sepium on productivity of intercropped maize in Southern Malawi. Plant and Soil 294, 203-217.

Alves B. J. R. , Boddey R. M. , Urquiaga S. , 2003. The success of BNF in soybean in Brazil. Plant and Soil 252, 1-9.

Andrighetto I. , Mosca G. , Cozzi G. , *et al.* , 1992. Maize-soybean intercropping - effect of different variety and sowing density of the legume on forage yield and silage quality. Journal of Agronomy and Crop Science-Zeitschrift Fur Acker und Pflanzenbau 168, 354-360.

Araujo M. , Faris M. A. , Lira M. D. A. , 1980. Intercropping Of Corn, Sorghum With 2 Legumes In Northeast Brazil. Canadian Journal of Plant Science 60, 320-321.

Arlauskiene A. , Maiksteniene S. , Sarunaite L. , *et al.* , 2011. Competitiveness and productivity of organically grown pea and spring cereal intercrops. Zemdirbyste-Agriculture 98, 339-348.

Armstrong K. L. , Albrecht K. A. , 2008. Effect of plant density on forage yield and quality of intercropped corn and lablab bean. Crop Science 48, 814-822.

Asl A. N. , Nassab A. D. M. , Salmasi S. Z. , *et al.* , 2009. Potato (*Solanum tuberosum* L.) and pinto bean (*Phaseolus vulgaris* L. var. pinto) intercropping based on replacement method. Journal of Food Agriculture & Environment 7, 295-299.

Assaeed A. M. , McGowan M. , Hebblethwaite P. D. , *et al.* , 1990. Effect of soil compaction on growth, yield and light interception of selected crops. Annals of Applied Biology 117, 653-666.

Astatke A. , Saleem M. A. M. , Elwakeel A. , 1995. Soil-water dynamics under cereal and forage legume mixtures on drained vertisols in the Ethiopian highlands. Agricultural Water Management 27, 17-24.

Atuahene-Amankwa G. , Michaels T. E. , 1997. Genetic variances, heritabilities and genetic correlations of grain yield, harvest index and yield components for common bean (*Phaseolus vulgaris* L.) in sole crop and in maize/bean intercrop. Canadian Journal of Plant Science 77, 533-538.

Azo W. M. , Lane G. P. F. , Davies W. P. , *et al.* , 2012. Bi-cropping white lupins (*Lupinus albus* L.) with cereals for wholecrop forage in organic farming: The effect of seed rate and harvest dates on crop yield and quality. Biological Agriculture and Horticulture 28, 86-100.

Barillot R. , Louarn G. , Escobar-Gutierrez A. J. , *et al.* , 2011. How good is the turbid medium-based approach for accounting for light partitioning in contrasted grass-legume inter-cropping systems? Annals of Botany 108, 1013-1024.

Barreto A. C., Fernandes M. F., 2001. Use of *Gliricidia sepium* and *Leucaena leuco-cephala* in alley cropping systems to improve Brazilian coastal tableland soils. Pesquisa Agropecuaria Brasileira 36, 1287-1293.

Baudoin J. P., Camarena F., Lobo M., 1997. Improving phaseolus genotypes for multiple cropping systems. Euphytica 96, 115-123.

Bedoussac L., Justes E., 2011. A comparison of commonly used indices for evaluating species interactions and intercrop efficiency: Application to durum wheat-winter pea inter-crops. Field Crops Research 124, 25-36.

Beedy T. L., Snapp S. S., Akinnifesi F. K., *et al.*, 2010. Impact of *Gliricidia sepium* intercropping on soil organic matter fractions in a maize-based cropping system. Agriculture Ecosystems & Environment 138, 139-146.

Begna S. H., Fielding D. J., Tsegaye T., *et al.*, 2011. Intercropping of oat and field pea in Alaska: An alternative approach to quality forage production and weed control. Acta Agriculturae Scandinavica Section B-Soil and Plant Science 61, 235-244.

Bekunda M. A., Woomer P. L., 1996. Organic resource management in banana-based cropping systems of the Lake Victoria Basin, Uganda. Agriculture Ecosystems & Environment 59, 171-180.

Bilalis D., Papastylianou P., Konstantas A., *et al.*, 2010. Weed-suppressive effects of maize-legume intercropping in organic farming. International Journal of Pest Management 56, 173-181.

Blackshaw R. E., Molnar L. J., Moyer J. R., 2010. Suitability of legume cover crop-winter wheat intercrops on the semi-arid Canadian prairies. Canadian Journal of Plant Science 90, 479-488.

Blaser B. C., Singer J. W., Gibson L. R., 2011. Winter cereal canopy effect on cereal and interseeded legume productivity. Agronomy Journal 103, 1180-1185.

Bloem J. F., Trytsman G., Smith H. J., 2009. Biological nitrogen fixation in resource-poor agriculture in South Africa. Symbiosis 48, 18-24.

Borin K., Frankow-Lindberg B. E., 2005. Effects of legumes-cassava intercropping on cassava forage and biomass production. Journal of Sustainable Agriculture 27, 139-151.

Brady N. C., Weil R. R., 2002. The Nature and Properties of Soils. Prentice Hall.

Bryan W. B., Materu M. B., 1987. Intercropping maize with climbing beans, cowpeas and velvet beans. Journal of Agronomy and Crop Science-Zeitschrift Fur Acker Und Pflanzenbau 159, 245-250.

Bulson H. A. J., Snaydon R. W., Stopes C. E., 1997. Effects of plant density on inter-cropped wheat and field beans in an organic farming system. Journal of Agricultural Science 128, 59-71.

Caballero R., Goicoechea E. L., Hernaiz P. J., 1995. Forage yields and quality of common vetch and oat sown at varying seeding ratios and seeding rates of vetch. Field Crops Research 41, 135-140.

Cao F.-l., Kimmins J. P., Jolliffe P. A., et al., 2009. Relative competitive abilities and productivity in Ginkgo and broad bean and wheat mixtures in southern China. Agroforestry Systems 79, 369-380.

Cardoso E., Nogueira M. A., Ferraz S. M. G., 2007. Biological N_2 fixation and mineral N in common bean-maize intercropping or sole cropping in Southeastern Brazil. Experimental Agriculture 43, 319-330.

Carpici E. B., Tunali M. M., 2012. Effects of mixture rates on forage yield and quality of mixtures of common vetch combined with oat, barley and wheat under a winter intercropping system of southern Marmara Region. Journal of Food Agriculture & Environment 10, 649-652.

Carr P. M., Schatz B. G., Gardner J. C., et al., 1992. Intercropping sorghum and pinto bean in a cool semiarid region. Agronomy Journal 84, 810-812.

Cenpukdee U., Fukai S., 1992. Cassava legume intercropping with contrasting cassava cultivars . 1. Competition between component crops under 3 intercropping conditions. Field Crops Research 29, 113-133.

Chowdhury M. K., Rosario E. L., 1992. Utilization efficiency of applied nitrogen as related to yield advantage in maize mungbean intercropping. Field Crops Research 30, 41-51.

Clark K. M., Myers R. L., 1994. Intercrop performance of pearl-millet, amaranth, cowpea, soybean, and guar in response to planting pattern and nitrogen-fertilization. Agronomy Journal 86, 1097-1102.

Clement A., Chalifour F. P., Bharati M. P., et al., 1992. Nitrogen and light partitioning in a maize soybean intercropping system under a humid subtropical climate. Canadian Journal of Plant Science 72, 69-82.

Clermont-Dauphin C., Meynard J. M., Cabidoche Y. M., 2003. Devising fertiliser recommendations for diverse cropping systems in a region: the case of low-input bean/maize intercropping in a tropical highland of Haiti. Agronomie 23, 673-681.

Contreras-Govea F., Marsalis M., Angadi S., et al., 2011. Fermentability and nutritive value of corn and forage sorghum silage when in mixture with lablab bean. Crop Science 51, 1307-1313.

Contreras-Govea F. E. , Muck R. E. , Armstrong K. L. , *et al.*, 2009. Nutritive value of corn silage in mixture with climbing beans. Animal Feed Science and Technology 150, 1-8.

Corbett M. C. , Hu Y. L. , Fay A. W. , *et al.*, 2006. Structural insights into a protein-bound iron-molybdenum cofactor precursor. Proceedings of the National Academy of Sciences of the United States of America 103, 1238-1243.

Corre-Hellou G. , Dibet A. , Hauggaard-Nielsen H. , *et al.*, 2011. The competitive ability of pea-barley intercrops against weeds and the interactions with crop productivity and soil N availability. Field Crops Research 122, 264-272.

Corre-Hellou G. , Fustec J. , Crozat Y. , 2006. Interspecific competition for soil N and its interaction with N_2 fixation, leaf expansion and crop growth in pea-barley intercrops. Plant and Soil 282, 195-208.

Coultas C. L. , Post T. J. , Jones J. B. , *et al.*, 1996. Use of velvet bean to improve soil fertility and weed control in corn production in northern Belize. Communications in Soil Science and Plant Analysis 27, 2171-2196.

Dapaah H. K. , Asafu-Agyei J. N. , Ennin S. A. , *et al.*, 2003. Yield stability of cassava, maize, soya bean and cowpea intercrops. Journal of Agricultural Science 140, 73-82.

Dawo M. I. , Wilkinson J. M. , Pilbeam D. J. , 2009. Interactions between plants in intercropped maize and common bean. Journal of the Science of Food and Agriculture 89, 41-48.

Dawo M. I. , Wilkinson J. M. , Sanders F. E. T. , *et al.*, 2007. The yield and quality of fresh and ensiled plant material from intercropped maize (*Zea mays*) and beans (*Phaseolus vulgaris*). Journal of the Science of Food and Agriculture 87, 1391-1399.

De Costa W. , Chandrapala A. G. , 2000. Environmental interactions between different tree species and mung bean (*Vigna radiata* (L.) Wilczek) in hedgerow intercropping systems in Sri Lanka. Journal of Agronomy and Crop Science-Zeitschrift fur Acker und Pflanzenbau 184, 145-152.

De Costa W. , Perera M. , 1998. Effects of bean population and row arrangement on the productivity of chilli/dwarf bean (*Capsicum annuum Phaseolus vulgaris* L.) intercropping in Sri Lanka. Journal of Agronomy and Crop Science-Zeitschrift fur Acker und Pflanzenbau 180, 53-58.

Desouza B. F. , Deandrade M. J. B. , 1985. Bean production systems in intercropping with sugarcane. Pesquisa Agropecuaria Brasileira 20, 343-348.

Dordas C. A. , Vlachostergios D. N. , Lithourgidis A. S. , 2012. Growth dynamics and agronomic-economic benefits of pea-oat and pea-barley intercrops. Crop & Pasture Science 63, 45-52.

Dos Santos N. C. B., Arf O., Komuro L. K., 2010. Intercropping of common bean and green corn in off-season crops. Performance of common bean cultivars. Bioscience Journal 26, 865-872.

Dupraz C., Simorte V., Dauzat M., *et al.*, 1998. Growth and nitrogen status of young walnuts as affected by intercropped legumes in a Mediterranean climate. Agroforestry Systems 43, 71-80.

Dwivedi G. K., Sinha N. C., Tomer P. S., *et al.*, 1988. Nitrogen economy, biomass production and seed production potential of *Chrysopogon fulvus* by intercropping of pasture legumes. Journal of Agronomy and Crop Science-Zeitschrift fur Acker und Pflanzenbau 161, 129-134.

Enyi B. A. C., 1973. Effects of intercropping maize or sorghum with cowpeas, pigeon peas or beans. Experimental Agriculture 9, 83-90.

Eskandari H., 2011. Intercropping of wheat (*Triticum aestivum*) and bean (*Vicia faba*): Effects of complementarity and competition of intercrop components in resource consumption on dry matter production and weed growth. African Journal of Biotechnology 10, 17755-17762.

Fandika I. R., Kadyampakeni D., Zingore S., 2011. Performance of bucket drip irrigation powered by treadle pump on tomato and maize/bean production in Malawi. Irrigation Science 30, 57-68.

Fandika I. R., Kadyampakeni D., Zingore S., 2012. Performance of bucket drip irrigation powered by treadle pump on tomato and maize/bean production in Malawi. Irrigation Science 30, 57-68.

FAOSTAT. http://faostat3.fao.org/home/index.html♯HOME.

Fernandez-Aparicio M., Emeran A. A., Rubiales D., 2008. Control of Orobanche crenata in legumes intercropped with fenugreek (*Trigonella foenum-graecum*). Crop Protection 27, 653-659.

Fininsa C., 2003. Relationship between common bacterial blight severity and bean yield loss in pure stand and bean-maize intercropping systems. International Journal of Pest Management 49, 177-185.

Firouzi S., Vishekaei M. N. S., Aminpanah H., 2012. Analysis of energy utilization of peanut-bean intercrop. Journal of Food Agriculture & Environment 10, 655-658.

Galloway J. N., Dentener F. J., Capone D. G., *et al.*, Howarth R. W., Seitzinger S. P., Asner G. P., Cleveland C. C., Green P. A., Holland E. A., Karl D. M., Michaels A. F., Porter J. H., Townsend A. R., Vorosmarty C. J., 2004. Nitrogen cycles: past, present, and future. Biogeochemistry 70, 153-226.

Galloway J. N., Schlesinger W. H., Levy H., et al., 1995. Nitrogen fixation - Anthropogenic enhancement-environmental response. Global Biogeochemical Cycles 9, 235-252.

Geren H., Avcioglu R., Soya H., et al., 2008. Intercropping of corn with cowpea and bean: Biomass yield and silage quality. African Journal of Biotechnology 7, 4100-4104.

Ghanbari-Bonjar A., Lee H. C., 2002. Intercropped field beans (Vicia faba) and wheat (Triticum aestivum) for whole crop forage: effect of nitrogen on forage yield and quality. Journal of Agricultural Science 138, 311-315.

Ghanbari-Bonjar A., Lee H. C., 2003. Intercropped wheat (Triticum aestivum L.) and bean (Vicia faba L.) as a whole-crop forage: effect of harvest time on forage yield and quality. Grass and Forage Science 58, 28-36.

Ghosh P. K., Manna M. C., Bandyopadhyay K. K., et al., 2006. Interspecific interaction and nutrient use in soybean/sorghum intercropping system. Agronomy Journal 98, 1097-1108.

Giambalvo D., Ruisi P., Di Miceli G., et al., 2011a. Forage production, N uptake, N_2 fixation, and N recovery of berseem clover grown in pure stand and in mixture with annual ryegrass under different managements. Plant and Soil 342, 379-391.

Giambalvo D., Ruisi P., Miceli G., et al., 2011b. Forage production, N uptake, N_2 fixation, and N recovery of berseem clover grown in pure stand and in mixture with annual ryegrass under different managements. Plant and Soil 342, 379-391.

Gibson T. A., Waring S. A., 1994. The soil fertility effects of leguminous ley pastures in northeast Thailand.1. Effects on the growth of reselle (Hibiscus sabdarrifa cv Altissima) and cassava (Manihot esculenta). Field Crops Research 39, 119-127.

Gilbert R. A., Heilman J. L., Juo A. S. R., 2003. Diurnal and seasonal light transmission to cowpea in sorghum-cowpea intercrops in Mali. Journal Of Agronomy And Crop Science 189, 21-29.

Giller K. E., Beare M. H., Lavelle P., et al., 1997. Agricultural intensification, soil biodiversity and agroecosystem function. Applied Soil Ecology 6, 3-16.

Gooding M. J., Kasyanova E., Ruske R., et al., 2007. Intercropping with pulses to concentrate nitrogen and sulphur in wheat. Journal of Agricultural Science 145, 469-479.

Graziani F., Onofri A., Pannacci E., et al., 2012. Size and composition of weed seedbank in long-term organic and conventional low-input cropping systems. European Journal of Agronomy 39, 52-61.

Guldan S. J., Martin C. A., Lindemann W. C., et al., 1997. Yield and green-manure benefits of interseeded legumes in a high desert environment. Agronomy Journal 89, 757-762.

Hamel C. , Furlan V. , Smith D. L. , 1991. N_2 fixation and transfer in a field-grown mycorrhizal corn and soybean intercrop. Plant and Soil 133, 177-185.

Hauggaard-Nielsen H. , Ambus P. , Jensen E. S. , 2001. Interspecific competition, N use and interference with weeds in pea-barley intercropping. Field Crops Research 70, 101-109.

Haymes R. , Lee H. C. , 1999. Competition between autumn and spring planted grain intercrops of wheat (*Triticum aestivum*) and field bean (*Vicia faba*). Field Crops Research 62, 167-176.

Hector A. , Schmid B. , Beierkuhnlein C. , *et al*. , 1999. Plant diversity and productivity experiments in European grasslands. Science 286, 1123-1127.

Hernandez-Ortega M. , Heredia-Nava D. , Espinoza-Ortega A. , *et al*. , 2011. Effect of silage from ryegrass intercropped with winter or common vetch for grazing dairy cows in small-scale dairy systems in Mexico. Tropical Animal Health and Production 43, 947-954.

Herridge D. F. , Peoples M. B. , Boddey R. M. , 2008. Global inputs of biological nitrogen fixation in agricultural systems. Plant and Soil 311, 1-18.

Hesterman O. B. , Griffin T. S. , Williams P. T. , *et al*. , 1992. forage-legume small-grain intercrops - Nitrogen-production and response of subsequent corn. Journal of Production Agriculture 5, 340-348.

Holland J. B. , Brummer E. C. , 1999. Cultivar effects on oat-berseem clover intercrops. Agronomy Journal 91, 321-329.

Hooper A. M. , Hassanali A. , Chamberlain K. , *et al*. 2009,New genetic opportunities from legume intercrops for controlling Striga spp. parasitic weeds. Pest Management Science 65, 546-552.

Huang W. D. , Xu Q. F. , 1999. Overyield of Taxodium ascendens-intercrop systems. Forest Ecology and Management 116, 33-38.

Izaurralde R. C. , Choudhary M. , Juma N. G. , *et al*. , 1995. Crop and nitrogen yield in legume-based rotations practiced with zero-tillage and low-input methods. Agronomy Journal 87, 958-964.

Jabbar A. , Ahmad R. , Bhatti I. H. ,*et al*. , 2011. Residual soil fertility as influenced by diverse rice-based inter/relay cropping systems. International Journal of Agriculture and Biology 13, 477-483.

Jalonen R. , Nygren P. , Sierra J. , 2009. Root exudates of a legume tree as a nitrogen source for a tropical fodder grass. Nutrient Cycling in Agroecosystems 85, 203-213.

Javanmard A. , Nasab A. D. M. , Javanshir A. , *et al*. , 2009. Forage yield and quality in intercropping of maize with different legumes as double-cropped. Journal of Food Agriculture and Environment 7，163-166.

Jensen E. S. , Peoples M. B. , Hauggaard-Nielsen H. , 2010. Faba bean in cropping systems. Field Crops Research 115，203-216.

Jeranyama P. , Hesterman O. B. , Waddington S. R. , *et al.* , 2000. Relay-intercropping of sunnhemp and cowpea into a smallholder maize system in Zimbabwe. Agronomy Journal 92，239-244.

Jorgensen V. , Moller E. , 2000. Intercropping of different secondary crops in maize. Acta Agriculturae Scandinavica Section B-Soil and Plant Science 50，82-88.

Kandel H. J. , Schneiter A. A. , Johnson B. L. , 1997. Intercropping legumes into sunflower at different growth stages. Crop Science 37，1532-1537.

Karlidag H. , Yildirim E. , 2007. The effects of nitrogen fertilization on intercropped strawberry and broad bean. Journal of Sustainable Agriculture 29，61-74.

Kavamahanga F. , Bishnoi U. R. , Aman K. , 1995. Influence of different N rates and intercropping methods on grain sorghum，common bean，and soya bean yields. Tropical Agriculture 72，257-260.

Kihara J. , Bationo A. , Waswa B. , *et al.* , 2011. Effect of reduced tillage and mineral fertilizer application on maize and soybean productivity. Experimental Agriculture 48，159-175.

Kimaro A. A. , Timmer V. R. , Chamshama S. A. O. , *et al.* , 2009. Competition between maize and pigeonpea in semi-arid Tanzania：Effect on yields and nutrition of crops. Agriculture Ecosystems & Environment 134，115-125.

Knudsen M. T. , Hauggaard-Nielsen H. , Jornsgard B. , *et al.* , 2004. Comparison of interspecific competition and N use in pea-barley，faba bean-barley and lupin-barley intercrops grown at two temperate locations. Journal of Agricultural Science 142，617-627.

Kolawole G. O. , 2012. Effect of phosphorus fertilizer application on the performance of maize/soybean intercrop in the southern Guinea savanna of Nigeria. Archives of Agronomy and Soil Science 58，189-198.

Kontturi M. , Laine A. , Niskanen M. , Hurme T. , *et al.* , 2011. Pea-oat intercrops to sustain lodging resistance and yield formation in northern European conditions. Acta Agriculturae Scandinavica，Section B - Soil and Plant Science 61，612-621.

Kremer R. J. , Kussman R. D. , 2011. Soil quality in a pecan-kura clover alley cropping system in the Midwestern USA. Agroforestry Systems 83，213-223.

Kurdali F. , Janat M. , Khalifa K. , 2003. Growth and nitrogen fixation and uptake in Dhaincha/Sorghum intercropping system under saline and non-saline conditions. Communications in Soil Science and Plant Analysis 34，2471-2494.

Kwabiah A. B. , 2004. Biological efficiency and economic benefits of pea-barley and pea-oat intercrops. Journal of Sustainable Agriculture 25, 117-128.

Kwabiah A. B. , 2005. Biological efficiency and economic benefits of pea-barley and pea-oat intercrops. Journal of Sustainable Agriculture 25, 117-128.

Latif M. A. , Mehuys G. R. , Mackenzie A. F. , *et al.* , 1992. Effects of legumes on soil physical quality in a maize crop. Plant and Soil 140, 15-23.

Lauk R. , Lauk E. , 2008. Pea-oat intercrops are superior to pea-wheat and pea-barley intercrops. Acta Agriculturae Scandinavica Section B-Soil and Plant Science 58, 139-144.

Lee T. D. , Reich P. B. , Tjoelker M. G. , 2003. Legume presence increases photosynthesis and N concentrations of co-occurring non-fixers but does not modulate their responsiveness to carbon dioxide enrichment. Oecologia 137, 22-31.

Li W. J. , Li J. H. , Lu J. F. , *et al.* , 2010. Legume-grass species influence plant productivity and soil nitrogen during grassland succession in the eastern Tibet Plateau. Applied Soil Ecology 44, 164-169.

Lindvall E. , Gustavsson A. M. , Palmborg C. , 2012. Establishment of reed canary grass with perennial legumes or barley and different fertilization treatments: effects on yield, botanical composition and nitrogen fixation. Global Change Biology Bioenergy 4, 661-670.

Lithourgidis A. , Dhima K. , Vasilakoglou I. , *et al.* , 2007. Sustainable production of barley and wheat by intercropping common vetch. Agronomy For Sustainable Development 27, 95-99.

Lithourgidis A. S. , Dordas C. A. , 2010. Forage yield, growth rate, and nitrogen uptake of faba bean intercrops with wheat, barley, and rye in three seeding ratios. Crop Science 50, 2148-2158.

Lithourgidis A. S. , Vlachostergios D. N. , Dordas C. A. , *et al.* , 2011. Dry matter yield, nitrogen content, and competition in pea-cereal intercropping systems. European Journal of Agronomy 34, 287-294.

Loreau M. , Hector A. , 2001. Partitioning selection and complementarity in biodiversity experiments. Nature 412, 72-76.

Lu S. , Zhang J. S. , Meng P. , Liu W. J. , 2012. Soil respiration and its temperature sensitivity for walnut intercropping, walnut orchard and cropland systems in North China. Journal of Food Agriculture & Environment 10, 1204-1208.

Maffei M. , Mucciarelli M. , 2003. Essential oil yield in peppermint/soybean strip intercropping. Field Crops Research 84, 229-240.

Maingi J. M. , Shisanya C. A. , Gitonga N. M. , *et al.* , 2001. Nitrogen fixation by common bean (*Phaseolus vulgaris* L.) in pure and mixed stands in semi-arid south-east Kenya.

European Journal of Agronomy 14, 1-12.

Maitra S., Ghosh D. C., Sounda G., *et al.*, 2001. Performance of intercropping legumes in fingermillet (*Eleusine coracana*) at varying fertility levels. Indian Journal of Agronomy 46, 38-44.

Maliki R., Toukourou M., Sinsin B., *et al.*, 2012. Productivity of yam-based systems with herbaceous legumes and short fallows in the Guinea-Sudan transition zone of Benin. Nutrient Cycling in Agroecosystems 92, 9-19.

Mandal B. K., Dhara M. C., Mandal B. B., *et al.*, 1990. Rice, mungbean, soybean, peanut, ricebean, and blackgram yields under different intercropping systems. Agronomy Journal 82, 1063-1066.

Mandal B. K., Saha S., Jana T. K., 2000. Yield performance and complementarity of rice (*Oryza sativa*) with greengram (*Phaseolus radiatus*), blackgram (*Phaseolus mungo*) and pigeonpea (*Cajanus cajan*) under different rice-legume associations. Indian Journal of Agronomy 45, 41-47.

Mariotti M., Masoni A., Ercoli L., *et al.*, 2009. Above-and below-ground competition between barley, wheat, lupin and vetch in a cereal and legume intercropping system. Grass and Forage Science 64, 401-412.

Mariotti M., Masoni A., Ercoli L., *et al.*, 2012. Optimizing forage yield of durum wheat/field bean intercropping through N fertilization and row ratio. Grass and Forage Science 67, 243-254.

Martin M., Snaydon R. W., 1982. Intercropping barley and beans. 1. Effects of planting pattern. Experimental Agriculture 18, 139-148.

McCartney D., Fraser J., 2010. The potential role of annual forage legumes in Canada: A review. Canadian Journal of Plant Science 90, 403-420.

McDonagh J. E., Hillyer A. E. M., 2003. Grain legumes in pearl millet systems in northern Namibia: An assessment of potential nitrogen contributions. Experimental Agriculture 39, 349-362.

Mucheru-Muna M., Pypers P., Mugendi D., *et al.*, 2010. A staggered maize-legume intercrop arrangement robustly increases crop yields and economic returns in the highlands of central Kenya. Field Crops Research 115, 132-139.

Mukhala E., De Jager J. M., Van Rensburg L. D., *et al.*, 1999. Dietary nutrient deficiency in small-scale farming communities in South Africa: Benefits of intercropping maize (*Zea mays*) and beans (*Phaseolus vulgaris*). Nutrition Research 19, 629-641.

Murungu F. S., Chiduza C., Muchaonyerwa P., 2011. Productivity of maize after strip intercropping with leguminous crops under warm-temperate climate. African Journal of Agricultural Research 6，5405-5413.

Musa M.，Leitch M. H.，Iqbal M.，*et al.*，2010. Spatial arrangement affects growth characteristics of barley-pea intercrops. International Journal of Agriculture and Biology 12，685-690.

Nair K. P. P.，Patel U. K.，Singh R. P.，*et al.*，1979. Evaluation of legume intercropping in conservation of fertilizer nitrogen in maize culture. Journal of Agricultural Science 93，189-194.

Narwal S. S.，Malik D. S.，1985. Influence of intercropping on the yield and food value of rainfed sunflower and companion legumes. Experimental Agriculture 21，395-401.

Naudin C.，Corre-Hellou G.，Pineau S.，*et al.*，2010. The effect of various dynamics of N availability on winter pea-wheat intercrops：Crop growth，N partitioning and symbiotic N_2 fixation. Field Crops Research 119，2-11.

Nelson S. C.，Nabhan G. P.，Robichaux R. H.，1991. Effects of water，nitrogen and competition on growth，yield and yield components of field-grown tepary bean. Experimental Agriculture 27，211-219.

Neto J. F.，Crusciol C. A. C.，Soratto R. P.，*et al.*，2011. Cover crops，straw mulch management and castor bean yield in no-tillage system. Revista Ciencia Agronomica 42，978-985.

Newman S. M.，Bennett K.，Wu Y.，1997. Performance of maize，beans and ginger as intercrops in Paulownia plantations in China. Agroforestry Systems 39，23-30.

Neykova N.，Obando J.，Schneider R.，*et al.*，2011. Vertical root distribution in single-crop and intercropping agricultural systems in central Kenya. Journal of Plant Nutrition and Soil Science 174，742-749.

Njoku D. N.，Afuape S. O.，Ebeniro C. N.，2010. Growth and yield of cassava as influenced by grain cowpea population density in Southeastern Nigeria. African Journal of Agricultural Research 5，2778-2781.

Njoroge J. M.，Mwakha E.，1994. Intercropping young arabica coffee cv Catimor with grain legumes. Discovery and Innovation 6，415-419.

Obiagwu C. J.，1995. Estimated yield and nutrient contributions of legume cover crops intercropped with yam，cassava，and maize in the Benue River Basins of Nigeria. Journal of Plant Nutrition 18，2775-2782.

Odunze A. C.，Iwuafor E. N. O.，Chude V. O.，2002. Maize/herbaceous legume intercrops and soil properties in the northern Guinea Savanna Zone，Nigeria. Journal of Sustainable Agriculture 20，15-25.

Oelbermann M.，Echarte L.，2011. Evaluating soil carbon and nitrogen dynamics in recently established maize-soyabean inter-cropping systems. European Journal of Soil Science 62，35-41.

Ofosu-Budu G. K. ，Sumiyoshi D. ，Matsuura H. ，*et al*. ，1993. Significance of soil N on dry matter production and N balance in soybean/sorghum mixed cropping system. Soil Science and Plant Nutrition 39，33-42.

Omondi E. C. ，Ridenour M. ，Ridenour C. ，*et al*. ，2010. The Effect of intercropping annual ryegrass with pinto beans in mitigating iron deficiency in calcareous soils. Journal of Sustainable Agriculture 34，244-257.

Pappa V. A. ，Rees R. M. ，Walker R. L. ，*et al*. ，2011. Nitrous oxide emissions and nitrate leaching in an arable rotation resulting from the presence of an intercrop. Agriculture Ecosystems & Environment 141，153-161.

Pappa V. A. ，Rees R. M. ，Walker R. L. ，*et al*. ，2012. Legumes intercropped with spring barley contribute to increased biomass production and carry-over effects. Journal of Agricultural Science 150，584-594.

Paulsen H. M. ，2011. Improving green-house gas balances of organic farms by the use of straight vegetable oil from mixed cropping as farm own fuel and its competition to food production. Landbauforschung 61，209-216.

Pelzer E. ，Bazot M. ，Makowski D. ，*et al*. ，2012. Pea - wheat intercrops in low-input conditions combine high economic performances and low environmental impacts. European Journal of Agronomy 40，39-53.

Peoples M. B. ，Brockwell J. ，Herridge D. F. ，*et al*. ，2009. The contributions of nitrogen-fixing crop legumes to the productivity of agricultural systems. Symbiosis 48，1-17.

Pilbeam C. J. ，1996. Variation in harvest index of maize (*Zea mays*) and common bean (*Phaseolus vulgaris*) grown in a marginal rainfall area of Kenya. Journal of Agricultural Science 126，1-6.

Pridham J. C. ，Entz M. H. ，2008. Intercropping spring wheat with cereal grains，legumes，and oilseeds fails to improve productivity under organic management. Agronomy Journal 100，1436-1442.

Ramesh P. ，Ghosh P. K. ，Ajay，Ramana S. ，2002. Effects of nitrogen on dry matter accumulation and productivity of three cropping systems and residual effects on wheat in deep vertisols of central India. Journal of Agronomy and Crop Science 188，81-85.

Riday H. ，Albrecht K. A. ，2008. Intercropping tropical vine legumes and maize for silage in temperate climates. Journal of Sustainable Agriculture 32，425-438.

Rizk A. M. ，2011. Effect of strip-management on the population of the aphid，aphis craccivora koch and its associated predators by intercropping faba bean，*Vicia faba* L. with

Coriander, *Coriandrum sativum* L. Egyptian Journal of Biological Pest Control 21, 81-87.

Robinson J. , 1997. Intercropping maize (*Zea mays* L.) and upland rice (*Oryza sativa* L.) with common bean (*Phaseolus vulgaris* L.) in southern Sudan. Tropical Agriculture 74, 1-6.

Roder W. , Anderhalden E. , Gurung P. , *et al.* , 1992. Potato intercropping systems with maize and faba bean. American Potato Journal 69, 195-202.

Roscher C. , Thein S. , Schmid B. , *et al.* , 2008. Complementary nitrogen use among potentially dominant species in a biodiversity experiment varies between two years. Journal of Ecology 96, 477-488.

Rusinamhodzi L. , Murwira H. K. , Nyamangara J. , 2009. Effect of cotton-cowpea intercropping on C and N mineralisation patterns of residue mixtures and soil. Australian Journal of Soil Research 47, 190-197.

Rutto E. C. , Okalebo R. , Othieno C. O. , *et al.* , 2011. Effect of prep-pac application on soil properties, maize, and legume yields in a ferralsol of Western Kenya. Communications in Soil Science and Plant Analysis 42, 2526-2536.

Santalla M. , Casquero P. A. , *de Ron A. M.* , 1999. Yield and yield components from intercropping improved bush bean cultivars with maize. Journal of Agronomy and Crop Science-Zeitschrift fur Acker und Pflanzenbau 183, 263-269.

Santalla M. , Rodino A. P. , Casquero P. A. , *et al.* , 2001. Interactions of bush bean intercropped with field and sweet maize. European Journal of Agronomy 15, 185-196.

Santos R. H. S. , Gliessman S. R. , Cecon P. R. , 2002. Crop interactions in broccoli intercropping. Biological Agriculture & Horticulture 20, 51-75.

Schipanski M. E. , Drinkwater L. E. , 2012. Nitrogen fixation in annual and perennial legume-grass mixtures across a fertility gradient. Plant and Soil 357, 147-159.

Schmidt O. , Curry J. P. , Hackett R. A. , *et al.* , 2001. Earthworm communities in conventional wheat monocropping and low-input wheat-clover intercropping systems. Annals of Applied Biology 138, 377-388.

Schmidtke K. , Neumann A. , Hof C. , *et al.* , 2004. Soil and atmospheric nitrogen uptake by lentil (*Lens culinaris* Medik.) and barley (*Hordeum vulgare* ssp. nudum L.) as monocrops and intercrops. Field Crops Research 87, 245-256.

Schroder D. , Kopke U. , 2012. Faba bean (*Vicia faba* L.) intercropped with oil crops-a strategy to enhance rooting density and to optimize nitrogen use and grain production? Field Crops Research 135, 74-81.

Searle P. G. E. , Comudom Y. , Shedden D. C. , *et al* , 1981. Effect of maize + legume intercropping systems and fertilizer nitrogen on crop yields and residual nitrogen. Field

Crops Research 4，133-145.

Sekiya N.，Yano K.，2004. Do pigeon pea and sesbania supply groundwater to intercropped maize through hydraulic lift? Hydrogen stable isotope investigation of xylem waters. Field Crops Research 86，167-173.

Senaratne R.，Liyanage N. D. L.，Soper R. J.，1995. Nitrogen-fixation of and n-transfer from cowpea，mungbean and groundnut when intercropped with maize. Fertilizer Research 40，41-48.

Sharma R. P.，Raman K. R.，Singh A. K.，*et al.*，2009. Production potential and economics of multi-cut forage sorghum (*Sorghum sudanense*) with legumes intercropping under various row proportions. Range Management and Agroforestry 30，67-71.

Siame J.，Willey R. W.，Morse S.，1998. The response of maize/phaseolus intercropping to applied nitrogen on Oxisols in northern Zambia. Field Crops Research 55，73-81.

Sieverding E.，Leihner D. E.，1984. Influence of crop-rotation and intercropping of cassava with legumes on VA mycorrhizal symbiosis of cassava. Plant and Soil 80，143-146.

Sileshi G. W.，Akinnifesi F. K.，Ajayi O. C.，*et al.*，2011. Integration of legume trees in maize-based cropping systems improves rain use efficiency and yield stability under rain-fed agriculture. Agricultural Water Management 98，1364-1372.

Sileshi G. W.，Debusho L. K.，Akinnifesi F. K.，2012. Can integration of legume trees increase yield stability in rainfed maize cropping systems in Southern Africa? Agronomy Journal 104，1392-1398.

Silva E. E.，De-Polli H.，Guerra J. G. M.，*et al.*，2011. Organic crop succession of maize and collard greens intercropped with legumes in no-tillage system. Horticultura Brasileira 29，57-62.

Silwana T. T.，Lucas E. O.，2002. The effect of planting combinations and weeding on the growth and yield of component crops of maize/bean and maize/pumpkin intercrops. Journal of Agricultural Science 138，193-200.

Singh K. K.，Rathi K. S.，2003. Dry matter production and productivity as influenced by staggered sowing of mustard intercropped at different row ratios with chickpea. Journal of Agronomy And Crop Science 189，169-175.

Singh M.，Singh A.，Singh S.，*et al*，2010. Cowpea (*Vigna unguiculata* L. Walp.) as a green manure to improve the productivity of a menthol mint (*Mentha arvensis* L.) intercropping system. Industrial Crops and Products 31，289-293.

Singh S. P.，1981. Studies on spatial arrangement in sorghum-legume intercropping systems. Journal of Agricultural Science 97，655-661.

Singh S. P.，1983. Summer legume intercrop effects on yield and nitrogen economy of wheat in the succeeding season. Journal of Agricultural Science 101, 401-405.

Somarriba E., Kass D., 2001. Estimates of above-ground biomass and nutrient accumulation in Mimosa scabrella fallows in southern Brazil. Agroforestry Systems 51, 77-84.

Strydhorst S. M., King J. R., Lopetinsky K. J., et al., 2008. Forage potential of intercropping barley with faba bean, lupin, or field pea. Agronomy Journal 100, 182-190.

Subramanian V. B., Rao D. G., 1988. Intercropping effects on yield components of dryland sorghum, pigeon pea and mung bean. Tropical Agriculture 65, 145-149.

Suman A., Lal M. H., Singh A. K., Gaur A., 2006. Microbial biomass turnover in Indian subtropical soils under different sugarcane intercropping systems. Agronomy Journal 98, 698-704.

Tembe A. F., 1999. Evaluation of alley-cropped maize and groundnut yields when grown in monoculture and intercrop ping systems on the sandy soils of the Maputo Coastal Plain. Agrobiological Management Of Soils And Cropping Systems. Centre Cooperation Int Rech Agronomique Developpement, 75116 Paris, p. 299.

Thapa G. B., Yila O. M., 2012. Farmers' land management practices and status of agricultural land in the Jos Plateau, Nigeria. Land Degradation & Development 23, 263-277.

Thierfelder C., Cheesman S., Rusinamhodzi L., 2012. A comparative analysis of conservation agriculture systems: Benefits and challenges of rotations and intercropping in Zimbabwe. Field Crops Research 137, 237-250.

Thorsted M. D., Olesen J. E., Weiner J., 2006. Width of clover strips and wheat rows influence grain yield in winter wheat/white clover intercropping. Field Crops Research 95, 280-290.

Tilman D., 1996. Biodiversity: Population versus ecosystem stability. Ecology 77, 350-363.

Tilman D., Cassman K. G., Matson P. A., et al., 2002. Agricultural sustainability and intensive production practices. Nature 418, 671-677.

Tilman D., Downing J. A., 1994. Biodiversity and stability in grasslands. Nature 367, 363-365.

Tilman D., Naeem S., Knops J., et al., 1997. Biodiversity and ecosystem properties. Science 278, 1866-1867.

Tilman D., Reich P. B., Knops J., et al., 2001. Diversity and productivity in a long-term grassland experiment. Science 294, 843-845.

Tosti G., Benincasa P., Farneselli M., et al., 2012. Green manuring effect of pure and mixed barley-hairy vetch winter cover crops on maize and processing tomato N nutrition. European Journal of Agronomy 43, 136-146.

Tosti G., Guiducci M., 2010. Durum wheat-faba bean temporary intercropping: Effects on nitrogen supply and wheat quality. European Journal of Agronomy 33, 157-165.

Unkovich M., Herridge D., Peoples M., Cadisch G, et al., 2008. Measuring plant-associated nitrogen fixation in agricultural systems. ACIAR Monograph No. 136, 258.

Urbatzka P., Grass R., Haase T., et al., 2009. Fate of legume-derived nitrogen in monocultures and mixtures with cereals. Agriculture Ecosystems & Environment 132, 116-125.

Vasilakoglou I., Dhima K., 2008. Forage yield and competition indices of berseem clover intercropped with barley. Agronomy Journal 100, 1749-1756.

Whittington H. R., Deede L., Powers J. S., 2012. Growth responses, biomass partitioning, and nitrogen isotopes of prairie legumes in response to elevated temperature and varying nitrogen source in a growth chamber experiment. American Journal of Botany 99, 838-846.

Witcombe J. R., Billore M., Singhal H. C., et al., 2008. Improving the food security of low-resource farmers: Introducing horsegram into maize-based cropping systems. Experimental Agriculture 44, 339-348.

Woolley J. N., Rodriguez W., 1987. Cultivar X cropping system interactions in relay and row intercropping of bush beans with different maize plant types. Experimental Agriculture 23, 181-192.

Wortmann C. S., Sengooba T., 1993. The Banana Bean Intercropping System - Bean Genotype X Cropping System Interactions. Field Crops Research 31, 19-25.

Yang H. J., Jiang L., Li L. H., et al., 2012. Diversity-dependent stability under mowing and nutrient addition: evidence from a 7-year grassland experiment. Ecology Letters 15, 619-626.

Yildirim E., Guvenc I., 2005. Intercropping based on cauliflower: more productive, profitable and highly sustainable. European Journal of Agronomy 22, 11-18.

Zaffaroni E., Vasconcelos A. F. M., Lopes E. B., 1991. Evaluation of Intercropping Cassava Corn Beans (Phaseolus-Vulgaris L) In Northeast Brazil. Journal of Agronomy and Crop Science-Zeitschrift fur Acker und Pflanzenbau 167, 207-212.

Zougmore R., Kambou F. N., Ouattara K., et al., 2000. Sorghum-cowpea intercropping: An effective technique against runoff and soil erosion in the Sahel (Saria, Burkina Faso). Arid Soil Research and Rehabilitation 14, 329-342.

包维楷. 1998. 果粮间作模式生态系统能量输入输出特征研究 —— 以岷江上游干旱河谷试区为例. 生态农业研究,3(6):50-54.

陈文新,汪恩涛. 2011. 中国根瘤菌. 北京:科学出版社.

河南科技报记者.2008.我省农田林网、农林间作面积达 8 500 万亩.河南科技报,2008—07—04(002).

胡耀华,陈秋波,周兆德,等.2006.热带农林复合生态工程//中国热带、南亚热带地区的主要农林复合生态工程.北京:中国农业出版社.

刘巽浩.1994.耕作学.北京:中国农业出版社.

沈效东,赵世华,刘福忠.发展枣粮间作.提高宁夏农业立体生态经济效益.宁夏农林科技,1998(5):40-41

王贺祥.2003.农业微生物.北京:中国农业大学出版社.

王宏广.2005.中国耕作制度 70 年.北京:中国农业出版社.

王连铮,郭庆元.2007.现代中国大豆.北京:金盾出版社.

雍太文.2009.“麦/玉/豆”套作体系的氮素吸收利用特性及根际微生态效应研究[博士学位论文].四川农业大学.

张明沛.2011.套种技术.南宁:广西人民出版社.

中华人民共和国农业部,中国农业年鉴编辑委员会.2012.中国农业年鉴 2011.北京:中国农业出版社.

中华人民共和国农业部,2005.全国粮区高效多熟十大种植模式.北京:中国农业出版社.

周新安,年海,杨文钰,等.2010.南方间套作大豆生产发展的现状与对策.大豆科技,(3):1—2.

邹超亚,李增嘉.2002.作物间作套种//石元春,张湘琴.20 世纪中国学术大典 农业科学.福州:福建教育出版社.

第2章

间套作豆科作物共生固氮能力评价方法

2.1 主要的共生固氮能力评价方法

对豆科作物共生固氮能力的测定有多种方法。有的方法简单粗略,适宜于对大批量豆科作物固氮能力的初始评价;有的方法能够精确定量,但耗费较高;有的方法能够测定豆科作物全生育期的固氮量;有的方法只能够测定豆科作物瞬时固氮量。各种方法的测定原理、所需时间、仪器、经费等有所不同,准确性也不一样(见表2.1),实际应用中可根据研究目的和实验条件具体选择。

2.1.1 生物量比较法

生物量比较法是一种较古老的用于定性研究豆科作物固氮能力的方法。该法是一般通过比较在较低土壤无机氮生长条件下固氮豆科作物的生物量与不固氮作物的生物量,两者的差异被认为是生物固氮的贡献(Hardarson and Danso,1993)。这种方法适用于大范围内豆科作物品种选育和根瘤菌选择上。豆科作物生物量越大,表明固氮能力越强。此法操作简单易行且成本较低,但在精确定量时误差较大。

2.1.2 氮差异法(氮平衡法)

氮差异法是在生物量比较法的基础上,通过测定固氮豆科作物的生物量和氮浓度,同时用不固氮参比植物的生物量和氮浓度估测豆科作物从土壤中吸收的氮量,二者的差值即为豆科作物的固氮量。由于要用凯氏定氮法测定作物的氮浓度,因此,需要更多的时间和资金投入,而且要求参比植物与豆科作物从土壤中吸收的氮量相同,否则有可能引入误差。所以,这种方法在土壤无机氮浓度很低的条件下才比较准确(Anthofer and Kroschel,2005)。

2.1.3　总氮差异法

氮差异法中豆科作物和参比植物对土壤无机氮的吸收能力存在差异,导致收获后两种植物根系土壤中的无机氮含量存在差异。总氮差异法将这种差异带入计算中,用来校正氮差异法中由于豆科作物和参比植物吸收土壤氮量的不同而产生的偏差。其计算公式为:

$$Ndfa = (N_{\mathrm{leg}} - N_{\mathrm{ref}}) + (Nmin_{\mathrm{leg}} - Nmin_{\mathrm{ref}}) \qquad (2.1)$$

式中:N_{leg}指豆科作物地上部的氮累积量;N_{ref}指参比植物地上部的氮累积量;$Nmin_{\mathrm{leg}}$指豆科作物土壤无机氮累积量;$Nmin_{\mathrm{ref}}$指参比植物土壤无机氮累积量。显然,总氮差异法的测定值比氮差异法更接近于实际的固氮量。这种计算方法近些年有许多报道(Carranca et al.,1999;Geijersstam and Martensson,2006;Karpenstein-Machan and Stuelpnagel,2000a;Schulz et al.,1999)。然而,这种方法没有考虑到氮素循环的其他途径,如氨挥发、反硝化、硝酸盐淋洗以及土壤本身的氮素缓冲能力(如土壤有机氮矿化和吸附等)对计算的影响。豆科作物和参比植物间在各种途径上损失的氮素差异越大,导致测定结果的误差也越大。在豆科/非豆科间作体系中,还同时存在着种间氮素相互作用,豆科作物的土壤氮素会被与之间作的非豆科作物竞争,反之豆科作物也可能竞争非豆科作物土壤中的氮素,影响到计算结果的可靠性。

2.1.4　根瘤观测法

根瘤观测法假设豆科作物根瘤的数量和重量与其生物固氮量呈正相关关系,即根瘤的数量越多,根瘤越重,其固氮量就越大。此方法适用于在野外考察时作为豆科作物和根瘤菌种类筛选时的初始参考。近年虽然有相关应用报道(Maingi et al.,2001),但不同豆科作物间根瘤的形成有较大差异,根瘤的大小或重量与根瘤的有效性、固氮效率间并不是很稳定的正相关关系,这种测定方法只能作为其他测定方法的辅助方法,或用于同一豆科物种的定性比较。

2.1.5　乙炔还原法

该方法始建于20世纪60年代,其原理是固氮酶具有还原分子态氮或利用其他底物的能力,使乙炔还原为乙烯,从而进行固氮的间接测定。操作方法是:从植物根际分离的纯培养物接种于盛有无氮半固体培养基的血清小瓶中,放置在28～30℃培养箱中培养48 h,将血清小瓶瓶盖在无菌条件下换成橡胶塞,用无菌注射器抽出10%的气体,每瓶注入1 mL C_2H_2,再置于28～30℃下培养24～48 h,用无菌注射器从瓶中抽取混合气体0.2 mL注入气相色谱仪

(GC)进样柱中,测定 C_2H_4 的含量。其中,以不接种菌株有 C_2H_2 的血清小瓶为对照。从显示屏上 C_2H_2、C_2H_4 的峰值判定有无 C_2H_4 的产生以确定其固氮量(姚拓等,2004),按以下公式计算其固氮酶活性的大小(东秀珠和蔡妙英,2001):

$$ARA = 实际 C_2H_4 峰面积 \times 标准气含量 \times 血清小瓶容积/$$
$$标准气峰面积 \times 进样量 \times 培养时间 \times 样品量 \tag{2.2}$$

该方法的优点在于:灵敏度高,其灵敏度比 ^{15}N 示踪法高 1 000 倍,比凯氏定氮法高 1 000 000 倍;方法简单,速度快,测定一个样品,从进样到出乙烯色谱峰只需几十秒至几分钟,几百个样品只用几个小时即可测完;可以进行生物固氮各方面的研究,如自生固氮菌、细胞或酶的浸提液、豆科或非豆科作物的根瘤、藻类、禾本科植物根际联合固氮等。此法既可以离体测定,也可以整株活体连续测定或原位测定,从而避免破坏所测定的植株系统。

其误差主要由以下几方面产生:理论上可以用 $C_2H_2 : H$ 为 3∶1 换算固氮结果,但实际上已报道的有(1.5∶1.0)~(25∶1.0)的各种比例,尤其在田间条件下变化更加复杂,因此,要在控制条件或田间单因子条件下测定,以便进行校正(Rowe et al.,2001);固氮酶活性随时间变化,在培养 15 min 左右达到最大值,然后迅速下降(Minchin et al.,1983);温度、湿度等培养条件对测定结果都有很大影响(Rowe et al.,2001)。需要一定的仪器,费用较高;只能短时间内测定固氮酶活性动态,不适于长时期田间共生固氮的定量测定(Rowe et al.,2001)。

2.1.6 酰脲相对含量法

此方法的基本原理是:热带起源的豆科作物(大豆、豇豆、绿豆、黑鹰嘴豆、菜豆、饭豆等)从大气中固定的氮主要以酰脲、脲囊素和脲囊酸等形态输出,且在数量上与固氮量有较好的相关关系。其计算方法为:

$$RUI = 4 酰脲/(4 酰脲 + 氨基酸 + 硝酸盐) \times 100\% \tag{2.3}$$

式中:RUI 为伤流液中酰脲态氮的相对含量,%。

酰脲相对含量法简单、费用低,适于热带起源的豆科作物固氮能力的评价(Herridge,1982)。但每种豆科作物都必须建立相应的固氮比例和伤流液中酰脲相对含量间的函数关系(Peoples et al.,2002),如新银合欢(D. rensonii)的函数为 $y = 18.3 + 0.446x$ ($r^2 = 0.91$)(其中 y 为固定氮的比例,x 为伤流液中酰脲态氮的相对含量(%),即 RUI),而圆叶舞草(C. gyroides)的函数为 $y = 8.49 + 0.279x$ ($r^2 = 0.92$)(Herridge et al.,1996)。酰脲在一天中不同时段有不同的相对含量,同时还随生育季节的不同而改变(Herridge et al.,1996)。因此,校正函数受到豆科作物品种、校正时间等因素影响,在应用时必须在不同生育时期取样,增加了工作量。伤流液取样的方法也将对校正函数产生影响,导致一定的误差,如采用真空抽提时,豇豆相应的函数为 $y = 7.2 + 3.1x$($r^2 = 0.89$),黑鹰嘴豆为 $y = 11.7 + 0.49x$($r^2 = 0.90$),而在相同条件下直接收集根伤流液时,豇豆和黑鹰嘴豆的函数皆为 $y = 8.6 + 0.75x$

$(r^2 = 0.94)$ (Herridge,1982)。取样时期对计算的影响也很大,如菜豆的校正函数在 4 个取样时期 V4、R1、R6、V4-R6 分别为 $y = 0.940x - 25\,162, y = 0.877x - 2\,327, y = 0.789x - 4\,927$ 和 $y = 0.83x - 8\,665$。

2.1.7 ¹⁵N 同位素稀释法

该方法的原理是:固氮植物和非固氮的参比植物生长在施用相同量 ¹⁵N 标记氮肥的土壤中,如果两种植物从土壤和肥料中吸收相同比例的氮素,在没有其他氮素来源的情况下,两种植物体内应有相同的 ¹⁵N/¹⁴N 组成。当豆科作物固氮时,由于利用了空气中没有标记的 N 素,作物体内 ¹⁵N 浓度将被稀释,¹⁵N/¹⁴N 比例下降,而参比植物的比例不会发生变化。利用 ¹⁵N 标记的肥料人为扩大豆科作物从大气中固定的氮(0.366 3%)和从土壤中吸收的氮之间的 ¹⁵N 丰度差异,固定的氮和吸收的氮共同构成了豆科作物体内氮的来源,用质谱仪测定豆科作物的 ¹⁵N 丰度后,就可以计算出两个氮源占总氮的比例。固定氮的比例(%Ndfa)计算公式为(Peoples and Herridge,1990):

$$\%Ndfa = (1 - \delta^{15}N_{leg}/\delta^{15}N_{ref}) \times 100 \tag{2.4}$$

式中:$\delta^{15}N_{leg}$ 和 $\delta^{15}N_{ref}$ 分别为豆科作物和参比植物的 ¹⁵N 丰度。

该方法的优点是灵敏度高,可靠性强,可以评价其他测定方法的准确性,也能够估测豆科作物整个生育期的固氮量;区分豆科作物吸收的来源于空气、土壤和肥料中的氮量,在选育高固氮能力的豆科品种试验中只需要比较豆科作物体内 ¹⁵N 的丰度而不需要获得参比植物的 $\delta^{15}N$ 数据;能够确定某种细菌是否固氮,适合对联合固氮菌固氮量的测定。

该方法的缺点是:测定 ¹⁵N 丰度需要质谱仪,费用昂贵,且易受大气和土壤中 ¹⁵N 的干扰;要求参比植物与豆科作物有相同的根系吸收范围(absorption zone),有相同或相近的生育期,有相同的土壤 ¹⁴N/¹⁵N 吸收比例。同时,标记的 ¹⁵N 肥料在时间上和空间上难以完全均匀分布,也影响了测定的准确性(Chalk and Ladha,1999)。

2.1.8 ¹⁵N 自然丰度法

¹⁵N 同位素的自然丰度变异是自然界普遍存在的现象。由于氮在参与生物、化学和物理反应过程中产生同位素歧化效应,即轻同位素优先参与反应过程,使反应生成物相对富集轻同位素(¹⁴N),反应的起始物相对富集重同位素(¹⁵N)。这一同位素分馏效应,使采用参比植物和豆科作物直接比较计算的结果偏高,为此,必须进行以大气中氮气为唯一氮素来源的砂培或水培试验。各种自然含氮物质的稳定性同位素 ¹⁵N 相对于大气中 N 的 ¹⁵N 丰度的变化数值以 $\delta^{15}N$ 表示:

$$\delta^{15}N = [(R_{待测样品} - R_{标准样品})/R_{标准样品}] \times 1\,000\text{‰} \tag{2.5}$$

式中:R 代表 m/e 29(¹⁵N¹⁴N)的离子流强度和 m/e 28(¹⁴N¹⁴N)的离子流强度的比值。标准样

品为大气 N_2。待测样品的 R 值可大于或小于标准样品的 R 值,大于标准样品时,测得 $\delta^{15}N$ 值为正值,表示样品的 ^{15}N 丰度高于标准物质;小于标准样品时,$\delta^{15}N$ 为负值,表示样品的 ^{15}N 丰度低于标准物质。

^{15}N 自然丰度法的测定原理与同位素稀释法相似,它利用了长期生长的作物氮素分馏形成高 ^{15}N 丰度的土壤,采用同时期相同地点的豆科作物和参比植物的地上部 ^{15}N 丰度来评价豆科作物的固氮能力。其计算公式为(Shearer and Kohl,1986):

$$\%Ndfa = (\delta^{15}N_{ref} - \delta^{15}N_{leg})/(\delta^{15}N_{ref} - B) \tag{2.6}$$

式中:$\delta^{15}N_{ref}$ 为参比植物的 $\delta^{15}N$ 值;$\delta^{15}N_{leg}$ 为豆科作物的 $\delta^{15}N$ 值;B 是以空气氮为唯一氮素来源的豆科作物的 $\delta^{15}N$ 值(Boddey et al.,2000),一般用砂培条件下无氮营养液培养的豆科作物收获时测得的 ^{15}N 丰度表示。

^{15}N 自然丰度法减少了同位素稀释法施用 ^{15}N 标记肥料所需的昂贵费用及由于这种肥料在时空分布上的差异性产生的误差,同时具备了稀释法的其他优点。它可用于多年生木本植物固氮能力的评估,不需要收集根瘤,不干扰土壤生态系统或野外植物,仅需要收集叶片材料,能够估计作物整个生长季节内的固氮总量。不需要施用 ^{15}N 标记肥料,只需测定植物 $\delta^{15}N$ 就可以判断固氮能力的高低,适合于筛选高效固氮植物和野生固氮资源调查的研究。Peoples 等(2002)认为自然丰度法将是 21 世纪最理想的生物固氮测定方法。

其缺点是:由于生物固定的氮在植物体内迁移过程中存在着同位素分馏效应,导致豆科固氮植物不同部位的 $\delta^{15}N$ 值彼此各不相同(Peoples et al.,1991);必须测定豆科同位素的分馏状况(B 值),得到的 B 值对于固氮百分率的计算有很大的影响;需要有一个参比植物,不同的参比植物及同一个参比植物不同部位的 $\delta^{15}N$ 对固氮计算也有影响;要求土壤和大气的 $\delta^{15}N$ 差异要足够大(一般认为需要 $\geqslant 0.5\%$)(Hogberg,1997)。

2.1.9 $\Delta\delta^{15}N$ 测定法

其原理是利用 ^{15}N 同位素在植物体内的分馏效应。豆科作物固氮能力越强,^{15}N 分馏程度越高,地上部和地下部 $\delta^{15}N$ 的差异($\Delta\delta^{15}N$ 值)越大,固定氮的比例越高。具体操作步骤是,以某种非固氮作物作参比植物,用自然丰度法计算在相同土壤 ^{15}N 丰度不同施 N 水平下的豆科作物固定氮的比例,然后与相对应豆科作物的 $\Delta\delta^{15}N$ 值进行相关分析,获得线性方程。该方程可用于评价同一豆科作物在不同环境条件下的固氮能力(Wanek et al.,2002)。然而,采用该方法必须获得各种豆科作物的 $\Delta\delta^{15}N$ 值与固定氮的比例间关系的线性方程,同时在大田条件下很难找到具有相同土壤 ^{15}N 丰度和不同土壤肥力条件的土壤,而且完全获得豆科地下部的根系也很困难,其在大田上的应用还没有报道。

对各种固氮测定方法的综述性介绍较多(Khan et al.,2002;Unkovich and Pate,2000;何道文等,2004;陈朝勋等,2005;黄东风等,2003)。相对来说,总氮差异法具有方法简单快捷、测试成本低等优点;同位素稀释法具有灵敏度高、适用性广等优点;自然丰度法具有测定结果可信度较高,技术手段简单等特点,应用均较为广泛。

各种测定方法的优缺点总结见表 2.1。

表 2.1　生物固氮测定方法的优缺点比较

方法	优点	缺点
乙炔还原法	相对便宜,简单、迅速、敏感	间接方法,需要乙烯产出量与固氮活性的转换因子;只能测定某一节点的固氮情况,需要多次测定才能说明动态和季节变化;乙炔可能抑制固氮酶活性,根系收集不完全或者根系损伤都会导致测定误差
差异法	便宜、简单,可以调整源于土壤的氮素	要求有非固氮的参比植物;固氮植物和参比植物吸收土壤氮并不完全相同
同位素稀释法	测定来自大气的氮的比例(%)	需要昂贵的仪器设备,需要非固氮的参比植物
^{15}N 富化法	准确	需要富化的 ^{15}N 材料;要求固氮植物和参比植物必须吸收相似数量的土壤氮和施入的 ^{15}N;如果固氮植物和参比植物的扎根深度不同,或者土壤有效氮中 ^{15}N 比例随时间和土壤深度变化而改变都会导致测定结果的误差变大
^{15}N 自然丰度法	无添加 ^{15}N 富化材料的要求,田间原位测定较容易	需要具有精确的质谱仪;土壤中的 ^{15}N 丰度和空气中的 ^{15}N 丰度差异不大时,特别是在 %Ndfa 较低时不灵敏;田间变异有时可能较大
木质部汁液酰脲测定法	相对便宜、简单、快速,能测定植物生长相对 N_2 固定的依赖性,无需专门的试验装置,可以田间原位测定	间接测定,必须建立植物木质部汁液含量与植物依赖 N_2 的关系,并且这个关系可能随生长发育而改变,并且随植物物种不同而进行的一种短期测量,难于估计整个生育期固氮量;需要多次采样,应用仅限于温季豆科作物

来源:修改自 Peoples et al.,2002。

2.2　间套作共生固氮能力评价的总氮差异法及其改进

2.2.1　传统总氮差异法在间套作中应用的缺陷

如本章第一节所述,总氮差异法假定参比植物与固氮植物吸收相同量的土壤氮,或者有相同的土壤氮来源,固氮植物比参比植物多出的氮量就是来自空气中固定的氮量(Karpenstein-Machan and Stuelpnagel,2000)。农田生态系统中,一般用与豆科作物邻近的非豆科作物作参比植物,为了减少参比植物的差异所带来的计算误差,可以选择多个参比植物的平均值进行计算。

在高投入高产出的农田生态系统里,氮通过淋洗、氨挥发、反硝化等过程的损失量较大。

由于作物的生长状况差异,对土壤氮素的需求量是不同的,甚至有很大差异,而豆科作物和非豆科作物的根系分布差异使二者获取土壤氮的能力和氮素损失总量会有差异,从而影响到该方法计算固定氮的比例的准确性,计算结果有时会出现负值,明显不符合实际情况。因此,该方法的使用有一定局限性。同时,总氮差异法没有考虑到两种作物播种时种子带入氮素的差异(Jorgensen and Ledgard,1997)、两种作物种植前土壤无机氮的差异和不同物种对土壤氮素矿化的影响,也没有考虑两种作物地下部生物量和氮累积量差别,这些因素都是固氮计算产生误差的来源。

另外,总氮差异法是在单作条件下建立的,实际应用中无论单作还是间作的豆科作物(Geijersstam and Martensson,2006)都用单作的参比植物进行计算(Karpenstein-Machan and Stuelpnagel,2000)。在间作系统中还存在着种间氮素竞争,竞争能力强的非豆科作物的根系会进入到豆科作物根系空间的土壤之中,获取豆科作物根系所在土壤空间的氮素(Li *et al.*,2006),如果不考虑这些因素,会低估豆科作物的固氮量;相反,竞争能力弱的非豆科作物其部分土壤氮素会被豆科作物竞争,采用传统的总氮差异法则会高估豆科作物的固氮能力。

因此,有必要依据传统总氮差异法的缺点和间作对土壤氮素的影响,依据种间相互作用的特点,改进和建立更加准确的、适应间作条件下的总氮差异法。

2.2.2 传统总氮差异法的改进

传统的总氮差异法计算公式(Karpenstein-Machan and Stuelpnagel,2000):

$$单作体系:Ndfa = (N_{\text{sole-eg}} + \text{Nmin}_{\text{sole-leg}}) - (N_{\text{sole-ref}} + \text{Nmin}_{\text{sole-ref}}) \tag{2.7}$$

$$间作体系:Ndfa = (N_{\text{int-leg}} + \text{Nmin}_{\text{int-leg}}) - (N_{\text{sole-ref}} + \text{Nmin}_{\text{sole-ref}}) \tag{2.8}$$

式中:$Ndfa$ 为固氮量;$N_{\text{sole-leg}}$ 为单作豆科作物地上部的氮累积量;$\text{Nmin}_{\text{sole-leg}}$ 为单作豆科作物土壤的无机氮累积量;$N_{\text{sole-ref}}$ 为单作参比植物地上部的氮累积量;$\text{Nmin}_{\text{sole-ref}}$ 为单作参比植物土壤无机氮累积量;$N_{\text{int-leg}}$ 为间作豆科作物地上部的氮累积量;$\text{Nmin}_{\text{int-leg}}$ 为间作豆科作物土壤无机氮累积量。

改进总氮差异法计算:

假定 $1/x$ 表示豆科作物占间作体系的面积比例,则间作中非豆科作物占间作体系的面积比例为 $1-1/x$。将间作体系中的豆科作物和非豆科作物看作一个整体进行计算,则 $1/x$ 面积比例的豆科作物的固氮量为:

$$1/x Ndfa = 1/x(N_{\text{int-leg}} + \text{Nmin}_{\text{int-leg}}) + (1-1/x)(N_{\text{int-ref}} + \text{Nmin}_{\text{int-ref}}) - (N_{\text{sole-ref}} + \text{Nmin}_{\text{sole-ref}})$$

化简后有:

$$Ndfa = [(N_{\text{int-leg}} + \text{Nmin}_{\text{int-leg}}) + (x-1)(N_{\text{int-ref}} + \text{Nmin}_{\text{int-ref}})] - x(N_{\text{sole-ref}} + \text{Nmin}_{\text{sole-ref}}) \tag{2.9}$$

$$\% Ndfa = Ndfa/N_{\text{leg}}$$

公式(2.9)为改进后的总氮差异法，%$Ndfa$ 为固定氮的比例，$N_{int-ref}$ 为间作参比植物地上部的氮累积量，$Nmin_{int-ref}$ 为间作参比植物土壤无机氮累积量，其他各计算相关因素代表的含义与前面公式相同，用来计算豆科作物的固氮量(Yu $et\ al.$，2010)。

改进的总氮差异法将间作体系看作一个整体，考虑了种间相互作用对氮素吸收积累和不同物种间土壤氮素损失差异等的影响对准确估算生物固氮量造成的影响，其计算结果理论上更加合理，但其实际效果是否如此有待检验。因此，我们设计了3组试验，分别比较改进后的总氮差异法在消除种间氮素相互作用上的效果，改进后的总氮差异法在消除土壤氮素损失差异上的作用，以及改进后的氮差异法在不同豆科间作体系中的应用性评价，最终确定改进后的总氮差异法在间作体系豆科作物生物固氮能力评价上的可用性。

2.3　改进后的总氮差异法在消除种间氮素相互作用上的效果

2.3.1　田间试验验证

试验于2007年在甘肃省武威市白云村(38°37′N，102°40′E)进行，该地年平均温度7.7℃，≥0℃和10℃的积温分别是3 646℃和3 149℃，无霜期170～180 d，太阳辐射5988 MJ/(m² · 年)，年平均降雨量150 mm，年平均蒸腾量2 021 mm。灌漠土，土壤pH7.7，有机质17.5 g/kg，全氮1.29 g/kg，土壤Nmin(无机氮)88.7 kg/hm²，速效磷38.0 mg/kg，速效钾57.8 mg/kg。

设单作蚕豆、单作小麦和蚕豆分别与1行、3行、5行或7行小麦间作共6个处理。各小区不施氮肥，施 P₂O₅ 50 kg/hm²。单作蚕豆和单作小麦每个小区分别种植15行和25行，间作蚕豆每带种植2行，间作处理分别种植5、4、3和3个带，每带小麦分别种植1、3、5和7行，3次重复。小麦3月18日种植，7月15日收获，行距12 cm，播种量300 kg/hm²。蚕豆3月18日种植，8月2日收获，株、行距分别为20 cm，每穴播种1粒。各处理不打任何农药和除草剂，人工播种、除草、收获和考种，试验地单月降雨和灌水量情况见图2.1。

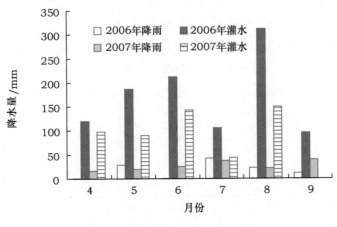

图 2.1　试验地月降雨和灌水量

在小麦盛花期,蚕豆取 10 株样品,单作小麦取 0.3 m²,间作小麦分别按 0.6、0.36、0.3 和 0.42 m² 面积取样,测定生物产量。选取 1 个重复,单作蚕豆和单作小麦以宽 40 cm、间作各处理以一个带的宽度为单位挖取土壤剖面,剖面深 60 cm,按长、宽和高 10 cm×10 cm×10 cm 取出各层土块,每个土块稍稍粉碎后混匀,取出不超过 100 g 的新鲜土壤,将粗根挑出放回原土袋,土壤装入封口袋中供土壤含水量和 Nmin 浓度测定,剩余土壤放入 20 目网筛中用水浸泡一个小时,洗净,分成蚕豆、小麦或杂草根系后烘干称重。在小麦和蚕豆收获期,单作和间作小麦分别收获 5 行或 3、2、1 和 1 个带,单作和间作蚕豆分别收获 20 株,测定生物产量和籽粒产量。

2.3.2 间作密度对作物生长、氮积累量及相对竞争能力的影响

在小麦盛花期(表 2.2),间作对蚕豆氮浓度无显著影响,但降低了其生物量和氮积累量,在与 1 行或 7 行小麦间作时差异最明显;间作能提高小麦的氮浓度,而且小麦密度越低,氮浓度越高;小麦生物量随着间作密度降低而显著增加,氮积累量也相同。在蚕豆收获期,间作对蚕豆籽粒氮浓度无显著影响,但能显著提高茎秆氮浓度,而且小麦密度越大,茎秆氮浓度越高;蚕豆生物量在与 3 行小麦间作时最低,但在另外 3 种间作密度下生物产量都高于单作,氮积累量变化趋势与生物量相同。小麦籽粒和茎秆氮浓度在 1 行或 5 行间作时最高,其生物量同盛花期一样也随着间作密度的增加而降低,单作最小,氮积累量变化也是如此。蚕豆收获期土壤无机氮含量在与 5 行小麦间作时最高,单作或与 1 行小麦间作时最低(表 2.2)。间作小麦在 1 行或 3 行时土壤无机氮含量最低,另外两种间作密度和单作处理下土壤无机氮含量差异不明显。

表 2.2   间作对不同时期生物产量、氮浓度和氮积累量的影响

处理	小麦盛花期			收获期				
	生物量 /(kg/hm²)	茎秆氮 浓度/%	氮累积量/ (kg N/hm²)	生物量/ (kg/hm²)	籽粒氮 浓度/%	茎秆氮浓 度/%	氮累积量/ (kg N/hm²)	土壤 Nmin /(kg/hm²)
蚕豆	2 717 a	3.12 a	85.2 a	14 620 ab	4.75 a	1.31 b	390.8 bc	31.2 b
蚕(1①麦)	1 592 b	3.11 a	49.5 b	15 306 a	4.76 a	1.56 ab	408.4 bc	29.3 b
蚕(3 麦)	2 095 ab	2.94 a	61.5 ab	13 149 b	4.64 a	1.67 a	364.3 c	43.4 ab
蚕(5 麦)	2 220 ab	2.94 a	65.7 ab	17 463 a	4.56 a	1.72 a	479.8 a	58.1 a
蚕(7 麦)	1 693 b	2.92 a	49.4 b	16 380 a	4.71 a	1.76 a	442.6 ab	37.2 ab
小麦	2 263 c	0.98 b	22.3 c	3 569 b	1.98 ab	0.41 cd	36.4 y	40.1 a
1 麦(蚕)	3 489 a	1.44 a	49.2 a	6 373 a	2.11 a	0.52 a	75.4 x	28.8 b
3 麦(蚕)	3 344 ab	1.17 b	39.2 b	4 931 ab	1.77 b	0.38 d	47.0 y	29.0 b
5 麦(蚕)	2 552 bc	0.97 b	24.6 c	3 736 b	2.06 a	0.50 ab	40.8 y	42.0 a
7 麦(蚕)	2 387 c	1.07 b	25.6 c	3 750 b	1.76 b	0.46 bc	35.8 y	40.1 a

注:不同字母表示 $P<0.05$,差异显著。①数字指小麦在单个间作带中的行数。

如表2.3所示,不同间作密度小麦与蚕豆的土地当量比有差异。在小麦盛花期,蚕豆/3行小麦处理的土地当量比高于1,而另外3种间作密度的土地当量比都小于或等于1;在收获期,所有间作处理的土地当量比都高于1,而且间作小麦密度越大,土地当量比越低。

通过计算小麦相对蚕豆的养分竞争能力发现,无论是在小麦盛花期还是收获期,1行或3行小麦与蚕豆间作的养分竞争能力都高于蚕豆,但5行或7行间作小麦的养分竞争能力要低于蚕豆。

表2.3 不同间作密度对土地当量比和相对竞争能力的影响

处理	小麦盛花期		收获期	
	土地当量比	相对竞争能力	土地当量比	相对竞争能力
蚕/1[①]麦	0.81	6.18	1.22	6.68
蚕/3麦	1.11	1.66	1.13	1.34
蚕/5麦	1.00	−0.18	1.11	−1.22
蚕/7麦	0.92	−0.41	1.07	−1.84

注:相对竞争能力指小麦相对蚕豆。[①]数字指小麦在单个间作带中的行数。

2.3.3 间作密度对作物根系分布的影响

以蚕豆种植行的左右各10 cm定义为该行蚕豆的根区,小麦种植行的左右各6 cm定义为该行小麦的根区。在小麦盛花期,与蚕豆间作时,小麦单行根系重量的变化趋势为:3行>5行>1行>7行,但都高于单作小麦(表2.4)。在5行小麦间作时,进入蚕豆根区的小麦根系生物量最大,随后根系生物量按照3行>7行>1行的趋势变化,但小麦进入蚕豆根区的根系生物量占小麦总根系生物量的比例随着种植密度的增加而降低。

表2.4 间作密度对盛花期小麦根系重量及其空间分布的影响

处理	行数	每带根重 /(mg/带)	进入蚕豆根区的小麦根系		每行根重 /(mg/行)
			重量/mg	占小麦总根比例/%	
小麦	3	49 969	—	—	14 991
1[①]麦(蚕)	1	19 878	15 648	78.7	19 878
3麦(蚕)	3	104 313	38 581	37.0	34 771
5麦(蚕)	5	139 423	47 077	33.8	27 885
7麦(蚕)	7	131 925	35 447	26.9	18 846

注:[①]数字指小麦在单个间作带中的行数。

与单作相比,间作促进了蚕豆地下部根系生长,其单行根系生物量明显增加。随着小麦间作密度的增加,进入小麦根区的蚕豆根系生物量逐渐增加,但其占蚕豆总的根系生物量的比例很低,其最大比例都远远低于小麦根系进入蚕豆根区的比例(表2.5)。

表 2.5　间作密度对盛花期蚕豆根系重量及其空间分布的影响

处理	行数	每带根重/(mg/带)	进入小麦根区的蚕豆根系		每行根重/(mg/行)
			重量/mg	占蚕豆总根比例/%	
蚕豆 F	2	7 065			3 533
蚕(1①麦)	2	26 358	81	0.3	13 179
蚕(3 麦)	2	13 282	876	6.6	6 641
蚕(5 麦)	2	23 809	931	3.9	11 905
蚕(7 麦)	2	18 809	2848	15.1	9 405

注：①数字指小麦在单个间作带中的行数。

从蚕豆根系的空间分布来看(图 2.2)，单作蚕豆在水平和垂直空间分布相对较为均匀，间作蚕豆在垂直方向上根系开始变得紧缩，主要分布在 0～30 cm 范围内，在水平方向上分布到小麦根区的根系量也很少。间作对小麦根系垂直分布与单作相比影响不大(图 2.2)，在 0～60 cm 范围内都有分布，但随着深度增加根系生物量降低；在水平方向上，1 行小麦的根系主要集中在蚕豆根区范围内，间作小麦密度继续增加后，其根系主体部分逐渐向蚕豆根区外围伸展。蚕豆和小麦的根系空间分布，清晰地反映了不同间作密度对土壤养分吸收空间分布的影响。

根系空间分布清楚地表明了根系与土壤养分相互作用状况(Li *et al.*，2006；Rowe *et al.*，2001)。从本试验结果来看，蚕豆与小麦间作，蚕豆在小麦根区的根系分布很少，说明其对小麦根区的养分吸收量较少，即蚕豆对小麦根区的养分竞争能力很低。对小麦来说，其在蚕豆根区的根系占有一定比例，且小麦种植密度越低，其在蚕豆根区的根系占小麦总根系的比例越高，即说明蚕豆根区对小麦的养分贡献越重要。与小麦在蚕豆根区的根系比例变化规律(随着小麦密度增加，其在蚕豆根区根系占总根系比例分别为 78.7%、37.0%、33.8% 和 26.9%)相对应，其对蚕豆的养分竞争能力也随之发生改变(6.18、1.66、−0.18 和 −0.41)，二者有较好的正相关关系($y=0.128x-3.825$，y 为养分相对竞争能力，x 为小麦在蚕豆根区的根系占小麦总根系的比例，$r=0.982$，$p<0.05$)。由此可见种间相对竞争能力的强弱可以很好地表征根系对养分的竞争或相互作用的强度。

如前所述，当相对竞争能力大于 0 时，说明一种作物的竞争能力强于另一种作物，反之则弱于另一种作物。本试验中，间作小麦在 1 行和 3 行时，养分竞争能力大于 0，说明它吸收了蚕豆区域的养分；在 5 行和 7 行时，间作小麦养分竞争能力略低于 0，说明蚕豆与小麦互相吸收相等的养分或蚕豆稍稍吸收小麦的养分。以氮素为例，在 1 行或 3 行小麦与蚕豆间作时，小麦竞争了蚕豆根区的氮，但 5 行或 7 行小麦与蚕豆间作时蚕豆极少地竞争了小麦根区的氮。说明种间相互作用确实导致间作中竞争能力强的作物从土壤或与之间作的作物根区获得更多的土壤氮素，如果不考虑这部分多吸收的氮素，必然会影响豆科作物固氮计算的准确性。

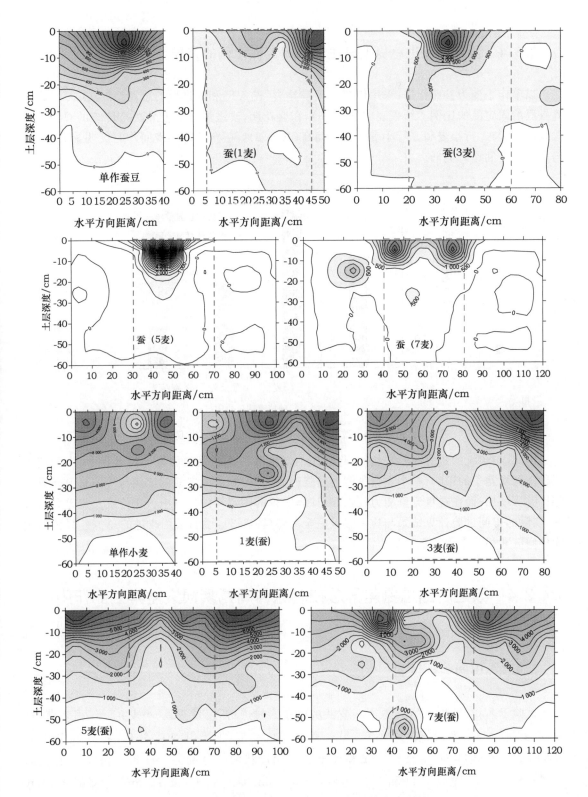

图 2.2　单作和间作条件下小麦和蚕豆的根系分布

注:图片上的绿色方框为定义的蚕豆根区范围。

2.3.4 传统和改进总氮差异法计算固定氮比例的差异

以单作小麦为参比作物,采用传统总氮差异法(式 2.8)和改进后的总氮差异法(式 2.9)计算蚕豆的固定氮的比例。结果表明(图 2.3),在盛花期,改进的总氮差异法与传统的总氮差异法相比,在与 1 行小麦和 3 行小麦间作时偏高(式 2.8),在与 5 行小麦间作时无明显差异,在与 7 行小麦间作时偏低。

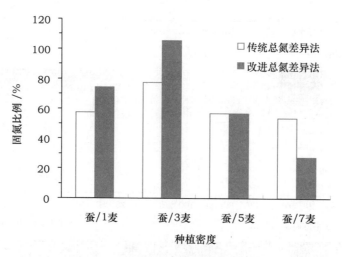

图 2.3 采用传统和改进的总氮差异法计算固定氮的比例的差异

因此,与传统的总氮差异法相比,将间作小麦纳入间作蚕豆的固氮计算方程中,由于消除了种间氮素竞争的影响,在小麦竞争能力较强时,计算得到的固定氮的比例与传统总氮差异法相比有所增加;而在蚕豆竞争能力较强时,计算所得的固定氮的比例应该比传统总氮差异法降低,实际的田间试验计算结果与这一假设完全一致(图 2.3),说明采用改进的总氮差异法对消除种间氮素相互作用的影响是非常有效的。

2.4 改进后的总氮差异法在消除种间氮素损失差异上的作用

2.4.1 田间验证试验

试验于 2006 年和 2007 年在甘肃省武威市白云村进行,设置蚕豆、小麦、玉米、黑麦草、蚕豆/小麦、蚕豆/玉米、黑麦草/小麦、黑麦草/玉米、小麦/玉米共 9 个处理,各处理分别施 N 60 kg/hm², P_2O_5 50 kg/hm²。试验地土壤理化性状两年分别为,pH 8.2 和 8.7,有机质 16.2 和 9.0 g/kg,全氮 1.11 和 0.40 g/kg,土壤 Nmin 87.8 和 490.5 kg/hm²,速效磷 30.4 和 21.0 mg/kg,速效钾 50.3 和 101.0 mg/kg。

单作蚕豆、小麦、玉米和黑麦草每个小区分别种植 15、20、8 和 15 行,间作每个小区设 3 个种植带,每带分别种植蚕豆、小麦、玉米或黑麦草2、5、2或2行。黑麦草4月18日种植,行距20 cm,播种量15 kg/hm²,蚕豆、小麦种植和收获同本节2.3.1。玉米4月18日种植,9月25日收获,株距25 cm,行距40 cm。

在各作物收获时测定其生物产量和籽粒产量,蚕豆和小麦收获方式同本节2.3.1,玉米成熟前各取10株样风干称干重,成熟后各取10株样摘下棒子后称鲜重,风干称籽粒、苞叶和茎秆干重,各小区剩余玉米在调查株数后摘下全部棒子去苞叶后鲜棒子重量,计算籽粒产量。在蚕豆收获时对玉米和黑麦草取样,测定其生物产量,黑麦草齐地收获,单作收获4行,间作收获2个带。在蚕豆收获后用土钻取样测定各处理土壤Nmin浓度,计算土壤氮残留量。植物地上部氮浓度采用H_2SO_4-H_2O_2消煮,凯氏定氮法测定植物全氮(中国科学院南京土壤研究所,1978);太阳光下暴晒测定土壤含水量;土壤Nmin采用流动分析仪(TRAACS2000)测定(Emteryd,1989);试验数据均采用SPSS软件进行分析,用最小显著性差异法(LSD)进行多重比较,5%显著水平进行检验(SPSS,2001)。

2.4.2　不同种植方式下作物的生物量、氮积累量和土壤无机氮残留

与单作相比,与玉米间作的蚕豆生物量显著增加,但与小麦间作时蚕豆生物量无明显变化;与玉米间作也促进了蚕豆氮素的累积(表2.6)。间作对小麦的生物量和氮积累量都有促进作用,但降低了玉米的生物量和氮积累量,与单作相比,与小麦间作时黑麦草的生物量和氮积累量都有很大降低,但与玉米间作,在土壤起始无机氮含量较低时(2006年)对黑麦草生物量和氮积累量影响不大,在土壤起始无机氮含量较高时(2007年)黑麦草生物量和氮积累量显著降低。

在2006年,土壤起始Nmin含量较低,蚕豆收获时期同一作物在不同种植方式下残留的Nmin含量无显著差异;在2007年,土壤起始Nmin含量较高,除黑麦草参与的种植方式间土壤无机氮残留量有差异外,其他作物不同种植方式间土壤无机氮残留量差异不明显。比较来看,虽然两年试验地的土壤起始Nmin差异很大,但蚕豆收获时土壤残留Nmin差异并不大,2007年相比2006年多余的土壤Nmin消耗除一方面是作物吸收量不同产生的差异外,氮在土壤中的损失程度不同也可能是很重要的原因。

2.4.3　不同参比植物的土壤氮素损失差异

不考虑干、湿沉降、灌水等带入种植系统的无机氮及土壤矿化产生的无机氮,以蚕豆收获时单作种植的小麦、玉米和黑麦草各地上部和土壤氮之和,减去播种前土壤无机氮及肥料和各作物种子带入的氮,即为土壤氮素的相对损失量。计算结果表明(表2.7),在两个年份,种植玉米和黑麦草后土壤的氮损失量比较相似,且都高于小麦,在高起始土壤无机氮条件下土壤氮的损失量更高。试验表明种植作物后土壤无机氮损失能力小麦<玉米≌黑麦草。

表 2.6　不同种植方式下作物的生物量、氮积累量、土壤无机氮残留和地上部^{15}N 丰度

年份	作物	生物量/ (kg/hm²)	N 积累量/ (kg N/hm²)	土壤 Nmin/ (kg N/hm²)	δ^{15}N/‰
2006	蚕豆	9 449 b	255.5 b	35.4 a	0.583 a
	蚕豆(小麦)	8 524 b	210.4 c	53.0 a	0.509 a
	蚕豆(玉米)	12 687 a	379.7 a	28.1 a	0.039 a
	小麦	8 838 b	96.8 b	41.6 a	1.285 a
	小麦(蚕豆)	9 306 b	128.3 a	36.2 a	1.322 a
	小麦(玉米)	10 843 a	149.7 a	24.8 a	1.234 a
	玉米	5 941 a	73.6 a	24.3 a	2.928 a
	玉米(蚕豆)	4 459 a	51.0 ab	23.0 a	2.925 a
	玉米(小麦)	3 918 a	40.3 b	25.2 a	3.090 a
	黑麦草	3 042 a	59.9 a	27.3 a	2.101 a
	黑麦草(小麦)	1 663 b	35.8 b	26.7 a	1.304 b
	黑麦草(玉米)	3 093 a	69.4 a	21.6 a	2.133 a
2007	蚕豆	13 106 b	370.8 b	80.7 a	0.057 a
	蚕豆(小麦)	14 578 b	387.8 b	58.6 a	−0.950 b
	蚕豆(玉米)	26 300 a	740.3 a	62.3 a	−0.219 a
	小麦	13 306 a	197.1 a	74.4 a	1.436 a
	小麦(蚕豆)	13 861 a	205.0 a	67.9 a	0.531 a
	小麦(玉米)	16 139 a	244.1 a	46.4 a	1.057 a
	玉米	11 120 a	146.4 a	33.0 a	2.161 a
	玉米(蚕豆)	9 348 a	121.1 a	50.6 a	2.299 a
	玉米(小麦)	9 384 a	113.9 a	40.9 a	1.889 a
	黑麦草	5 205 a	146.9 a	41.8 b	1.752 a
	黑麦草(小麦)	2 580 b	64.9 b	64.5 a	1.733 a
	黑麦草(玉米)	3 217 b	84.4 b	35.0 b	1.657 a

注:不同字母指 $P < 0.05$,有显著差异。

表 2.7　不同参比植物的相对氮素损失差异　　　　　　　　　　　kg N/hm²

年份	作物	起始氮	肥料氮	种子氮	收获总氮	差额
2006	小麦	87.7	60	7.9	138.4	−17.2 a
	玉米	87.7	60	0.6	97.9	−60.4 a
	黑麦草	87.7	60	0.5	87.2	−61.0 a
2007	小麦	490.5	60	7.9	271.5	−286.9 a
	玉米	490.5	60	0.6	179.4	−371.7 b
	黑麦草	490.5	60	0.5	188.7	−362.3 b

注:收获总氮指收获时地上部和土壤无机氮的和,差额是收获总氮减去起始氮、肥料氮和种子氮。不同字母指 $P<0.05$,有显著差异。

2.4.4　不同参比植物土壤无机氮损失差异对改进的总氮差异法计算影响

如表 2.7 所述,种植小麦后土壤的无机氮损失程度比种植玉米或黑麦草要低,采用改进的总氮差异法(式 2.9),分别用 3 种禾本科作物作参比植物计算固氮量,结果表明(表 2.8),选用强土壤氮损失的参比植物会导致计算的蚕豆固氮总量较高,选用弱土壤氮损失的参比植物会导致计算的蚕豆固氮总量偏低,两年试验结果变化趋势相同。

表 2.8　采用不同参比植物计算的蚕豆固氮量变化　　　　　　　　kg N/hm²

年份	种植体系	体系总氮	不同参比植物计算的蚕豆固氮量		
			小麦	玉米	黑麦草
2006	蚕豆	290.9	152.5 b	192.9 ab	203.7 a
	蚕豆(小麦)	204.0	164.1 n	265.2 mn	292.3 m
	蚕豆(玉米)	185.2	140.4 y	318.6 x	294.4 xy
2007	蚕豆	451.5	179.9 b	272.2 a	262.9 a
	蚕豆(小麦)	342.3	176.8 n	407.4 mn	483.0 m
	蚕豆(玉米)	381.8	331.1 y	608.0 x	580.2 x

注:a 与 b、m 与 n、x 与 y 之间表示 $P<0.05$,有显著性差异。

分别用 3 种禾本科作物作参比植物计算固定氮的比例,如表 2.9 所示。结果表明,与固氮量变化规律一致,强土壤氮损失的参比植物会导致计算的蚕豆固定氮的比例较高,弱土壤氮损失的参比植物会导致固氮计算的蚕豆比例较低,两年田间试验结果变化趋势相同。同时,由于 2007 年相比 2006 年有较高的起始土壤无机氮,使 2007 年的平均固定氮的比例要低于 2006 年。

表 2.9　采用不同参比植物计算的蚕豆固定氮的比例变化

年份	种植体系	蚕豆氮积累量 /(kg N/hm²)	不同参比植物下蚕豆的固定氮的比例/%		
			小麦	玉米	黑麦草
2006	蚕豆	255.5 b	59.7 a	75.5 a	79.7 a
	蚕豆(小麦)	210.4 c	78.0 a	126.0 a	138.9 a
	蚕豆(玉米)	379.7 a	37.0 a	83.9 a	77.5 a
2007	蚕豆	370.8 b	48.5 b	73.4 a	70.9 a
	蚕豆(小麦)	387.8 b	45.6 a	105.0 a	124.5 a
	蚕豆(玉米)	740.3 a	45.0 a	82.1 a	78.4 a

注:a 与 b 之间表示,$P<0.05$,有显著性差异。

在用总氮差异法计算豆科固氮量的过程中,除了种间氮素相互作用外,土壤氮素损失是影响单作或间作结果可靠性的主要因素,理想状态下,如果豆科作物和参比植物有相同的氮损失强度,则土壤氮损失对固氮计算的影响可以排除,这使计算的结果更加可靠。土壤氮素损失程度受土壤类型、气候条件、无机氮含量、作物种类和种植时期等影响较大,在田间试验条件下,一般认为除作物种类和种植时期外,其他环境条件是相同的,因此作物类型是影响计算结果的最主要因素。在豆科作物固氮计算中大多使用禾本科作物作参比植物,它们的根系形态结构、空间分布、生物量与豆科作物一般都有差异,但实际情况下很难找到与豆科作物完全相同的参比植物。就本试验来说,蚕豆与小麦的种植和收获时期比较一致,但小麦土壤根系密集分布,其根系生物量要高于蚕豆,其土壤无机氮的损失量要小于蚕豆,因此用小麦作参比植物计算得到的固氮量会偏低。玉米和黑麦草种植时期晚于蚕豆,在蚕豆接近收获时它们即将进入生长期旺盛,其土壤的氮损失量要高于蚕豆,计算得到的固氮量会偏高。与传统总氮差异法相比,改进的总氮差异法将与之间作的参比植物考虑在内,除了消除种间氮素相互作用外,还能够部分消除蚕豆和参比植物之间在土壤氮素损失上的差异所产生的影响。如蚕豆与小麦间作,有60%的面积种植小麦,这部分面积的土壤无机氮损失可以用小麦作参比植物来抵消,剩下40%的面积产生的误差比传统总氮差异法计算产生的误差要小很多。蚕豆与玉米间作,有66.7%的面积种植为玉米,这部分面积的土壤无机氮损失产生的误差也可以被参比玉米消除,剩下33.3%的面积产生的误差也比传统总氮差异法计算产生的误差要小得多。对单作蚕豆来说,如果考虑到小麦的土壤无机氮损失量较蚕豆少,而玉米的土壤无机氮损失量较蚕豆多,可以将小麦和玉米混合起来,形成混合参比植物进行计算。

一般来说,种植系统的氮素输入包括播种前的土壤无机氮、施入肥料氮、种子氮、大气干、湿沉降和灌水带来的氮,氮输出包括作物收获带走氮、土壤残留无机氮和通过挥发、反硝化、渗漏、地表径流等途径损失的氮,对间作系统中单个作物来说还包括种间的氮素竞争及转移等。在种植前土壤无机氮和其他途径氮输入量一致的情况下,豆科作物系统相比参比植物多余的氮可以认为是生物固定的氮。由于在播种之前除了种子氮外,豆科作物和参比植物有相同的氮投入,一个更加合理的总氮差异法应该是:

固氮量($Ndfa$)＝豆科 N(收获土壤 Nmin＋豆科带走＋损失)－

参比植物 N(收获土壤 Nmin＋参比带走＋损失)－种子 N(豆科－参比)　　(2.10)

与传统总氮差异法相比,氮素损失,包括氮的渗漏、挥发、硝化、反硝化和径流等,以及种子带入的氮素损失。除了土壤氮损失外,该公式的其他部分是容易测定的。种子氮在不同物种之间每公顷的差异不会超过 10 kg,在土壤无机氮的测定误差范围内,可以忽略不计。土壤氮素损失受到很多因素的影响(Payraudeaua $et\ al.$,2007;Zhu and Wen,1992)。在同样的土壤条件下,温度、降雨、灌水、施肥和作物种类是主要的影响氮损失的因素(Poudel $et\ al.$,2001;Weier,1994)。众多的研究关注于这一领域(Cornwell $et\ al.$,1999;Lin $et\ al.$,2007;Portela $et\ al.$,2006;Whitmore and Schroder,2007)。一般来说,豆科作物和非豆科作物的氮素损失是不同的。不考虑环境条件或种间相互作用对作物生长的影响,在间作系统中一种作物所占的面积是影响氮素损失的最主要因素。在我们的试验中,玉米占间作系统57.1%的面积,与传统总氮差异法相比,采用改进后的总氮差异法后(式2.9),超过一半存在于豆科作物和玉米之间的氮素的损失差异被消除,因此也大大减少了氮素损失对正确评价固氮能力的影响,说明改进的总氮差异法比传统总氮差异法更加可靠。

2.5　改进后的总氮差异法在不同豆科间作体系中的应用评价

2.5.1　田间验证试验

试验于 2006 年布置在甘肃省武威市白云村,土壤 pH 8.1,有机质 16.1 g/kg,全氮 1.48 g/kg,速效磷 4.5 mg/kg,速效钾 185.0 mg/kg。采用裂区试验设计,主区为氮肥处理,施氮量分别为 0 和 225 kg/hm²,肥料为尿素,各小区再施入 P₂O₅ 75 kg/hm²;副区为单作蚕豆、单作豌豆、单作大豆、单作玉米、蚕豆/玉米间作、豌豆/玉米间作和大豆/玉米间作。

蚕豆 3 月 18 日播种,8 月 2 日收获,与玉米共生期 106 d;豌豆 3 月 18 日播种,7 月 30 日收获,与玉米共生期 104 d;大豆 4 月 18 日播种,9 月 23 日收获,与玉米共生期 158 d;玉米 4 月 18 日播种,9 月 25 日收获。三种豆科作物的株、行距分别为 20 cm,玉米株距 25 cm,行距 40 cm,单个小区单作豆科或玉米分别种植 15 或 8 行,小区长 6 m,间作设置 3 个种植带,每个带种植 3 行豆科和 2 行玉米,各作物株行距与单作相同,小区宽度根据种植作物的类型而变化。蚕豆每穴播种 1 粒,豌豆每穴 5 粒,大豆每穴 5 粒,玉米每穴 2 粒,蚕豆缺苗时补为每穴 1 株,玉米出苗后定苗为 1 株。全部磷肥和一半氮肥在整地前均匀施入并翻地覆盖,另一半氮肥在第一次灌水前均匀施到地表,随灌水溶解下渗。全部试验地不打任何农药和除草剂,采用人工播种、除草、收获和考种,试验地单月灌水量和降雨情况见图 2.1。

在豆科作物收获时,取样测定不同豆科作物的籽粒产量、生物产量及相同时期的玉米生物量,在玉米最后收获时测定玉米的籽粒产量和生物产量。取样时单作豆科各取 20 穴,间作豆科各取一个种植带;玉米成熟前各取 10 株风干称重,成熟后各取 10 株摘下棒子称鲜重,风干后测定籽粒、苞叶和茎秆干重,各小区剩余所有玉米调查株数后摘下棒子去苞叶称鲜重,计算籽粒产量。全部样品收获后根据作物的干物质产量和所代表的种植面积计算单位面积作物的生物产量和籽粒产量。在各豆科作物收获后分别用 5 cm 内径的铁钻,以 20 cm 为单位分层取 0～1 m 的土壤样品用来测定土壤 Nmin 浓度,每个土壤样品取 2 个样点,其中 1 个样点在两行作物之间,1 个样点在该行作物行内。各处理选择有代表性的样品,风干、粉碎后用于测定豆科作物和玉米的茎秆及籽粒 N 浓度。

以 20 cm 为一层使用环刀分 5 层取 0～1 m 深度的土壤,烘干测定土壤容重;测定土壤含水量;0.01 mol/L $CaCl_2$ 浸提,流动分析仪(TRAACS 2000)测定土壤无机氮浓度(Emteryd,1989);重铬酸钾容量法测定土壤有机质;钼锑抗比色法测定土壤速效磷;NH_4OAc 浸提,火焰光度计法测土壤速效钾;水浸提,pH 计测定土壤 pH(水土比 2∶1);H_2SO_4-H_2O_2 消煮,凯氏蒸馏定氮法测定植物全氮(中国科学院南京土壤研究所,1978)。

2.5.2 施氮和间作对作物生物量、氮吸收量和土壤无机氮的影响

在豆科作物收获同一时间或邻近几天取样测定玉米的生物产量和氮吸收量。从表 2.10 可以看出,间作对蚕豆和豌豆的生物产量都有促进作用,除豌豆不施氮处理外,其他几个处理都有显著提高,但间作显著降低了大豆的生物产量。同时,施氮对豆科生物产量无明显影响,说明间作是影响豆科作物生物产量的主要因素。施用不同量的氮肥对豆科作物生长影响不明显,可能是豆科作物能够通过生物固氮提供生长所需氮素的缘故。

表 2.10　施氮和间作对蚕豆、豌豆、大豆和玉米生物产量的影响　　　　　　　　kg/hm²

作物	N0			N225			显著性
	单作	间作	显著性	单作	间作	显著性	N0 vs. N 225
蚕豆	8 413	14 580	*	10 234	11 775	*	ns
豌豆	6 768	7 510	ns	6 918	8 642	*	ns
大豆	7 743	3 868	*	7 751	2 747	*	ns
玉米[1]	3 930	5 397	*	11 324	10 845	ns	*
玉米[2]	3 930	5 264	*	11 324	14 202	ns	ns
玉米[3]	14 956	19 794	*	21 470	20 116	ns	ns

注:[1]与蚕豆间作,[2]与豌豆间作,[3]与大豆间作。ns 指 $P>0.05$,无显著性差异,* 指 $P<0.05$,差异显著。

与豆科作物间作,玉米在不施氮情况下生物量都有显著提高,但施氮后影响不明显(表 2.10);施氮对单作、与蚕豆或豌豆间作的玉米生物产量都有明显促进作用,但施氮对与大豆间作的玉米生物产量影响不显著。

间作或施氮对作物体内氮浓度没有显著影响,各作物地上部氮累积量变化规律与生物产量的变化规律相似(表2.11)。

表 2.11　施氮和间作对蚕豆、豌豆、大豆和玉米氮累积量的影响　　　　kg N/hm²

作物	N0			N 225			显著性 N0 vs. N 225
	单作	间作	显著性	单作	间作	显著性	
蚕豆	221.1	352.3	*	251.2	292.3	*	ns
豌豆	134.1	163.0	ns	149.6	173.9	*	ns
大豆	137.9	52.6	*	141.4	39.6	*	ns
玉米[①]	27.7	34.8	*	122.7	120.5	ns	*
玉米[②]	27.7	40.1	*	122.7	182.9	ns	*
玉米[③]	118.2	141.0	*	188.8	188.2	ns	ns

注:[①]与蚕豆间作,[②]与豌豆间作,[③]与大豆间作。ns 指 $P>0.05$,无显著性差异,* 指 $P<0.05$,差异显著。

豆科作物收获土壤无机氮含量表明,单作或间作对豆科作物或玉米各处理的土壤无机氮残留量无显著影响(表2.12),但施氮均会显著提高各作物的土壤无机氮残留量。同时从表2.12可以看出,由于有更长的生长时期和更大的地上部氮累积量,与大豆同期收获的玉米土壤无机氮残留量要低于与蚕豆和豌豆同时收获的玉米的土壤无机氮残留量。

表 2.12　施氮和间作对蚕豆,豌豆,大豆和玉米土壤无机氮的影响　　　　kg N/hm²

作物	N0			N 225			显著性 N0 vs. N 225
	单作	间作	显著性	单作	间作	显著性	
蚕豆	84.6	89.3	ns	99.7	116.1	ns	*
豌豆	87.0	83.8	ns	109.3	98.4	ns	*
大豆	50.9	51.8	ns	75.3	80.3	ns	*
玉米[①]	85.13	72.16	ns	91.96	84.43	ns	*
玉米[②]	85.13	78.49	ns	91.96	78.49	ns	*
玉米[③]	43.96	52.28	ns	55.25	58.40	ns	*

注:[①]与蚕豆间作,[②]与豌豆间作,[③]与大豆间作。ns 指 $P>0.05$,无显著性差异,* 指在 $P<0.05$,差异显著。

2.5.3　间作和施氮对豆科作物相对玉米养分竞争能力的影响

在两个氮水平下,蚕豆的养分竞争能力都显著高于玉米(图2.4);虽然在不施氮时差异不明显,但豌豆的养分竞争能力也高于玉米;大豆的养分竞争能力在两个氮水平下都明显低于玉米。

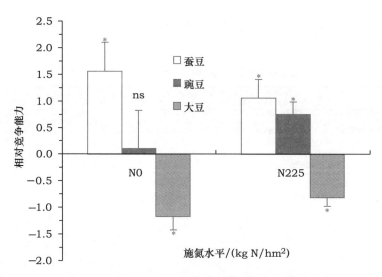

图 2.4　三种豆科作物相对于玉米的养分竞争能力

注:ns 指 $P>0.05$,无显著性差异,∗ 指 $P<0.05$,差异显著。

种间根系相互作用广泛存在于陆地生态系统中,其中包括氮素在土壤中通过菌根真菌和各种土壤-植物过程在豆科作物和非豆科作物之间的转移和利用。这些土壤-植物之间的相互作用通过分泌质子、有机酸、酶类、生长促进物质等(Hauggaard-Nielsen and Jensen,2005),改变根际环境,诱导植物根系结构变化(陈杨,2005),极大地提高了植物对生长环境的适应性。植物地下部相互作用后,能显著地影响作物的生长(Li et al.,1999;Xiao et al.,2004;Zhang et al.,2003),而植物根系的空间分布能够清晰地反映根系对土壤养分和水分的相互作用程度(Li et al.,2006;Rowe et al.,2001)。对土壤氮来说,间作系统中存在豆科作物和非豆科作物之间的氮素竞争和转移(Cissé and Vlek,2003;Xiao et al.,2004),有些情况下甚至存在氮素的双向转移(Shen and Chu,2004)。研究表明,小麦比大豆有更强的氮素竞争能力(Li et al.,2001),蚕豆强于玉米(Li et al.,2006),但传统的总氮差异法没有考虑这种竞争作用对固氮计算的影响。如蚕豆和豌豆相对玉米有更强的竞争能力,但大豆要弱于玉米,采用传统的总氮差异法会高估蚕豆和豌豆的固定氮的比例,低估大豆的固定氮的比例。式(2.9)将间作的豆科作物和玉米作为一个整体考虑,种间氮素竞争和转移在一个系统内进行,对固氮计算的影响可以被消除。因此,在间作体系中,改进的总氮差异法消除了种间氮素相互作用对计算的影响,比传统的总氮差异法更加合理,能更准确地计算豆科作物的固定氮的比例。

2.5.4　间作和施氮对豆科作物固定氮的比例的影响

以与豆科作物同时收获的单作玉米作参比植物,采用传统的总氮差异法(式 2.7 和式 2.8)计算,结果表明,间作都提高了蚕豆和豌豆固定氮的比例,但施氮后固定氮的比例显著降低(表 2.13);大豆施氮后固定氮的比例也显著降低,除单作不施氮处理外,大豆参与的其他几个处理固定氮的比例都低于 0。

表 2.13 使用传统总氮差异法计算的蚕豆、豌豆和大豆的固定氮的比例 %

作物	N0			N 225			显著性
	单作	间作	显著性	单作	间作	显著性	N0 vs. N 225
蚕豆	87.2	93.2	ns	52.6	66.8	ns	*
豌豆	81.6	82.5	ns	28.3	33.7	ns	*
大豆	17.7	−130.2	ns	−19.6	−317.3	ns	*

注:ns 指 $P>0.05$,无显著性差异,* 指 $P<0.05$,差异显著。

2.5.5 传统和改进的总氮差异法计算比较

图 2.5 为传统和改进后总氮差异法计算的固定氮的比例的差异。从图中可以看出,无论哪种计算方法,蚕豆固定氮的比例都显著降低;在不施氮情况下,豌豆固定氮的比例显著降低,施氮后固定氮的比例也部分下降。对大豆来说,改进后的固定氮的比例虽然还是低于零,但都高于传统计算方法。间作和施肥对改进的总氮差异法计算获得的豆科固定氮的比例变化趋势与传统总氮差异法计算趋势相同。

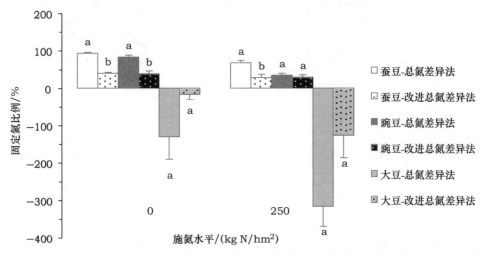

图 2.5 传统和改进的总氮差异法计算三种豆科作物固定氮的比例间的变化

注:字母 a 和 b 指 $P<0.05$,差异显著,a 和 a 指 $P>0.05$,无差异显著。

土壤氮素的竞争和转移、土壤氮素损失是影响传统总氮差异法计算间作系统豆科作物固氮能力可靠性的主要因素。改进的总氮差异法将间作系统中与豆科作物伴随生长的非豆科作物纳入计算之中,既减少了豆科作物和参比植物之间的氮素损失差异,同时又排除了种间氮素竞争和转移对固氮计算的影响,比传统的总氮差异法更加适宜。就本试验来看,相对玉米而言,蚕豆和豌豆有更强的养分竞争能力,所以用改进总氮差异法计算的固定氮的比例要显著低于传统总氮差异法计算结果。与玉米相比,大豆养分竞争能力较低,导致用改进总氮差异法计算获得的固定氮的比例高于传统总氮差异法。另外,间作对大豆的影响,包括地上部对光线,地下部对水分和养分的竞争非常激烈,这都严重限制了大豆的正常生长;同时大豆根系分布弱于玉米,其土壤氮素的损失也要高于玉米,这导致采用改进总氮差异法计算后获得大豆的固定氮的比例仍然为负值。

如何定量判断改进的总氮差异法比传统的总氮差异法在间作系统中更加可靠呢? 以种间竞争能力试验数据为例,我们分别以小麦、玉米和黑麦草作参比植物,用自然丰度法(NA)、传统总氮差异法(TNDM)和改进总氮差异(ANDM)法计算了蚕豆单作和间作条件下的固定氮的比例,并将自然丰度法的固定氮的比例分别和传统总氮差异法及改进总氮差异法进行了相关分析(图 2.6)。结果表明,与传统总氮差异法相比,改进的总氮差异法与自然丰度法之间有显著的相关关系,且拟合直线方程斜率更接近于 1。一般认为自然丰度法测定的结果更加可靠,因此如果用自然丰度法作为衡量标准,结果说明改进的总氮差异法与自然丰度法更加接近,相比传统总氮差异法更加可靠。

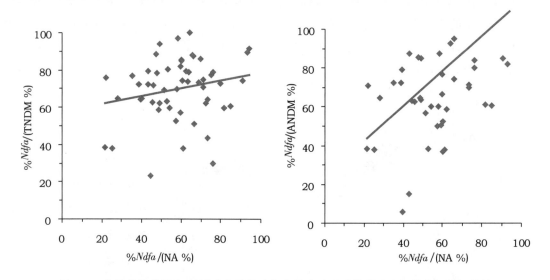

图 2.6 传统总氮差异法、改进总氮差异法与自然丰度法计算的固定氮的比例的相关性
注:NA 指 ^{15}N 自然丰度法,TNDM 指传统的总氮差异法,ANDM 指改进的总氮差异法。

根据总氮差异法的计算要求(Unkovich and Pate,2000),参比植物应该有与豆科作物同样的氮素吸收能力,这意味着在间作体系中豆科作物和与之间作的非豆科作物之间存在同等的竞争能力时最好。如果可能的话,在单作或间作系统中参比植物和豆科作物也应该有相同的土壤氮素损失特征。一般来说,由于豆科作物和参比植物的氮素损失都不尽相同,我们不能用传统的和改进的总氮差异法比较单作和间作豆科的固定氮的比例。而在自然生态系统中,如果豆科作物和其他非豆科作物混合生长,难以区分出各自的根系土壤空间,采用改进的总氮差异法计算其固定氮的比例则非常适用,甚至可以同时选择两个或多个间作的非豆科作物作参比植物进行固氮计算。

2.5.6　两种总氮差异法计算固定氮的比例的差值及与豆科作物养分竞争能力的关系

以改进总氮差异法减去传统总氮差异法得到的固定氮的比例的差值与豆科作物相对玉米的养分竞争能力(图2.7)进行相关分析,结果表明二者有显著的负相关关系,线性方程为 $y = -64.67x + 43.12(r=0.682, P < 0.001)$,说明可以用相对养分竞争能力判断间作对固定氮的比例的影响。当豆科作物的相对养分竞争能力高于与之间作的非豆科作物时,采用传统的总氮差异法计算得到的固定氮的比例偏高,当豆科作物的相对竞争能力低于与之相间作的非豆科作物时,采用传统的总氮差异法计算得到的固定氮的比例偏低。

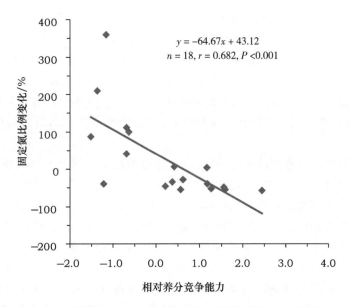

图 2.7　两种总氮差异法计算的固定氮的比例变化与豆科作物相对玉米的养分竞争能力的关系

竞争和促进作用是种间相互作用的两个方面(Geno and Geno,2001;Zhang and Li,2003)。当竞争作用强于促进作用时,种间相互作用使间作在生长和产量上没有优势;反之,当竞争作用弱于促进作用时,间作生产和产量表现为间作优势。本试验中,蚕豆与豌豆间作时具有间作优势,但与大豆表现为间作劣势(见图2.4)。氮肥施用可以改变作物种间竞争能力,这与之前的研究结果相似(Li *et al.*,2001;Li *et al.*,1999;Li *et al.*,2003b;Song *et al.*,2007),表明这种间作效应是稳定存在的。虽然蚕豆和豌豆的地上部生物量和氮积累量都有增加,但土壤无机氮并没有显著变化,这很可能是豆科作物生物固氮的结果。对间作大豆来说,氮累积量显著降低但土壤无机氮累积量相比单作没有显著变化。那么,这些失去的氮到哪里去了?同时,单作和间作玉米之间的土壤无机氮没有显著变化,但与豆科作物间作时,它的地上部氮积累量相比单作显著增加,它的氮又是从哪里来的?在豆科和玉米之间存在多少氮的竞争和转移?这些问题有待进一步研究。

2.6 间套作共生固氮评价的^{15}N 自然丰度法

2.6.1 影响自然丰度法的因素

采用^{15}N 自然丰度法计算固定氮的比例主要受豆科作物和参比植物体内^{15}N 丰度的影响，二者又受到土壤^{15}N 丰度、^{15}N 在植物体内的转移和分馏（Tjepkema et al.，2000；Hogberg，1997）、耕作制度、有机或无机氮肥施用（Watzka et al.，2006）等的影响。^{15}N 在土壤中的分布并不是均匀的，一般随着土壤深度的增加，^{15}N 的丰度也增加。Choi 等（2002）研究表明，施用含^{15}N 肥料后，土壤总氮丰度无明显变化，但无机氮变化较明显，植物^{15}N 丰度随生长时期而逐渐降低。在沼泽地中，植物的根系下扎越深，下层土壤和植物的^{15}N 丰度越大（Kohzu et al.，2003）。间作影响到植物根系的空间分布，进而会影响到其体内^{15}N 丰度的变化。Rowe 等（2001）将^{15}N 肥料施用到不同深度，发现间作玉米在前期主要吸收表层的氮，后期根系下扎后主要吸收土壤下部的氮。Li 等（2006）研究表明，小麦根系能够进入到与其间作的玉米根区中，而玉米根系可以进入到与其间作的蚕豆根系区域，这些都会影响到豆科和参比植物的^{15}N 丰度变化。

自然丰度法需要一个理想的参比植物，这个参比植物必需满足与豆科作物有相同的根系分布、相同的氮吸收特性、相同的生长时期等条件（Shearer and Kohl，1986）。一般认为，该豆科作物的不结瘤突变体是最好的参比植物（Bieranvand et al.，2002；Kilian et al.，2001），但实际生产中很难获得各种不同豆科作物的不结瘤突变体。选择参比植物不合理会使该方法并不适用于每一种豆科作物（Gehringa and Vlekb，2004；杜丽娟等，1996）。研究认为，当间作作物种间没有发生明显的氮素转移时，与豆科作物间作的非豆科作物也可以作为参比植物（Neumann et al.，2007）。有研究表明，在干旱时期，某种豆科树种不结瘤固氮，在湿润雨季会有结瘤固氮作用发生，用干旱时期的该树种作参比植物来计算该树种结瘤时期的固定氮的比例比较合适（Salas et al.，2001）。在间作条件下，由于作物种间相互作用，会对豆科作物和参比植物的根系分布产生影响，进而影响到作物吸收^{15}N 的总量和丰度，但是其影响程度有多大，对固氮计算又有多少影响，是实际工作中需要关注的问题。

此外，在自然丰度法中，B 值是用来表征豆科作物体内氮素的分馏程度的（Shearer and Kohl，1986）。一般在温室内采用无氮营养液对豆科进行砂培，收获后取植株地上部或全株样品粉碎后测得的 δ^{15}N 值即为 B 值。然而，由于不同根瘤菌对豆科作物的影响使其固氮能力表现出差异，氮素分馏程度不同，温室砂培所获得的 B 值直接应用到田间条件下就可能产生误差。以 Okito 等（2004）、Doughton 等（1992）的研究方法为基础，采用土壤盆栽试验，以几种豆科作物为研究对象，接种不同的根瘤菌（农田土壤浸提和实验室培养的菌株），一部分施用^{15}N 肥料，用同位素稀释法来计算各豆科作物的固定氮的比例；同时，另一部分将标记氮肥改为普通氮肥，来测定各豆科作物和参比植物的 δ^{15}N 值。作者通过比较两种肥料类型下和参比植物的生物量变化，认为两种方法获得的固定氮的比例是相同的。然后用同位素稀释法计算出固定氮的比例，代入到自然丰度法计算公式之中，推算出自然丰度法的 B 值。最后，作者用无氮营养液砂培测定的各豆科作物

的 B 值,对比了上述计算获得的 B 值。结果表明,由于大田有更高的温度和光照条件,其体内氮的分馏程度要比实验室高,结果导致大田比实验室的 B 值更小。同一个大豆品种接种两个品种的根瘤菌时其 B 值差异达到 0.2%。在豆科作物固定氮的比例很高的时候 B 值对固氮计算的影响不大,但当豆科作物固定氮的比例很低时,B 值的变化会带来很大的误差。因此,作者认为将实验室获得的 B 值直接应用到田间计算中是值得商榷的。Oberson 等(2007)将长期定位试验中不同耕作方式下的土壤的水浸提液接种到砂培条件下生长的豆科作物上,发现由于含有不同的根瘤菌种类,砂培获得的 B 值也不相同。另一方面,B 值有随着豆科作物生长时间的增加而逐渐降低的变化趋势(Unkovich et al.,1994),豆科作物不同部位的 $\delta^{15}N$ 值随时间变化趋势也是不一样的(Peoples and Baldock,2001;周克瑜等,1998),如何选择合适的取样部位以获得最有代表性的样品也是应该考虑的问题(Boddey et al.,2000)。在间作体系中,非豆科作物的引入,改变了豆科作物的根际环境,对豆科作物根际的土壤养分、水分等的含量,根际根瘤菌的总量和类型以及地上部光照强度等都会产生影响,这些对豆科作物 B 值又有怎样的影响,本节通过不同试验对该问题进行了探讨。

2.6.2　参比植物对豆科作物固定氮的比例计算的影响

用 MAT-251 质谱仪测定蚕豆籽粒和茎秆、小麦籽粒和茎秆、同时期的玉米和黑麦草地上部植物样品的 $\delta^{15}N$ 值。同时测定 0~60 cm 深度试验地土壤 $\delta^{15}N$ 丰度,其他样品的测定及数据分析同本章前述。

间作降低了蚕豆 ^{15}N 丰度,在 2007 年与小麦间作时蚕豆 ^{15}N 丰度有更加显著的降低,但间作对小麦、玉米和黑麦草的 ^{15}N 丰度影响不明显,说明在本试验中间作对参比植物体内 ^{15}N 丰度变化无显著影响。

不同参比植物对蚕豆的固定氮的比例影响不同(表 2.14)。两年的结果都表明,用玉米作参比植物计算得到的固定氮的比例要高于小麦和黑麦草,其中 2006 年差异明显而 2007 年差异较小;而采用小麦或黑麦草作参比植物差异不大。用 3 种参比植物的混合样品计算得到在2006 年时与玉米间作最高,单作或与小麦间作差异较小,在 2007 年时与小麦间作最高,与玉米间作次之,单作最低。

表 2.14　不同参比植物计算对蚕豆固定氮的比例的影响　　　　　　　　　　%

时间	种植方式	参比植物			
		小麦	玉米	黑麦草	混合样
2006 年	蚕豆	35.8 c	63.7 a	53.8 b	53.8
	蚕豆(小麦)	37.0 n	64.1 m	34.8 n	55.3
	蚕豆(玉米)	59.3 a	79.9 a	74.3 a	73.8
2007 年	蚕豆	38.6 a	52.7 a	46.4 a	46.9
	蚕豆(小麦)	72.7 a	77.5 a	75.4 a	75.6
	蚕豆(玉米)	49.2 a	58.9 a	54.8 a	55.1

注:B 值在 2006 年为 -0.782,2007 年为 -1.851。a 与 b、m 与 n 之间表示 $P<0.05$,有显著性差异。

不同种植方式对蚕豆的固定氮的比例也产生影响（表 2.15）。在 2006 年，用 3 种参比植物计算的蚕豆固定氮的比例在与玉米间作时要高于单作或与小麦间作，后两种种植方式间差异不明显；在 2007 年，用 3 种参比植物计算的蚕豆固定氮的比例在与小麦间作时都高于单作或与玉米间作，而与玉米间作时高于单作。采用 3 种参比植物的混合样品计算得到，在 2006 年虽然与玉米间作的蚕豆固定氮的比例较高，但 3 种种植方式间差异不明显，2007 年与小麦间作蚕豆固定氮的比例最高，与玉米间作次之，单作最低。

表 2.15　种植方式对蚕豆固定氮的比例的影响　　　　　　　　　　　　　　%

时间	种植方式	参比植物			
		小麦	玉米	黑麦草	混合样
2006 年	蚕豆	35.8 a	63.7 a	53.8 ab	53.8 a
	蚕豆（小麦）	37.0 a	64.1 a	34.8 b	55.3 a
	蚕豆（玉米）	59.3 ab	79.9 a	74.3 a	73.8 a
2007 年	蚕豆	38.6 b	52.7 b	46.4 b	46.9 b
	蚕豆（小麦）	72.7 a	77.5 a	75.4 a	75.6 a
	蚕豆（玉米）	49.2 ab	58.9 ab	54.8 ab	55.1 ab

注：B 值在 2006 年为 -0.782，2007 年为 -1.851。a 与 b、m 与 n 之间表示 $P < 0.05$，有显著性差异。

2.6.3　参比植物的 ^{15}N 丰度差异对固定氮的比例计算可靠性的影响

很多情况下，如在自然生态系统中，我们难以判断豆科作物和参比植物在根系的分布、对氮素的吸收特性等方面有多大的相似性或差异性，为此，一般采用多点采集多个非豆科作物作混合参比植物来解决这一问题。那么，参比植物的 $\delta^{15}N$ 变化与豆科作物固定氮的比例间是怎样的关系呢，它如何影响到固定氮的比例计算结果的可靠性呢？Unkovich 等（1994）以 10% 的变异为最大范围，研究表明参比植物的 $\delta^{15}N > +2‰$ 时固氮计算结果较为可信。

假设豆科作物的 B 值为 $-1‰$，设定豆科的 $\delta^{15}N$ 有 $-0.5‰$、$0‰$、$+0.5‰$ 和 $+1‰$ 四个变化梯度，分析豆科作物的固定氮的比例随着参比植物 $\delta^{15}N$ 的变化而发生的改变。结果表明（图 2.8），在同一个豆科作物 $\delta^{15}N$ 值下，随着参比植物 $\delta^{15}N$ 的降低，豆科作物的固定氮的比例逐渐下降，且豆科作物和参比植物的 $\delta^{15}N$ 越接近下降程度越明显。在同一个参比植物 $\delta^{15}N$ 下比较四个豆科作物 $\delta^{15}N$ 值，豆科作物的 $\delta^{15}N$ 越低则固定氮的比例越高，且当参比植物的 $\delta^{15}N$ 越低时差异越大。可以看出，当豆科作物的 $\delta^{15}N$ 较低时，由于固定氮的比例较高，参比植物的变化对计算结果误差不大；或者参比植物的 $\delta^{15}N$ 很高时，其轻微的变化对固氮计算误差也很小。但如果豆科作物和参比植物的 $\delta^{15}N$ 很接近，参比植物轻微的变化就会引起计算结果较大的改变。可以认为在固定氮的比例较高，参比植物满足试验前提条件下，其 $\delta^{15}N$ 与豆科作物 $\delta^{15}N$ 有较大差异时计算结果更加可信。

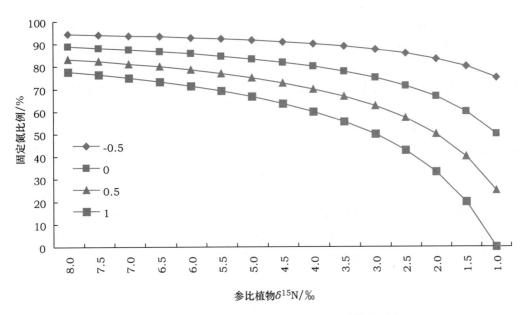

图 2.8 参比植物 δ^{15}N 值对固定氮的比例计算的影响

2.6.4 间作对豆科作物氮素分馏的影响

使用自然丰度法计算豆科生物固氮时,需要考虑豆科作物的氮素分馏状况(B 值),即豆科作物在不吸收土壤氮素条件下完全依靠从空气中固氮时的体内 ^{15}N 丰度。豆科作物的固氮能力是随着生育期而变化的,其氮素分馏状况也随生育期而改变。一般是在无氮营养液供应情况下温室砂培获得豆科作物的 B 值,而豆科作物的田间生长环境条件与温室有很大不同,砂培获得的结果并不能很好地应用到田间,那么如何获得田间条件下可靠的氮素分馏结果呢?同时,氮素分馏受到环境条件很大影响,如土壤水分、无机氮水平和微生物种类和数量等。在间作条件下,由于种间相互作用的结果,很多环境因素都发生改变,进而会影响到间作豆科作物的氮素分馏能力。目前研究氮素分馏都是在单作条件下进行的,间作情况下到底会发生什么改变呢?借鉴前人研究经验,设计了一个土培和砂培对比试验,研究了单、间作条件下豆科作物氮素分馏随种植时期和种植方式发生的变化,对砂培结果的可靠性进行了研究,对相关结果的可能原因进行了探讨。

试验于 2007 年在中国农业大学资源与环境学院温室进行,分砂培和土培两部分。

砂培设单作蚕豆、蚕豆/小麦间作两种种植方式,以除 N 外的全霍格兰营养液供应植物生长,营养液各元素浓度分别为:K_2SO_4 7.5×10^{-4} mol/L,KCl 1.0×10^{-4} mol/L,KH_2PO_4 2.5×10^{-4} mol/L,$MgSO_4 \cdot 7H_2O$ 1.0×10^{-4} mol/L,$CaCl_2$ 2.0×10^{-4} mol/L,Fe-EDTA 1.0×10^{-4} mol/L,$MnSO_4 \cdot 7H_2O$ 1.0×10^{-5} mol/L,$ZnSO_4 \cdot 7H_2O$ 1.0×10^{-6} mol/L,$CuSO_4 \cdot 5H_2O$ 1.0×10^{-7} mol/L,$(NH_4)_6 M_{07} O_{24} \cdot 4H_2O$ 5.0×10^{-9} mol/L,H_3BO_3 1.0×10^{-5} mol/L。采用本小组设计的装置(将普通啤酒瓶割去瓶底后,用脱脂棉将瓶口塞住,除瓶底外,其他部用锡箔纸包裹,将瓶口锡箔纸扎几个细孔使其透水而不透出根系,然后反扣在一个也用锡箔纸包裹的玻璃罐头瓶上,装置灭菌后在啤酒瓶中装石英砂至距离瓶底 1 cm 左右,在罐头瓶中装营养液),种子播在清洗干净的 200 目石英砂中,单作每瓶播种蚕豆 2 株,间作每瓶播

蚕豆 1 株和小麦 5 株,在播种时及 1 个月后分别接种一次 NM353 根瘤菌。根据罐头瓶水分实际消耗量不定期更换营养液,保持营养液在一定的水平面,并在第二次接种前用营养液淋洗石英砂一次防止盐害。在种植 45 d 和 75 d 时收获单作和间作地上部各一次,每次各 4 次重复,植株烘干称重后磨碎测定蚕豆 $\delta^{15}N$ 值。同时称取地下部干重,蚕豆摘下根瘤测定根瘤干重。

土培设单作蚕豆、单作小麦和蚕豆/小麦间作 3 种种植方式,每种方式设施 10% 丰度 ^{15}N 尿素和普通尿素两个施肥处理,施氮量为 100 mg/kg,同时施用 P 100 mg/kg,K 126 mg/kg,Mg 50 mg/kg,Fe、Mn、Cu、Zn 和 Mo 各 5 mg/kg。土壤采自北京市永定河干涸河滩的河沙土。与砂培同时种植,每盆使用 5 kg 河沙土,单作蚕豆种植 4 株、间作蚕豆种植 2 株,单作小麦种植 20 株、间作小麦种植 10 株,在播种时及 1 个月后也各接种一次 NM353 根瘤菌,不定期浇水保持土壤在一定的湿度范围。在种植 45 d 和 75 d 后收获地上部植株,各处理每次分别收获 4 次重复,植株烘干称重磨碎后测定蚕豆和单作小麦的 $\delta^{15}N$ 值,同时水洗获得各处理地下部根系烘干称重,在第二次收获时摘下蚕豆根系根瘤烘干称重。

自然丰度法(Shearer and Kohl,1986)计算:

$$\delta^{15}N = 1\,000\left[(atom\%^{15}N_{leg} - atom\%^{15}N_{air})\,/atom\%^{15}N_{air}\right] \tag{2.11}$$

$$\%Ndfa = 100(\delta^{15}N_{ref} - \delta^{15}N_{leg})\,/\,(\delta^{15}N_{ref} - B) \tag{2.12}$$

$$Ndfa = \%Ndfa \times N_{leg} \tag{2.13}$$

式中:$\delta^{15}N$ 是作物相对空气的 ^{15}N 值;$\delta^{15}N_{ref}$ 和 $\delta^{15}N_{leg}$ 是参比植物和豆科作物的 $\delta^{15}N$ 值;$\%Ndfa$ 为豆科作物的固定氮的比例;B 为豆科作物以大气氮为唯一氮来源时的 $\delta^{15}N$,$Ndfa$ 为固氮量;N_{leg} 为豆科作物地上部总氮累积量。

同位素稀释法(Danso $et\,al.$,1993)计算:

$$\%Ndfa^* = 100(1 - \delta^{15}N_{leg^*}\,/\,\delta^{15}N_{ref^*}) \times 100 \tag{2.14}$$

式中:$\delta^{15}N_{leg^*}$ 和 $\delta^{15}N_{ref^*}$ 分别为标记豆科作物和参比植物的 ^{15}N 丰度;$\%Ndfa^*$ 为标记豆科作物的固定氮的比例。

豆科作物氮素分馏:

根据 Doughton 等(1992)Okito 等(2004)介绍的方法,以式(2.15)计算得到豆科作物的固定氮的比例,将该值代入到式(2.13)之中,推导出豆科作物的氮素分馏系数,计算公式为:

$$B = \delta^{15}N_{ref} - 100(\delta^{15}N_{ref} - \delta^{15}N_{leg})\,/\,\%Ndfa^* \tag{2.15}$$

式中:$\delta^{15}N_{ref}$ 和 $\delta^{15}N_{leg}$ 是参比植物和豆科作物的 ^{15}N 丰度,$\%Ndfa^*$ 是同位素稀释法获得的固定氮的比例。

用 MAT-251 质谱仪测定植物 $\delta^{15}N$ 丰度,其他土壤和植物样品测定及数据分析同本章前述。

2.6.4.1　间作对作物生长的影响

对砂培种植试验来说,随着种植时间增加,蚕豆的生物量显著增加(表 2.16),蚕豆根冠比随生育期增加而降低,蚕豆根瘤重量占总生物量的比例也有下降。间作对生物量、根瘤占生物量的比重和后期根冠比有促进作用,但差异并不明显。间作小麦生物量比蚕豆小,且随时间延长并没有明显变化,说明缺氮对小麦生长有很明显的抑制作用。

表 2.16　砂培条件下作物的生物量、根冠比及瘤重占生物量的变化

收获时期/d	作物	生物量/(g/株)	根冠比	瘤重/生物量比
45	单作蚕豆	2.52 ns	0.517 ns	0.034 8 ns
	间作蚕豆	2.87	0.513	0.053 5
	间作小麦	0.34	—	—
75	单作蚕豆	5.74 ns	0.364 ns	0.036 4 ns
	间作蚕豆	7.18	0.425	0.038 6
	间作小麦	0.36	—	—

注:ns 表示间作蚕豆和单作蚕豆指 $P<0.05$,无显著差异。

在土培条件下,第一次收获时(表 2.17),两种尿素处理间的蚕豆或小麦的生长都无显著差异。间作没有显著增加蚕豆的生物量,但增加了小麦,特别是地上部生物量。第二次收获时(表 2.17),两种尿素处理间蚕豆的生长也无显著影响,标记尿素的小麦地下部生物量相比常规尿素有显著增加,但两种尿素对小麦地上部生物量和总的生物量无显著影响。与单作相比,间作显著降低了蚕豆的生物量,特别是地下部和总的生物量降低更加明显;与单作相比,间作仍然显著增加了小麦的生物量,对地上部和总的生物量影响更加明显。

表 2.17　土培条件下蚕豆和小麦在单作和间作时地上部和地下部的生物产量　　g/株

收获时期/d	作物	常规尿素			^{15}N 标记尿素		
		地上部	地下部	合计	地上部	地下部	合计
45	单作蚕豆	2.07 ns[①]	1.17 ns	3.24 ns	1.77 ns	1.04 ns	2.81 ns
	间作蚕豆	1.88	0.82	2.70	1.84	0.96	2.80
	常规尿素 vs. 标记尿素	ns[②]	ns	ns			
	单作小麦	0.61 b	0.40 b	1.02 b	0.63 b	0.43 ns	1.06 ns
	间作小麦	0.92 a	0.57 a	1.49 a	0.79 a	0.51	1.30
	常规尿素 vs. 标记尿素	ns	ns	ns			
75	单作蚕豆	5.04 a	1.73 a	6.77 a	4.93 a	1.65 a	6.58 a
	间作蚕豆	3.10 b	1.16	4.26 b	2.76 b	1.22 b	3.98 b
	常规尿素 vs. 标记尿素	ns	ns	ns			
	单作小麦	1.47 b	0.45 ns	1.93 b	1.50 b	0.44 b	1.94 b
	间作小麦	2.29 a	0.57	2.87 a	2.41 a	0.79 a	3.20 a
	常规尿素 vs. 标记尿素	ns	b	ns		a	

注:①指间作和单作间的差异,②指常规尿素和标记尿素间的差异。ns 指 $P>0.05$,无显著差异,不同字母表示 $P<0.05$,显著性差异。

在第二次收获时,尿素类型、种植方式对蚕豆单株根瘤重无明显影响(表2.18),但间作使根瘤重量占生物量的比例增加,而尿素类型对蚕豆的该指标则无明显影响。

表2.18 不同尿素形态、种植方式对蚕豆根瘤重量及其所占生物量比重的影响

作物	常规尿素		^{15}N标记尿素		常规尿素 vs. ^{15}N标记尿素
	单株瘤重/(g/株)	瘤重/生物量	单株瘤重/(g/株)	瘤重/生物量	
单作蚕豆	0.190 4 ns	0.028 1	0.092 8 ns	0.014 1	ns
间作蚕豆	0.159 5	0.037 4	0.181 18	0.045 5	ns

注:ns 指 $P>0.05$,无明显差异。

在第一次收获时常规尿素和标记尿素间土壤无机氮浓度无明显差异(表2.19),都是单作蚕豆的土壤无机氮浓度明显高于蚕豆/小麦间作和单作小麦的,且单作小麦的土壤无机氮浓度最低。第二次收获时,仍然是单作蚕豆土壤无机氮浓度显著高于蚕豆/小麦间作和单作小麦的,但此时间作体系的无机氮浓度已经低于单作小麦,由于标记尿素的单作蚕豆有较高的土壤无机氮浓度,使^{15}N标记尿素的几个种植处理在整体上有高于常规尿素的土壤无机氮浓度。

表2.19 不同种植方式下土壤无机氮浓度　　　　　　　　mg/kg

作物	45 d		75 d	
	常规尿素	标记尿素	常规尿素	标记尿素
单作蚕豆	28.42 a	35.50 a	5.86 a	13.19 a
蚕豆/小麦	1.48 b	2.84 b	0.12 b	0.19 b
单作小麦	0.69 b	0.67 b	0.12 b	0.50 b
差异	x	x	y	x

注:不同字母(x,y)表示同一取样时间不同尿素之间差异显著($P<0.05$),不同字母(a,b)表示同一取样时间不同作物不同体系之间有差异($P<0.05$)。

2.6.4.2 蚕豆氮素分馏变化

采用10%丰度尿素标记,与单作相比,间作后蚕豆^{15}N丰度急剧降低,在种植75 d时差异达到显著水平(表2.20),但两个收获时期同一种植方式下蚕豆^{15}N丰度变化不大,单作小麦也无明显变化。计算表明,两个收获时期蚕豆的固定氮的比例间作时都显著高于单作,且随生育期延长固定氮的比例增加。

施用常规尿素下蚕豆和小麦的^{15}N丰度测定结果表明(表2.21),在第一次收获时,单作或间作对蚕豆^{15}N丰度影响不明显,第二次收获时,间作促进了蚕豆^{15}N丰度的降低,且相对第一次收获^{15}N丰度都降低。单作小麦在两次收获时^{15}N丰度差异无明显变化。

表 2.20 标记蚕豆和小麦的^{15}N 丰度及蚕豆固定氮的比例

收获时期/d	作物	δ^{15}N/‰		固定氮的比例/%
		参比植物*	蚕豆	
45	单作蚕豆	8.738	4.003 ns	44.5 b
	间作蚕豆		2.460	71.3 a
75	单作蚕豆	8.785	4.984 a	51.8 b
	间作蚕豆		2.053 b	76.6 a

注:* 用单作小麦作参比植物。ns 指 $P<0.05$,无显著差异,字母不同的值表示 $P<0.05$,有显著差异。

表 2.21 蚕豆和单作小麦的自然^{15}N 丰度变化 ‰

作物	收获时期	
	45 d	75 d
单作蚕豆	0.528 ns	0.239 a
间作蚕豆	0.331	−0.019 b
单作小麦	2.157	2.039

注:ns 指 $P>0.05$,无明显差异,不同字母间表示 $P<0.05$,有显著差异。

将表 2.20 中获得的固定氮的比例代入到式(2.14)中,计算得到蚕豆的计算 B 值,与用砂培方法获得的测定的 B 值相比(表 2.22),在单作种植方式下,计算值比测定值偏低;在间作种植方式下,计算值比测定值高;同时,两种种植方式下间作蚕豆的 B 值的平均值都低于单作蚕豆。所有比较结果都有显著性差异,说明间作和计算方式对 B 值有显著影响。

表 2.22 不同种植方式下蚕豆砂培和土培情况下得到的 B 值差异

收获时期/d	作物	B 值/‰		单作 vs. 间作
45	单作蚕豆	砂培	−1.173 a	y
		土培	−1.507 b	
	间作蚕豆	砂培	−1.288 b	x
		土培	−0.406 a	
75	单作蚕豆	砂培	−1.451 a	y
		土培	−1.738 b	
	间作蚕豆	砂培	−1.556 b	x
		土培	−0.721 a	

注:不同字母(x,y)表示同一采样时间点间作和单作之间 B 值差异显著($P<0.05$),不同字母(a,b)表示同一取样时间相同种植体系砂培和土培之间有差异显著($P<0.05$)。

通过设计一系列的蚕豆 $\delta^{15}N$ 变化值（$+1\%_0 \sim -1\%_0$），预测了蚕豆固定氮的比例随蚕豆 $\delta^{15}N$ 变化的趋势，结果表明，在固定的参比植物 $\delta^{15}N$ 值和蚕豆 B 值下，无论单作或间作，蚕豆固定氮的比例随 $\delta^{15}N$ 降低而增加（表 2.23）。在单作条件下，由于砂培测定的 B 值高于通过计算获得的 B 值，结果用单作测定值计算获得的固定氮的比例高于用单作计算值计算获得的固定氮的比例，但二者差异并不大；然而，在间作条件下，由于间作计算值与间作测定值或单作测定值间有较大差异，采用间作计算值计算获得的固定氮的比例明显高于采用间作测定值或单作测定值计算获得的固定氮的比例，即间作条件下采用普通的砂培获取的 B 值会严重低估间作体系蚕豆的固定氮的比例，且蚕豆固氮强度越大，低估的程度越严重。

2.6.4.3 影响同位素分馏的因素

在生态系统中氮素的输入、吸收、同化、输出等过程会发生不同程度的分馏（苏波等，1999）。输入以生物固氮为主，通常生物固氮过程中的氮同位素分馏很小（分馏系数为 $0.998 \sim 1.002$），同位素分馏因子值与大气 N_2 的同位素效应（$0\%_0$）极为相近，这也是生物固氮的 $\delta^{15}N$ 值与大气 $\delta^{15}N$ 值相近的原因（Shearer and Kohl，1988）。在矿化和硝化过程中氮同位素分馏较为显著，一般来说，矿化和硝化后产物的 $\delta^{15}N$ 相对于矿化、硝化前的反应底物均有不同程度的削弱作用。植物对 $NO_3^- -N$、$NH_4^+ -N$ 等无机盐的吸收和同化过程也有较大的同位素效应，被吸收、同化后的 ^{15}N 丰度对比吸收、同化前会产生富集作用（Shearer and Kohl，1988）。氨挥发和反硝化作用是氮素的主要损失途径（韩兴国和程维信，1992），氨挥发过程中的同位素分馏通常产生 ^{15}N 贫化的 NH_3 和 ^{15}N 富集的 $NH_4^+ -N$ 库，反硝化作用能够产生 ^{15}N 贫化的气体，同时使剩余 $NO_3^- -N$ 库富集 ^{15}N（Husbner，1986）。然而，在大多数森林中，氨的挥发和反硝化作用的 N 同位素分馏效应都不大（Nadelhoffer and Fry，1994）。Robinson 等（1998）用油菜和番茄对在硝酸盐中生长的维管植物的氮素分馏，包括氮吸收、氮同化、氮在植物中的转移和损失等过程中的氮素分馏进行了详细的理论描述。Evans（2001）认为，整株植物及其叶片的氮同位素组成决定于外源氮素的同位素比例及氮在植物内部的生理转化机制。当植物氮的需求超过氮的供给时，整株植物的同位素组成能够反映氮的来源。菌根的吸收作用能够使植物的同位素比例与氮源的同位素比例产生差异。多种氮素的同化作用、不同器官中氮素的损失、氮的再吸收和分配等过程影响到植物内部的同位素组成。Hogberg 等（1999）研究了当氮素从土壤通过菌根进入植物体内时，胞囊丛枝菌根对植物氮同位素组成和丰度的影响。试验采用杉木幼苗不接种和分别与 3 种菌根接种，幼苗生长在盆栽石英砂里，供应含硝酸盐或铵盐的营养液。结果发现两种氮盐都产生同位素分馏效应，用铵盐做氮源时分馏程度比用硝酸盐做氮源时更高。随着植物吸氮量的增加，分馏程度降低。在高氮吸收/氮供应比例下，硝态氮同位素没有发生分馏，铵态氮同位素只发生轻微分馏作用。虽然接种与否对杉木苗的同位素分馏没有明显差异，但菌根的根状菌丝束相对植物有富集 ^{15}N 作用，对氮源也有相对的富集效应。结果表明，对氮素的吸收及其通过菌丝运输到寄主植物的整个过程，其同位素的富集作用仅会引起轻微的 ^{15}N 丰度降低。作者认为菌根氮库占整个植株氮库的很小一部分是出现这一现象的主要原因。另有研究认为，菌根相对较高的 ^{15}N 丰度是菌根在共生期间的生理作用的结果，而

表 2.23　不同 B 值计算下蚕豆固定氮的比例的变化及其差异

蚕豆 $\delta^{15}N$/‰	B 值/‰			参比植物 $\delta^{15}N$	固定氮的比例/%				固定氮的比例差异/%		
单作测定	单作计算	间作测定	间作计算		单作测定 B 值①	单作计算 B 值②	间作测定 B 值③	间作计算 B 值④	①-②	③-④	①-④
1	-1.451	-1.738	-1.556	-0.721	2	29.0	26.8	28.1	36.7	2.2	-8.6	-7.8
0.8	-1.451	-1.738	-1.556	-0.721	2	34.8	32.1	33.7	44.1	2.7	-10.4	-9.3
0.6	-1.451	-1.738	-1.556	-0.721	2	40.6	37.5	39.4	51.4	3.1	-12.1	-10.9
0.4	-1.451	-1.738	-1.556	-0.721	2	46.4	42.8	45.0	58.8	3.6	-13.8	-12.4
0.2	-1.451	-1.738	-1.556	-0.721	2	52.2	48.2	50.6	66.1	4.0	-15.5	-14.0
0	-1.451	-1.738	-1.556	-0.721	2	58.0	53.5	56.2	73.5	4.5	-17.3	-15.5
-0.2	-1.451	-1.738	-1.556	-0.721	2	63.8	58.9	61.9	80.8	4.9	-19.0	-17.1
-0.4	-1.451	-1.738	-1.556	-0.721	2	69.6	64.2	67.5	88.2	5.3	-20.7	-18.6
-0.6	-1.451	-1.738	-1.556	-0.721	2	75.4	69.6	73.1	95.5	5.8	-22.4	-20.2
-0.8	-1.451	-1.738	-1.556	-0.721	2	81.1	74.9	78.7	102.9	6.2	-24.2	-21.7
-1	-1.451	-1.738	-1.556	-0.721	2	86.9	80.3	84.4	110.2	6.7	-25.9	-23.3

不是氮源利用同位素的信号反应。试验也表明植物^{15}N丰度也是一个好的参考指标,可用来表征氮素的供应程度。微生物在氮素分馏过程中产生重要影响,其驱动的不同氮循环过程条件下有不同的同位素分馏特征,一般研究表明在生物固氮、土壤有机氮矿化过程中氮素分馏效应较小,而氮吸收同化、硝化和反硝化过程中同位素分馏程度较大,同时这些过程是与P、K等其他营养元素协同作用的结果(李思亮等,2002)。

2.6.4.4 影响测定 B 值和计算 B 值差异的可能原因

在室内盆栽条件下,土培和砂培有相同的光照、温度和空气湿度,砂培的根系保持在充分的水分供应条件下,土培定期浇水,根系有轻微的干湿交替过程,其中单作小麦水分含量变化最剧烈,间作次之,单作蚕豆变化最缓慢。砂培其他各必需营养元素充足,但缺乏氮素,土培前期各营养元素充足,后期也出现缺氮症状。砂培经过消毒处理后只剩下加入的NM353根瘤菌,土培除NM353根瘤菌外,还有其他土著微生物存在。同时,在间作条件下,小麦对蚕豆生长的影响在砂培和土培时是不同的。在土培条件下,与单作蚕豆相比,间作蚕豆在种植45 d时总生物量(平均单株鲜重1.81 g,后面括号含义相同)差异不大,但种植75 d(4.12 g)后间作蚕豆总生物量显著降低,而在砂培条件下两次收获时(2.87 g和7.18 g)间作蚕豆总生物量与单作相比虽然没有显著变化但有增加趋势。同时可以看出在砂培条件下单株蚕豆重量对比土培明显增加。在土培条件下,间作单株小麦与单作小麦相比总生物量都有增加(两次收获单株重分布为1.39 g和3.03 g),而在砂培条件下间作单株小麦总生物量分别为0.34 g和0.36 g,其总生物量随生长几乎没有变化,且远低于土培的小麦总生物量。另外,土培试验中两次收获时蚕豆根区的土壤无机氮浓度在间作时都显著低于单作,可以看出间作小麦大量消耗了蚕豆根区的无机氮。以上结果可以看出,在土培条件下,间作小麦对蚕豆生长有很大的影响,它降低了蚕豆根际的土壤无机氮浓度,使蚕豆生物量降低,而砂培条件下间作小麦对蚕豆无明显影响,甚至由于自身竞争能力的不足,给蚕豆留下了更大的生长空间,促进了间作蚕豆的生长,这是土培和砂培明显不同的地方。

综合以上分析结果及影响氮素分馏的因素后可知,在土培条件下间作后土壤的养分浓度、含水量、微生物类型等与单作相比有很大不同,可能是影响二者 B 值差异的主要因素;而砂培和土培除以上影响因素外,间作小麦产生种间相互作用效果的差异可能也是导致二者间作下 B 值有很显著差异的主要原因。

在用自然丰度法评价豆科作物的固定氮的比例中,B 值的获得影响到计算的准确性。为了保证除了空气氮素外没有其他的氮素带入,一般都是在室内砂培条件下用无氮营养液培养,一些作者在没有培养测定的情况下也直接选用他人发表的论文中的 B 值数据进行固氮计算。然而,在田间条件下,影响作物生长的各种环境条件与室内盆栽有明显的差异,导致豆科在室内外生长有很大的不同,其也会影响到作物体内的氮素分馏过程。因此,有必要在田间原位条件下研究氮素分馏对固氮计算的影响,如设计田间自然丰度法和小区标记的同位素稀释法试验,用本试验介绍的计算方法来获得 B 值,可能更加合理。另外,由于砂培获取 B 值的种植时间较短,种子含氮对最后测定结果影响很大,一般也应该加以考虑(Hogberg *et al.*,1994)。

B 值的准确性对固氮计算会产生影响。本节设计的蚕豆固定氮的比例在一系列蚕豆 $\delta^{15}N$ 变化下受 B 值计算的影响(见表 2.23)清晰地阐明了获得准确的 B 值的重要性。它对我们在生产实践中准确定量豆科固氮总量提供了依据。

2.6.5　土壤 ^{15}N 丰度的空间变异与间作作物根系分布

^{15}N 在土壤中并不是均匀分布的。在水平方向上：Rennie 等(1974；1975)分析了加拿大 15 个表层土壤的 ^{15}N 丰度为 $+11.7‰$，变异为 $+1.69‰$；Steel 等(1960)报道伊利诺伊州 19 种土壤类型的 ^{15}N 丰度平均值为 $+9.7‰$，变异 $+1.72‰$；Cheng 等(1964)报道 21 个表层土壤的 ^{15}N 丰度值变化从 $-1‰$ 到 $+16‰$，平均值为 $+6.09‰$，有 1 个土壤的 ^{15}N 丰度值低于大气；Bermner 等(1966)报道的 25 个表层土壤平均 ^{15}N 丰度值为 $+4.32‰$，变异达 $+5.65‰$，有 5 个土样的 ^{15}N 丰度值低于大气；Shearer 等(1978)对 124 个表层土壤研究表明，土壤的 ^{15}N 丰度平均值在 $+7.75‰$，90% 的土壤 ^{15}N 丰度值在 $+5.1‰\sim+12.3‰$，75% 的土壤 ^{15}N 丰度值在 $+7.1‰\sim+11.1‰$；Ledgard 等(1984)对两个尺度范围内的土壤丰度变化进行了研究，结果表明，对表层土壤来说，小尺度取样范围内获得的 ^{15}N 丰度值比大尺度取样范围获得的 ^{15}N 丰度值变异性要小，但都没有发现种植年限与土壤丰度间存在显著关系。

在垂直方向上：一般认为随着土壤深度的增加 ^{15}N 值也会增加(Delwiche and Steyn,1970；Riga *et al.*, 1970)。Pate 等(1994)研究表明，在 $0\sim80$ cm 范围内土壤丰度随深度增加而增加，且铵盐的 ^{15}N 值高于硝酸盐；在 80 cm 以下，土壤无机氮含量很低，总无机氮 ^{15}N 值有随深度增加而降低趋势。Ledgard 等(1984)发现自然生态的草场和 55 年经营的牧场土壤总氮含量都随深度增加而降低，但在 $0\sim60$ cm 范围内土壤 ^{15}N 丰度随深度增加而增加。本章 2007 年田间试验的土壤测定结果与前人研究结果一致，即土壤 ^{15}N 丰度随深度增加而增加，$0\sim20$ cm、$20\sim40$ cm 和 $40\sim60$ cm 的 ^{15}N 丰度分别为 $+6.369‰$、$+7.621‰$ 和 $+8.1‰$，土壤全氮含量逐渐降低，分别为 0.111%、0.084% 和 0.076%，符合一般变化规律。

Shearer 等(1978)研究表明，植被类型与土壤 ^{15}N 丰度关系不显著；施入氮肥对土壤总氮的 ^{15}N 丰度并无明显影响，说明在施用大量化学氮肥的情况下也可以采用自然丰度法进行固氮计算；回归分析表明，土壤 ^{15}N 丰度与降雨强度和砂粒含量明显相关，也与土壤全氮含量和降雨强度相关。Riga 等(1970)研究认为，从长期影响看，施用无机肥和绿肥会降低土壤 ^{15}N 丰度，但施用动物厩肥会增加土壤 ^{15}N 丰度。

Peoples 等(2002)对全球不同地理位置和不同土地利用方式下参比植物的 ^{15}N 丰度进行了研究，尽管 ^{15}N 比值变化很大，但种植农作物的土壤中植物有效氮的 $\delta^{15}N$ 趋向高于草场和农林复合系统(表 2.24)，这可能与氮素在农作物种植体系中的循环周转速率快有关。对澳大利亚不同土壤不同前茬作物进行的研究也表明，参比植物中的 $\delta^{15}N$ 水平与前茬作物似乎没有太大关系(表 2.25)。

表 2.24 不同地理位置和土地利用方式下参比植物的¹⁵N 自然丰度 ‰

地理位置	土地利用方式	观测次数	δ^{15}N 水平	
			范围	平均值
澳大利亚	农田	285	+0.4～+17.5	+7.5
	草场	388	−1.1～+10.5	+3.5
	农林复合系统	27	+0.9～+8.6	+4.3
东南亚	农田	245	−3.8～+21.6	+5.7
	农林复合系统	58	+1.0～+9.5	+4.6
南亚	农田	244	−0.7～+14.1	+2.2
中东	农田	47	−0.2～+14.1	+3.1
非洲	农田	38	+2.7～+12.6	+6.8
南美洲	农田	15	+4.4～+12.6	+8.9
	农林复合系统	25	+1.5～+8.5	+4.5
欧洲	农田	7	+2.2～+9.4	+4.3
	草场	6	+0.65～+5.8	+3.9

来源：Peoples' *et al.*，2002。

表 2.25 澳大利亚从南(温带冬季降水主导环境)至北(亚热带气候)1 500 km 跨度，
前茬作物不同,参比植物的¹⁵N 自然丰度 ‰

前茬作物	¹⁵N 自然丰度水平					
	(A)	(B)	(C)	(D)	(E)	(F)
冬季禾谷类	3.4	10.6	12.0	9.9		6.7
夏季禾谷类				9.7	6.3	6.1
豆科作物				7.3		6.5
草场						6.3
休闲		7.9	5.3		11.9	

维多利亚州：(A) Horsham ［36°40′S, 142°17′E］；新南威尔士州：(B) Yanco ［34°37′S, 146°25′E］, (C) Trangie ［32°2′S, 147°59′E］,(D) Breeza ［31°16′S, 150°28′E］；昆士兰州：(E) Toowoomba ［32°2′S, 147°59′E］, (F) Kingaroy ［31°16′S, 150°28′E］。

李隆(1999)研究认为,在小麦/玉米间作体系中,小麦的根系可以进入玉米地下部空间,占据整个土壤剖面吸收养分,而玉米根系很少进入小麦的根系空间;小麦收获后,间作玉米根系逐渐向小麦地下部空间生长,扩大了养分的吸收面积。蚕豆和玉米间作时种间根系是弱竞争关系,即蚕豆根系仅占据较小的地下部空间就可以满足其对养分的需求,而玉米占据了两种作物的地下部空间,扩大了根系的吸收空间。刘广才(2005)研究表明,大麦或小麦与玉米间作有同李隆(1999)相似的结果,大麦和小麦收获前二者的根系横向进入玉米根系空间,纵向下扎深度大于单作,扩大了对养分的吸收面积,二者收获后间作玉米根系开始向大麦或小麦的根系空间扩展。张恩和等(2003)研究表明,小麦/大豆间作复合群体根系生长在年生长期内显示出双峰交错性,根系重量与根长密度的生长也表现出异步性;春小麦总根系重量峰值出现的早(6月初),而大豆峰值出现的晚(8月上、中旬),根系重量的峰值出现早于根长。间作根系的分布与单作相比呈明显的"偏态"不均衡分布,在玉米/甘蓝间作系统中,间作玉米向甘蓝行的水平伸长距离比向玉米行的多10～30 cm,而甘蓝向玉米行的伸长距离比向甘蓝行的伸长距离少4～16 cm。复合群体间作作物根系的垂直分布表现出层次递减性,如玉米拔节期0～20 cm土层集中了85%～90.9%的根系,这与单作玉米根系的垂直分布特征基本一致,玉米生长中后期根系垂直方向呈现出纺锤状的空间构型。

　　Kohzu等(2003)研究表明,在沼泽地中,土壤^{15}N丰度随深度增加而增加,植物根系下扎越深,则植物的^{15}N丰度越大,表明了根系分布与植物^{15}N丰度的相关性。从以往研究结果看,5行小麦与2行蚕豆间作,蚕豆在0～20 cm土层的根量已经占到其总根量的97.1%,小麦在0～20 cm土层的根量占其总根量的67.1%,说明根系主要分布在浅层。本试验的结果表明间作对禾本科的^{15}N丰度并没有显著影响,这是否与试验土壤在水平方向上^{15}N丰度分布均匀,而深层土壤^{15}N丰度还没有达到影响植物体内^{15}N丰度变化的程度有关呢?Ledgard等(1984)研究表明土壤中植物有效氮的丰度并没有随土壤^{15}N丰度的增加而有较大变化。因此,到底是土壤^{15}N丰度还是植物有效氮^{15}N丰度会对植物^{15}N丰度产生最后的影响值得进一步研究。可以肯定的是,如果参比植物和豆科作物之间在根系空间分布上差异很大,而土壤^{15}N丰度在水平和垂直方向上又有较大的空间变异,选用这种参比植物进行固氮计算则不太适宜。

2.6.6　自然丰度法和同位素稀释法的可比性

　　采用Doughton等(1992)和Okito等(2004)所介绍的方法计算B值最基本的要求是施用两种形态的尿素后豆科作物和参比植物有相同的或无明显差异的生长变化,包括地上部和地下部。从土培试验结果看(见表2.17),两种形态尿素间蚕豆或小麦地上部和地下部生物量都无显著差异(见表2.17),在第二次收获时蚕豆根系根瘤的生物量间也无明显差异(见表2.18),说明本试验能够满足采用该方法所需的要求,即可以采用该方法计算获得蚕豆的B值。

　　上述方法中,假定的是同位素稀释法和自然丰度法计算的固定氮的比例相同,那么这两种方法获得的固定氮的比例是否完全相同或比较接近呢?从两种方法计算的原理看,二者都有一个参比植物,它们对理想的参比植物所要满足的条件相同,但同位素需要施用标记的^{15}N肥料,其在时间上和空间上分布的均匀度影响了测定结果的准确性(Chalk and Ladha,1999);而自然丰度法只要求土壤和大气的δ^{15}N差异足够大(一般认为需要≥5‰)即可(Hogberg,1997)。在田间条件下,施用标记肥料非常昂贵,一般采用微区试验或用塑料或金属物质将标记与未标记土体分割开进行研究,土壤的扰动无疑会对作物生长产生影响;同时,自然土壤的^{15}N分布并非完全均匀,完全满足需要的参比植物也很难获得,众多的研究表明两种方法获得的固定氮的比例并不完全相同,有时甚至有很大差异(Braulio and Georg,2003;Khan et al.,2002;Unkovich and Pate,2000)。Lopez-Bellido等(2006)通过两年的田间试验研究表明,使用小麦作参比植物,用稀释法获得的蚕豆固定氮的比例略高于自然丰度法,但二者差异并不大,他认为主要原因可能是两种测定方法的试验小区的土壤无机氮含量无明显差异,Unkovich 等(2000)认为,这些差异在用两种方法测定的结果误差变化范围内;Peoples 等(1990)和 Doughton 等(1995)等用两种方法测定获得了与以上相似的结果,而 Somado 等(2006)采用水稻作参比植物,计算得到的豆科固定氮的比例自然丰度法比同位素稀释法高 20%。Boddey 等(2000)认为,在田间条件下,由于控制生物固氮的生物的和非生物因子在空间上的高度变异性,使两种方法之间缺乏显著的相互关系,而在盆栽条件下,由于 ^{15}N 都被限制在有限空间的容器内被植物利用,影响生物固氮的因素空间变异性降低,使两种方法之间的结果更加接近。本试验是在盆栽条件下进行的,可以保证所施用的标记肥料在土壤中分布完全均匀,同时自然丰度法的土壤 δ^{15}N 也能够满足试验条件要求,其他外界环境条件和试验操作流程、作物生物变化都一致,因此可以认为用两种方法获得的计算结果是一致的。

总之,间作降低了豆科作物(蚕豆)的 δ^{15}N,但对 3 种参比植物(小麦、玉米和黑麦草)的 δ^{15}N 影响不明显,说明在没有单作参比植物的情况下,可以选择间作的参比植物进行固氮计算。在土培条件下可以用同位素稀释法和自然丰度法混合计算豆科作物的 B 值;土培计算获得的 B 值在单作时高于砂培测定获得的 B 值,但在间作时又低于后者;在单作条件下用两种 B 值计算得到的固定氮的比例差异不大,但间作条件下用砂培测定获得的 B 值计算的固定氮的比例要低于用土培计算获得的 B 值计算的固定氮的比例,且豆科作物 ^{15}N 丰度越低,差异越明显。由于土培法更能反映田间条件下种间相互作用的实际情况,在生产中可以采用田间同位素稀释法和自然丰度法联合计算的方法获得豆科作物的 B 值来进行生物固定氮的比例计算。在盆栽条件下,两种方法获得的计算结果具有更好的一致性。

参考文献

Anthofer J. and Kroschel J. 2005. Above-ground biomass, nutrients, and persistence of an early and a late maturing Mucuna variety in the Forest-Savannah Transitional Zone of Ghana. Agriculture, Ecosystems and Environment, 110: 59-77.

Bermner J. M., Cheng H. H., Edwards A. P. 1966. Assumptions and errors in ^{15}N research. In: Report of the FAO/IAEA technical meeting. pp. 429-442. Pergamon press, Braunschweig, Germany.

Bieranvand N. P., Rastin N. S., and Afarideh H. 2002. Evaluation of the appropriate different reference crops to quantity N_2 fixation in soybean using the ^{15}N isotopic method. In: 17th WCSS. pp. 1651-1657, Thailand.

Boddey R. M., Peoples M. B., Palmer B. *et al*. 2000. Use of the ^{15}N natural abundance technique to quantify biological nitrogen fixation by woody perennials. Nutrient Cycling in Agroecosystems, 57: 235-270.

Carranca C., de Varennes A., Rolston D. E. 1999. Biological nitrogen fixation estimated by ^{15}N dilution, natural ^{15}N abundance, and N difference techniques in a subterranean clover-grass sward under Mediterranean conditions. European Journal of Agronomy, 10: 81-89.

Chalk P. M., Ladha J. K. 1999. Estimation of legume symbiotic dependence: an evaluation of techniques based on ^{15}N dilution. Soil Biology and Biochemistry，31：1901-1917.

Cheng H. H. ，Bermner，J. M. ，Edwards，A. P. 1964. Variation of ^{15}N abundance in soils. Science，146：1574-1575.

Choi，W. J. ，Lee，S. M. ，Ro，H. M. ，*et al* . 2002. Natural ^{15}N abundances of maize and soil amended with urea and composted pig manure. Plant and Soil，245：223-232.

Cissé M. ，Vlek P. L. G. 2003. Influence of urea on biological N_2 fixation and N transfer from Azolla intercropped with rice. Plant and Soil，250：105-112.

Cornwell，J. C. ，Kemp，W. M. ，Kana，T. M. 1999. Denitrification in coastal ecosystems：methods，environmental controls，and ecosystem level controls，a review. Aqutic Ecology，33：41-54.

Danso S. K. A. ，Hardarson G. ，Zapata F. 1993. Misconceptions and practical problems in the use of ^{15}N soil enrichment techniques for estimating N_2 fixation. Plant and Soil，152：25-52.

Delwiche C. C. ，Steyn，P. L. 1970. Nitrogen isotope fractionation in soils and microbial reactions. Environment Science and Technique，4：929-935.

Doughton J. A. ，Saffigna P. G. ，Vallis Ⅰ. 1995. Nitrogen fixation in chickpea. Ⅱ. Comparison of ^{15}N enrichment and ^{15}N natural abundance methods for estimating nitrogen fixation. Australia Jouranl of Agricultural Research，45：225-236.

Doughton J. A. ，Vallis I. ，Saffigna P. G. 1992. An ind0irect method for estimating ^{15}N isotope fractionation during nitrogen fixation by a legume under field conditions. Plant and Soil，144：23-29.

Emteryd O. 1989. Chemical and physical analysis of inorganic nutrients in plant，soil，water and air. Swedish University of Agricultural Sciences，Department of Forest Site Research，Umea. pp. 181.

Evans R. D. 2001. Physiological mechanisms influencing plant nitrogen isotope composition. Trends in Plant Science，6：121-126.

Gehringa C. ，Vlekb P. L. G. 2004. Limitations of the ^{15}N natural abundance method for estimating biological nitrogen fixation in Amazonian forest legumes. Basic and Applied Ecology，5：567-580.

Geijersstam A. L. ，Martensson A. 2006. Nitrogen fixation and residual effects of field pea intercropped with oats. Acta Agriculturae Scandinavica Section B-Soil and Plant Science，56：186-196.

Geno L. ，Geno B. 2001. Polyculture production-principles，benefits and risks of multiple cropping land management systems for Australia：A report for the rural industries research and development corporation. CIRDC Publication No 01/34.

Hardarson G. ，Danso S. K. A. 1993. Methods for measuring biological nitrogen fixation in grain legumes. Plant and Soil，152：19-23.

Hauggaard-Nielsen H. ，Jensen E. 2005. Facilitative root interactions in intercrops. Plant and Soil，274：237-250.

Herridge D. F. 1982. Relative abundance of ureides and nitrate in plant tissues of soybean as a quantitative assay of nitrogen fixation. Plant Physiology, 70: 1-6.

Herridge D. F. , Palmer B. , Nurhayati D. P. ,et al. 1996. Evaluation of the xylem ureide method for measuring N_2 fixation in six tree legume species. Soil Biology and Biochemistry, 28: 281-289.

Hogberg P. 1997. ^{15}N natural abundance in soil-plant systems. New Phytologist, 137: 179-203.

Hogberg P. , Hogberg M. N. , Quist M. E. , et al. 1999. Nitrogen isotope fractionation during nitrogen uptake by ectomycorrhizal and non-mycorrhizal Pinus sylvestris. New Phytologist, 142: 569-576.

Hogberg P. , Nasholm T. , Hogbom L. ,et al. 1994. Use of ^{15}N labelling and ^{15}N natural abundance to quantify the role of mycorrhizas in N uptake by plants: importance of seed N and of changes in the ^{15}N labelling of available N. New Phytologist, 127: 515-519.

Husbner H. 1986. Isotope effects of nitrogen in the soil and biosphere. In: Handbook of Environmental Isotope Geochemistry. Eds. Fritz P. and Fontes J. pp. 361-425. Elsevier, Amsterdam.

Karpenstein-Machan M. ,Stuelpnagel R. 2000. Biomass yield and nitrogen fixation of legumes monocropped and intercropped with rye and rotation effects on a subsequent maize crop. Plant and Soil, 218: 215-232.

Khan D. F. , Peoples M. B. , Chalk P. M. ,et al. 2002. Quantifyingbelow-ground nitrogen of legumes. 2. A comparison of ^{15}N and non isotopic methods. Plant and Soil, 239: 277-289.

Kilian S. , Berswordt-Wallrabe P. , Steele H. ,et al. 2001. Cultivar-specific dinitrogen fixation in Vicia faba studied with the ^{15}N natural abundance method. Biology and Fertility of Soils, 33: 358-364.

Kohzu A. , Matsui K. , Yamada T. , et al. 2003. Significance of rooting depth in mire plants: Evidence from natural ^{15}N abundance. Ecological Research, 18: 257-266.

Ledgard S. F. , Freney J. R. ,Simpson J. R. 1984. Variations in natural enrichment of ^{15}N in the profiles of some Australian pasture soils. Australian Journal of Soil Research, 22: 155-164.

Li L. , Sun J. H. , Zhang F. S. , et al. 2001. Wheat-maize or wheat-soybean strip intercropping I. Yield advantage and interspecific interactions on nutrients. Field Crops Research, 71: 123-137.

Li L. , Sun J. H. , Zhang F. S. , et al. 2006. Root distribution and interactions between intercropped species. Oecologia, 147: 280-290.

Li L. , Yang S. C. , Li X. L. , et al. 1999. Interspecific complementary and competitive interactions between intercropped maize and faba bean. Plant and Soil, 212: 105-114.

Li L. , Zhang F. S. , Li X. L. , et al. 2003. Interspecific facilitation of nutrient uptake by intercropped maize and faba bean. Nutrient Cycling in Agroecosystems, 65: 61-71.

Lin D. X. , Fan, X. H. , Hu, F. , *et al*. 2007. Ammonia volatilization and nitrogen utilization efficiency in response to urea application in rice fields of the Taihu Lake region, China. Pedosphere, 17: 639-645.

Lopez-Bellido L. , Lopez-Bellido R. J. , Redondo R. , *et al*. 2006. Faba bean nitrogen fixation in a wheat-based rotation under rainfed Mediterranean conditions: Effect of tillage system. Field Crops Research, 98: 253-260.

Maingi J. M. , Shisanya C. A. , Gitonga N. M. ,*et al*. 2001. Nitrogen fixation by common bean. (*Phaseolus vulgaris* L.) in pure and mixed stands in semi-arid south-east Kenya. European Journal of Agronmy, 14: 1-12.

Minchin F. R. , Witty J. F. ,Sheehy J. E. 1983. A Major error in the acetylene reduction assay: Decreases in nodular nitrogenase activity under assay conditions. Journal of Experimental Botany, 34: 641-649.

Nadelhoffer K. J. ,Fry B. 1994. Nitrogen isotope studies in forest ecosystems. In: Stable Isotopes in Ecology and Environmental Science. Eds. K Lajtha and R H Michener. pp. 22-44. Blackwell Scientific Publications, Boston.

Neumann A. , Schmidtke K. ,Rauber R. 2007. Effects of crop density and tillage system on grain yield and N uptake from soil and atmosphere of sole and intercropped pea and oat. Field Crops Research, 100: 285-293.

Oberson A. , Nanzer S. , Bosshard C. ,*et al*. 2007. Symbiotic N_2 fixation by soybean in organic and conventional cropping systems estimated by ^{15}N dilution and ^{15}N natural abundance. Plant and Soil, 290: 69-83.

Okito A. , Alves B. R. J. , Urquiaga S. ,*et al*. 2004. Isotopic fractionation during N_2 fixation by four tropical legumes. Soil Biology and Biochemistry, 36: 1179-1190.

Pate J. S. , Unkovich M. J. , Armstrong E. L. ,*et al*. 1994. Select ion of reference plants for ^{15}N natural abundance assessment of N_2 fixation by crop and pasture legumes in southwest Australia. Australian Journal of Agricultural Research, 45: 133-147.

Payraudeaua S. , van der Werf H. M. G. , Vertès F. ,2007. Analysis of the uncertainty associated with the estimation of nitrogen losses from farming systems. Agricultural System, 94: 416-430.

Peoples M. B. ,Baldock J. A. 2001. Nitrogen dynamics of pastures: nitrogen fixation inputs, the impact of legumes on soil nitrogen fertility, and the contributions of fixed nitrogen to Australian farming systems. Australian Journal of Experimental Agriculture, 41: 327-346.

Peoples M. B. ,Herridge D. F. 1990. Nitrogen fixation by legumes in tropical and subtropical agriculture. Advances in Agronmy, 44: 155-223.

Peoples M. B. , Bergersen F. J. , Turner G. L. ,*et al*. 1991. Use of the natural enrichment of ^{15}N in plant available soil N for the measurement of symbiotic N_2 fixation, pp. 117-119. Vienna.

Peoples M. B. , Boddey R. M. , Herridge D. F. 2002. Quantification of Nitrogen fixation. In: Nitrogen Fixation at the Millenium. Brighton. pp 357-389. Elsevier.

Portela S., Andriulo A., Sasal M.,et al. 2006. Fertilizer vs. organic matter contributions to nitrogen leaching in cropping systems of the Pampas: ^{15}N application in field lysimeters. Plant and Soil, 289: 265-277.

Poudel D. D., Horwath W. R., Mitchell J. P.,et al. 2001. Impacts of cropping systems on soil nitrogen storage and loss. Agricultural Systems, 8: 253-268.

Rennie D. A., Paul E. A. 1975. Nitrogen isotope ratios in surface and subsurface soil horizons. In: Proceeding of joint FAO/IAEA symposium. pp 441-452, Vienna.

Rennie D. A., Paul E. A.,Johns L. E. 1974. Isotope traceraided research on the nitrogen cycle in selected Saskatchewan soils. In: proceeding of a joint FAO/IAEA panel. pp. 77-90, Vienna.

Riga A., Praag H. J.,Brigode N. 1970. Natural abundance of nitrogen isotopes in certain Belgium forest and agricultural soils under certain cultural treatments. Geoderma, 6: 213-222.

Robinson D., Handley L. L.,Scrimgeour C. M. 1998. A theory for ^{15}N/^{14}N fractionation in nitrate-grown vascular plants. Planta, 205: 397-406.

Rowe E. C., van Noordwijk M., Suprayogo D., et al. 2001. Root distributions partially explain ^{15}N uptake patterns in Gliricidia and Peltophorum hedgerow intercropping systems. Plant and Soil, 235: 167-179.

Salas E., Nygren P., Domenach A. M., et al. 2001. Estimating biological N_2 fixation by a tropical legume tree using the non-nodulating phenophase as the reference in the ^{15}N natural abundance method. Soil Biology and Biochemistry, 33: 1859-1868.

Schulz S., Keatinge J. D. H.,Wells G. J. 1999. Productivity and residual effects of legumes in rice-based cropping systems in a warm-temperate environment: I. Legume biomass production and N fixation. Field Crops Research, 61: 23-35.

Shearer G.,Kohl D. H. Eds. 1988. Estimates of N_2 fixation in ecosystems: the need for and basis of the ^{15}N natural abundance method. pp. 342-374. Springer, New York.

Shearer G., Hohl D. H.,Chien S. H. 1978. The nitrogen 15 abundance in a wide variety of soils. Soil Science Society of America Journal, 42: 899-902.

Shearer G. B.,Kohl D. H. 1986. N_2-fixation in field settings: estimations based on natural ^{15}N abundance. Australian Journal of Plant Physiology, 13: 699-756.

Shen Q. R.,Chu G. X. 2004. Bi-directional nitrogen transfer in an intercropping system of peanut with rice cultivated in aerobic soil. Biological and Fertilizer of Soils, 40: 81-87.

Somado E. A.,Kuehne R. F. 2006. Appraisal of the ^{15}N-isotope dilution and ^{15}N natural abundance methods for quantifying nitrogen fixation by flood-tolerant green manure legumes. African Journal of Biotechnology, 5: 1210-1214.

Song Y. N., Zhang F. S., Marschner P., et al. 2007. Effect of intercropping on crop yield and chemical and microbiological properties in rhizosphere of wheat (*Triticum aestivum* L.), maize (*Zea mays* L.), and faba bean (*Vicia faba* L.). Biological and Fertilizer of

Soils，43：565-574.

Steel R. G. D. ，Torroe J. H. 1960. Principles and procedures of statistics. McGraw-Hill Book Co，New York.

Tjepkema J. D. ，Schwintzer C. R. ，Burris R. H. ，et al. 2000. Natural abundance of ^{15} N in actinorhizal plants and nodules. Plant and Soil，219：285-289.

Unkovich M. J. ，Pate J. S. 2000 An appraisal of recent field measurements of symbiotic N_2 fixation by annual legumes. Field Crops Research，65：211-228.

Unkovich M. J. ，Pate J. S. ，Sanford P. 1994. Potential precision of the δ^{15} N natural abundance method in field estimates of nitrogen fixation by crop and pasture legumes in southwest Australia. Australia Journal of Agricultural Research，45：119-132.

Wanek W. ，Arndt S. K. 2002. Difference in delta N-15 signatures between nodulated roots and shoots of soybean is indicative of the contribution of symbiotic N_2 fixation to plant N. Journal of Experimental Botany，53：1109-1118.

Watzka M. ，Buchgraber K. ，Wanek W. 2006. Natural ^{15} N abundance of plants and soils under different management practices in a montane grassland. Soil Biology and Biochemistry，38：1564-1576.

Weier K. L. 1994. Nitrogen use and losses in agriculture in subtropical Australia. Nutrient Cycling in Agroecosystems，39：245-257.

Whitmore A. P. ，Schroder J. J. 2007. Intercropping reduces nitrate leaching from under field crops without loss of yield：A modelling study. European Journal of Agronomy，27：81-88.

Xiao Y. B. ，Li L. ，Zhang F. S. 2004. Effect of root contact on interspecific competition and N transfer between wheat and faba bean using direct and indirect ^{15} N techniques. Plant and Soil，262：45-54.

Yu C. B. ，Li Y. Y. ，Li C. J. ，et al. 2010. An improved nitrogen difference method for estimating biological nitrogen fixation in legume-based intercropping systems. Biology and Fertility of Soils，46：227-235.

Zhang F. S. ，Li L. 2003. Using competitive and facilitative interactions in intercropping systems enchances crop productivity and nutrient-use efficiency. Plant and Soil，248：305-312.

Zhu Z. L. ，Wen Q. X. 1992. Soil N in Chinese soil. Jiangshu Science and Technology Press，Nanjing，China. pp. 315.

Jorgensen F. V. ，Ledgard S. F. 1997. Contribution from stolons and roots to estimates of the total amount of N_2 fixed by white clover (Trifolium repens L.). Annals of Botany，80：641-648.

陈朝勋,席琳乔,姚拓,等. 2005.生物固氮测定方法研究进展. 草原与草坪,1：24-26.

陈杨. 2005. 种间相互作用对大豆、蚕豆和小麦根系形态的影响[硕士学位论文]. 北京：中国农业大学，30：128-131.

东秀珠,蔡妙英. 2001. 常用常见细菌鉴定手册. 北京：科学出版社。

杜丽娟,施书莲,周克逾. 1996. 应用^{15}N自然丰度法测定固氮植物的固氮量Ⅲ.参比植物的选择. 土壤,4:210-212.

韩兴国,程维信. 1992. 养分的生物地球化学循环.刘建国.在当代生态学博论.中国科学技术出版社,73-100.

何道文,孙辉,黄雪菊. 2004. 利用^{15}N自然丰度法研究固氮植物生物固氮量. 干旱地区农业研究,1:132-137.

黄东风,翁伯琦,罗涛. 2003. 豆科植物固氮能力的主要测定方法比较. 江西农业大学学报.,25:17-20.

李隆. 1999. 间作作物种间促进和竞争作用研究[博士学位论文]. 北京:中国农业大学.

李思亮,刘丛强,肖化云. 2002. 地表环境氮循环过程中微生物作用及同位素分馏研究综述.地质地球化学,30:40-45.

刘广才. 2005. 不同间套作系统种间营养竞争的差异性及其机理研究[博士学位论文]. 甘肃农业大学.

苏波,韩兴国,黄建辉. 1999. ^{15}N自然丰度法在生态系统氮素循环研究中的应用. 生态学报,19:408-416.

姚拓,龙瑞军,王刚. 2004. 兰州地区盐碱地小麦根际联合固氮菌分离及部分特性研究. 土壤学报,41:444-448.

张恩和,黄高宝. 2003. 间套种植复合群体根系时空分布特征. 应用生态学报,14:1301-1304.

中国科学院南京土壤研究所. 1978. 土壤理化分析. 上海:上海科学技术出版社.

周克瑜,施书莲,杜丽娟,等. 1998. 豆科固氮植物植株茎叶、根和根瘤的δ^{15}N值变异. 核农学报,12:105-111.

第3章

间套作增加生产力和豆科作物结瘤固氮

3.1 间作优势评价的一些指标

3.1.1 间作产量优势

间套作研究中,国际上通常用土地当量比(LER)来衡量间作后是否具有产量优势的指标:

$$\text{LER} = (Y_{iw}/Y_{sw}) + (Y_{is}/Y_{ss}) \tag{3.1}$$

式中:Y_{iw} 和 Y_{is} 分别代表间作总面积上小麦与大豆的产量;Y_{sw} 和 Y_{ss} 分别为单作小麦与单作大豆的产量。土地当量比的意义是指在单位面积上间作两种或者两种以上的作物时获得产量或者收获物,要在单作中生产相同产量或者收获物需要的单作的土地面积。因此,当 LER>1,表明间作有优势,当 LER<1 为间作劣势(Willey,1979)。

在评价间作相对于单作是否增产或者减产时,一般用可比面积上的产量来进行比较。

3.1.2 养分吸收优势

通常用间作体系作物养分累积量相对于相应单作体系的养分积累量按照间作密度比例或者占地比例计算的加权平均值,比较间作系统养分吸收量相对于单作养分吸收量的变化,这里单作养分吸收量不是指某一种作物的,而是单作小麦和单作大豆的养分吸收量以间作比例为权重的加权平均值。以磷为例:

$$\Delta\text{PU} = \{[\text{PU}_{ic}/(F_w \times \text{PU}_{sw} + F_s \times \text{PU}_{ss})] - 1\} \times 100 \tag{3.2}$$

式中:PU_{ic} 为间作中小麦和大豆的总吸磷量;PU_{sw} 和 PU_{ss} 分别为单作小麦和单作大豆的吸磷

量;F_w 和 F_s 分别为间作中小麦和大豆的比例,用公式 $F_w = D_w/(D_w + D_s)$ 计算,D_w 和 D_s 分别为间作中小麦和大豆带幅的幅宽。例如,间作和单作的密度在当量面积上是相等的,因此,$F_w = 0.75$,$F_s = 0.25$,与两作物分别在间作中所占面积的比例是相等的。实际上,$(F_w \times PU_{sw} + F_s \times PU_{ss})$ 为单作按间作比例为权重加权平均的单作吸磷量。ΔPU 的正或负反映了间作吸磷量相对于单作的增加或减少(Morris and Carrity,1993)。氮和钾的计算方法相同。

3.1.3　养分利用效率的比较

仍以磷为例,这里定义磷利用效率的概念为单位磷吸收量所能生产的地上部干物质量。间作磷利用效率相对于单作的增减(ΔPUE)用如下公式计算:

$$\Delta PUE = \{[Y_{ic}/PU_{ic}]/[F_w \times Y_{sw}/PU_{sw} + F_s \times Y_{ss}/PU_{ss}] - 1\}100\% \qquad (3.3)$$

式中:Y 是产量,下标与式(3.2)中的意义相同。ΔPUE 反映了作物间作后养分利用效率的增加或减少(Morris and Carrity,1993)。氮和钾用同法计算。

3.1.4　养分吸收和利用效率对产量优势的贡献

土地当量比(LER)经常被作为间作优势的指标:

$$LER = (Y_{iw}/Y_{sw}) + (Y_{is}/Y_{ss}) \qquad (3.4)$$

式中:Y_{iw} 和 Y_{is} 分别为间作中小麦和大豆的产量;Y_{sw} 和 Y_{ss} 分别为单作小麦和单作大豆的产量。以磷为例,定义小麦在间作和单作中的吸收量和利用效率分别为 A_{iw}、A_{sw} 和 E_{iw}、E_{sw};相应大豆分别为 A_{is}、A_{ss} 和 E_{is}、E_{ss}。则式(3.4)变为:

$$LER = (A_{iw}/A_{sw}) \times (E_{iw}/E_{sw}) + (A_{is}/A_{ss}) \times (E_{is}/E_{ss}) \qquad (3.5)$$

令 $a_w = (A_{iw}/A_{sw}) - 1$,$a_s = (A_{is}/A_{ss}) - 1$;$e_w = (E_{iw}/E_{sw}) - 1$,$e_s = (E_{iw}/E_{sw}) - 1$,代入式(3.5)并整理,得:

$$LER = 1 + (1 + a_w + a_s) + (e_w + e_s) + (a_w e_w + a_s e_s) \qquad (3.6)$$

式中:$(1 + a_w + a_s)$ 为由于间作引起的相对于单作养分吸收量增减对间作产量优势的贡献;$(e_w + e_s)$ 是由间作引起的相对于单作养分利用效率的变化对间作产量优势的贡献;同理,$(a_w e_w + a_s e_s)$ 则是养分吸收和利用效率交互作用对间作优势的贡献(Trenbath,1986)。

3.1.5　种间相对竞争能力

作物竞争力(Aggressivity)表示作物相对竞争能力(Willey,1980)。以小麦/大豆间作为例,小麦相对于大豆的竞争力可以计算为:

$$A_{ws} = Y_{iw}/(Y_{sw} \cdot P_w) - Y_{is}/(Y_{ss} \cdot P_s) \qquad (3.7)$$

式中:A_{ws} 为小麦相对于大豆的资源竞争力;P_w 和 P_s 分别为间作中小麦和大豆所占的比例,

$P_w=0.75$，$P_s=0.25$，其余符号意义同式(3.1)，当 $A_{ws}>0$，表明小麦竞争力强于大豆；$A_{ws}<0$，表明大豆竞争力强于小麦。

3.1.6　营养竞争比率

营养竞争比率是度量一种作物相对于另一种作物竞争吸收养分能力强弱的指标。例如用禾本科作物相对于和其间作的作物对养分的竞争比率来衡量养分竞争能力(CR_{ccl})。根据 Morris 提供的公式(3.8)进行计算：

$$CR_{ccl}=(PU_{ic}/PU_{sc})\times F_c/(PU_{icl}/PU_{scl})\times F_{cl} \tag{3.8}$$

式中：PU_{ic} 和 PU_{icl} 分别为间作禾本科和与其间作的豆科作物的吸磷量；PU_{sc} 和 PU_{scl} 分别为单作禾本科和豆科作物的吸磷量；F_c 和 F_{cl} 分别为间作中禾本科和与其间作的豆科作物所占比例。当 $CR_{ccl}>1$，表明禾本科和与其间作的豆科作物的营养竞争能力强；当 $CR_{ccl}<1$，表明禾本科和与其间作的豆科作物的营养竞争能力弱(Morris and Carrity,1993)。氮、钾的营养竞争比率用同法计算。

3.2　间作产量优势

3.2.1　土地当量比(LER)

我们对万方数据库中收录的已发表间作套种文献进行汇总和分析，总结出了我国不同地区间作套种作物组合的土地当量比(表3.1)。同时我们也利用 Web of Knowledge 等数据库对国际上发表的间作套种中涉及土地当量比的文献进行了检索，汇总于表3.2。

无论是国内和国外，绝大多数间作作物组合都或多或少地涉及豆科作物。并且所涉及的豆科作物与非豆科作物的间作套种的土地当量比(LER)大多数大于1，说明豆科/非豆科间作相对于单作大多数具有明显的间作产量优势(表3.1,表3.2)。

表3.1　中国不同地区不同间套作作物组合的土地当量比(LER)

地区	间作套种	土地当量比(LER)
甘肃	小麦/玉米	0.8~1.53
	大麦/玉米	0.99~1.32
	蚕豆/玉米	1.06~1.44
	大豆/玉米	0.73~0.87
	豌豆/玉米	1.28~1.33
	小麦/蚕豆	1.08~1.43
	小麦/大豆	1.23~1.26

续表 3.1

地区	间作套种	土地当量比(LER)
山东	春玉米/夏玉米	1.6~1.91
	旱稻/玉米	1.67
	玉米/花生	1.13~1.17
	小麦/花生/玉米	1.59~1.91
	小麦/甘薯	1.00
	小麦/苕子/玉米/甘薯	1.11
	小麦/花生	1.00
	小麦/苕子/玉米/花生	1.043
	小麦/大豆	1.00
	小麦/苕子/玉米/大豆	1.03
	小麦/花生/玉米	1.22~1.25
河南	玉米/玉米	1.00~1.13
	大豆/玉米	1.62
	油菜/小麦	1.14~1.26
	小麦/花生	1.89~2.39
	苏丹草/野生大豆	1.02~1.19
	玉米/花生	1.18~1.27
	苹果/生姜	1.64
云南	水稻/水稻	1.79~1.96
	玉米/魔芋	2.2
	辣椒/玉米	1.34
	小麦/蚕豆	1.06~1.34
浙江	黄花苜蓿/榨菜	1.21
	黄花苜蓿/花芥菜	1.21
	黄花苜蓿/油菜	1.63
	棉地蚕豆/榨菜	1.29
	黄花苜蓿/蚕豆	1.58
	甘薯/绿豆	1.71
	甘薯/豇豆	1.9
	甘薯/芝麻	1.77
	南瓜/甘薯	1.87
	番茄/草莓	1.28~1.32

续表 3.1

地区	间作套种	土地当量比（LER）
江苏	花生/西瓜/萝卜	1.54
	水稻/花生	1.18～1.36
湖北	棉花/花生	1.57
	梨树/旱稻	1.44
贵州	玉米/大豆	1.25～1.58
江西	玉米/大豆	1.01～1.35
广西	大豆/玉米	2.54
海南	橡胶树/柱花草	0.72
河北	梨树/小麦	1.19
	豌豆/小麦	1.11～1.21
北京	萝卜/芹菜	0.71
	燕麦与豌豆	1.37～1.76
陕西	玉米/蒜苗	2.07～2.27
	玉米/线辣椒	1.05～1.32

表 3.2　世界各地不同间作作物组合的土地当量比（LER）

洲别	国家（或地区）	作物组合	LER	参考文献
非洲	喀麦隆	玉米/木薯、豇豆或大豆	1.01～1.72	Chabi-Olaye et al.，2005
	埃塞俄比亚	玉米/扁豆或甘薯	1.10～1.60	Amede and Nigatu, 2001；Belay et al.,2009；Belay and Foster, 2010
	加纳	大麦/蚕豆	1.05～1.23	Agegnehu et al.,2006
		茄子/豇豆	1.38～1.94	Ofori and Gamedoagbao,2005
		木薯/玉米或豇豆	1.25～2.83	Ennin et al.,2001
	肯尼亚	树/作物	1.36～1.47	Droppelmann et al.,2000
		芥菜/菜豆	1.22～2.15	Itulya and Aguyoh,1998
		菜豆/玉米	1.04～1.97	Itulya,1996
	尼日利亚	向日葵/大豆	1.47～1.58	Olowe and Adebimpe,2009
		向日葵/芝麻	1.14～1.55	Olowe and Adeyemo, 2009
		玉米/苋属植物	1.61～1.65	Awe and Abegunrin,2009
		洋麻/高粱或豇豆	0.9～2.0	Raji,2007；2008
		木薯/玉米/西瓜	>1	Ayoola and Adeniyan,2006
		车前草/西瓜、玉米或木薯	>1	Akinyemi and Tijani-Eniola,2001

续表 3.2

洲别	国家（或地区）	作物组合	LER	参考文献
		木薯/玉米	2.12～3.12	Udoh and Ndaeyo,2000
		糜子/大豆	>1	Odo and Futuless,2000
		车前草/西瓜	1.67～1.74	Jolaoso et al.,1996
		番茄/豇豆	1.2～1.4	Pitan and Olatunde,2006
	塞内加尔	珍珠粟/豇豆	0.93	Sarr et al.,2009
		珍珠粟/豇豆	1.69	Ramkat et al.,2008
	南非	玉米/菜豆/南瓜	1.42～1.46	Silwana and Lucas,2002
		玉米/菜豆	1.15～1.26	Mukhala et al.,1999
	苏丹	阿拉伯胶树/花生	1.48～1.71	Fadl and El Sheikh,2010
		阿拉伯胶树/高粱	0.55～2.29	Raddad and Luukkanen,2007
	斯威士兰	花生/甘薯	1.67～1.62	Ossom et al.,2009
亚洲	孟加拉国	大豆/玉米或向日葵	1.18～1.59	Mondal et al.,1998
	中国	玉米/大豆	1.65～1.71	Gao et al.,2010
		玉米/烟草、甘蔗、马铃薯或蚕豆	1.31～1.84	Li et al.,2009
		小麦/玉米或小麦/大豆	>1	Li et al.,2001
		小麦/棉花	1.28～1.39	Zhang et al.,2007
		水稻/花生	1.36～1.41	Chu et al.,2004
		玉米/蚕豆	1.21～1.23	Li et al.,1999
		蚕豆/豌豆	0.93～1.01	
		油菜/绿豆或大豆,小麦/绿豆或大豆	>1	Huang and Xu,1999
	印度	玉米/马铃薯、印度芥菜、豌豆、亚麻或小麦	>1	Tripathi et al.,2010
		小葵子/糜子	1.41～1.45	Ugale et al.,2009
		高粱/豇豆	1.45	Sharma et al.,2009
		玉米/绿豆、豇豆、花生或大豆	1.06～1.24	Sharma and Behera,2009
		木豆/大豆	1.39	Rekha and Dhurua,2009
		高粱、珍珠粟或玉米/豇豆、簇生豆或饭豆	>1	Sharaiha and Ziadat,2008
		扁豆/芥菜	1.44	Pyare et al.,2008
		花生/玉米、高粱或珍珠粟	1.34～1.68	Ghosh,2004

续表 3.2

洲别	国家(或地区)	作物组合	LER	参考文献
		珍珠粟/簇生豆、豇豆或绿豆	1.15~1.21	Sharma and Gupta,2001
		甘蓝/甜菜、萝卜、葫芦巴、香菜、菠菜或蜀黍	1.03~1.84	Varghese,2000
		甘蔗/小麦或油菜	1.90	Gulati et al.,1998
		向日葵/绿豆	1.19	Ali et al.,1998
		高粱/银合欢	0.99~1.20	Korwar and Radder,1997
		小麦/绿豆、豌豆或扁豆	0.94~1.31	Banik and Bagchi,1996
	伊朗	玉米/长柔毛野豌豆、亚历山大三叶草或菜豆等	1.07~1.67	Javanmard et al.,2009；Ghanbari et al.,2010；Dahmardeh et al.,2010
		大麦/阔叶野豌豆	1.63	Narimani et al.,2009
		大麦/大豆	1.11~1.19	Rahimi and Yadegari,2008
	日本	玉米/绿豆	>1	Ahmed et al.,2000
		马铃薯/小麦	1.56	Ahmed et al.,1996
	尼泊尔	玉米/大豆	1.30~1.45	Prasad and Brook,2005
		大麦/豌豆	1.07~1.34	Subedi,1998
	斯里兰卡	辣椒/矮菜豆	2.71~3.22	De Costa and Perera,1998
	叙利亚	野豌豆/大麦	1.53~1.99	Kurdali et al.,1996
	泰国	扁豆/玉米	1.20~1.60	Devkota and Rerkasem,2000
欧洲	丹麦、法国、意大利、德国和英国	豌豆/大麦	1.25~1.30	Hauggaard-Nielsen et al.,2009
	英国	爆粒玉米/西瓜	1.20	Moyin-Jesu and Akinwale,2002
		马铃薯/甘蓝	1.01~1.78	Opoku-Ameyaw and Harris,2001
		大麦/豌豆	1.16~1.26	Musa et al.,2010
		菜豆/小麦	0.85~1.40	Haymes and Lee,1999
	德国	黑麦/红三叶草或冬豌豆	1.1~1.3	Karpenstein-Machan and Stuelpnagel,2000
	希腊	亚历山大三叶草/大麦	0.86~1.09	Vasilakoglou and Dhima,2008
		野豌豆/小麦、黑麦、大麦或燕麦	0.89~1.09	Dhima et al.,2007
	意大利	茴香/小茴香	0.80~1.12	Carrubbaa et al.,2008
	西班牙	玉米/矮菜豆	0.93~1.01	Santalla et al.,1999
	瑞士	韭菜/芹菜	1.19~1.56	Baumann et al.,2001
	土耳其	草莓/莴苣、萝卜或洋葱	1.90~1.93	Karlidag and Yildirim,2009

续表 3.2

洲别	国家(或地区)	作物组合	LER	参考文献
		玉米/多花菜豆	1.0～1.77	Bildirici et al.,2009
		草莓/蚕豆	1.92	Karlidag and Yildirim,2007
		甘蓝/菜豆、莴苣、洋葱或萝卜	1.06～1.34	Guvenc and Yildirim,2006
	南斯拉夫	玉米/菜豆	0.93～1.21	Oljaca et al.,2000
北美洲	加拿大	豌豆/大麦、燕麦	1.13～1.31	Kwabiah,2004
		杨树/大豆	2.4	Rivest et al.,2010
		小麦/油菜、小麦/豌豆、油菜/豌豆、小麦/油菜/豌豆	>1.1	Sikirou and Wydra,2008
	美国	小麦/油菜或豌豆	1.10～1.20	Szumigalski and Van Acker,2006
		花椰菜/豌豆、菜豆、马铃薯或燕麦	1.34	Santos et al.,2002
		花椰菜/菜花或甘蓝	1.27	
		玉米/大豆	0.99～1.04	Lesoing and Francis,1999
大洋洲	澳大利亚	小麦/鹰嘴豆	1.01～1.10	Jahansooz et al.,2007
南美洲	巴西	胡萝卜/莴苣	1.18～1.24	Neto et al.,2010
		巴西人参/万寿菊	1.99～2.44	Barboza et al.,2010
		玉米/菜豆	>1	Morgado and Willey,2008
		旱金莲花/甘蓝	1.30～1.56	Moraes et al.,2008
		莴苣/芝麻菜	1.84～1.93	Costa et al.,2007
		高粱/豇豆	1.32	Bezerra et al.,2007a
		大蒜/甜菜	>1	Mueller et al.,1998
		莴苣/胡萝卜或萝卜	1.27～1.54	Salgado et al.,2006
		玉米/豇豆	1.13	Lima,2000
		芥菜/香菜	1.92	Resende et al.,2010
	秘鲁	马铃薯/玉米	0.81～1.10	Oswald et al.,1996

来源:web of knowledge。

我们对研究较多的蚕豆/玉米间作体系进行仔细分析,进一步说明其间作优势的来源。蚕豆/玉米间作具有明显的间作优势,以生物学产量和籽粒产量计算的土地当量比(LER)均大于1,以籽粒产量为基础计算的 LER 为 1.15～1.44(表 3.3),以生物学产量为基础计算的 LER 为1.07～1.31(表 3.4)。以籽粒产量为基础的间作优势更为明显,籽粒产量的 LER 高于生物学产量。无论是生物学产量 LER 还是籽粒产量 LER 年间无显著差异,并且氮肥对其无显著影响,这充分说明蚕豆/玉米间作体系为稳定的、可持续的粮食生产体系,表明在该间作生态系统中种间的促进作用超过了种间的竞争作用,即种间互惠的促进作用占主导地位。

表 3.3　蚕豆和玉米在间作和单作条件下的籽粒产量及其土地当量比(LER)

年份	氮水平/ (kg N/hm²)	蚕豆/(kg/hm²)		玉米/(kg/hm²)		土地当量比 LER
		间作	单作	间作	单作	
2006 年						
	0	5 827	3 584	6 476	6 847	1.21
	75	5 953	3 490	8 769	7 214	1.38
	150	5 632	3 475	11 902	8 970	1.44
	225	5 447	3 838	12 845	10 823	1.30
	300	5 660	3 399	13 422	12 202	1.28
2007 年						
	0	7 205	3 884	7 923	7 762	1.31
	75	7 200	5 550	10 266	9 671	1.15
	150	7 800	3 900	10 119	11 015	1.31
	225	7 681	5 117	13 613	10 969	1.34
	300	7 350	4 717	11 731	10 445	1.28
平均		6 575	4 095	10 707	9 592	1.30
显著性检验						
年		<0.000 1		0.309 8		0.550 9
氮水平		0.561 4		<0.000 1		0.811 8
种植方式		<0.000 1		0.007 2		
氮水平×种植方式		0.446 4		0.433 4		

注:(1)在甘肃省武威市不同农田重复两年,2006 年和 2007 年前茬作物分别为单作大麦和单作小麦。试验采用裂区设计,主处理为氮梯度,副处理为种植方式,3 次重复。氮水平设 5 个梯度:0、75、150、225、300 kg N/hm²,磷肥为 75 kg P/hm²。3 种种植方式:单作蚕豆、单作玉米和蚕豆/玉米间作。本节未标注的图表结果为同一试验方案结果。

(2)数据用 Microsoft Excel 2003 整理后,利用 SAS 程序在 0.05 水平进行方差分析(SAS Institute,2001),并用最小显著性差异(LSD)进行多重比较。本节未标注的数据统计分析方式同此。

表 3.4　蚕豆和玉米在间作和单作条件下的生物学产量及其土地当量比(蚕豆收获时)

年份	氮水平/ (kg N/hm²)	蚕豆/(kg/hm²)		玉米/(kg/hm²)		土地当量比
		间作	单作	间作	单作	
2006 年						
	0	12 911	10 639	18 704	19 133	1.07
	75	14 510	10 526	23 658	19 186	1.28
	150	13 213	10 263	29 274	23 460	1.26
	225	13 935	9 791	31 956	26 058	1.30
	300	13 506	10 668	33 928	27 312	1.25

续表3.4

年份	氮水平/ (kg N/hm²)	蚕豆/(kg/hm²)		玉米/(kg/hm²)		土地当量比
		间作	单作	间作	单作	
2007 年						
	0	17 100	10 651	21 433	21 216	1.22
	75	16 804	14 390	28 249	25 918	1.12
	150	17 479	10 689	26 155	30 279	1.12
	225	18 221	12 174	31 942	28 375	1.26
	300	17 277	11 639	32 961	27 188	1.31
	平均	15 496	11 143	27 826	24 812	1.22
显著性检验						
年		<0.000 1		0.011 3		0.558 6
氮水平		0.211 1		<0.000 1		0.281 3
种植方式		<0.000 1		0.000 5		
氮水平×种植方式		0.514 6		0.085 8		

从我们近年来一系列的田间试验中观察到,不仅土地当量比大于1,而且蚕豆/玉米间作体系种间相互作用显著地提高了作物的单位可比面积上的籽粒产量和生物学产量。例如,李玉英(2008)发现蚕豆/玉米间作体系蚕豆和玉米籽粒产量相对于单作分别提高了 61%($F=161, P<0.000 1$)和 12%($F=8, P=0.007 2$)(表 3.3)。施氮显著增加了玉米的籽粒产量($F=22, P<0.000 1$),但对蚕豆无显著影响($P>0.05$)。与不施氮玉米相比,在 75、150、225 和 300 kgN/hm² 处理的间作玉米和单作玉米增幅分别为 32%~84% 和 16%~55%(表 3.3)。同一氮水平下,间作玉米的增幅比单作玉米高,并且随着氮水平增加籽粒产量增幅越大,但间作玉米在 225 kgN/hm² 水平其增幅已达到最高(84%),而在 300 kgN/hm² 水平下反而增幅降为 73%,然而单作玉米增幅一直是上升趋势,结果表明间作玉米在 225 kgN/hm² 水平已达到当地生产力的要求,而单作玉米则需更多肥料。

与单作体系最大的不同,间作体系具有两种或者两种以上的作物物种在较长时间内共同生长。只有一个作物物种时,作物群体中只有物种内的相互作用,但是在间作条件下,作物之间既有种内的相互作用又有种间的相互作用。种间的相互作用包括种间竞争(interspecific competition)和种间促进作用(interspecific facilitation)或者种间补偿作用(interspecific complementarity)。种间竞争作用是指不同种群之间为争夺生活空间、资源、食物等而产生的一种直接或间接抑制对方的现象。在种间竞争中常常是一方取得优势而另一方受抑制甚至被消灭。种间促进作用是指一个物种通过生命活动改善周围的环境而对另一个物种的生存和生长产生正的影响(Callaway,1995)。笼统地讲,当种间竞争作用大于促进作用时,间作没有明显的优势,当种间竞争小于种间促进作用时,表现出间作优势(Vandermeer,1989)。

3.2.2　种间相互作用促进蚕豆生长和养分累积

在蚕豆/玉米的共生期内,蚕豆/玉米种间相互作用显著提高了蚕豆的生物量,全生长期平均增幅为 37%($F=243$,$P<0.000\ 1$)(图 3.1 和表 3.4)。蚕豆在初花期(即自玉米出苗后)与玉米共处 21 d,间作蚕豆的生物量比单作蚕豆仅增加了 8%($F=6.1$,$P=0.018\ 4$),但随着两间作作物共生期的增加,间作蚕豆和单作蚕豆之间的差异更加明显,生物量间作优势增强,至蚕豆盛花期增幅已达到 36%($F=72.5$,$P<0.000\ 1$)。但施氮对蚕豆生物量无显著影响($P>0.05$)。

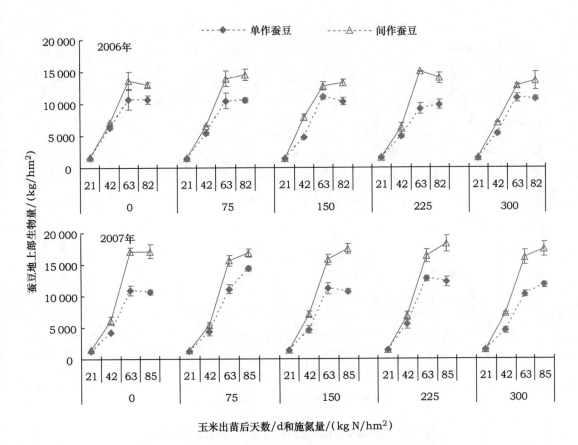

图 3.1　种间相互作用和氮肥对蚕豆地上部生物量的影响

在蚕豆/玉米的共生期内,蚕豆/玉米种间相互作用也显著促进了蚕豆地上部氮素吸收,全生育期平均增幅为40%($F=243,P<0.000\ 1$)(图3.2)。当蚕豆与玉米共处3周时,间作蚕豆的氮累积量比单作蚕豆仅增加了14%($F=11.1,P=0.001\ 9$),至蚕豆盛花期增幅已达到42%($F=56.8,P<0.000\ 1$),之后相对变化率基本稳定。但施氮对蚕豆氮累积量无显著影响($P>0.05$)。间作和氮肥对蚕豆生长的影响不存在交互作用(表3.4)。

蚕豆/玉米种间相互作用和氮肥均显著影响着蚕豆地上部氮浓度($F=13,P=0.001\ 0$和$F=4,P=0.018\ 1$)(图3.3)。间作蚕豆与单作蚕豆相比较,平均增加了1.5%~9.2%;施氮肥蚕豆与不施氮肥相比较,蚕豆地上部氮浓度平均增加了3.7%~6.4%。间作和氮肥对蚕豆氮浓度的影响主要表现在蚕豆生长前期,初花期至成熟间作蚕豆依次增加了5.6%、3.8%、2.4%和1.2%,施氮肥依次增加了5.5%、1.0%、2.3%和2.8%。

当蚕豆与玉米相互作用时,无论生物量还是氮素累积在整个共生期均高于单作蚕豆(图3.1和图3.2),充分说明与玉米间作,蚕豆从间作生态系统中受益。

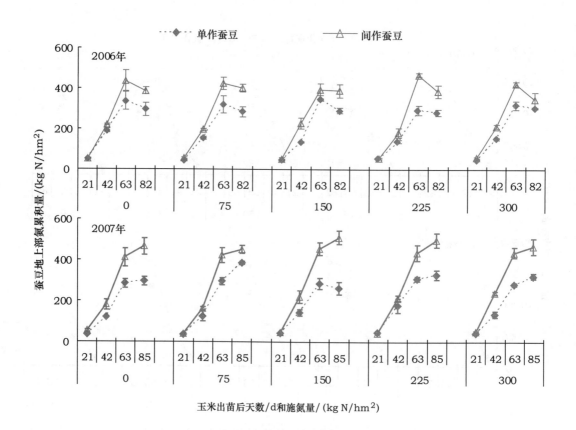

图3.2 种间相互作用和氮肥对蚕豆地上部氮累积的影响

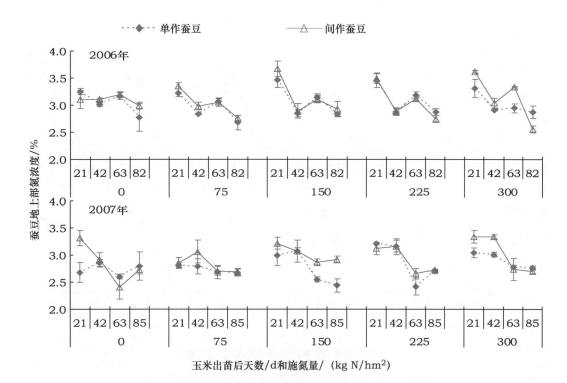

图 3.3　种间相互作用和氮肥对蚕豆地上部氮浓度的影响

3.2.3　种间相互作用促进玉米生长和养分积累

蚕豆/玉米种间相互作用使间作玉米在两作物的共生期和玉米生长后期在作物生长和养分吸收上表现不同。蚕豆/玉米种间相互作用和氮肥显著提高了间作玉米的总生物量,全生育期平均增幅分别为 6.0%($F=4.8$,$P=0.034\ 3$)和 39%($F=31.3$,$P<0.000\ 1$)(图 3.4)。在玉米苗期,即玉米出苗后蚕豆与玉米共处 21 d,间作玉米和单作玉米之间无显著差异。但于拔节期至蚕豆收获前的共生期,间作玉米的生物量始终显著低于单作玉米,第二次和第三次取样时的降幅分别为 26%($F=23.8$,$P<0.001$)和 25%($F=33.9$,$P<0.001$)。蚕豆收获后,玉米进入快速恢复生长期,至收获时间作玉米总生物量显著地比单作玉米增加了 12%($F=14.5$,$P=0.000\ 5$)。氮肥对玉米的影响随着玉米生长而逐渐明显,除苗期外间作玉米在生育期内均比单作玉米增加得快。

蚕豆/玉米种间相互作用和氮肥对玉米氮吸收的影响趋势与对地上部生长趋势相同,均显著地促进了玉米氮累积,平均增幅分别为 6.0%($F=7.0$,$P=0.012\ 0$)和 39%(P<0.001)(图 3.5),但两因素不存在交互作用。自玉米出苗后玉米与蚕豆共处 21 d 时,间作玉米氮吸收和单作玉米之间无显著差异。但于拔节期至蚕豆收获前的共生期,间作玉米氮吸收量始终显著低于单作玉米,第二次和第三次取样时的降幅分别为 25%($F=23.8$,$P<0.000\ 1$)和 22%($F=23.3$,$P<0.000\ 1$)。蚕豆收获后,玉米进入快速恢复生长期,于灌浆初期和收获时间作玉米总氮累积均显著地比单作玉米增加,增幅分别为 17%($F=6.5$,$P=0.015\ 2$)和 24%($F=34.4$,$P<0.000\ 1$)。氮肥对玉米养分吸收的影响随着玉米生长而逐渐明显,除苗期外,间作玉米氮素吸收增加量在生育期内均比单作玉米增加量大。

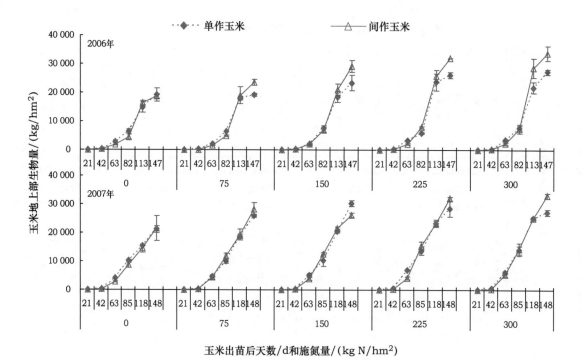

图 3.4　种间相互作用和氮肥对玉米地上部生物量的影响

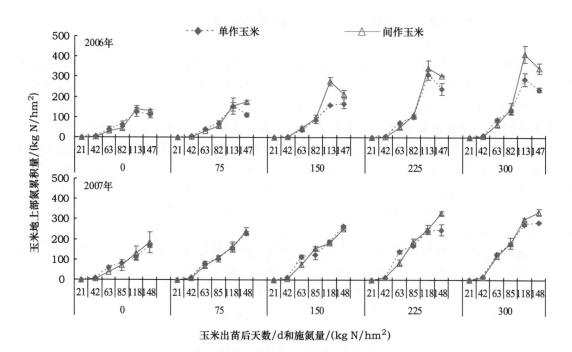

图 3.5　种间相互作用和氮肥对玉米地上部氮素累积的影响

氮肥对玉米地上部全生育期的氮浓度影响显著（$F=40.3,P<0.001$）（图3.6）。但种间根系相互作用对玉米全生育期的氮浓度影响不显著（$P>0.05$）（图3.6）。种间相互作用和氮肥对玉米氮浓度的影响都随着玉米生长而增加，至大喇叭口期氮肥对其影响达到极显著水平（$F=28.4,P<0.001$），但间作对其影响在玉米灌浆期才达到显著水平（$F=5.2,P=0.0288$）（图3.6）。

在蚕豆/玉米间作系统中，间作玉米生物量和氮营养累积动态结果表明（图3.5和图3.6），与蚕豆的共生期中，由于蚕豆的弱竞争力，间作玉米养分吸收和生长并未受到显著的抑制作用。当蚕豆收获后，无论是地上还是地下，间作玉米空间生态位更为广阔，蚕豆对玉米的促进作用逐渐显现出来，使得间作玉米较迅速地生长。但氮肥对间作玉米的恢复生长是有影响的（图3.5和图3.6），在养分不足情况下，间作玉米的恢复生长是不充分的；只有在充足养分供应条件下，如在225~300 kg N/hm² 处理中，间作玉米产量优势和养分吸收利用优势表现得更显著。上述结果说明，在蚕豆/玉米间作的粮食生产体系中如要获得持续的高产、稳产，需要合理的养分投入。

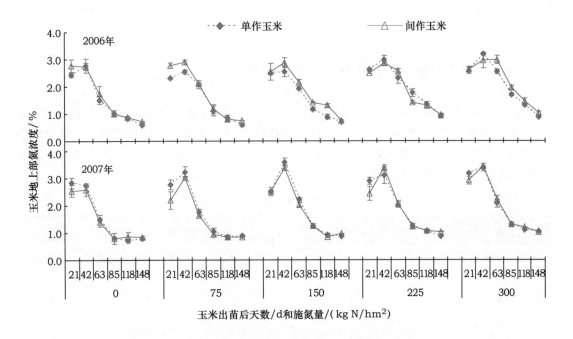

图3.6   种间相互作用和氮肥对玉米地上部氮浓度的影响

总之，蚕豆/玉米间作生态系统的间作优势不仅表现在养分吸收，而且籽粒产量和生物学产量均表现出显著的间作优势。在蚕豆/玉米间作生态系统中共生期蚕豆对资源的竞争能力强于玉米。施氮肥并没有完全消除作物间的竞争，但可缓解种间竞争作用。蚕豆/玉米根系相互作用和施氮均显著地提高玉米的籽粒产量和生物学产量，且间作的增幅显著地高于单作。在蚕豆/玉米生态系统中间作玉米的恢复生长需要充足的养分供应。由于共生期蚕豆竞争作用的影响，使单作玉米的生物量和养分吸收比间作玉米均增加了20%。整个生育期内，与单作玉米相比较，蚕豆/玉米根系相互作用使间作玉米的生物量和氮累积分别比增加了6%和10%。在整个生长期内，施氮显著促进玉米的生长；与不施氮玉米相比，相同施氮条件下间作玉米的增幅比单作高,生物量、氮累积和氮浓度的平均增幅分别为49%、89%和19%。

3.3 间套作豆科作物生物固氮

在间作体系中,由于豆科作物对土壤无机氮的竞争能力弱于禾本科作物(Jensen,1996; Xiao *et al*.,2004),其固氮效率(固氮量占总氮的比例)往往高于单作。然而,由于生物固氮本身是个耗能过程,固氮部分地抑制了整个植株的生长,再加上与禾本科作物竞争的过程中,或多或少的受到地上部和其他元素竞争影响,最终导致间作体系中豆科作物总氮累积量下降的幅度大于固定氮的比例上升的幅度。因而,一般学者认为间作是不能提高生物固氮量的(van Kessel and Hartley,2000)。经过我们多年的研究发现,在我国河西走廊地区的蚕豆/玉米间作体系中,蚕豆的产量和总氮量均大幅度高于相应的单作(Li *et al*.,2003)。Li 等(2003)提出了"蚕豆/玉米体系中两作物间既存在禾本科的氮素竞争,间作蚕豆具有比单作更大的冠层,能够提供更多光合产物,间作蚕豆固定氮的比例和固氮量都将高于单作,固氮量主要由地上部库强决定"的假设,并进行了试验验证。

3.3.1 国外间套作豆科作物共生固氮研究

Van Kessel 和 Hartley(2000)等总结了 1997 年以前间套作豆科生物固氮的研究(表 3.5)。在所收集的 26 对单作和间套作生物固氮数据中,有 18 对间作豆科作物固定氮的比例高于单作,其中 15 对数据的差异达到显著水平。21 对间套作豆科作物生物固氮量低于相应的单作,其中有 11 对间套作豆科作物的固氮量显著低于相应的单作。

表 3.5　间套作对豆科作物生物固定氮的比例和固氮量的影响

种植模式	固定氮的比例/%		固氮量/(kg N/hm²)	
	单位	间作	单位	间作
大豆/不结瘤大豆	42	23	71	17
豌豆/大麦	62	84	115	81
豇豆/玉米,行间距				
40 cm	47	43	42	12
50 cm	58	44	40	12
60 cm	28	34	22	10
豌豆/芥末	48	50	71	62
木豆/高粱	74	55	169	124
豌豆/燕麦				
10∶90 混种,1982—1983 年	27	52	22	30

续表 3.5

种植模式	固定氮的比例/%		固氮量/(kg N/hm²)	
	单位	间作	单位	间作
25:75 混种,1982—1983 年	27	49	22	11
10:90 混种,1983—1984 年	46	40	65	48
25:75 混种,1983—1984 年	46	42	65	25
小扁豆/亚麻	77	85	14	8
豌豆/油菜	38	33	41	27
豌豆/芥末	28	34	20	18
豌豆/燕麦	80	86	50	16
豌豆/油菜	78	88	20	27
饭豆/玉米 1984 年	32	75	30	39
饭豆/玉米 1985 年				
25:75 混种	36	86	97	62
50:50 混种	36	84	97	98
75:25 混种	34	63	97	97
豇豆/水稻	32	30	35	32
蚕豆/大麦	74	92	79	71
豌豆/大麦				
1980 年	53	82	128	31
1981 年	62	79	151	27
1982 年	64	81	215	71
1984 年	68	84	213	74

来源:van Kessel and Hartley,2000。

1997 年以后,由于稳定同位素比例质谱的进一步普及,其他地区豆科/非豆科作物间套作的生物固氮也得以精确定量。Adu-Gyamfi 等(2007)在东非和南非不同地区用^{15}N 稀释法研究了不同木豆品种与玉米间作时木豆体内固定氮的比例和生物固氮量,发现这些地区木豆的固定氮的比例均较高,即木豆对生物固氮的依赖性比较高,在 65.6%~99.9%,而固氮量在 6.3~118.4 kg N/hm² 不等。不同年份、不同木豆品种的固定氮的比例和固氮量均存在很大的差异。该研究中没有比较间套作和相应单作固氮量和固定氮的比例的差异(Adu-Gyamfi *et al.*,2007)(表 3.6)。

表 3.6   间套作对木豆固定氮的比例的影响

国家(或地区)	地点	品种	固定氮的比例/%		固氮量/(kg N/hm²)	
			2002 年	2003 年	2002 年	2003 年
马拉维	Nyambi	ICEAP00040	95.7	99.7	91.5	45.6
		ICEAP00020	96.2	99.9	76.5	45.0
		ICP9145	96.3	99.7	76.2	50.7
	Ntonda	ICEAP00040	96.1	96.7	118.4	61.7
		ICEAP00020	93.8	95.6	117.2	70.6
		ICP9145	96.9	96.7	108.6	37.5
坦桑尼亚	Gairo	ICEAP00040	89.1	72.6	47.6	20.0
		ICEAP00068	84.1	65.8	17.6	6.3
		Babati White	95.7	65.6	68.2	44.9
	Babati	ICEAP00040	95.7	96.4	60.3	49.8
		ICEAP00053	95.4	97.8	71.5	43.7
		Babati White	95.4	99.3	59.0	41.5

来源:Adu-Gyamfi *et al*.,2007。

利用[15]N 稀释法在津巴布韦豇豆/棉花间作中发现,单作豇豆以及棉花和豇豆行比为 1∶1 和 2∶1 时豇豆的固定氮的比例分别为 73%、85% 和 77%,而固氮量分别为 138、128 和 68 kg N/hm²(表 3.7)。间作后固定氮的比例有提高的趋势,而间作豇豆固氮量低于相应单作,主要是由于间作豇豆的生物量由单作的 4.7 Mg/hm² 降为 1∶1 和 2∶1 间作的 3.8 和 2.2 Mg/hm²(Rusinamhodzi *et al*.,2006)。采用同样方法在塞内加尔对行比为 2∶2 豇豆/珍珠粟间作得到了类似的结果(表 3.8)(Sarr *et al*.,2008)。

表 3.7   间套作对豇豆生物固氮的影响

种植模式	豇豆生物量/(Mg/hm²)	棉花生物量/(Mg/hm²)	豇豆籽粒产量/(Mg/hm²)	棉花籽棉产量/(Mg/hm²)	固定氮的比例/%	固氮量/(kgN/hm²)
单作	4.7	12.3	1.4	2.5	73	138
1∶1 间作	3.8	6.5	1.1	0.8	85	128
2∶1 间作	2.2	9.5	0.6	1.5	77	68

来源:Rusinamhodzi *et al*.,2006。

表 3.8   间套作对豇豆生物固氮的影响

种植模式	生物量/(kg/hm²)	含氮量/(kg N/hm²)	N 回收率/%	固定氮的比例/%
单作珍珠粟	6 041	95.3	14.5	
间作珍珠粟	3 779	53.2	6.2	
单作豇豆	4 656	98.5	9.1	23.7
间作豇豆	5 118	110.7	9.2	28.3

来源:Sarr *et al*.,2008。

豇豆/玉米间套作是非洲半干旱地区被农户广泛应用的种植模式。由于该地区的农业投入较低,玉米生产往往受低氮和低磷的限制。为此,Vesterager 等(2008)研究了坦桑尼亚行比为 1∶1 的豇豆/玉米间套作的生物固氮及其受磷肥的影响。研究发现,不施磷肥、施用磷矿粉和施用重过磷酸的单作固定氮的比例分别为 52%、62% 和 59%,固氮量分别为 58、76 和 77 kg N/hm²,相应间作的固定氮的比例分别为 52%、72% 和 64%,固氮量分别为 30、41 和 43 kg N/hm²。总体而言,单作豇豆的固定氮的比例平均为 58%,固氮量为 70 kg N/hm²,而相应间套作固定氮的比例显著增高,平均为 63%,但固氮量减少,为 36 kg N/hm²(表 3.9)。

表 3.9 间套作对豇豆生物固氮的影响

种植体系	总氮/(kg N/hm²)	固定氮的比例/%	固氮量/(kg N/hm²)
单作平均	122	58	70
间作平均	61	63	36
单作			
不施磷肥	113	52	58
磷矿粉	125	62	76
重过磷酸钙	128	59	77
间作			
不施磷肥	55	52	30
磷矿粉	52	72	41
重过磷酸钙	67	64	43

来源:Vesterager *et al.*,2008。

田菁不仅是优良的绿肥作物,抗盐碱能力比较强,茎叶还可作饲料。Neumann 等(2007)采用[15]N 稀释法研究了叙利亚大马士革地区田菁/高粱间作的生物固氮。在非盐碱土上,单作、2∶1、1∶1 和 1∶2 间作田菁的固定氮的比例分别为 38.8%、61.7%、83.2% 和 90.0%,固氮量分别为 81.5、105.5、76.5 和 80.1 kg N/hm²(表 3.10)。然而,在盐碱土上,单作和 2∶1 间作田菁的固定氮的比例分别为 62.6% 和 79.4%,固氮量分别为 97.7 和 53.2 kg N/hm²。间作增加了固定氮的比例,但总固氮量明显下降。Kurdali(2009)进一步报道了用自然丰度法定量测定田菁/高粱和田菁/向日葵间作的生物固氮的结果。单作田菁、与高粱和向日葵间作的田菁秸秆中固定氮的比例分别为 39.6%、60.6% 和 39.5%,籽粒中固定氮的比例分别为 45.6%、52.4% 和 51.5%。单作、田菁/高粱和田菁/向日葵体系中的固氮量分别为 111.7、107.1 和 96.2 kg N/hm²。可见在田菁与高粱或者向日葵间作均能一定程度上提高其对生物固氮的比例(Kurdali,2009)。

表 3.10　间作种植对田菁生物固定氮的比例和固氮量的影响

种植模式	^{15}N 原子百分超	氮浓度/%	固定氮的比例/%	固氮量/（kg N/hm²）
单作田菁	0.588 3	1.8	38.8	81.5
田菁∶高粱＝2∶1	0.368 3	2.0	61.7	105.5
田菁∶高粱＝1∶1	0.161 8	2.1	83.2	76.5
田菁∶高粱＝1∶2	0.096 5	2.1	90.0	80.1

来源：Kurdali *et al.*，2003。

如第 1 章中所述，农林复合系统中经常有豆科树和非豆科农作物间作，也有非豆科树与豆科的农作物间作。豆科的银合欢或者墨西哥丁香等是非洲贫瘠地区用来和农作物如玉米和高粱等间作的重要肥田树种之一。Lehmann 等（2002）采用 ^{15}N 同位素稀释法研究了肯尼亚北部干旱地区银合欢/高粱的生物固氮。1995 年 3 月雨季开始试验，施用 10 kg N/hm² 的 ^{15}N 丰度为 10% 原子百分超的 $(NH_4)_2SO_4$。1995 年 9 月测定时，银合欢叶和枝中的固定氮的比例分别为 28.7% 和 31.6%，固氮量分别为 6.9 和 1.6 kg N/hm²。1996 年 8 月测定时，银合欢叶和枝中固定氮的比例分别为 27.9% 和 64.4%，固氮量分别为 9.2 和 6.1 kg N/hm²。1996 年 11 月测定时，银合欢叶和枝中固定氮的比例分别为 7.5% 和 17.8%，固氮量分别为 2.0 和 0.6 kg N/hm²（表 3.11）（Lehmann *et al.*，2002）。

表 3.11　间套作对合欢和高粱生物固氮的影响

取样时间	作物	^{15}N 原子百分超/%		固定氮的比例/%		固氮量/（kg N/hm²）	
		叶片	分枝	叶片	分枝	叶片	分枝
1995 年 9 月	合欢	0.193	0.203	28.7	31.6	6.9	1.6
	高粱	0.285	0.269				
1996 年 8 月	合欢	0.047	0.022	27.9	64.4	9.2	6.1
	高粱	0.064	0.059				
1996 年 11 月	合欢	0.043	0.039	7.5	17.8	2.0	0.6
	高粱	0.046	0.048				

来源：Lehmann *et al.*，2002。

在欧洲的一些研究也发现了类似的特点，即间作显著提高豆科作物的固定氮的比例。如在德国哥廷根地区的豌豆/燕麦间作体系中，Neumann 等（2007）发现，2002 年常规耕作和少耕单作豌豆的固定氮的比例分别为 52.5% 和 50.2%，间作豌豆的固定氮的比例分别为 80.5% 和 77.2%；2003 年常规耕作和少耕单作豌豆的固定氮比例分别为 52.7% 和 45.6%，间作豌豆固定氮的比例分别为 68.7% 和 65.6%。相对于单作，间作后固氮量有所下降。2002 年常规耕作和少耕单作豌豆的固氮量分别为 82.4 和 79.4 kg N/hm²，间作固定氮的比例分别为 70.5 和 51.2 kg N/hm²；2003 年常规耕作和少耕单作豌豆的固氮量分别为 85.1 和

82.0 kg N/hm^2,间作固氮量分别为 51.5 和 50.1 kg N/hm^2(Neumann *et al.*,2007)。

在丹麦,采用^{15}N 自然丰度法研究了哥本哈根蚕豆、羽扇豆、豌豆和豌豆/燕麦间作体系,结果表明,2004 年无填闲植物(草/三叶草)种植时,蚕豆、羽扇豆、单作豌豆和间作豌豆的固定氮的比例分别为 85.4%、78.1%、72.3% 和 81.2%;种植填闲植物时,蚕豆、羽扇豆、单作豌豆和间作豌豆的固定氮的比例分别为 89.8%、84.8%、71.8% 和 86.1%。2005 年无填闲植物(草/三叶草)种植时,蚕豆、羽扇豆、单作豌豆和间作豌豆的固定氮的比例分别为 99.5%、74.4%、73.0% 和 84.1%;种植填闲植物时,蚕豆、羽扇豆、单作豌豆和间作豌豆的固定氮的比例分别为 98.0%、73.6%、70.0% 和 83.1%(Hauggaard-Nielsen *et al.*,2012)。2004 年和 2005 年豆科作物的固氮量由高到低依次为蚕豆、羽扇豆、单作豌豆、间作豌豆,间作豌豆的固定氮的比例比单作豌豆的高,但其固氮量反而低于单作豌豆,主要由于间作豌豆的生长受到与之间作的燕麦的强烈抑制(Hauggaard-Nielsen *et al.*,2012)。

丹麦的另外一项研究也得出了类似的结果。采用^{15}N 稀释法,对不同生育期豌豆/春大麦、豌豆/油菜和豌豆/春大麦/油菜间套作中豌豆的生物固氮进行了测定,发现与单作豌豆相比,播种后 33、42、61、72、112 d 的间套作豌豆的固定氮的比例均有不同程度的升高(表 3.12)(Andersen *et al.*,2004)。

表 3.12 间套作对豌豆固定氮的比例的影响 %

种植模式	氮肥用量 /(kg N/hm^2)	播种后天数/d				
		33	42	61	72	112
豌豆单作	5	58	63	59	79	76
	40	61	78	63	88	69
豌豆/大麦	5	81	87	82	86	86
	40	77	76	76	81	85
豌豆/油菜	5	69	78	85	86	87
	40	67	70	77	77	73
豌豆/大麦/油菜	5	85	81	91	91	84
	40	66	76	70	80	87

来源:Andersen *et al.*,2004。

在豌豆/小麦体系施氮量为 0 和 40 kg N/hm^2 时的研究结果表明,单作豌豆的固定氮的比例分别为 44%、79%,而与小麦间作豌豆的固定氮的比例分别为 61% 和 90%,整个豌豆/小麦间作体系来自大气氮的比例分别为 51% 和 48%(Ghaley *et al.*,2005)。

为了探索增加间作生物固氮的管理措施,Geijersstam 和 Martensson(2006)研究了豌豆与燕麦的种植比例对豌豆/燕麦生物固氮的影响(表 3.13)。试验设 4 个豌豆:燕麦的百分比:25、50、75 和 100,分别在 Ultuna、Hansta 和 Lena 进行,并分 6 次采样测定。在 Ultuna 试验点,5 次采样测定的豌豆固定氮的比例随豌豆/燕麦种植比例增加而下降。在 Hansta 试验点,豌豆固定氮的比例的变化规律总体上与 Ultuna 试验点类似,但在第 2 和第 5 次取样时,种植比例为 75 的固定氮的比例反而比种植比例为 50 的高。Lena 试验点的豌豆固定氮的比例测定除了采用了差异法,在第 2、3 和 4 次采样时还运用了¹⁵N 同位素稀释法,结果显示豌豆固定氮的比例的变幅范围为 37%~83%,且随豌豆∶燕麦种植比例的增加而下降。差异法测定的固定氮的比例与种植比例之间没有明显的规律。这个结果清楚地表明随着配对作物比例增加,豆科作物受到配对作物的养分竞争强度也加大,导致豆科作物固定氮的比例增加,或者说对空气氮的依赖性增加。

表 3.13 间套作对豌豆生物固定氮的比例的影响

试验地点	豌豆∶燕麦/%	采样次数/次						
		1	2	3		4	5	6
Ultuna	25	17	110			85	183	94
	50	48	74			74	80	94
	75	36	84			75	52	94
	100	26	61			54	16	0
	25	43	81			51	17	48
	50	52	51			30	40	74
	75	31	58			29	40	61
	100	14	34			11	12	0
Lena	25	56	5	72	67	67	0	91	36
	50	54	36	62	22	65	35	49	8
	75	58	36	53	21	54	35	32	13
	100	50	14	48	29	37	16	37	1

来源:Geijersstam and Mårtensson,2006。

为了评价气候和土壤类型等环境因素对间作豆科作物生物固氮的影响,Hauggaard-Nielsen 等在欧洲 5 个国家采用同样的种植模式、同样的品种、同样的种植规格和同样的测定方法,研究了豌豆/大麦间套作体系的生物固氮。丹麦、英国、法国、德国和意大利单作豌豆的固定氮的比例分别为 67.9%、72.3%、46.6%、81.4%和 62.6%,除法国种植比例为 2∶1 的体系,种植比例为 2∶1 和 1∶1 的间作均增加了豌豆的生物固定氮的比例,种植比例为 2∶1 与 1∶1 之间的固定氮的比例差异不大。在丹麦和法国,间作固氮量高于单作,且种植比例2∶1高于种植比例为1∶1;在英国、德国和意大利,间作固氮量均低于单作,且种植比例2∶1 低于种植比例为 1∶1 的固氮量(Hauggaard-Nielsen et al.,2009)(表 3.14)。

Naudin 等(2010)则研究了法国西部(La Jailliere)和巴黎盆地(Grignon)氮肥施用和施肥时间对豌豆/小麦体系生物固氮的影响。发现 3 个试验中,间作豌豆生物固定氮的比例均高于相应的单作固定氮的比例,如在 La Jailliere,两个试验的间作豌豆固定氮的比例分别为 91% 和 88%,而相应单作固定氮的比例分别为 78%和 71%;在 Grignon,间作和单作豌豆的固定氮的比例分别为 99%和 82%。在 3 个试验点中,施用氮肥明显降低间作固定氮的比例,且随施

表 3.14　欧洲不同国家试验点上豌豆和大麦间作对豌豆固定氮的比例和固氮量的影响

试验地点	固定氮的比例/%			固氮量/(kg N/hm²)		
	豌豆单作100%	豌豆100%＋大麦50%	豌豆50%＋大麦50%	豌豆单作100%	豌豆100%＋大麦50%	豌豆50%＋大麦50%
丹麦	67.9	74.5	75.3	64.1	87.7	71.5
英国	72.3	82.7	79.2	89.0	41.3	31.7
法国	46.6	46.0	52.0	61.5	106.5	78.3
德国	81.4	85.9	84.3	154.0	80.1	52.7
意大利	62.6	74.9	75.7	129.9	73.4	54.6

来源：Hauggaard-Nielsen *et al.*，2009。

肥时间推迟降低的幅度越大，如在 Grignon，不施氮肥的间作豌豆固定氮的比例为 99%，4 月 9 日施氮肥的间作豌豆固定氮的比例为 97%，而 5 月 13 日的固定氮的比例为 91%（Naudin *et al.*，2010）（表 3.15）。在 La Jailliere 的两个试验和 Grignon 的试验中，间作豌豆固氮量均低于单作。

表 3.15　与小麦间作对豌豆生物固氮的影响

试验	处理	籽粒产量/(kg/hm²)	固定氮的比例/%	固氮量/(kg N/hm²)
La Jailliere A	豌豆单作 N0	533	78	21.8
	豌豆间作 N0	577	91	9.6
	豌豆间作 11 叶施肥	629	82	7.0
	豌豆间作盛花期施肥	620	61	6.9
La Jailliere B	豌豆单作 N0	857	71	17.3
	豌豆间作 N0	692	88	15.4
	豌豆间作 8 叶施肥	684	93	9.3
	豌豆间作 10 叶施肥	748	91	12.3
	豌豆间作 14 叶施肥	660	90	11.1
Grignon C	豌豆单作 N0	818	82	18.7
	豌豆间作 N0	513	99	7.5
	豌豆间作营养生长期施肥	519	97	4.5
	豌豆间作盛花期施肥	596	91	6.7

来源：Naudin *et al.*，2010。

3.3.2　国内间套作豆科作物生物固氮研究

尽管我国间套作的应用具有悠久的历史,豆科/非豆科作物的间套作模式多样,分布广泛,但关于间套作生物固氮的研究并不是很多。目前,我国间套作生物固氮的定量研究仅限于西北地区的蚕豆/玉米(Fan et al.,2006)和蚕豆/小麦间作(Xiao et al.,2004)以及南方的花生/旱作水稻间作(Chu et al.,2004;Shen and Chu,2004)。

Chu 等(2004)首先通过田间试验,研究发现我国南方地区的花生/旱稻间作具有明显的产量优势,其中2001年旱稻产量由单作的4 230 kg/hm² 增加到7 340 kg/hm²,花生产量由单作的2 610 kg/hm² 增加到间作的2 830 kg/hm²;2002年旱稻产量由单作的4 660 kg/hm² 增加为间作的7 400 kg/hm²,花生产量由单作的2 570 kg/hm² 增加到2 940 kg/hm²。2001年和2002年的土地当量比分别为1.36和1.41(表3.16)。

表 3.16　间套作对花生和旱稻产量的影响

试验年份	种植模式	旱稻产量 /(kg/hm²)	花生产量 /(kg/hm²)	总产量 /(kg/hm²)	土地当量比
2002	单作	4 660	2 570		
	间作	3 700	1 470	5 230	1.36
2001	单作	4 230	2 610		
	间作	3 670	1 420	5 110	1.41

来源:Chu et al.,2004。

Chu 等(2004)采用^{15}N 同位素稀释法定量测定了花生的生物固氮量,结果表明,施氮量为15、75 和150 kg N/hm² 时,单作花生的固定氮的比例分别为72.8%、56.5%和35.4%,间作花生的固定氮的比例分别为76.1%、53.3%和50.7%。单作和间作花生的固定氮的比例在施氮量为15 和75 kg N/hm² 的差异较小,而当施氮量为150 kg N/hm² 时,间作花生的固定氮的比例比单作花生高约40%(表3.17)。

表 3.17　单作花生和与旱稻间作的花生在不同施氮量条件下固定氮的比例

种植模式	施氮量/(kg N/hm²)	^{15}N 原子百分超/%	固定氮的比例/%
单作	15	0.177	72.8
	75	0.935	56.5
	150	1.950	35.4
间作	15	0.167	76.1
	75	0.931	53.3
	150	2.577	50.7

来源:Chu et al.,2004。

我国的河西走廊是一个较为特殊的农业生态区。该地区无霜期 150 d 左右,年降雨量 150 mm 左右,年平均气温为 7.7℃,日照时数≥3 000 h,≥10℃的有效积温为≥3 000℃,年太阳辐射总量 140～158 kJ/cm²,小麦收获后≥10℃的有效积温为 1 350℃,属于典型的两季不足、一季有余的自然生态区。春夏季非常适合蚕豆生产,而夏秋季则能为玉米提供充足的光温条件,保障玉米高产。因此,蚕豆/玉米间套作在该地区应用,非常高产高效。

为了明确河西走廊地区蚕豆/玉米间套作的生物固氮,中国农业大学和甘肃农业科学院合作(Fan *et al.*,2006)于 2004 年在甘肃省武威市永昌镇白云村(38°37′N,102°40′E)石灰性灌漠土上开展相关研究。试验所用蚕豆为临蚕 2 号(*Vicia faba* L. cv. Lincan No. 2)、小麦为陇 17 号(*Triticum aestivum* L. cv. Long No. 17)、玉米为中单 2 号(*Zea mays* L. cv. Zhongdan No. 2)。试验采用裂区设计,主区为两个氮肥水平:0 kg/hm² 和 120 kg/hm²;副区为 5 个种植方式:蚕豆/玉米、蚕豆/小麦两种间作和蚕豆、小麦、玉米 3 种单作。每个处理重复 3 次。每个小区均施 40 kg P/hm² 的磷肥。蚕豆氮肥作为"启动肥"全部基施;小麦按 50%基施、50%拔节期施用;玉米基肥、拔节肥和大喇叭口追施分别为 30%、30%、40%。氮肥品种为尿素。间作按照替代试验方案设计(replacement design),因此所有作物间作和单作的种植规格一致。

研究结果表明,蚕豆的生长在不同的种植体系中表现出很大的差异(图 3.7)。不施氮肥

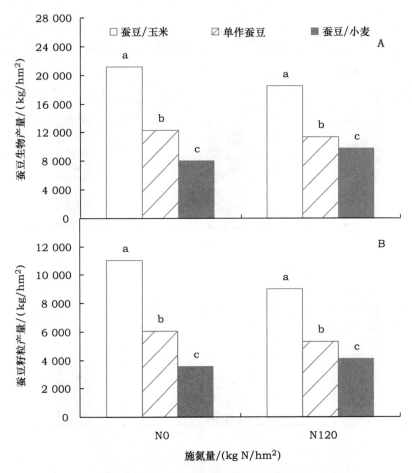

图 3.7　间作和氮肥对蚕豆的生物量(A)和籽粒产量(B)的影响

注:图中同一氮肥水平内的不同字母表示具有显著性差异。

时,与玉米间作蚕豆的生物量为 21 105 kg/hm²,单作蚕豆为 12 268 kg/hm²,与小麦间作蚕豆的为 8 095 kg/hm²。与单作蚕豆相比,蚕豆在蚕豆/小麦体系中生物量降低 34%,而在蚕豆/玉米体系却提高 72%。施氮 120 kg/hm² 水平下,与玉米间作、单作和与小麦间作的蚕豆生物量分别为 18 477 kg/hm²、11 322 kg/hm² 和 9 797 kg/hm²。与单作相比,蚕豆在蚕豆/小麦体系中生物量降低 13%,而在蚕豆/玉米体系却提高 63%。以单作为对照,不施氮肥时蚕豆在蚕豆/小麦体系中籽粒产量降低 41%,而在蚕豆/玉米体系却提高 82%。在施氮肥 120 kg N/hm² 的水平下,蚕豆在蚕豆/小麦体系中籽粒产量降低 23%,而在蚕豆/玉米体系却提高 69%。

氮肥对 3 种体系中蚕豆的生物量和籽粒产量都没有显著影响。

不施用氮肥时,与玉米间作的蚕豆氮浓度与单作没有显著差异(图 3.8);与小麦间作的蚕豆氮浓度显著低于单作。当施用 120 kg N/hm² 氮肥时,两种间作都有降低蚕豆氮浓度的趋势,但是效果不显著。施用氮肥对不同体系的蚕豆的氮浓度影响不大。蚕豆的总氮累积量呈现与生物量和籽粒产量相同的趋势。在不施用氮肥情况下,在蚕豆/小麦体系中蚕豆氮累积量比单作减少 44%,在蚕豆/玉米体系中增加 72%;在 120 kg N/hm² 时,减少和增加的百分数分别是 24% 和 51%。

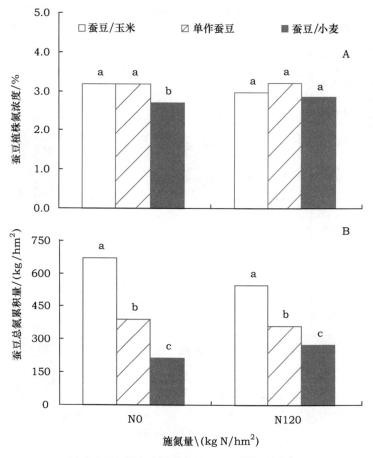

图 3.8　间作和氮肥对蚕豆植株氮浓度(A)和总氮累积量(B)的影响

注:图中同一氮肥水平内的不同字母表示具有显著性差异。

δ^{15}N 表示某种物质中 ^{15}N 百分超相对于空气的千分比。这个扩大了的数值用以衡量 ^{15}N 浓度的相对高低。由于土壤中 δ^{15}N 高于空气的值（这也是自然风度法适用的前提），豆科作物的 ^{15}N 值越低，表明固定氮的比例越高。

表 3.18 为蚕豆和作为参照作物的小麦的籽粒、秸秆和整个植株的 δ^{15}N。数据显示，蚕豆 120 kg N/hm^2 的氮肥用量使籽粒、秸秆和整株的 ^{15}N 都升高，说明氮肥抑制了蚕豆固氮。在不施用氮肥时，蚕豆的 δ^{15}N 在蚕豆/玉米和蚕豆单作中都高于蚕豆/小麦。蚕豆/玉米和单作蚕豆的差异不显著。当施用氮肥 120 kg N/hm^2 时，蚕豆 δ^{15}N 在三体系中都没显著差异。对小麦的影响则相对较小，籽粒秸秆和整株都没达到显著差异。

表 3.18　蚕豆、小麦的籽粒和秸秆 δ^{15}N 值以及两者的加权平均 δ^{15}N 值

作物	种植体系	籽粒		秸秆		籽粒 ＋ 秸秆	
		N0	N120	N0	N120	N0	N120
蚕豆	蚕豆/玉米	0.86 ab	1.08 a	−0.37 ab	0.20 a	0.66 a	0.91 a
	蚕豆（单作）	0.90 a	1.56 a	0.18 a	0.74 a	0.75 a	1.36 a
	蚕豆/小麦	0.49 b	1.60 a	−0.89 b	0.21 a	0.19 b	1.24 a
	平均	0.75 B	1.41 A	−0.36 B	0.38 A	0.53 B	1.17 A
小麦	小麦（单作）	3.57 A	3.11 A	−0.19 A	0.75 A	3.01 A	2.76 A

注：同一列不同的小写字母表示种植方式间有显著差异，同一行不同的大写字母表示不同施肥量间作有显著差异。

氮肥对蚕豆生物固氮有明显的抑制作用（图 3.9A），无论是蚕豆/玉米、蚕豆/小麦还是单作蚕豆，120 kg N/hm^2 的氮肥都明显地降低了蚕豆的固定氮的比例，降低的百分比分别为 21%、41% 和 48%。同样的氮肥用量，固定氮的比例下降的比例不同，以在蚕豆/玉米中最好，单作次之，蚕豆/小麦体系最差。在不施氮肥时，蚕豆/玉米体系蚕豆的固定氮的比例与单作没有显著差异，但蚕豆/小麦体系的固定氮的比例显著高于单作。当氮肥水平为 120 kg N/hm^2 时，固定氮的比例在蚕豆/玉米、蚕豆/小麦和单作蚕豆间无显著差异。这说明当氮肥达到一定水平时，蚕豆在不同体系中的氮营养差异缩小，即氮肥有缓和蚕豆与两种禾本科作物间竞争的作用。

虽然蚕豆在施用 120 kg N/hm^2 时不同种植体系的氮营养差异缩小，但在生物量和籽粒产量上仍表现出很大的差异，暗示除氮以外的其他因素也在起作用，可能的因素有地上部光照、水分和其他养分。

由蚕豆的总氮累积量和固定氮的比例计算得到固氮量（图 3.9B）。氮肥显著地降低了 3 种种植方式下蚕豆的固定氮的比例，蚕豆/玉米、单作蚕豆和蚕豆/小麦分别降低 36%、43% 和 34%。不施氮肥时，蚕豆/玉米显著高于单作，增幅到达 87%，而蚕豆/小麦显著低于单作，降幅为 29%。在 120 kg N/hm^2 时，蚕豆/玉米显著高于单作，增幅到达 109%，而蚕豆/小麦显著低于单作，降幅为 18%。

蚕豆在3种种植方式中总氮累积量、固定氮的比例和固氮量的相同规律和差异表明,虽然与小麦间作可以提高蚕豆的固定氮的比例,固氮量却明显下降。相反,与玉米间作时,固定氮的比例无明显变化,但固氮量却成倍增长。由此可见,在间作体系中,对提高固氮量而言,氮累积量提高比固定氮的比例提高具有更为重要的作用。

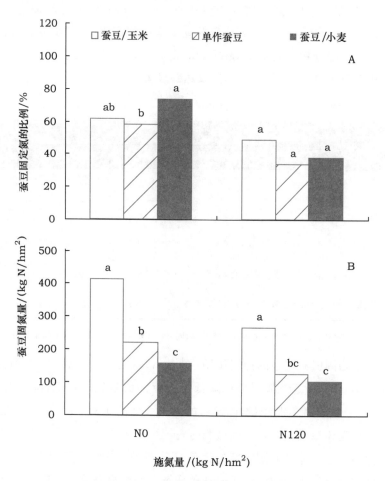

图3.9　间作和氮肥对蚕豆固定氮的比例(A)和固氮量(B)的影响

注:图中同一氮肥水平内的不同字母表示具有显著性差异。

由总氮累积量与固氮量相减,得到蚕豆中来自土壤的氮量,即蚕豆吸氮量(图3.10)。

蚕豆在蚕豆/玉米、蚕豆/小麦和单作蚕豆的吸氮量都随氮肥的施用呈上升的趋势,其中在蚕豆/小麦体系达到显著水平。说明氮肥在抑制蚕豆固氮的同时,能增加蚕豆的吸氮量。换言之,蚕豆在较高氮水平时倾向于从土壤中吸收氮素,而不是共生固氮,因为固氮需要消耗更多的光合产物。蚕豆吸氮量在3种体系中的差异,说明对氮的竞争强度,蚕豆/玉米＜单作蚕豆＜蚕豆/小麦(图3.10)。但两种间作与单作的差异是不同的,蚕豆/小麦大于蚕豆/玉米。这也是为什么只有蚕豆/小麦和单作蚕豆间的固定氮的比例存在差异的原因。施用120 kg N/hm²氮肥后,3种体系中吸氮量差异明显减小,表明氮肥可以减小蚕豆与玉米或小麦之间对氮的竞争(图3.10)。

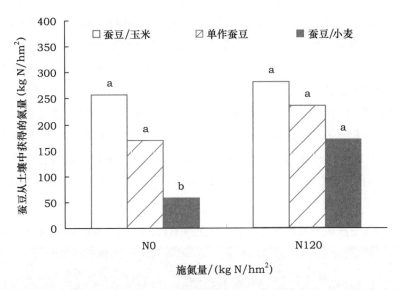

图 3.10 单作蚕豆、与玉米和小麦间作的蚕豆对蚕豆从土壤
(肥料)中获得氮量的差异

注:图中同一氮肥水平内的不同字母表示具有显著性差异。

3.3.3 间作生物固氮量的决定因素

一般认为固定氮的比例与环境氮水平呈负相关关系(Marschrner,1995)。非豆科作物竞争土壤氮的能力远远大于豆科作物(Jensen,1996;Xiao *et al*.,2004)。在豆科/非豆科间作体系中,豆科作物就相当于生长在低氮环境。Danso 等(1987)还发现,蚕豆固定氮的比例还随小麦竞争强度的增加而上升。Xiao 等(2004)利用隔网、隔膜和不分隔为试验手段,对蚕豆施加不同强度的非豆科作物竞争作用,观察到蚕豆/小麦固定氮的比例随竞争强度的增加而增加。从氮的角度看,不同的非豆科作用必然对土壤氮造成不同程度的降低,说明非豆科作物的氮竞争是间作提高生物固氮效率的原因之一。

就单位面积或单位植株的固氮效率而言,固定氮的比例不足以提高固氮量,因为间作豆科的固氮量取决于固定氮的比例和整个植株的总氮累积量。然而,研究表明间作虽然提高了固定氮的比例,同时也降低了生物量和总氮累积量。Danso 等(1987)的试验清楚表明固定氮的比例提高的同时生物量下降的变化,而且后者较大的下降趋势最终导致固氮量下降。因此,仅凭间作中的氮竞争控制环境氮浓度不一定足以提高固氮量。固氮是个高耗能的生物过程,以上结果可能是由于在低氮环境下,豆科作物必须投入更多光合产物到固氮上,以满足对限制因子氮的需求,从而影响豆科作物生长。并且,间作中豆科作物或多或少还受到非豆科地上部的竞争。

在我国西部的甘肃地区,蚕豆在蚕豆/小麦体系的生物量、籽粒产量或氮累积量和生物固氮量都显著低于单作,即豆科作物在豆科/非豆科间作体系中的竞争能力比非豆科弱,间作后比单作产量低,与以往报道的结论一致(Danso et al.,1987;Senaratne et al.,1993;van Kessel and Hartley,2000)。在蚕豆/玉米体系中生物量、籽粒产量和氮累积量和生物固氮量则显著高于单作。生物固氮量与生物量、籽粒产量和氮累积量的相关关系比与蚕豆的固定氮的比例更加紧密,说明在蚕豆/玉米体系中提高蚕豆地上部库强对提高间作豆科作物生物固氮量的作用比提高间作固定氮的比例的作用更加重大。

相关分析表明(表3.19),蚕豆生物固氮量与生物产量、籽粒产量、总氮累积量的相关系数分别为0.82、0.86和0.84,且达到极显著水平($P<0.0001$)。生物固氮量和固定氮的比例的相关系数为0.53,低于前三者,显著水平也较低($P=0.02$)。生物产量与籽粒产量和总氮累积量的相关系数分别为0.99和0.98。这些结果说明蚕豆的固氮量与地上部库强的关系比与固定氮的比例的关系更加密切。

表3.19　蚕豆生物产量、籽粒产量、总氮累积量、固定氮的比例、固氮量和竞争强度之间的相关关系

项目	竞争强度	籽粒产量/(kg/hm²)	生物量/(kg/hm²)	氮累积量/(kg/hm²)	固定氮的比例/%	固氮量/(kg/hm²)
籽粒产量	0.879					
	<0.000 1					
生物量	0.88 1	0.985				
	<0.000 1	**<0.000 1**				
氮累积量	0.862	0.988	0.984			
	<0.000 1	**<0.000 1**	**<0.000 1**			
固定氮的比例	−0.00 6	0.06 0	−0.00 5	0.013		
	0.981	**0.814**	**0.984**	**0.958**		
固氮量	0.713	0.856	0.817	0.837	0.534	
	0.001	**<0.000 1**	**<0.000 1**	**<0.000 1**	**0.022 3**	
吸氮量	0.630	0.674	0.718	0.720	−0.652	0.223
	0.005	0.002	0.001	0.001	0.003	0.376

注:计算相关的样本大小为18,粗体字代表P值。

Naudin等(2010)在研究氮肥施用和施用时间对法国西部(LaJailliere)和巴黎盆地(Grignon)豌豆/小麦体系生物固氮的影响时(图3.11),也观察到类似的现象,即间作豆科作物的固氮量与豆科作物地上部生物量呈显著正相关关系(Naudin et al.,2010)。

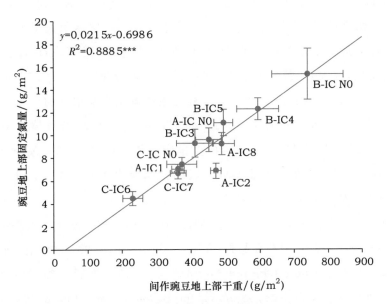

图 3.11 地上部干物重与生物固氮的相关性

来源：Naudin *et al.*，2010。

Herridge 和 Rose(2000)等分析了豆科作物生物固氮育种现状认为,提高相对生物固氮的库的强度,是提高生物固氮的重要途径。超结瘤的豆科作物并不能增加固氮量,说明即使有足够的固氮机会而缺乏驱动力时,生物固氮还是不能提高,过多的根瘤形成还有可能成为累赘。在我国西北的间套作中,与小麦间作的蚕豆在不施氮肥时,固定氮的比例高于单作,然而固氮量却低于单作 28.6%,主要由于其太低的生物量和总氮累积量。相反,在我们的研究中发现与玉米间作的蚕豆,其固定氮的比例与单作没有明显的差别,但由于生物量和氮累积量远远高于单作,最后固氮量也远远高于单作。来自土壤氮的数据(图 3.10)表明蚕豆/玉米氮竞争小于蚕豆/小麦,说明环境氮浓度不是决定固氮量的首要因素。较大地上部的冠层可以截获更多的光照资源,为固氮提供足够的能源,以及大冠层构建的对氮素需求的强大库,对固氮起了驱动作用。

3.3.4 间作提高生物固氮量的实现途径

在常见的豆科/非豆科间作体系中,豆科作物的竞争能力往往低于非豆科作物(Willey and Rao,1980;Akanvou *et al.*,2002)。豆科作物在豆科/非豆科间作中的弱竞争能力的原因是多方面的。相对株高对地上部光竞争的影响很大,如小麦/白三叶草、玉米/菜豆、鹰嘴豆/高粱等体系中,非豆科都具有较高的株型,使得它们在对光的竞争上具有优势。Semere 和 Froud-Williams(2001)利用地上部分隔的试验手段证明了非豆科玉米地上部对豆科作物豌豆的作用。Akanvou 等(2002)研究表明早期的不同生长速率影响豆科作物的生长。一个合理的根构型和形态可塑性对植物的竞争非常关键，陈杨等（2005）观察到小麦的比根长大于大豆和蚕豆，也就说投资相同的干物质，小麦可能占领的土壤体积大于大豆和蚕豆，且小麦在感受到竞争后，能迅速发生形态上的改变，使根系变细。Hauggaard-Nielsen 等（2001b）研究发现，在大麦/豌豆体系中，豌豆根系主要分布在 $0\sim12.5$ cm 土层，而大麦则可深入到 87.5 cm，大麦根系还能根据豌豆的根系调整自身根系的分布。豆科、非豆科根系功能对土壤氮素的竞争也有影响。Jensen（1996）发现大麦/豌豆体系中，大麦对土壤氮的竞争能力是豌豆的 11 倍，对肥料氮的竞争能力是豌豆的 19 倍。Xiao 等（2004）也观察到蚕豆/小麦体系中，小麦对土壤无机氮素的耗竭能力远大于蚕豆。上述因素严重抑制了间作豆科作物的生长和生物固氮。

然而，间套作的生物固氮在一定程度仍然能够加以调控，如通过选择合适的豆科作物种类（Hauggaard-Nielsen *et al.*，2012）和品种（Adu-Gyamfi *et al.*，2007）、适当的种植比例（Rusinamhodzi *et al.*，2006；Geijersstam and Martensson，2006）、施肥种类（Vesterager *et al.*，2008）、施肥时间和施肥量（Ghaley *et al.*，2005；Bedoussac and Justes，2011）、耕作方式等（Neumann *et al.*，2007）。这些措施对间作豆科作物生物固氮的调控程度，主要取决于对豆科作物生长的影响程度。因此，提高间套作生物固氮必需首先明确间作豆科作物生物量形成机理。

为此，Fan 等（2006）通过调控非豆科作物种类、种植时间、肥料种类和施用量等因素，探索间作蚕豆生物量变化的机理。试验采用再裂区设计，主区为 3 个氮肥水平：对于蚕豆，3 个氮水平分别是 0、60 和 120 kg N/hm²；小麦分别是 0、120、240 kg N/hm²；玉米分别是 0、240、480 kg N/hm²。氮肥形态为尿素；副主区为 2 个磷水平：0、40 kg P/hm²。磷肥形态为过磷酸钙。3 种作物间作和单作的施肥量相等；副区为 5 个种植方式：蚕豆/玉米、蚕豆/小麦两种间作和蚕豆、小麦、玉米 3 种单作。每个处理重复 3 次。试验在甘肃省的武威市白云和白银市的景滩两个试验点上同时进行。

总体而言，与玉米间作的蚕豆生物量显著高于单作，单作又显著高于与小麦间作的蚕豆（图 3.12A）。与玉米间作的蚕豆生物量是相应单作的 1.72 倍，与小麦间作的蚕豆生物量为单作蚕豆的 82.0%。与玉米间作时，蚕豆的籽粒产量最高，为 11 248 kg/hm²，与小麦间作时，蚕豆的产量最低，为 3 568 kg/hm²（图 3.12B）。蚕豆籽粒产量在三种种植方式中呈现蚕豆/玉米间作＞单作蚕豆＞蚕豆/小麦的变化规律。施肥对蚕豆籽粒产量的影响不大。N0P0、N0P40、N60P0、N60P40、N120P0 和 N120P40 的施肥组合中，与玉米间作的蚕豆籽粒产量分别是单作籽粒产量的 1.99、1.82、1.87、2.00、1.79 和 1.69 倍；与小麦间作的蚕豆籽粒产量则比相应的单作分别低 23.6、69.8、32.2、32.1、23.6 和 30.0 个百分点。因此，蚕豆在蚕豆/玉米间作体系受到促进作用，在蚕豆/小麦体系中受到抑制。

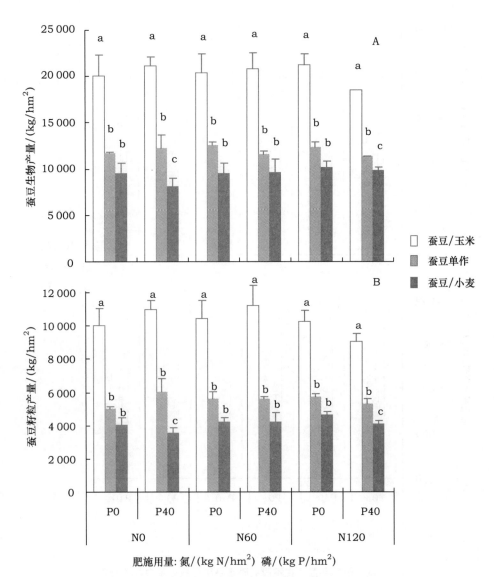

图 3.12 蚕豆在不同氮磷水平和种植体系中的干物质
产量(A)和籽粒产量(B)(白云点)

注:标有不同字母的柱子表示同一施肥水平下蚕豆干物质产量或籽粒产量在三种种植方式中有显著性差异。

在景滩试验点,与玉米间作时,蚕豆的产量最高,为 24 422 kg/hm²;与小麦间作时,蚕豆的产量最低,为 9 061 kg/hm²(图 3.13A)。单作和与小麦间作的蚕豆生物产量差异较大,以至于各个氮磷组合下两者没有显著性差异,但单作蚕豆高于与小麦间作的蚕豆的趋势十分明显。与玉米间作的蚕豆生物量依次为相应单作的 1.93、2.20、1.70、1.90、1.96 和 1.80 倍。

景滩试验点与玉米间作的蚕豆的籽粒产量远远高于单作和与小麦间作的蚕豆(图 3.13B)。尽管单作蚕豆籽粒产量比与小麦间作有升高的趋势,但与生物产量相比,两者差异明显缩小。在 N0P0、N0P40、N60P0、N60P40、N120P0 和 N120P40 的施肥组合中,与玉米间作蚕豆的籽粒产量是相应单作的 2.09、2.26、1.90、2.35、2.16 和 2.28 倍。而单作依次比相应的与小麦间作的蚕豆高 5.4%、12.8%、8.5%、1.6%、0.3% 和 −5.4%。与玉米间作的蚕豆比单作增高的倍数较生物产量相应的倍数变大,表明干物质的分配比例发生改变。

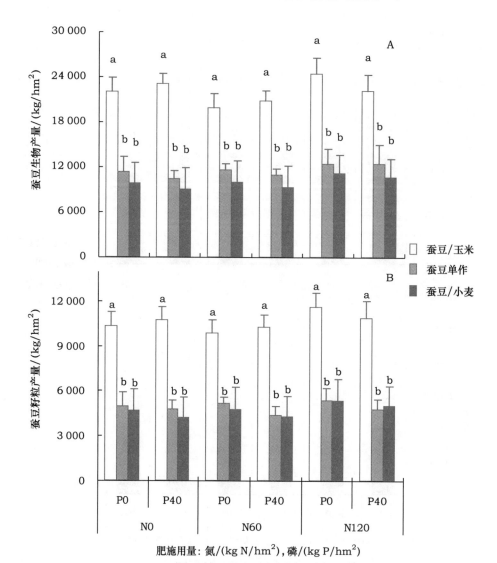

图 3.13　景滩点蚕豆在不同氮磷水平和种植体系中的干物质
产量(A)和籽粒产量(B)

注:标有不同字母的柱子表示同一施肥水平下蚕豆干物质产量或籽粒产量在3种种植方式中有显著性差异。

综合两个试验点的蚕豆生物量和籽粒产量的结果,相对于单作,蚕豆在蚕豆/玉米和蚕豆/小麦间作体系中,蚕豆的生长状况完全相反,在蚕豆/玉米体系中生长状况明显受到促进,而在蚕豆/小麦体系中则明显受到抑制。

蚕豆在蚕豆/玉米体系中的株高大于单作($P<0.01$),而在蚕豆/小麦体系中小于单作($P<0.05$)(图3.14A)。这种蚕豆/玉米>单作蚕豆>蚕豆/小麦的趋势保持在3个氮肥水平和两个磷肥水平的任何组合中,说明施肥引起的株高变化远远小于不同种植体系对株高的影响,但这不足以改变上述排列趋势。

蚕豆的分枝数在蚕豆/玉米体系中受到明显的促进,而在蚕豆/小麦体系中受到明显抑制(图3.14B)。在3个氮肥和两个磷肥水平的任何组合中,蚕豆分枝数在蚕豆/玉米体系中都显著高于单作。在处理 N0P0、N0P40、N60P0、N60P40、N120P0 和 N120P40 中,在蚕豆/玉米中的蚕豆株高分别比相应的单作增加 66.9%、48.9%、32.4%、70.4%、48.4%和 52.6%；在蚕豆/小麦体系中除 N60P40 外，都显著低于单作 N0P0、N0P40、N60P0、N60P40、N120P0、N120P40 处理，在蚕豆/小麦中的蚕豆株高分别比相应的单作降低 21.9%、33.9%、20.2%、11.4%、14.9%和 18.8%。

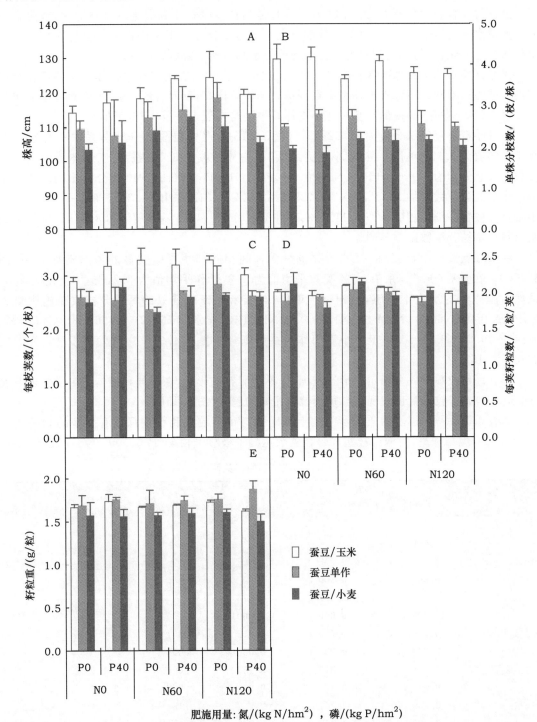

肥施用量:氮/(kg N/hm²)，磷/(kg P/hm²)

图 3.14　白云点不同氮磷水平下种植体系对蚕豆形态特征的影响
A. 株高；B. 分枝数；C. 荚数；D. 籽粒数；E. 粒重

间作体系中蚕豆每个分枝上的结荚数也发生变化(图 3.14C),在蚕豆/玉米间作中明显促进每枝荚数,而在蚕豆/小麦间作中促进作用不明显。这可能说明相对于单作,结荚数受到玉米促进但没有受到小麦的抑制。

蚕豆每荚粒数变化不大(图 3.14D)。不管是当蚕豆生长受到促进或受到抑制,或是在不同的氮磷水平的组合下,蚕豆每荚粒数都未发生显著变化。与玉米间作的蚕豆籽粒重相对于单作无显著变化,而与小麦间作的蚕豆平均单位重则有所下降(图 3.14E)。

景滩试验点的蚕豆株高保持在 70～85 cm(图 3.15A)。在间作和单作体系中的变化规律与白云试验点不同,蚕豆/玉米体系中蚕豆株高不比单作高,反而有所下降,以致总体上有单作＞蚕豆/玉米＞蚕豆/小麦的趋势。在小麦体系中则与白云点一致,都低于单作。

在景滩点蚕豆每株分枝数为 3.2～5.4(图 3.15B)。其中在蚕豆/玉米体系中平均为 5.2,高于平均值 3.9 的单作。蚕豆/小麦为最低,平均分枝数为 3.3。蚕豆/玉米体系中蚕豆分枝数在施肥处理为 N0P0、N0P40、N60P0、N60P40、N120P0 和 N120P40 时分别比相应施肥量的单作蚕豆分枝数增加 26.3%、38.6%、23.6%、32.7%、51.8% 和 41.3%。而蚕豆/小麦体系中蚕豆分枝数分别比相应单作少 11.7%、16.8%、20.1%、13.1%、7.8% 和 8.4%。氮肥和磷肥对蚕豆每株分枝数影响不明显。

在景滩点试验中,蚕豆的每枝荚数也是受种间相互作用影响明显的形态指标之一(图 3.15C)。在蚕豆/玉米体系中,每枝荚数平均值为 3.2,单作平均值为 2.2,蚕豆/小麦为 2.5。虽然对施肥量的反应不敏感,但相对于单作,与玉米间作的蚕豆的每荚分枝数在施肥量为 N0P0、N0P40、N60P0、N60P40、N120P0 和 N120P40 分别提高 42.4%、62.8%、47.4%、59.4%、49.8% 和 33.6%。玉米小麦间作的蚕豆则分别提高 1.8%、14.6%、23.7%、9.0%、20.0% 和 15.1%。

蚕豆每荚粒数是一个稳定的形态指标,即不受肥料的影响,在不同种植体系中变化也不大(图 3.15D)。籽粒重量也表现出与每荚粒数相同的趋势(图 3.15E)。

如表 3.20 所示,以干物质表示的地上部库强与每荚粒数和粒重都没有显著的相关关系($P>0.05$),但与株高、每株分枝数和每枝荚数达到了极显著相关($P<0.000\ 1$)。库强与每

表 3.20　库强和各形态特征的相关性(白云试验点)

项目	生物量/(kg/hm²)	籽粒产量/(kg/hm²)	株高/cm	分枝数/枝	荚数/荚	籽粒数/粒
籽粒产量	0.987 <0.000 1					
株高	0.632 <0.000 1	0.598 <0.000 1				
分枝数	0.934 <0.000 1	0.929 <0.000 1	0.573 <0.0001			
每枝荚数	0.706 <0.000 1	0.730 <0.000 1	0.485 0.000 2	0.501 0.000 1		
每荚粒数	0.088 0.527 9	0.099 0.477	−0.153 0.27	0.007 0.959	−0.101 0.468	
粒重	0.239 0.081	0.261 0.057	0.247 0.072	0.184 0.184	0.124 0.373	−0.291 0.033

注:表中的粗体字表示 P 值。

株分枝数的相关系数最高,达到 0.93,与每枝荚数的相关性次之,与株高的相关性相对较低,分别为 0.71 和 0.63。这说明在白云试验点,蚕豆在蚕豆/玉米、蚕豆/小麦和单作蚕豆的库强变化主要是由每株分枝数、每枝荚数和株高的变化引起,而与每荚粒数和粒重关系不大。

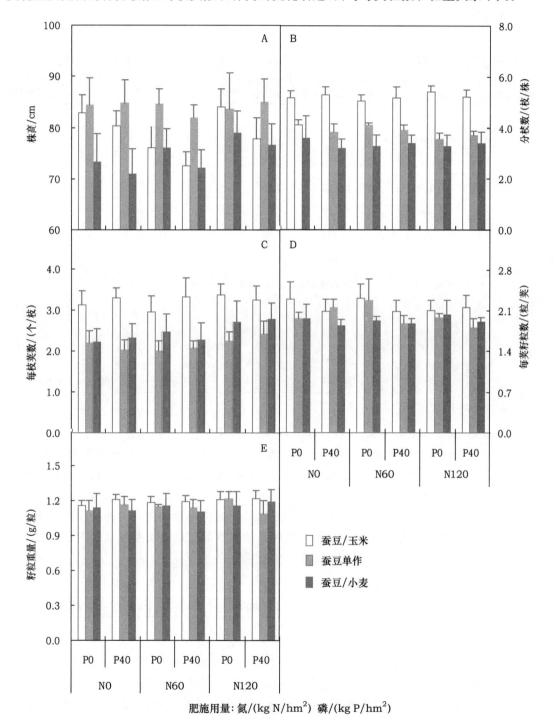

图 3.15　景滩点不同氮、磷水平下种植体系对蚕豆形态特征的影响
A. 株高;B. 分枝数;C. 荚数;D. 籽粒数;E. 粒重

在景滩点试验上,蚕豆库强与形态学指标的相关关系如表 3.21 所示。蚕豆库强与株高的相关性不显著($r=0.25$,$P>0.05$),但与分枝数、每枝荚数、每荚粒数和粒重都达到极显著相关($P<0.000\ 1$),相关系数分别为 0.90、0.83、0.53 和 0.51。说明分枝数、每枝荚数、每荚粒数和粒重在不同种植体系蚕豆库强变化中都有较大的作用。

表 3.21　库强和各形态特征的相关性(景滩试验点)

项目	生物量 /(kg/hm²)	籽粒产量 /(kg/hm²)	株高 /cm	分枝数 /枝	荚数 /荚	籽粒数 /粒
籽粒产量	0.986					
	<0.000 1					
株高	0.252	0.168				
	0.066	**0.225**				
分枝数	0.904	0.878	0.206			
	<0.000 1	**<0.000 1**	**0.135**			
荚数	0.832	0.864	0.043	0.628		
	<0.000 1	**<0.000 1**	**0.760**	**<0.000 1**		
籽粒数	0.529	0.554	0.353	0.497	0.239	
	<0.000 1	**<0.000 1**	**0.009**	**0.000 1**	**0.081**	
籽粒重	0.508	0.535	0.307	0.306	0.467	0.392 3
	<0.000 1	**<0.000 1**	**0.024**	**0.024**	**0.000 4**	**0.003**

注:表中的粗体字表示 P 值。

　　综上所述,蚕豆地上部生长(生物量和籽粒产量)在蚕豆/玉米和蚕豆/小麦之间的差异主要源于蚕豆分枝数和每枝荚数的变化。从相关系数大小来看,分枝数比每枝荚数的作用要大。在我国的西北地区,蚕豆比玉米出苗约早 10 天,而且前期的温度较低,适合喜冷凉气候的蚕豆的生长,玉米却生长缓慢,因此,配对非豆科作物种类、出苗时间和前期生长温度是本试验中蚕豆获得优势的重要原因。与此相反,蚕豆对氮肥和磷肥的施用量响应却对种植模式的响应小得多。因此,选择对管理措施积极响应的可塑性强的作物品质或种类是提高间套作豆科作物生物量必由之路,进而才有可能提高间套作的生物固氮。

3.4　地上部和地下部种间相互作用对生产力和结瘤固氮的贡献

　　植物种间相互作用一直是生态学家关注的热点。作物种间相互作用根据空间方位可以分为地上部和地下部种间相互作用。植物种内关系、种间地上部及地下部关系对植物种群以及生态系统生产力及进化的研究主要通过分隔技术来进行。研究发现,生态系统生产力主要由种间关系决定(Cook and Ratcliff,1984;Wilson,1988;Gibson *et al*.,1999;Connolly *et al*.,1990,1996,2001;Freckleton and Watkinson,2001;Thorsted *et al*.,2006;Andersen *et al*.,

2007)。有的学者认为土壤养分影响植物种间的关系(Martin and Snaydon,1982;Wilson and Tilman,1991,1993,1995;Cahill,1999,2002),而 Grime(1979,2001)则认为种间竞争强度不受土壤条件限制。近年来间套作体系物种间互惠互利的研究成为众多学者关注的焦点(Li *et al.*,1999,2003,2007;Zhang and Li,2003;Hauggaard-Nielsen and Jensen,2005;van Ruijven and Berendse,2005;Georges *et al.*,2006;Cardinale *et al.*,2007;Temperton *et al.*,2007;Roscher *et al.*,2008)。

种间根系分隔技术(root partition technology)常被用于研究物种间地上部和地下部之间的相互作用(Willey,1981;Ong,1998)。Snaydon 和 Harris(1981)利用该方法对农林复合生态系统的研究证明,地下部根系相互作用的贡献大于地上部的贡献。而 Willey 和 Reddy(1981)在农田生态系统中采用行分隔技术(1 行粟:3 行花生)证明粟与花生地上部相互作用大于根系相互作用。Cahill(1999,2002)用根系隔离管和地上部牵引法对草地系统的地上部与地下部相互竞争作用进行了一系列研究,证明地上部相互作用与地下部相互作用并不独立,二者间也存在相互作用,即地上部与地下部相互作用的复合效果并非是二者的简单之和。大多研究通过生物量指标来衡量地上部和地下部的相互作用对群落进化和生态系统生产力的影响(Li *et al.*,2003,2007;Hauggaard-Nielsen and Jensen,2005;Cardinale *et al.*,2007;Roscher *et al.*,2008)。Fan 等(2006)研究发现,蚕豆/玉米间作体系显著提高了蚕豆固氮潜力且固氮量主要由地上部库强决定。Li 等(1999,2007)在 225 kg N/hm² 条件下应用行分隔技术研究发现,蚕豆/玉米地下部根系相互作用对间作优势的贡献大于地上部相互作用。

3.4.1 地上部和地下部种间相互作用对间作体系生产力的贡献

李隆(1999)应用 400 目尼龙网和塑料膜分隔两作物根系的方法,发现蚕豆/玉米间作产量优势完全取决于地下部根系的种间相互作用。当两作物间的根系没有分隔时,地上部和地下部的种间相互作用同时存在,籽粒产量和生物学产量的土地当量比分别为 1.34 和 1.21。当用 400 目尼龙网分隔两作物根系时,根系被限制在各自的地下部空间不能进入配对作物地下部空间,两作物之间地下部没有空间上的补偿作用,但种间的根际效应依然在起作用,相应的土地当量比下降为 1.26 和 1.12。当两作物地下部根系用塑料膜分隔开时,地下部种间根系相互作用消除,土地当量比分别降低到 1.19 和 1.06,即间作产量优势显著降低(Li *et al.*,1999)。这说明地下部种间相互作用在蚕豆/玉米间作体系中具有非常重要的作用。

应用同样的方法,在小麦/大豆间作体系中也发现,地上部和地下部因素对间作小麦边行产量优势的贡献在小麦/大豆间作中具有同等重要性。在小麦/玉米间作中地上部的贡献为 2/3,地下部贡献为 1/3(李隆,1999)。

李玉英(2008)在甘肃省武威市同一农田两年定位的蚕豆/玉米根系分隔微区试验结果表明,与分隔蚕豆相比,蚕豆玉米地下部根系相互作用显著提高蚕豆产量,根系不分隔蚕豆的平均增幅为 47.7%($F=95.4$,$P<0.0001$)(表 3.22)。但氮肥对蚕豆的产量影响不显著($P>0.05$)。

在本试验的氮肥处理(0 和 150 kg N/hm²)中,根系分隔的玉米和不分隔的玉米产量两年均无显著性差异($P>0.05$)(表 3.22)。氮肥对玉米产量影响达极显著水平($F=77.3$,$P<0.0001$),2006 年可能由于前茬残留影响,增幅仅为 41.0%,2007 年达到 128.8%。试验结果充分显示玉米产量对氮肥的依赖性。

表 3.22　种间根系分隔和氮肥对蚕豆/玉米间作籽粒产量的影响

年份	氮水平 /(kg N/hm²)	蚕豆/(kg/hm²)		玉米(kg/hm²)	
		分隔	不分隔	分隔	不分隔
2006 年	0	3 929	6 232	8 893	9 376
	150	4 279	5 557	13 758	12 001
2007 年	0	3 976	6 548	4 051	4 580
	150	4 159	5 805	10 219	9 529
	平均	4 086	6 035	9 230	8 872
显著性检验					
年		0.549 1		<0.000 1	
氮水平		0.287 1		<0.000 1	
根分隔		<0.000 1		0.509 3	
氮水平×根分隔		0.028 4		0.124 6	

注:(1)在甘肃省武威市同一农田两年定位(2006 年和 2007 年),前茬作物为单作大麦,采用蚕豆/玉米根系分隔微区试验。试验为 2×2 两因素设计,即氮水平和根系分隔方式。设 2 个氮水平:0 和 150 kg N/hm²,磷肥为 75 kg P/hm²。根系处理采用行分隔技术,设两个处理:①玉米和蚕豆根系之间塑料膜(厚 0.12 mm)分隔;②玉米和蚕豆根系之间不分隔。本节未标注的图表结果为同一试验方案结果。

(2)数据用 Microsoft Excel 2003 整理后,利用 SAS 程序在 0.05 水平进行方差分析(SAS Institute,2001),并用最小显著性差异(LSD)进行多重比较。本节未标注的数据统计分析方法同此。

3.4.2　地上部和地下部种间相互作用对豆科/非豆科间作作物生长和养分吸收的影响

3.4.2.1　种间根系分隔和氮肥对蚕豆/玉米间作体系蚕豆生长和养分吸收的影响

当蚕豆与玉米根系不分隔时,除了蚕豆初花期,蚕豆的生物学产量和氮累积量无论施氮与否在整个生育期内均显著地高于根系用塑料膜分隔的处理,分别增加了 26.1%($F=60.2$, $P<0.000\ 1$)(图 3.16A)和 32.7%($F=56.1,P<0.000\ 1$)(图 3.16B)。随着蚕豆的生长,由于种间根系的相互作用,在蚕豆初花期、盛花期和成熟收获时,与分隔蚕豆相比,不分隔蚕豆的生物量依次增加了 10.6%、17.2%和 43.0%,氮素累积量也相应增加了 8.4%、24.7%和 40.9%。结果显示了随着蚕豆与玉米共生期的持续,两作物间通过根系相互作用地下部的促进作用逐渐增强,也即蚕豆在间作生态系统中增产主要是由于作物地下部根系间的促进作用。在整个生育期内,氮肥对蚕豆地上部生物量和氮素累积量影响均不显著($P>0.05$)(图 3.16A 和 B)。

尽管与玉米根系相互作用后蚕豆地上部表现出生长优势(图 3.16A),但与分隔蚕豆相比,不分隔蚕豆地上部的氮浓度并没有显著增加(图 3.16C),此外施氮没有显著提高蚕豆氮浓度,一方面可能由于作物体内的氮稀释作用,另一方面由于玉米对土壤氮素和肥料氮素以及蚕豆固定的氮素的竞争作用。

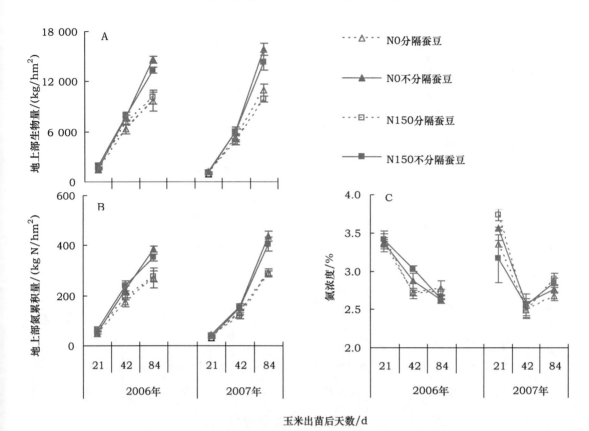

图 3.16 种间根系分隔和氮肥对蚕豆生物量、氮累积量和氮浓度的影响

3.4.2.2 种间根系分隔和施氮对蚕豆/玉米间作体系玉米生长和养分吸收的影响

在分隔试验中氮水平设为 0 和 150 kg N/hm²,除苗期外施氮在整个生育期显著地影响玉米地上部生长和氮累积,与不施氮相比,施氮使其生物量和氮累积量分别增加了59.1%(F=167.8,P<0.000 1)(图 3.17A)和101.3%(F=95.3,P<0.000 1)(图 3.17B)。随着玉米生长,施氮对玉米影响越明显(图 3.17A 和 B)。可能由于 2006 年进行塑料膜分隔处理时土壤扰动,该年度玉米的生物量和氮累积量无论施氮与否,根系分隔处理玉米和不分隔处理玉米均无显著差异,不分隔的稍有降低趋势。2007 年尽管根系不分隔处理玉米没有表现出生长优势(图 3.17A),但其氮素累积在生长后期已远远超过分隔处理的玉米,尤其在施氮条件下(图 3.17B)。根系分隔连续两年定位试验的结果与两年不同田地的氮肥试验结果充分显示在玉米与蚕豆间作生态系统中,尽管蚕豆产量优势在任何氮水平下均能实现,但欲使两作物同时表现出产量优势,必须在充足的养分供应条件下,因此对该间作生态系统进行合理氮肥施用是可持续粮食生产的关键。

在玉米与蚕豆共生期,根系不分隔处理玉米的氮浓度比分隔的氮浓度略低,尤其在不施氮条件下;到蚕豆成熟收获时,不分隔玉米氮浓度已比分隔处理的高,且施氮后增加更加明显(图3.17C,2007 年)。蚕豆与玉米不同时期的氮浓度结果表明,玉米与蚕豆间作后期,即蚕豆盛花期以后,蚕豆向玉米发生了直接氮转移;到蚕豆收获后,由于蚕豆残留物(落叶及根等),在玉米生长后期发生了间接氮转移(即残留转移)。有关蚕豆与玉米之间的氮转移试验有待利用同位素标记更精确在田间进行验证。

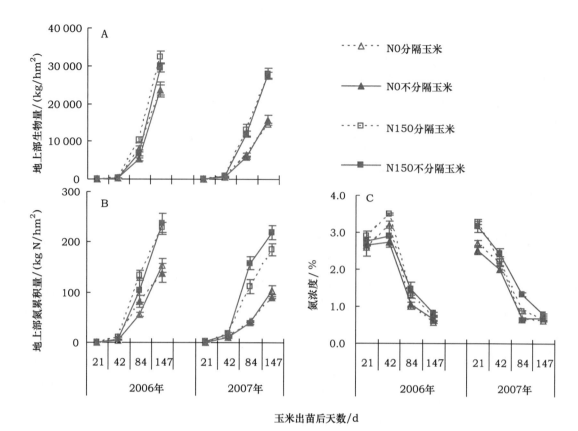

图 3.17　种间根系分隔和氮肥对玉米生物量、氮累积量和氮浓度的影响

3.4.3　地上部和地下部种间相互作用对间作豆科结瘤的影响

在根系分隔试验中,除蚕豆初花期外,蚕豆与玉米根系分隔方式和施氮对蚕豆结瘤有显著的影响,如图 3.18 和表 3.23 所示。随着蚕豆生育期(蚕豆/玉米共生期)的延长,蚕豆根瘤数、根瘤重和单瘤重 3 个参数均逐渐增加,到蚕豆盛花期或鼓粒期,蚕豆的根瘤数、瘤重均达到最高值,蚕豆收获时,它们又有所下降。

氮肥显著抑制蚕豆结瘤,其根瘤数、根瘤重和单瘤重分别平均降低了 8.1％($F=2.3,P=0.153$)(图 3.18A 和表 3.23)、27.3％($F=26.1,P=0.004$)(图 3.18B 和表 3.23)和 21.3％($F=13.0,P=0.003$)(图 3.18C 和表 3.23)。

随着蚕豆生长,于蚕豆初花期、盛花期和成熟收获时平均根瘤数依次为 59.5、80.3 和 91.9 个/株,平均根瘤重依次为 0.17、0.45 和 0.59 g/株,平均单瘤重依次为 3.06、5.70 和 7.38 mg/个。与分隔蚕豆相比,不分隔蚕豆的根瘤数、根瘤重和单瘤重分别平均增加了 10.2％($F=3.1,P=0.097\,8$)(图 3.18A)、21.4％($F=11.6,P=0.004$)(图 3.18B)和 31.6％($F=8.7,P=0.011$)(图 3.18C)。随着蚕豆生长发育,蚕豆与玉米根系相互作用促进蚕豆结瘤现象越加明显。与不分隔蚕豆相比,蚕豆初花期、盛花期和成熟收获期根瘤数依次增加了 9.5％、59.5％和 80.3％,根瘤重增加了 31.8％、57.1％和 15.4％,单瘤重增加了 24.0％、40.5％和 6.9％。通过根系分隔试验从结瘤角度进一步说明蚕豆与玉米根系相互作用随着时间推移,玉米对蚕豆的促进作用逐渐增强。

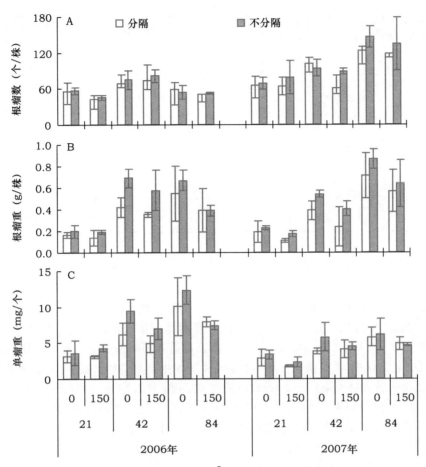

氮水平/(kg N/hm^2)，玉米出苗后天数/d

图 3.18　种间根系分隔和氮肥对蚕豆结瘤的影响

表 3.23　根系分隔试验中蚕豆结瘤参数的方差分析

生长时期	变量	根瘤数/个	瘤重/mg	单瘤重/mg
初花期	年	0.012 8	0.747 6	0.025 4
	氮水平	0.537 7	0.123 1	0.338 0
	分隔方式	0.423 6	0.123 1	0.106 5
	氮水平×分隔方式	0.609 1	0.341 6	0.583 9
盛花期	年	0.005 4	0.017 0	0.001 6
	氮水平	0.020 4	0.035 8	0.058 8
	分隔方式	0.023 6	0.000 2	0.005 4
	氮水平×分隔方式	0.016 0	1.000 0	0.260 9

续表 3.23

生长时期	变量	根瘤数/个	瘤重/mg	单瘤重/mg
成熟	年	<0.000 1	0.024 2	0.000 1
	氮水平	0.479 7	0.036 9	0.009 4
	分隔方式	0.338 3	0.175 2	0.532 2
	氮水平×分隔方式	0.995 8	0.339 6	0.332 7
全生育期	年	<0.000 1	0.579 5	<0.000 1
	氮水平	0.152 9	0.000 2	0.002 9
	分隔方式	0.097 7	0.004 3	0.010 6
	氮水平×分隔方式	0.342 7	0.275 6	0.261 8

3.4.4　种间根系分隔和氮肥对蚕豆生物固氮的影响

$\delta^{15}N$ 法测定生物固氮的基本原理：大气中 ^{15}N 自然丰度值是 0.366 3%，相当于 $\delta^{15}N$ 值为 0，而土壤 N 的 $\delta^{15}N$ 值在 $-6‰\sim16‰$。^{15}N 同位素自然丰度法的应用要求植物生长的土壤中 $\delta^{15}N$ 值一般在 6‰$\sim$10‰（Peoples et al.，2002）。尽管本研究施用了大量的氮肥，但氮肥的施用并不足以引起土壤中 $\delta^{15}N$ 值的显著变化，同时作物种植方式对土壤 $\delta^{15}N$ 值也无显著影响。2006 年蚕豆收获后表层土壤（0~20 cm）的平均 $\delta^{15}N$ 值为 7.56‰，2007 年基础土样和蚕豆收获后土壤中 $\delta^{15}N$ 值分别为 7.41‰ 和 7.63‰（表 3.24）。表明，本研究土壤 $\delta^{15}N$ 均高于大气中的值，这是 ^{15}N 同位素自然丰度法适用的前提条件。因此，本研究采用了自然丰度法计算蚕豆生物固氮量（Shearer and Kohl，1986）。

表 3.24　田间试验研究中不同处理土壤 $\delta^{15}N$

采样时间	处理	土层/cm	$\delta^{15}N/‰$ 2006 年	2007 年
播前		0~20	ND	7.01
		20~40	ND	7.63
蚕豆成熟	N0SF	0~20	7.36	ND
	N0IF	0~20	7.68	7.59
	N225SF	0~20	7.68	7.53
	N225IF	0~20	7.55	7.77
	N225SM	0~20	ND	7.61
	尿素 urea		ND	−4.74

注：SF，IF，SM 分别为单作蚕豆，间作蚕豆，单作玉米；ND 表示未测。

尽管蚕豆和玉米的生长期不同，本研究小组田间试验发现用蚕豆收获时的玉米样品和用玉米收获时样品做蚕豆收获时的生物固氮参照物采用该方法计算出的蚕豆固氮量无显著差异，并且用玉米和与蚕豆生长期几乎相近的小麦作参照物计算的蚕豆固氮量也无显著性差异（本课题组数据未发表），因此，为了减少试验误差，在田间试验研究中选用与蚕豆相同处理的同期单作玉米作生物固氮参照物。

3.4.4.1　根系分隔和氮肥对蚕豆/玉米间体系统蚕豆生物固氮的影响

蚕豆与玉米种间根系分隔田间研究试验中蚕豆 $\delta^{15}N$ 值、固定氮比例和固氮量的动态变化如图3.19所示。尽管两年间蚕豆地上部生长无显著差异，但氮肥显著地提高了蚕豆 $\delta^{15}N$ 值，增幅为230.6%($F=45.6$，$P<0.0001$)(图3.19A)，进而抑制蚕豆生物固氮能力，固定氮比例和固氮量分别降低了21.9%($F=30.3$，$P<0.0001$)(图3.19B和表3.25)和22.3%($F=11.4$，$P=0.005$)(图3.19C和表3.25)。2006年由于前茬作物残留肥力影响，施氮对生物固氮的影响没有2007年明显，与不施氮蚕豆相比，2006年施150 kg N/hm² 处理的蚕豆固氮量降幅仅为4.3%，而2007年为40.2%。研究结果显示在豆科/禾本科间作生态系统要充分挖掘豆科的固氮潜力，在养分资源管理中将要做好氮素养分管理。

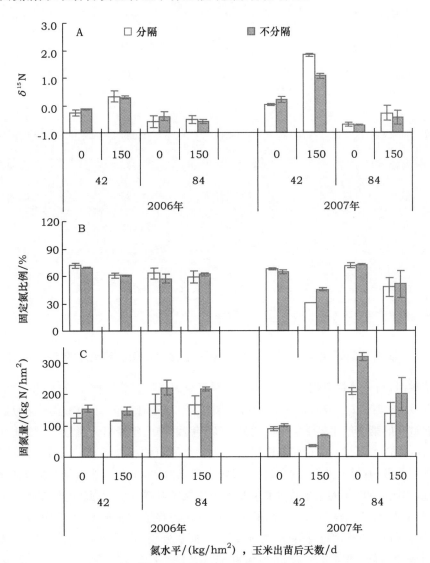

图3.19　种间根系分隔和氮肥对蚕豆生物固氮的影响

蚕豆与玉米根系分隔方式对蚕豆固定氮比例影响不显著($P>0.05$)(图 3.19B 和表 3.25)。但其固氮量变化较大,2006 年不分隔处理的蚕豆固氮量比分隔处理的蚕豆仅增加了 27.7%,2007 年增加了 49.1%(图 3.19B),可能一方面由于第 1 年土壤扰动,另一方面由于前茬残留肥力的影响,分隔试验的第 2 年结果较真实地反映了蚕豆与玉米地下部根系相互作用对蚕豆生物固氮的贡献。

表 3.25　根系分隔试验中蚕豆生物固氮的方差分析

生长时期	变量	$\delta^{15}N$	固定氮的比例/%	固氮量/(kg N/hm²)
盛花期	年	<0.000 1	<0.000 1	<0.000 1
	氮水平	<0.000 1	<0.0001	0.001 4
	分隔方式	0.214 0	0.088	0.001 6
	氮水平×分隔方式	0.001 0	0.000 6	0.419 3
成熟	年	0.910 1	0.938 8	0.287 5
	氮水平	0.318 5	0.050 2	0.030 5
	分隔方式	0.910 1	0.963 2	0.004 9
	氮水平×分隔方式	0.501 7	0.635 3	0.583 7
全生育期	年	0.000 4	0.028 2	0.097 8
	氮水平	<0.000 1	<0.000 1	0.004 6
	分隔方式	0.405 5	0.647 2	0.000 9
	氮水平×分隔方式	0.032 1	0.182 0	0.787 8

3.4.4.2　根系分隔试验中蚕豆收获时期蚕豆生物固氮量在籽粒和秸秆中的分配

蚕豆成熟时,与分隔蚕豆相比,根系不分隔蚕豆总固氮量显著增加,2006 年和 2007 年增幅分别为 30.9%和 48.9%($F=17.8,P=0.000\ 9$)(图 3.20)。施氮 150 kg N/hm² 对蚕豆固氮作用的抑制效应在试验的第 2 年比第 1 年更为明显,2006 年和 2007 年降幅分别为 2.3%和 35.8%($F=11.4,P=0.004\ 6$)(图 3.20)。两年氮肥对蚕豆生物固氮影响存在差异,一方面可能第 1 年前茬作物残留肥力的影响;另一方面可能施肥方式影响到肥力,2006 年施肥为结合灌水撒施,2007 年条施及穴施,因此,2007 年的结果较为真实地反映了氮肥对蚕豆生物固氮的抑制作用。

蚕豆成熟时,与玉米根系相互作用的蚕豆向籽粒转移了较多的固定氮,2006 年和 2007 年分别为 58.9%和 63.0%,但年际间差异不显著。根系分隔后,蚕豆向籽粒转移的固定氮比例比根系不分隔的稍低,两年分别为 56.6%和 61.6%(图 3.20)。结果表明一方面蚕豆可高效地将其固定的氮转化为生产力(约 60.0%);另一方面,蚕豆与玉米地下部的根系相互作用在间作体系增产中起着关键作用。

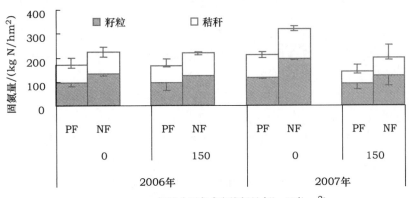

图 3.20 种间根系分隔和氮肥对蚕豆籽粒和秸秆固氮量的影响

注:PF 和 NF 分别表示分隔和不分隔蚕豆。

3.4.4.3 种间根系分隔和氮肥对蚕豆/玉米间作体系蚕豆从土壤中获得氮量的影响

蚕豆从土壤中获得的氮量(Ndfs)是由其地上部总氮累积量(N acquisition)减去生物固氮量(Ndfa)得到,即蚕豆体内来自土壤的氮量(包括肥料氮、土壤无机氮或矿质氮)。如图 3.21所示,蚕豆与玉米根系相互作用和施氮均使蚕豆从土壤中获得的氮量呈上升的趋势,并且随着蚕豆的生长也逐渐增加。与根系分隔处理相比,根系不分隔处理蚕豆从土壤中获得的氮量增加了 31.3%($F=7.2$,$P=0.020$);与不施氮处理蚕豆相比,150 kg N/hm² 处理的蚕豆从土壤中获得的氮量显著地增加了 45.6%($F=8.1$,$P=0.010$),尽管 2006 年在蚕豆收获时 N150 不分隔处理蚕豆吸氮量比 N0 不分隔的稍低。根系分隔试验表明,氮肥在抑制蚕豆固氮时的同时,增加了蚕豆的吸氮量。换言之,蚕豆在较高氮水平时倾向于从土壤中吸收氮素,而不是进行共生固氮,因为固氮需要消耗更多的光合产物。

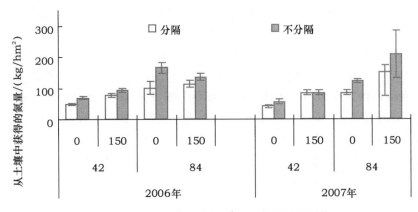

图 3.21 种间根系分隔和氮肥对蚕豆吸氮量的影响(根系分隔试验)

3.4.4.4 地上部和地下部种间相互作用对蚕豆/玉米间作作物收获指数的影响

收获指数(HI)反映了作物生长后期干物质由茎叶向籽粒中转移程度的大小。产量收获指数＝籽粒产量(kg/hm²)/植株地上部总生物量(kg/hm²)。氮素收获指数＝籽粒氮累积量(kg N/hm²)/植株地上部总氮累积量(kg N/hm²)。

在蚕豆/玉米间作体系中,通过田间行分隔技术,研究地下部根系相互作用对其生产力增加和养分吸收影响。在施氮量150 kg N/hm² 条件下,无论蚕豆或是玉米,根系分隔方式和氮肥对其产量收获指数和氮素收获指数均无显著影响(表3.26)。但结果表明地下部根系相互作用使蚕豆的收获指数稍有提高(3.3％),说明间作使蚕豆产量提高是由于地下部根系相互作用。而对于玉米主要是由于地上部光、热和通风等因素的改善所引起的。

表3.26　种间根系分隔和氮肥对作物收获指数的影响

收获指数	作物	处理	2006 年		2007 年		平均
			0	150	0	150	
产量收获指数	蚕豆	分隔	0.41	0.42	0.36	0.42	0.40
		不分隔	0.43	0.42	0.41	0.41	0.42
	玉米	分隔	0.37	0.43	0.28	0.37	0.36
		不分隔	0.40	0.41	0.29	0.34	0.36
氮素收获指数	蚕豆	分隔	0.64	0.64	0.64	0.72	0.66
		不分隔	0.68	0.64	0.71	0.71	0.68
	玉米	分隔	0.63	0.68	0.45	0.57	0.58
		不分隔	0.59	0.51	0.48	0.52	0.52

注:0 和 150 表示施氮量,kg N/hm²;根系分隔方式和氮肥对收获指数均无显著影响。

3.4.5　地上部和地下部种间相互作用对作物生长和结瘤固氮的贡献

通过根系分隔试验在作物不同生长时期采样掌握地下部种间根系相互作用在各个时期对间作作物的贡献。当种间根系用塑料膜分隔时,种间地下部的竞争和促进作用降低到最小,甚至为0,这时种间的促进作用和竞争作用仅涉及地上部因素;当种间根系不分隔时,种间既有地上部的相互作用也有地下部的相互作用。物种间的竞争或促进作用最终通过作物的生长而表现。当地下部根系分隔时认为只有蚕豆与玉米地上部相互作用存在;蚕豆/玉米根系没有分隔时,认为地上部和地下部相互作用同时存在。因此,种间地下部根系相互作用的贡献率(relative contribution ratio,RCR,％)计算如下:

$$\text{RCR} = \frac{Y_{\text{no barrier}} - Y_{\text{solid barrier}}}{Y_{\text{no barrier}}} \times 100\% \tag{3.9}$$

式中:$Y_{\text{solid barrier}}$ 和 $Y_{\text{no barrier}}$ 分别为相同处理的分隔和不分隔蚕豆或玉米的生长参数值或结瘤固氮参数值。RCR 值越大,地下部种间根系相互作用的贡献率越大,反之亦然。

在蚕豆与玉米间作体系的分隔研究中,随着两作物共同生长,地下部对蚕豆和玉米生长的贡献均逐渐增强,并且对蚕豆结瘤和固氮能力同样是逐渐增强的趋势。氮肥对地下部对两作物的贡献影响不显著,并且两年间结果差异也不显著(表 3.27),但地下部的贡献率与氮肥量呈负相关。从表 3.27 可知,地下部对蚕豆的贡献比对玉米贡献要高,从玉米出苗 21 d 采样(第 1 次样),地下部相互作用对蚕豆的生长、结瘤固氮的贡献率均是大于 0,而在蚕豆收获前,对玉米的贡献率小于 0,但到玉米收获时,地下部对其贡献率已表现为大于 0,结果说明,第一,在蚕豆与玉米共生期,蚕豆在生长、结瘤固氮过程中从与其间作的玉米根际获得益处,这个过程有待深入研究;第二,玉米在生长早期是受到蚕豆抑制的,在生长后期,玉米从蚕豆残留中获得;第三,在豆科/禾本科间作生态系统中,适当施肥可缓解两间作作物的竞争,从而促进禾本科增产。

表 3.27　地下部根系相互作用对蚕豆、玉米生长的贡献

作物	参数	年份	玉米出苗后天数/d							
			21		42		84		147	
			0	150	0	150	0	150	0	150
蚕豆	地上部生物量/(kg/hm²)	2006	5.3	10.0	17.1	8.9	33.8	24.3	—	—
		2007	19.4	−0.2	9.7	19.2	30.9	29.9	—	—
		平均	12.3	4.9	13.4	14.0	32.3	27.1	—	—
	氮累积量/(kg N/hm²)	2006	5.4	10.8	21.5	18.2	29.6	21.6	—	—
		2007	24.0	−19.8	14.0	21.2	33.3	29.0	—	—
		平均	14.7	−4.5	17.8	19.7	31.5	25.3	—	—
	根瘤重/(g/株)	2006	10.6	32.2	38.6	31.2	14.3	−3.20	—	—
		2007	17.9	34.2	20.8	39.9	19.3	0.9	—	—
		平均	14.2	33.2	29.7	35.6	16.8	0.9	—	—
	固氮量/(kg N/hm²)	2006	ND	ND	18.7	19.0	23.5	24.7	—	—
		2007	ND	ND	9.5	46.7	34.0	20.5	—	—
		平均	ND	ND	14.1	32.9	28.8	22.6	—	—
	吸氮量(kg N/hm²)	2006	ND	ND	27.9	16.9	38.5	16.8	—	—
		2007	ND	ND	21.3	0.1	31.5	15.1	—	—
		平均	ND	ND	24.6	8.5	35.0	15.9	—	—
玉米	地上部生物量/(kg/hm²)	2006	7.6	19.6	−98.9	−42.3	−53.3	−56.1	−0.6	−9.7
		2007	−33.4	1.5	−1.0	−25.0	−14.2	−12.3	5.2	0.4
		平均	−12.9	10.5	−50.0	−33.6	−33.8	−34.3	2.3	−4.7
	氮累积量/(kg N/hm²)	2006	8.0	17.0	−129.7	−73.5	−48.2	−40.3	9.9	2.4
		2007	−42.3	3.6	−9.2	−13.9	−7.9	28.2	11.8	14.3
		平均	−17.1	10.3	−69.5	−43.7	−28.0	−6.0	10.8	8.4

注:玉米出苗后 84 d 为蚕豆成熟收获期;0 和 150 表示施氮量,kg N/hm²;—表示蚕豆收获后;ND 表示未测定。

　　本研究通过连续的两年氮梯度试验和田间原位根系分隔试验更进一步证实这种种间互惠关系主要源于地下部根系作用,随着根系相互作用时间的延长,这种促进作用更加明显,尤其对豆科生长及固氮均是如此,共生期显著提高了蚕豆固氮能力,并促进了土壤氮素吸收,从而促进了蚕豆的地上部生长和产量提高(李玉英,2008)。种内、种间地上部作用和种间地下部根系作用对蚕豆地上部生长和结瘤固氮作用程度不同,比较两个试验两年的结果发现,蚕豆种内相互作用对蚕豆生长和固氮的抑制低于蚕豆/玉米种间地上部相互作用,由于种间根系相互作用改变了蚕豆地下部根系分布,尽管少量根系分布到玉米带内,但扩展了根系空间生态位,与此同时,使蚕豆的根系形态发生了变化,使根长、根表面积和根体积均呈增加的趋势(李玉英,2008)。尽管相关分析发现蚕豆结瘤固氮与其根系生长呈负相关,但根系生长显著促进了土壤氮素吸收,从而使间作蚕豆形成强大的地上部库强,又由于豆科生物固氮量主要由其地上部库强决定,所以最终通过根系相互作用使蚕豆生物固氮量显著提高(李玉英,2008),即间作蚕豆地上部生长和其生物固氮优势主要由于种间地下部根系相互作用。

　　本研究中地下部根系相互作用对玉米产量形成与 Li 等(2003,2007)结果有所不同,主要原因可能受到氮素影响。本研究发现蚕豆/玉米中玉米产量间作优势发挥必须在适宜的养分条件下,通过线性平台模型求得间作生态系统适宜的氮量为 $186\sim200$ kg N/hm² (李玉英,2008)。本研究根系分隔试验中施氮量为 150 kg N/hm²,而 Li 等(1999,2003,2007)根系分隔试验中氮肥用量为 225 kg N/hm²,可能由于养分不足使间作玉米在后期生长中不能充分恢复生长而使其产量与单作和根系分隔的玉米无显著差异。由于蚕豆生长在养分不足条件下有利于其固氮,在养分充足条件下由于生物固氮是高耗能的过程,作物权衡其利益会吸收更多土壤氮素,从而使其地上部生长不受氮素调控,间作蚕豆的产量优势主要源于地下部根系相互作用。

　　利用本研究中关于地下部根系相互作用对地上部生长及固氮的相对贡献模型对前人(Li *et al.*,1999,2003,2007;Xiao *et al.*,2004)研究结果进行分析,得出与本研究相似结论。在温室条件下小麦/蚕豆混作体系中种间地下部根系相互作用对蚕豆结瘤和地上部生物固氮量的贡献率分别为 38%和 33%(Xiao *et al.*,2004)。在甘肃靖远试验站当蚕豆/玉米间作体系中施氮量为 225 kg N/hm² 时地下部根系相互作用对蚕豆产量和地上部生物量的相对贡献率分别为 12%和 19%(Li *et al.*,1999),对蚕豆 N、P、K 养分吸收的贡献率分别为 18%、22%和 13%(Li *et al.*,2003)。在甘肃武威试验站与靖远站相同作物体系、相同施氮量条件下,地下部根系对蚕豆产量和地上部生物量的贡献率分别为 24%和 21%(Li *et al.*,2007)。

　　2006 年氮梯度试验中蚕豆在较低氮量下(0,75,150 kg N/hm²),单作蚕豆和间作蚕豆籽粒中生物固氮量分别占 46.1%和 61.6%(李玉英,2008)。2006 年氮梯度试验和根系分隔定位试验的基础土壤特性和田间管理等同,在肥力相当条件下(根系分隔施氮量为 150 kg N/hm²),两个试验中有根系相互作用处理的蚕豆向籽粒中转移的固氮量比较接近,但在单作和根系分隔条件下,两者是有差异的,即在没有地上部相互作用条件下(蚕豆单作),蚕豆固氮量和籽粒中生物固氮占百分比均比仅有地上部相互作用的低,可以说明蚕豆种内竞争降低了其固氮能力,但蚕豆与玉米地上部相互作用降低得更多,在地上部和地下部相互作用存在条件下(即间作条件下)蚕豆地上部的生长和结瘤固氮能力最强,进而说明蚕豆/玉米地下部根系相互作用在蚕豆结瘤固氮中起到重要作用。

3.5 根系空间分布、种间相互作用与生物固氮

由于作物根系在水分和养分吸收方面起着重要作用,根系研究已成为植物营养领域的重要内容。植物地下部竞争往往形式多样、过程复杂(Casper and Jackson,1997)。在发生竞争时,有的植物倾向于生长庞大的根系,占据更大的土壤体积(Schenk et al.,2006);有的植物向根系分配氮量,使根系变细变长,增加根系与土壤的接触面积,以增加竞争能力(陈杨等,2005;Craine,2006);有的则提高单位根的吸收功能(Fransen et al.,1999)。根系在氮和磷供应充足的土块中可以刺激侧根的发生和养分的流入。大的根系可以对整个土壤供氮不足起到补偿作用。但存在种间竞争的条件下,根系增长使根长密度和氮素吸收有很高的相关性(Robinson,1996)。

根系形态参数如根的生长和根的表面积对主要借助扩散作用到达根表面的那些养分的有效性具有决定性作用。室内试验研究发现种间相互作用对间作作物根系形态产生影响(左元梅,1997;李淑敏,2004;陈扬,2005)。在大田条件下,对间作作物根系空间分布进行了广泛的研究(张恩和等,1999a,2002,2003;宋日,2002;刘广才,2005;Li et al.,2006;高慧敏,2006)。

3.5.1 豆科/禾本科间作对作物根系分布和形态的影响

植物根系是植物体的吸收器官和代谢器官,它对于外界环境条件反应非常敏感。在土壤非生物逆境胁迫条件下,植物最先感受逆境胁迫的器官是根系,植物感受这一逆境信号后作出相应的反应,首先是在基因表达上进行时间和空间的调整等,然后是调整代谢途径和方向,改变碳同化产物的分配比例和方向,进而改变根系形态和分布,以适应环境胁迫,其中根系形态上的变化是最为直观的。但由于受各种条件的限制,如工作量大,研究方法欠缺,因而根系也是较少研究的一个方面。在两种或者两种以上作物组成的复合系统中,根系生长同时受资源因子的影响和异质个体的相互作用,复合群体的根系空间分布特征与单作存在显著差异。作物地上部与地下部又因功能和所处环境不同,在水分和营养物质的供求关系上相互依赖、相互影响(Shangguan et al.,2004)。植物根系通过调节其形态和生理可塑性来适应土壤环境的变化,植物根系的构造形态在很大程度上取决于环境因素,比如,水分有效性(Smucker and Aiken,1992)和养分分布(Drew et al.,1973)。而植物赖以生存的土壤条件如土壤水分、养分、温度、通气状况等能够直接影响根系生长和分布,影响根系吸收功能和代谢功能,进而影响地上部的生长发育。根系的大小、分布以致其功能根的数量、活性的强弱(王志芬等,1995)等决定了其对植物贡献的大小。而根系吸收活力的大小既取决于单位土体根系活力的高低和变化,还取决于根系吸收活力的空间分布范围。在自然界中,为了适应不同的生境能够在植物群落中生存下去,植物物种尽可能发展不同形态和不同的根分布方式来利用土壤中的养分。

间作体系种间相互作用在更大程度上是由于间作物种的地下相互作用即根系的相互作用,而间作体系中根系相互作用的程度依赖于间作物种的生长发展的相似性程度(Ofori and

Stern,1987)。因此豆科与禾本科的不同生长方式和根系分布方式可能就会影响到二者种间相互作用的程度。氮的吸收效率依赖于根系的分布范围和有效性(Jackson *et al.*,1986),因此如果植物根系分布较深、根长密度较大,就会消耗更多土壤中的硝态氮(Wiesler and Horst,1994;Oikeh *et al.*,1999)。

Li 等(2006)研究发现,玉米根系可以伸展并占据蚕豆地下部空间,但蚕豆的根却几乎很少到间作玉米的地下部空间,即此生育期,玉米根系比蚕豆根系占的土壤空间大,也就是间作后增加了玉米根系水平方向的生态位。此外,在垂直尺度上,蚕豆根系主要分布在浅土层,而玉米根系各个土层均有分布,且间作后较深土层比单作深层分布多,即间作扩展了玉米根系垂直尺度的生态位。相比较而言,尽管间作蚕豆根系分布没有像间作玉米扩展得明显,但与单作相比,其空间生态位得到了扩展。综上所述,间作扩大了两作物根系空间生态位,即扩展了两者养分生态位,增加了作物吸收养分的有效空间,从而为蚕豆玉米间作优势奠定了根系生态学基础。

Li 等(2006)研究发现,在 7 月 3 日,蚕豆、玉米均处于旺盛生长期。与玉米间作时,蚕豆的根长密度会出现下降,这种现象在 30 cm 的表土层中尤为明显(图 3.22A)。与此相反,单作玉米和间作玉米在各个土层的垂直尺度上的根长密度无显著差异。虽然与蚕豆间作玉米的根长密度没有增加,但间作玉米的根延伸生长到蚕豆根区,这种现象在 40 cm 以下的土壤层表现得尤为明显(图 3.22B)。

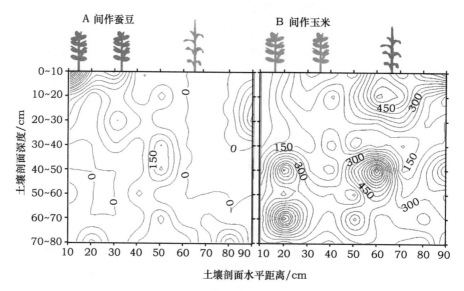

图 3.22　蚕豆/玉米间作体系蚕豆(A)和玉米(B)作物根系分布状况(7 月 3 日)

来源:Li *et al.*,2006。

在 7 月 19 日采样时,蚕豆接近成熟期时无论单作还是间作的蚕豆的根都生长分布在较浅的土层(最大 90 cm 根深,图 3.23A),所有土壤层次蚕豆根系的根长密度均则低于单作蚕豆。在垂直尺度上,间作玉米和单作玉米的根长密度没有太大的区别(图 3.23B)。间作时,蚕豆的根在植物生长的有限区域下水平分布,而玉米根可蔓延到蚕豆带中,这导致了蚕豆和玉米的根系在地下交错生长(图 3.23B)。

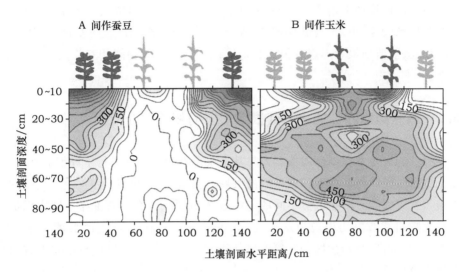

图3.23　蚕豆/玉米间作体系蚕豆(A)和玉米(B)作物根系分布状况(7月19日)

来源:Li et al.,2006。

以上结果支持了间作种间对称促进作用的假说,即兼容性物种间作时,其相互分享根系空间,根的和谐相处,减少种间竞争,促使物种的产量和养分吸收达到双赢。在大多数土壤层,虽然间作蚕豆比单作蚕豆的根长密度有所减少,但却没有导致产量和养分吸收的下降(Li et al.,1999,2003)。此外,无论单作还是间作,蚕豆的根系都分布在浅层土壤,这与Manschadi等(1998)的结果相吻合。此外,相对于单作玉米,与蚕豆间作玉米的根长密度出现了下降,由此可以看出间作时地下部分对养分的作用。更重要的是,间作玉米根蔓延到蚕豆的根区下(图3.23A,B),而且往往更多地分布在深层土壤。这样可以使间作玉米的根系占据更大的土壤空间,已达到从土壤中获取更多养分的目的。

宋日等(2002)研究发现,间作有利于玉米、大豆根系的生长,与单作相比,间作在不同土层中作物根系干物重相应增加,根/冠比增大,比根长明显增加,间作玉米和大豆在0~20 cm土壤的根量远远大于其相应的下层土壤中的根量,随着土壤层次增加,各部分相应根量依次减少,但总的趋势是间作各层的根系干物重高于相应的单作。在大麦/豌豆间作中,豌豆90%以上的根系分布在0~12.5 cm的土壤表层,而大麦的根25%~30%分布在12.5~62.5 cm的土壤剖面中(Hauggaaraad-Nielsen et al.,2001a,b)。在玉米/花生间作体系中,间作花生的主根长、侧根、根毛数量和侧根长度、比根长明显高于单作,根半径低于单作(左元梅,1997)。Li等(2004)研究表明,在玉米/鹰嘴豆间作体系中,间作玉米的根长显著高于单作,间作改变了玉米根系的形态,使根长增加,吸收面积增大。

蚕豆的根由主根、侧根组成。它的主根、侧根形成了庞大的圆锥根系,其主根入土很深,可达80~150 cm,主根上的侧根于近地表部分水平分布,延展50~80 cm,但大部分根集中在30 cm土层之内。在小麦/蚕豆间作系统中,两种作物根长、根重、根表面积生长高峰交替出现,蚕豆的根重、根长的最大值出现在成熟期,其根重的49.3%~77.4%都分布在0~30 cm土层,间作小麦的根重和密度大于单作,间作蚕豆根重和根密度小于单作,间套作促进根系的生长,增大根/冠比,间作小麦根系有向上层富集的现象(张恩和等,1999a;2002;2003)。陈扬

(2005)在室内利用砂培和土培的方法,采用根系不同分隔技术研究大豆和蚕豆在单作情况下根系形态的差异和大豆/小麦、蚕豆/小麦这两个间作系统中根系形态的差异,发现在砂培条件下,单作大豆和蚕豆苗期根系形态有很大的差异;土培条件下,种间相互作用显著改变了作物的根系形态。

3.5.2　蚕豆结瘤固氮能力与其根系形态的相关性分析

李玉英等(2008)对蚕豆结瘤固氮能力与其根系形态的相关性进行了详细的阐述。蚕豆结瘤固氮和土壤氮素吸收与其根系形态参数的关联程度如表 3.28 所示。根系形态对蚕豆结瘤固氮和土壤氮素吸收的影响是截然不同的。如表 3.28 所示,除单瘤重与个别指标负相关,与蚕豆结瘤和生物固氮参数均表现为正相关,但浅土层(0~60 cm)的含水量比深土层(60~120 cm)的相关系数高,且与生物固定氮的比例和固氮量的相关系数比与结瘤参数的高,在浅土层均表现为极显著水平。

根系形态参数对土壤氮素吸收的影响来看(表 3.28)。除根系平均直径在浅土层与土壤氮素吸收表现为负相关外,蚕豆各土层的根重密度、根长、根体积增加能够促进蚕豆土壤氮素的吸收,且在浅土层(0~60 cm)根长与土壤氮素吸收表现为极显著的相关性($P=0.0024$),其他根系形态参数与其相关性也是在浅土层相关系数比深土层的高。

根系形态参数对蚕豆结瘤固氮的影响与其对土壤氮素吸收的影响不同(表 3.28)。除单瘤重外,蚕豆根系参数与其结瘤参数和生物固定氮的比例以及固氮量均呈显著的负相关,同样在 0~60 cm 土层的根系参数与结瘤固氮参数的相关程度高(表 3.28)。

表 3.28　蚕豆结瘤固氮与其根系形态的相关性

参数	固氮量 /(kg/hm²)	固定氮的 比例/%	吸氮量 /(kg N/hm²)	根瘤数 /(个/株)	根瘤重 /(g/株)	单瘤重 /mg
0~60 cm 土层						
根重密度/(g/500 cm³)	−0.4926	−0.4561	0.2346	0.1672	0.1779	−0.085
	0.0145	0.0251	0.2699	0.4348	0.4055	0.693
根长密度/(cm/500 cm³)	−0.5492	−0.6798	0.5897	−0.39	−0.2899	0.2222
	0.0054	0.0003	0.0024	0.0595	0.1694	0.2968
根表面积/(cm²/500 cm³)	−0.5586	−0.5873	0.3812	−0.2055	−0.1127	0.1318
	0.0046	0.0026	0.0661	0.3353	0.6	0.5393
根体积/(cm³/500 cm³)	−0.5162	−0.4743	0.2415	−0.027	0.0621	0.0485
	0.0098	0.0192	0.2556	0.898	0.773	0.8218
根平均直径/mm	−0.1621	−0.0308	−0.2045	0.3594	0.444	−0.0879
	0.4493	0.8863	0.3378	0.0845	0.0298	0.6828

续表 3.28

参数	固氮量/(kg N/hm²)	固定氮的比例/%	吸氮量/(kg N/hm²)	根瘤数/(个/株)	根瘤重/(g/株)	单瘤重/mg
60～120 cm 土层						
根重密度/(g/500 cm³)	−0.302 9	−0.285 4	0.076 4	−0.255 6	−0.042 9	0.136 8
	0.150 2	0.176 5	0.722 7	0.228 1	0.842 3	0.523 9
根长密度/(cm/500 cm³)	−0.439 2	−0.497 5	0.300 5	−0.307 3	−0.120 4	0.092 1
	0.031 8	0.013 4	0.153 7	0.144 1	0.575 2	0.668 6
根表面积/(cm²/500 cm³)	−0.439 1	−0.456	0.225 3	−0.301 5	−0.108 7	0.110 3
	0.031 8	0.025 1	0.289 8	0.152 2	0.613 1	0.607 9
根体积/(cm³/500 cm³)	−0.422 9	−0.409 1	0.161 9	−0.285 2	−0.092 2	0.117 6
	0.039 5	0.047 2	0.449 7	0.176 7	0.668 2	0.584 1
根平均直径/mm	−0.495 2	−0.351	0.157 2	−0.092 5	−0.012 5	0.060 6
	0.013 9	0.092 7	0.463 1	0.667 3	0.954	0.778 6
0～120 cm 土层						
根重密度/(g/500 cm³)	−0.494 8	−0.457 1	0.232 7	0.16	0.172 7	−0.082
	0.014	0.024 7	0.273 8	0.455 3	0.419 6	0.703 4
根长密度/(cm/500 cm³)	−0.564 5	−0.688 6	0.568 4	−0.399 9	−0.273 4	0.209 5
	0.004 1	0.000 2	0.003 8	0.052 8	0.196 1	0.325 9
根表面积/(cm²/500 cm³)	−0.566 7	−0.594 9	0.376 1	−0.228 5	−0.117 2	0.134 7
	0.003 9	0.002 2	0.070 1	0.282 8	0.585 4	0.530 5
根体积/(cm³/500 cm³)	−0.523 2	−0.482 2	0.242 2	−0.046 6	0.052 8	0.054 7
	0.008 7	0.017	0.254 2	0.829	0.806 4	0.799 4
根平均直径/mm	−0.385 6	−0.220 3	−0.019 8	0.146 5	0.237	−0.023 3
	0.062 7	0.300 9	0.926 9	0.494 6	0.264 8	0.914

注:上行为相关系数,下行为 P 值,斜体为相关显著。

上述结果说明,在蚕豆结瘤固氮和养分吸收中由于其根系主要在浅土层,浅土层的土壤含水量、根系分布和形态均显著地影响着蚕豆结瘤能力和土壤养分吸收,与其他作物一样,增加蚕豆根长和根表面积可增加蚕豆从土壤中吸收养分,但另一方面由于生物固氮需要消耗能量,所以在促进根系生长时蚕豆会消耗一部分能量,生物固氮量会减少。

豆科/禾本科间作生态系统的根系相互作用和生物固氮等研究尽管在田间条件下已得到较详细研究,但该系统的竞争促进作用机理还有待在田间和室内继续研究。蚕豆/玉米种间根系相互作用促进了蚕豆的结瘤固氮,但在蚕豆的不同生长期,蚕豆是否向玉米发生了氮转移,转移量多少;这种氮转移是在两作物的共生期或是在蚕豆收获后发生,尚需用标记技术在室内和田间验证。

在田间试验条件下,研究证实蚕豆/玉米根系在空间生态位上存在分离,然而种间根系分泌物的化感作用与其生态位互补在其促进作用中主次,即:间作蚕豆结瘤能力的增强是由于玉米根系分泌物作用或是由于两者生态位互补引起的;此外,两作物根系分泌物相互对另一作物的影响,尤其玉米根系分泌物对蚕豆结瘤固氮的影响,并且对其成分和组成的确定等有待研究。上述方向的研究将有助于阐明间作作物相互促进的机理。

尽管前人通过根系分隔的试验表明蚕豆的固定氮的比例和固氮量年间差别很小,但其未能考虑到大田前茬作物、田间管理以及基础土壤理化特性的差异,尚无法说明土壤中化学元素除了氮素影响豆科生物固氮外,还有其他养分在不同程度上对蚕豆生物固氮产生影响,这些还有待进一步研究验证。

前人在氮梯度试验和根系分隔试验中均发现蚕豆/玉米根系相互作用约 80 d 时使两作物的根系形态(根长、根表面积、根体积、根直径)均发生了不同程度的增加趋势,两种作物根系相互作用何时开始使作物根系形态发生变化,并且这种变化与两作物地上部生长和蚕豆的生物固氮相关程度有待深入研究。

分子手段被证明是生物学研究中行之有效的手段。在豆科/非豆科体系中也可借用分子手段来研究作物根际间的"分子对话",如固氮及其 nod-基因调控。也可利用基因组和蛋白质组的思想研究这一典型种间互惠中的生物多样性和功能多样性问题。

参考文献

Adisarwanto T. ,Knight R. 1997. Effect of sowing date and plant density on yield and yield components in the faba bean. Austrlian Journal of Agriculture Research,48:1161-1168.

Adu-Gyamfi J. J. , Myaka F. A. , Sakala W. D. , *et al*. 2007. Biological nitrogen fixation and nitrogen and phosphorus budgets in farmer-managed intercrops of maize-pigeonpea in semi-arid southern and eastern Africa. Plant and Soil, 295:127-136.

Agegnehu G. , Ghizaw A. ,Sinebo W. 2006. Yield performance and land-use efficiency of barley and faba bean mixed cropping in ethiopian highlands. European Journal of Agronomy,25:202-207.

Ahmed F. , Hashem A. ,Jahan A. 1996. Productivity and profitability of potato intercropped with wheat. Bangladesh Journal of Botany, 25:1-4.

Ahmed F. , Hirota O. , Yamada Y. , *et al*. 2000. Studies on yield, land equivalent ratio and crop performance rate in maize-mungbean intercropping. Journal of the Faculty of Agriculture Kyushu University, 45:39-48.

Akanvou R. , Kropff M. J. , Bastiaans L. ,*et al*. 2002. Evaluating the use of two contrasting legume species as relay intercrop in upland rice cropping systems. Field Crops Research,74:23-36.

Akinyemi S. O. S. ,Tijani-Eniola H. 2001. Intercropping plantain systems with crops of different maturities and population densities. Tropical Agriculture,78:71-75.

Ali M. , Mishra J. P. , Singh K. K. 1998. Genotypic compatibility and spatial arrangements in spring sunflower and greengram (phaseolus radiatus) intercropping. Indian Journal of Agricultural Sciences, 68: 636-637.

Amede T. , Nigatu Y. 2001. Interaction of components of sweetpotato-maize intercropping under the semi-arid conditions of the rift-valley, ethiopia. Tropical Agriculture, 78: 1-7.

Andersen M. K. , Hauggaard-Nielsen H. , Ambus P. , et al. 2004. Biomass production, symbiotic nitrogen fixation and inorganic N use in dual and tri-component annual intercrops. Plant and Soil, 266: 273-287.

Andersen M. K. , Hauggaard-Nielsen H. , Weiner J. , et al. 2007. Competitive dynamics in two- and three-component intercrops. Journal of Applied Ecology, 44: 545-551.

Awe G. O. , Abegunrin T. P. 2009. Effects of low input tillage and amaranth intercropping system on growth and yield of maize (Zea mays). African Journal of Agricultural Research, 4: 578-583.

Ayoola O. T. , Adeniyan O. N. 2006. Influence of poultry manure and NPK fertilizer on yield and yield components of crops under different cropping systems in South West Nigeria. African Journal of Biotechnology, 5: 1386-1392.

Baker C. M. , Blamey F. P. C. 1985. Nitrogen fertilizer effects on yield and nitrogen uptake of sorghum and soybean, grown in sole cropping and intercropping systems. Field Crops Research, 12: 233-240.

Banik P. , Bagchi D. K. 1996. A proposed index for assessment of row-replacement intercropping system. Journal of Agronomy and Crop Science-Zeitschrift fur Ackerad Pflanzenbau, 177: 161-164.

Barboza V. C. , Vieira M. D. , Zarate N. A. H, et al. 2010. Poultry manure in mono and intercrop of brazilian ginseng with marigold and basil. Horticultura Brasileira, 28: 348-354.

Baumann D. T. , Bastiaans L. , Kropff M. J. 2001. Competition and crop performance in a leek-celery intercropping system. Crop Science, 41: 764-774.

Bedoussac L. , Justes E. 2011. A comparison of commonly used indices for evaluating species interactions and intercrop efficiency: Application to durum wheat-winter pea intercrops. Field Crops Research, 124: 25-36.

Belay D. , Foster J. E. 2010. Efficacies of habitat management techniques in managing maize stem borers in Ethiopia. Crop Protection, 29: 422-428.

Belay D. , Schulthess F. , Omwega C. 2009. The profitability of maize-haricot bean intercropping techniques to control maize stem borers under low pest densities in ethiopia. Phytoparasitica, 37: 43-50.

Bezerra A. P. A, Pitombeira J. B. , Tavora F. , et al. 2007. Yield, production components and land equivalent ration on sorghum x cowpea and maize x sorghum intercropping systems. Revista Ciencia Agronomica, 38: 104-108.

Bildirici N. , Aldemir R. , Karsli M. A. ,et al. 2009. Potential benefits of intercropping corn with runner bean for small-sized farming system. Asian-Australasian Journal of Animal Sciences, 22: 836-842.

Boucher D. H. ,Espinosa J. 1982. Cropping system and growth and nodulation responses of beans to nitrogen in Tabasco, Mexico. Tropical Agriculture (Trinidad), 59: 279-282.

Cahill J. F. 1999. Fertilization effects on interactions between above-and below-ground competition in an old field. Ecology, 80: 466-480.

Cahill J. F. 2002. What evidence is necessary in studies which separate root and shoot competition along productivity gradients? Journal of Ecology, 90: 201-205.

Callaway R. M. 1995. Positive interactions among plants. Botanical Review, 61: 306-349.

Cardinale B. J. , Wright J. P. , Cadotte M. W. , et al. 2007. Impacts of plant diversity on biomass production increase through time because of species complementarity. PNAS, 104: 18123-18128.

Carrubbaa A. , la Torre R. , Saiano F. ,et al. 2008 Sustainable production of fennel and dill by intercropping. Agronomy For Sustainable Development, 28: 247-256.

Casper, B. B. ,Jackson, R. B. 1997. Plant competition underground. Annual Review of Ecology and Systematics, 28: 54-70.

Chabi-Olaye A. , Nolte C. , Schulthess F. ,et al. 2005. Relationships of intercropped maize, stem borer damage to maize yield and land-use efficiency in the humid forest of cameroon. Bulletin of Entomological Research, 95: 417-427.

Chu G. X. , Shen Q. R. ,et al Cao J. L. 2004. Nitrogen fixation and N transfer from peanut to rice cultivated in Aerobic Soil in an intercropping system and its effect on soil N fertility. Plant and Soil, 263: 17-27.

Connolly J. ,Wayne P. 1996. Asymmetric competition between plant species. Oecologia, 108: 311-320.

Connolly J. , Wayne P. ,Bazzaz F. 2001. Interspecific competition in plants: how well do current methods answer fundamental questions? American Naturalist, 157: 107-125.

Connolly J. , Wayne P. ,Murray R. 1990. Time course of plant – plant interactions in experimental mixtures of annuals – density, frequency, and nutrient effects. Oecologia, 82: 513-526.

Cook, S. J. ,Ratcliff, D. 1984. A study of the effects of root and shoot competition on the growth of green panic (*Panicum Maximum* var. Trichglume) seedlings in an existing grassland using root exclusion tubes. Journal of Applied Ecology, 21:971-982.

Costa C. C. , Cecilio A. B. , Rezende B. L. A. ,et al. 2007. Agronomic viability of lettuce-roquette intercropping in two growing periods. Horticultura Brasileira, 25: 34-40.

Craine J. M. 2006. Competition for nutrients and optimal root allocation. Plant and Soil, 285: 171-185.

Dahmardeh M. , Ghanbari A. , Syahsar B. A. , *et al*. 2010. The role of intercropping maize (*Zea mays* L.) and cowpea (*Vigna unguiculata* L.) on yield and soil chemical properties. African Journal of Agricultural Research, 5: 631.

Daimon H. , Yoshioka M. 2001. Responses of root nodule formation and nitrogen fixation activity to nitrate in a split-root system in peanut (*Arachis hypogaea* L.). Journal of Agronomy and Crop Science, 187: 89-95.

Danso S. K. , Zapata F. , Hardarson G. H. 1987. Nitrogen fixation in faba bean as affected by plant population density in sole or intercropped systems with barley. Soil Biology and Biochemisty, 19: 411-415.

de Costa W. , Perera M. 1998. Effects of bean population and row arrangement on the productivity of chilli/dwarf bean (*Capsicum annuum / Phaseolus vulgaris* L.) intercropping in Sri Lanka. Journal of Agronomy and Crop Science-Zeitschrift fur Acker und Pflanzenbau, 180: 53-58.

de Kroon H. 2007. How do roots interact? Science, 318: 1562-1563.

Devkota N. R. and Rerkasem B. 2000. Effects of cutting on the nitrogen economy and dry matter yield of lablab grown under monoculture and intercropped with maize in Northern Thailand. Experimental Agriculture, 36: 459-468.

Dhima K. V. , Lithourgidis A. S. , Vasilakoglou L. B. , *et al*. 2007. Competition indices of common vetch and cereal intercrops in two seeding ratio. Field Crops Research, 100: 249-256.

Drew M. C. , Sacker R. L. , Ashle T. W. 1973. Nutrient supply and growth of seminal roots in Barley. Journal of Experimental Botany, 24: 1189-1202.

Droppelmann K. J. , Ephrath J. E. , Berliner P. R. 2000. Tree/crop complementarity in an arid zone runoff agroforestry system in Northern Kenya. Agroforestry Systems, 50: 1-16.

Ennin S. A. , Asafu-Agyei J. N. , Dapaah H. K. , *et al*. 2001. Cowpea rotation with maize in cassava-maize intercropping systems. Tropical Agriculture, 78: 218-225.

Fadl K. E. M. , El Sheikh S. E. 2010. Effect of acacia senegal on growth and yield of groundnut, sesame and roselle in an agroforestry system in North Kordofan State, Sudan. Agroforestry Systems, 78: 243-252.

Fan F. , Zhang F. , Song, Y. , *et al*. 2006. Nitrogen fixation of faba bean (*Vicia faba* L.) interacting with a non-legume in two contrasting intercropping systems. Plant and Soil, 283: 275-286.

Ferguson B. J. , Mathesius U. 2003. Signaling interactions during nodule development. Journal of Plant Growth Regulation, 22: 47-72.

Fransen B. , Blijjenberg J. , de Kroon H. 1999. Root morphological and physiological plasticity of perennial grass species and the exploitation of spatial and temporal heterogeneous nutrient patches. Plant and Soil, 211: 179-189.

Freckleton R. P. , Watkinson A. R. 2001. Predicting competition coefficients for plant mixtures: reciprocity, transitivity and correlations with life-history traits. Ecology Letters, 4: 348-357.

Gan Y. B. , Peoples M. B. , Rerkasem B. 1997. The effect of N fertilizer strategy on N2 fixation, growth and yield of vegetable soybean. Field Crops Research, 51: 221-229.

Gao Y. , Duan A. W. , Qiu X. Q. , et al. 2010. Distribution and use efficiency of photosynthetically active radiation in strip intercropping of maize and soybean. Agronomy Journal, 102: 1149-1157.

Geijersstam L. A. , Mårtensson A. 2006. Nitrogen fixation and residual effects of field pea intercropped with oats. Acta Agriculturae Scandinavica Section B-Soil and Plant Science, 56: 186-196.

Georges K. , Thomas C. , Bouchaud M. , et al. 2006. Indirect facilitation and competition in tree species colonization of sub-Mediterranean grasslands. Journal of Vegetation Science, 17: 379-388.

Geurts R. , Bisseling T. 2002. Rhizobium Nod factor signalling. Plant Cell, 14: 239-249.

Ghaley B. B. , Hauggaard-Nielsen H. , Høgh-Jensen H. , et al. 2005. Intercropping of wheat and pea as influenced by nitrogen fertilization. Nutrient cycling in Agroecosystems, 73: 201-212.

Ghanbari A. , Dahmardeh M. , Siahsar B. A. , et al. 2010. Effect of maize (Zea mays L.) /cowpea (Vigna unguiculata L.) intercropping on light distribution, soil temperature and soil moisture in and environment. Journal of Food Agriculture & Environment, 8: 102-108.

Ghosh P. K. 2004. Growth, yield, competition and economics of groundnut/cereal fodder intercropping systems in the semi-arid tropics of India. Field Crops Research, 88: 227-237.

Gibson D. J. , Connolly J. , Hartnett D. C. , et al. 1999. Designs for greenhouse studies of interactions between plants. Journal of Ecology, 87: 1-16.

Graham P. H. 1981. Some problems of nodulation and symbiotic fixation in Phaseolus vulgaris L. : A review. Field Crops Research 4: 93-112.

Grime J. P. 1979. Plant strategies and vegetation processes. Chichester: Wiley.

Grime J. P. 2001. Plant strategies, Vegetation Processes, and Ecosystem Properties. Chichester: Wiley.

Gulati J. M. L. , Nayak B. C. , Mishra M. M. 1998. Biological and economic potential of autumn-planted sugarcane (*Saccharum officinarum*) in sole and intercropping system under varying moisture regimes. Indian Journal of Agricultural Sciences，68：344-346.

Gulden G. H. ，Vessey J. K. 1997. The stimulating effect of ammonium on nodulation in *Pisum sativum* L. is not long lived once ammonium supply is discontinued. Plant and Soil，195：195-205.

Guvenc I. N. ，Yildirim E. 2006. Increasing productivity with intercropping systems in cabbage production. Journal of Sustainable Agriculture，28：29-44.

Hardarson G. ，Atkins G. 2003. Optimizing biological N_2 fixation by legumes in farming systems. Plant and Soil，252：41-54.

Hauggaard-Nielsen H. ，Jensen E. S. 2005. Facilitative root interactions in intercrops. Plant and Soil，274：237-250.

Hauggaard-Nielsen H. ， Ambus H. ，Jensen E. S. 2001a. Temporal and spatial distribution of roots and competition for nitrogen in pea-barley intercrops-A field study employing ^{32}P technique. Plant and Soil，236：63-74.

Hauggaard-Nielsen H. ，Jensen E. S. 2001b. Evaluating pea and barley cultivars for complementarity in intercropping at different levels of soil nitrogen availability. Field Crops Research，72：185-196.

Hauggaard-Nielsen H. ，Andersen M. K. ， Jørnsgaard B. ，*et al*. 2006. Density and relative frequency effects on competitive interactions and resource use in pea-barley intercrops. Field Crops Research，95：256-267.

Hauggaard-Nielsen H. ， Gooding M. ， Ambus P. ，*et al*. 2009. Pea/barley intercropping for efficient symbiotic N_2 fixation，soil N acquisition and use of other nutrients in European organic cropping systems. Field Crops Research，113：64-71.

Hauggaard-Nielsen H. ， Mundus S. ，Jensen E. S. 2012. Grass-clover under sowing affects nitrogen dynamics in a grain legume-cereal arable cropping system. Field Crops Research，136：23-31.

Haymes R. ， Lee H. C. 1999. Competition between autumn and spring planted grain intercrops of wheat (*Triticum aestivum*) and field bean (*Vicia faba*). Field Crops Research，62：167-176.

Herridge D. ，Rose I. 2000. Breeding for enhanced nitrogen fixation in crop legumes. Field Crops Research，65：229-248.

Huang W. D. ，Xu Q. F. 1999. Overyield of Taxodium ascendens-intercrop systems. Forest Ecology and Management，116：33-38.

Itulya F. M. 1996. The influence of intercropping and maize (*Zea mays* L.) inter-row spacing on seed yield of beans (*Phaseolus vulgaris* L.) and maize under semi-arid conditions in Kenya. Discovery and Innovation，8：59-68.

Itulya F. M. ，Aguyoh J. N. 1998. The effects of intercropping Kale with beans on yield and suppression of redroot pigweed under high altitude conditions in Kenya. Experimental Agriculture, 34: 171-176.

Jackson W. A., Pan W. L., Moll R. H., et al. 1986. Uptake, translocation, and reduction of nitrate, in Neyra, C. A. (ed.): Biochemical Basis of plant Breeding. Nitrogen Metabolism, Volume 2. CRC press, Boca Raton, FL, 95-98.

Jahansooz M. R., Yunusa I. A. M., Coventry D. R., et al. 2007. Radiation- and water- use associated with growth and yields of wheat and chickpea in sole and mixed crops. European Journal of Agronomy, 26: 275-282.

Javanmard A., Nasab A. D. M., Javanshir A., et al. 2009. Forage yield and quality in intercropping of maize with different legumes as double-cropped. Journal of Food Agriculture & Environment, 7: 163-166.

Jensen E. S. 1996. Grain yield, symbiotic N_2 fixation and interspecific competition for inorganic N in pea-barley intercrops. Plant and Soil, 182: 25-38.

Jolaoso M. A., Ojeifo I. M., Aiyelaagbe I. O. O. 1996. Productivity of plantain (Musa aab) melon mixtures in south western Nigeria. Biological Agriculture and Horticulture, 13: 335-340.

Karlidag H., Yildirim E. 2007. The effects of nitrogen fertilization on intercropped strawberry and broad bean. Journal of Sustainable Agriculture, 29: 61-74.

Karlidag H., Yildirim E. 2009. Strawberry intercropping with vegetables for proper utilization of space and resources. Journal of Sustainable Agriculture, 33: 107-116.

Karpenstein-Machan M., Stuelpnagel R. 2000. Biomass yield and nitrogen fixation of legumes monocropped and intercropped with rye and rotation effects on a subsequent maize crop. Plant and Soil, 218: 215-232.

Korwar G. R., Radder G. D. 1997. Alley cropping of sorghum with leucaena during the post-rainy season on Vertisols in semi-arid India. Agroforestry Systems, 37: 265-277.

Kurdali F. 2009. Growth and nitrogen fixation in dhaincha/sorghum and dhaincha/sunflower intercropping systems using 15 nitrogen and 13 carbon natural abundance techniques. Communications in Soil Science and Plant Analysis, 40: 2995-3014.

Kurdali F., Janat M., Khalifa K. 2003. Growth and nitrogen fixation and uptake in Dhaincha/Sorghum intercropping system under saline and non-saline conditions. Communications in Soil science and Plant Analysis, 34: 2471-2494.

Kurdali F., Sharabi N. E., Arslan A. 1996. Rainfed vetch-barley mixed cropping in the syrian semi-arid conditions. 1. Nitrogen nutrition using N-15 isotopic dilution. Plant and Soil, 183: 137-148.

Kwabiah A. B. 2004. Biological efficiency and economic benefits of pea-barley and pea-oat intercrops. Journal of Sustainable Agriculture, 25: 117-128.

Ledgard S. F., Sprosen M. S., Steele K. W. 1996. Nitrogen fixation by nine white clover cultivars in grazed pasture, as affected by nitrogen fertilization. Plant and Soil, 178: 193-203.

Lehmann J., Gebauer G., Zech W. 2002. Nitrogen cycling assessment in a hedgerow intercropping system using ^{15}N enrichment. Nutrient Cycling in Agroecosystems, 62: 1-9.

Lesoing G. W., Francis C. A. 1999. Strip intercropping of corn-soybean in irrigated and rainfed environments. Journal of Production Agriculture, 12: 187-192.

Li L., Yang S. C., Li X. L., Zhang F. S., et al. 1999. Interspecific complementary and competitive interactions between intercropped maize and faba bean. Plant and Soil, 212: 105-114.

Li C. Y., He X. H., Zhu S. S., et al. 2009. Crop diversity for yield increase. Plos One, 4: e8049

Li L., Li S. M., Sun J. H., et al. 2007. Diversity enhances agricultural productivity via rhizosphere phosphorus facilitation on phosphorus-deficient soils. Proceedings of the National Academy of Sciences USA, 27: 11192-11196.

Li L., Sun J. H., Zhang F. S., Guo T., et al. 2006. Root distribution and interaction between intercropped species. Oecologia, 147: 280-290.

Li L., Sun J. H., Zhang F. S., et al. 2001. Wheat/maize or wheat/soybean strip intercropping. I. Yield advantage and interspecific interactions on nutrients. Field Crops Research, 71:123-137.

Li L., Yang S. C., Li X. L., et al. 1999. Interspecific complementary and competitive interactions between intercropped maize and faba bean. Plant and Soil, 212: 105-114.

Li L., Zhang F. S., Li X. L., et al 2003. Interspecific facilitation of nutrient uptake by intercropped maize and faba bean. Nutrient Cycling in Agroecosystems, 65: 61-71.

Li S. M., Li L., Zhang F. S., et al 2004. Acid phosphatase role in chickpea/maize intercropping. Annals of Botany, 94: 297-303

Lima J. M. P. 2000. Physiological responses of maize and cowpea to intercropping. Pesquisa Agropecuaria Brasileira, 35: 915-921.

Manschadi A. M., Sauerborn J., Stutzel H. 1998. Simulation of faba bean(Vicia faba L.) root system development under Mediterranean conditions. European Journal of Agronomy, 9: 259-272.

Marschner H., 1995. Mineral Nutrition of Higher Plants. 2nd Edition. Academic Press International, San Diego, CA, USA.

Martin M. P. L. D., Snaydon R. W. 1982. Root and shoot interactions between barley and field beans when intercropped. Journal of Applied Ecology, 19: 263-272.

Midmore D. J. 1993. Agronomic modification of resource use and intercrop productivity. Field Crops Research, 34 :357-380.

Mondal R. I., Ali M., Jahan N., et al. 1998. Study of intercropping soybean with maize and sunflower. Bangladesh Journal of Botany, 27: 37-42.

Moraes A. A., Vieira M. D., Zarate N. A. H., et al. 2008. Yield of nasturtium in monocrop and intercropped with 'green' and 'purple' cabbage under two arrangements of plants. Ciencia e Agrotecnologia, 32: 1195-1202.

Morgado L. B., Willey R. W. 2008. Optimum plant population for maize-bean intercropping system in the Brazilian semi-arid region. Scientia Agricola, 65: 474-480.

Morris R. A., Garrity D. P. 1993. Resource capture and utilization in intercropping: non-nitrogen nutrients. Field Crops Research, 34: 319-334.

Moyin-Jesu E. I., Akinwale O. 2002. Use of plant tonic solution fertilizers for improving the soil fertility and yield of pop corn (*Zea mays everta* L.) and melon (*Cucumeropsis edulis*) intercrop. Discovery and Innovation, 14: 192-201.

Mueller S., Durigan J. C., Banzatto D. A., et al. 1998. Benefits to yield and profits of garlic and beet intercropping under three weed management epochs. Pesquisa Agropecuaria Brasileira, 33: 1361-1373.

Mukhala E., De Jager J. M., Van Rensburg L. D., et al. 1999. Dietary nutrient deficiency in small-scale farming communities in south africa: Benefits of intercropping maize (*Zea mays*) and beans (*Phaseolus vulgaris*). Nutrition Research, 19: 629-641.

Musa M., Leitch M. H., Iqbal M., et al. 2010. Spatial arrangement affects growth characteristics of barley-pea intercrops. International Journal of Agriculture and Biology, 12: 685-690.

Nambiar P. T. C., Rao M. R., Reddy M. S., et al. 1983. Effect of intercropping on nodulation and N_2-fixation by groundnut. Experimental Agricukture, 19: 79-86.

Narimani F., Mamghani R., Hassibi P. 2009. A study on quantitative and qualitative characters of forage in barley and broad leaf vetch (*Vicia narbonensis*) intercropping in climatic conditions of Ahvaz, Iran. Research on Crops, 10: 523-529.

Naudin C., Corre-Hellou G., Pineau S., et al. 2010. The effect of various dynamics of N availability on winter pea-wheat intercrops: Crop growth, N partitioning and symbiotic N_2 fixation. Field Crops Research, 119: 2-11.

Neumann A., Schmidtke K., Rauber R. 2007. Effects of crop density and tillage system on grain yield and N uptake from soil and atmosphere of sole and intercropped pea and oat. Field crops research, 100: 285-293.

Odo P. E., Futuless K. N. 2000. Millet-soyabean intercropping as affected by different sowing dates of soyabean in a semi-arid environment. Cereal Research Communications, 28: 153-160.

Ofori F., Stern W. R. 1987. Cereal-legume intercropping systems. Advances in Agronomy, 41: 41-90.

Ofori K., Gamedoagbao D. K. 2005. Yield of scarlet eggplant (*Solanum aethiopicum*

L.) as influenced by planting date of companion cowpea. Scientia Horticulturae, 105: 305-312.

Oikeh S. O. , King J. G, Horst W. J. , et al. 1999. Growth and distribution of maize roots under nitrogen fertilization in plinthite soil. Field Crop Research, 62: 1-13.

Oljaca S. , Cvetkovic R. , Kovacevic D. , et al. 2000. Effect of plant arrangement pattern and irrigation on efficiency of maize (Zea mays) and bean (Phaseolus vulgaris) intercropping system. Journal of Agricultural Science, 135: 261-270.

Olowe V. I. O. , Adebimpe O. A. 2009. Intercropping sunflower with soyabeans enhances total crop productivity. Biological Agriculture & Horticulture, 26: 365-377.

Olowe V. I. O. , Adeyemo A. Y. 2009. Enhanced crop productivity and compatibility through intercropping of sesame and sunflower varieties. Annals of Applied Biology, 155: 285-291.

Ong C. K. , Deans J. D. , Wilson J. , et al. 1998. Exploring below ground complementarity in agroforestry using sap flow and root fractal techniques. Agroforestry Systems, 44: 87-103.

Opoku-Ameyaw K. ,Harris P. M. 2001. Intercropping potatoes in early spring in a temperate climate. 1. Yield and intercropping advantages. Potato Research, 44: 53-61.

Ossom E. M. , Kuhlase L. M. , Rhykerd R. L. 2009. Soil nutrient concentrations and crop yields under sweet potato (Ipomoea batatas) and groundnut (Arachis hypogaea) intercropping in Swaziland. International Journal of Agriculture and Biology, 11: 591-595.

Oswald A. , Alkamper J. ,Midmore D. J. 1996. The response of sweet potato (Ipomoea batatas Lam.) to inter- and relay-cropping with maize (Zea mays L.). Journal of Agronomy and Crop Science-Zeitschrift fur Acker und Pflanzenbau, 176: 275-287.

Patra D. D. , Sachdew M. S. ,Subbiah B. V. 1986. ^{15}N studies on the transfer of legume-fixed nitrogen to associated cereals in intercropping systems. Biology & Fertility of Soils, 2: 165-171.

Peoples M. B. , Boddey R. M. ,Herridge D. F. 2002. Quantification of nitrogen fixation. In Ed. Leigh G. J. Nitrogen Fixation at the Millennium. Elsevier, Brighton, UK.

Peoples M. B. , Ladha J. K. , Herridge D. F. 1995. Enhancing legume N_2 fixation through plant and soil management. Plant and Soil, 174: 83-101.

Pitan O. O. R. ,Olatunde G. O. 2006. Effects of intercropping tomato (Lycopersicon esculentum) at different times with cowpea (Vigna unguiculata) or okra (Abelmoschus esculentus) on crop damage by major insect pests. Journal of Agricultural Science, 144: 361-368.

Prasad R. B. ,Brook R. M. 2005. Effect of varying maize densities on intercropped maize and soybean in nepal. Experimental Agriculture, 41: 365-382.

Pyare R. , Prasad K. , Kumar S. , et al. 2008. Production potential and economics of lentil (Lens esculenta) and mustard (Brassica juncea) in mixed and intercropping system.

Plant Archives，8：233-236.

Raddad E. Y. ，Luukkanen O. 2007. The influence of different acacia senegal agroforestry systems on soil water and crop yields in clay soils of the Blue Nile region，Sudan. Agricultural Water Management，87：61-72.

Rahimi M. M. ，Yadegari M. 2008. Assessment of product in corn and soybean intercropping. International Conference On Mathematical Biology，971：187-191.

Raji J. A. 2007. Intercropping kenaf and cowpea. African Journal of Biotechnology，6：2807-2809.

Raji J. A. 2008. The feasibility of intercropping kenaf with sorghum in a small-holder farming system. Journal of Sustainable Agriculture，32：355-364.

Ramkat R. C. ，Wangai A. W. ，Ouma J. P. ，*et al*. 2008. Cropping system influences tomato spotted wilt virus disease development，thrips population and yield of tomato (*Lycopersicon esculentum*). Annals of Applied Biology，153：373-380.

Rao M. R. ，Rego T. J. ，Willey R. W. 1987. Response of cereals to nitrogen in sole cropping and intercropping with legumes. Plant and Soil，101：167-177.

Rekha M. S. ，Dhurua S. 2009. Productivity of pigeonpea plus soybean intercropping system as influenced by planting patterns and duration of pigeonpea varieties under rainfed conditions. Legume Research，32：51-54.

Resende A. L. S. ，Viana A. J. D. ，Oliveira R. J. ，*et al*. 2010. Performance of the kale-coriander intercropping in organic cultivation and its influence on the populations of ladybeetles. Horticultura Brasileira，28：41-46.

Rivest D. ，Cogliastro A. ，Bradley R. L. ，*et al*. 2010. Intercropping hybrid poplar with soybean increases soil microbial biomass，mineral N supply and tree growth. Agroforestry Systems，80：33-40.

Robinson D. 1996. Resource capture by localized root proliferation：Why do plants bother? Annals of Botany，77：179-185.

Roscher C. ，Thein S. ，Schmid B. ，*et al*. 2008. Complementary nitrogen use among potentially dominant species in a biodiversity experiment varies between two years. Journal of Ecology，96：477-488.

Rusinamhodzi L. ，Murwira H. K. ，Nyamangara J. 2006. Cotton-cowpea intercropping and its N_2 fixation capacity improves yield of a subsequent maize crop under Zimbabwean rain-fed conditions. Plant and Soil，287：327-336.

Salgado A. S. ，Guerra J. G. M. ，de Almeida D. L. ，*et al*. 2006. Intercropping of lettuce-carrot and lettuce-radish under organic management. Pesquisa Agropecuaria Brasileira，41：1141-1147.

Sangakkara R. 1994. Growth，yield and nodule activity of mungbean intercropped with maize and cassava. Journal of the Science of Food and Agriculture，66：417-421.

Santalla M. , Amurrio J. M. , Rodino A. P. , *et al*. 2001. Variation in traits affecting nodulation of common bean under intercropping with maize and sole cropping. Euphytica, 122: 243-255.

Santalla M. , Casquero P. A. , de Ron A. M. 1999. Yield and yield components from intercropping improved bush bean cultivars with maize. Journal of Agronomy and Crop Science-Zeitschrift fur Acker und Pflanzenbau, 183: 263-269.

Santos R. H. S. , Gliessman S. R. ,Cecon P. R. 2002. Crop interactions in broccoli intercropping. Biological Agriculture and Horticulture, 20: 51-75.

Sarr P. S. , Khouma M. , Sene M. , *et al*. 2009. Effect of natural phosphate rock enhanced compost on pearl millet-cowpea cropping systems. Journal of The Faculty of Agriculture Kyushu University, 54: 29-35.

Sarr P. S. , Khouma M. , Sene M. , *et al*. 2008. Effect of pearl millet-cowpea cropping systems on nitrogen recovery, nitrogen use efficiency and biological fixation using the ^{15}N tracer technique. Soil Science and Plant Nutrition, 54: 142-147.

SAS Institute. 2001. SAS/STAT User's Guide, Version 8. 0 SAS Institute Cary, NC.

Schenk H. J. 2006. Root competition: beyond resource depletion. Journal of Ecology, 94: 725-739.

Semere T. ,Froud-Williams R. J. 2001. The effect of pea cultivar and water stress on root and shoot competition between vegetative plants of maize and pea. Journal of Applied Ecology, 38: 137-145.

Senaratne R. , Liyanage N. D. L. ,Ratnasinghe D. S. 1993. Effect of K on nitrogen fixation of intercrop groundnut and the competition between intercrop groundnut and maize. Fertilzer Research, 34: 9-14.

Shangguan Z. P. , Shao M. A. , Ren S. J. ,*et al*. 2004. Effect of nitrogen on root and shoot relations and gas exchange in w inter wheat. Botanical Bulletin of Academia Sinica, 45: 49-54.

Sharaiha R. K. ,Ziadat F. M. 2008. Alternative cropping systems to control soil erosion in the arid to semi-arid areas of Jordan. Arid Land Research and Management 22, 16-28.

Sharma A. R. ,Behera U. K. 2009. Recycling of legume residues for nitrogen economy and higher productivity in maize (*Zea mays*)/wheat (*Triticum aestivum*) cropping system. Nutrient Cycling in Agroecosystems, 83: 197-210.

Sharma O. P. ,Gupta A. K. 2001. Comparing the feasibilities of pearlmillet-based intercropping systems supplied with varying levels of nitrogen and phosphorus. Journal of Agronomy and Crop Science-Zeitschrift fur Acker und Pflanzenbau, 186: 91-95.

Sharma R. P. , Raman K. R. , Singh A. K. , *et al*. 2009. Production potential and economics of multi-cut forage sorghum (*Sorghum sudanense*) with legumes intercropping under various row proportions. Range Management and Agroforestry, 30: 67-71.

Shearer G. ,Kohl D. H. 1986. N$_2$-fixation in field settings：estimations based on natural ^{15}N abundance. Australian Journal of Plant Physiology，13：699-756.

Shearer G. , Bryan B. A. ,Kohl D. H. 1984. Increase of natural ^{15}N enrichment of soybean nodules with mean nodule mass. Plant Physiology，76：743-746.

Shearer, G. , Feldman, L. , Bryan, B. A. ,*et al*. 1982. Abundance of nodules as an indicator of N metabolism in N$_2$-fixing plants. Plant Physiology，70：465-468.

Shen Q. ,Chu G. 2004. Bi-directional nitrogen transfer in an intercropping system of peanut with rice cultivated in aerobic soil. Biology and fertility of Soils，40：81-87.

Sikirou R. ,Wydra K. 2008. Effect of intercropping cowpea with maize or cassava on cowpea bacterial blight and yield. Journal of Plant Diseases and Protection，115：145-151.

Silwana T. T. ,Lucas E. O. 2002. The effect of planting combinations and weeding on the growth and yield of component crops of maize/bean and maize/pumpkin intercrops. Journal of Agricultural Science，138：193-200.

Smucker A. M. J,Aiken R. M. 1992. Dynamic root responses water deficits. Soil Science，154：281-289.

Snaydon R. W. ,Harris P. M. 1981. Interaction below ground - the use of nutrients and water. In：Proceedings of International Workshop on Intercropping，10-13，Juauary，1979. ICRISAT，Hyderabad，188-201.

Song Y. N. , Zhang F. S. , Marschner P. ,*et al*. 2007. Effect of intercropping on crop yield and chemical and microbiological properties in rhizosphere of wheat (*Triticum aestivum* L.)，maize (*Zea mays* L.)，and faba bean (*Vicia faba* L.). Biology and Fertility of Soils，43：565-574.

Stern W. R. 1993. Nitrogen fixation and transfer in intercrop systems. Field Crops Research，34：335-356.

Subedi K. D. 1998. Profitability of barley and peas mixed intercropping in the subsistence farming systems of the Nepalese hills. Experimental Agriculture，34：465-474.

Szumigalski A. R. ,van Acker R. C. 2008. Land equivalent ratios，light interception，and water use in annual intercrops in the presence or absence of in-crop herbicides. Agronomy Journal，100：1145-1154.

Tang C. 1998. Factors affecting soil acidification under legumes I. Effect of potassium supply. Plant and Soil，199：275-282.

Tang C. , Hinsinger P. , Jaillard B. , *et al*. 2001. Effect of phosphorus deficiency on the growth，symbiotic N$_2$ fixation and proton release by two bean (*Phaseolus vulgaris* L.) genotypes. Agronomy，21：683-699.

Tang C. , Unkovich M. J. ,Bowden J. W. 1999. Factors affecting soil acidification under legumes. III. Acid production by N - fixing legumes as influenced by nitrate supply. New Phytologist，143：513-521.

Tang C. , Zheng S. J. , Qiao Y. F. ,*et al*. 2006. Interactions between high pH and iron supply on nodulation and iron nutrition of Lupinus albus L. genotypes differing in sensitivity to iron deficiency. Plant and Soil, 279: 153-162.

Temperton V. M. , Mwangi P. N. , Scherer-Lorenzen M. , *et al*. 2007. Positive interactions between nitrogen-fixing legumes and four different neighbouring species in a biodiversity experiment. Oecologia, 151: 190-205.

Thorsted M. D. , Weiner J. ,Olesen J. E. 2006. Above- and below-ground competition between intercropped winter wheat Triticum aestivum and white clover *Trifolium repens*. Journal of Applied Ecology, 43:237-245

Trenbath B. R. 1986. Resource use by intercrops. In: Francis C. A. （ed）. Multiple Cropping Systems. Macmillan, New York.

Tripathi A. K. ,Kumar A. and Nath S. 2010. Production potential and monetary advantage of winter maize（*Zea mays*）-based intercropping systems under irrigated conditions in central uttar pradesh. Indian Journal of Agricultural Sciences 80, 125-128.

Udoh A. J. ,Ndaeyo N. U. 2000. Crop productivity and land use efficiency in cassava-maize system as influenced by cowpea and melon populations. Tropical Agriculture, 77: 150-155.

Ugale A. N. , Sawant A. C. ,Chavan P. G. 2009. Effect of intercropping of niger in kharif vari（*Panicum miliaceum* L.）with organic and inorganic sources of nutrients on yield, economics and intercropping indices. Research on Crops, 10: 25-28.

van Kessel C. ,Hartley C. 2000. Agricultural management of grain legumes: has it led to an increase in nitrogen fixation? Field Crops Research, 65: 165-181.

van Kessel C. ,Roskoski J. P. 1988. Row spacing effects on N_2-fixation, N-yield and soil N uptake of intercropped cowpea and maize. Plant and Soil, 111: 17-23.

van Ruijven J. ,Berendse F. 2003. Positive effects of plant species diversity on productivity in the absence of legumes. Ecology Letters, 6: 170-175.

van Ruijven J. ,Berendse F. 2005. Diversity-productivity relationships: Initial effects, long-term patterns and underlying mechanisms. Proceedings of the National Academy of Sciences USA, 102: 695-700.

Vandermeer, J. H. 1989. Loose coupling of predator – prey cycles: Entrainment, chaos, and intermittency in the classic MacArthur predator-competitor equations. American Naturalist, 141: 687-716.

Varghese L. 2000. Indicators of production sustainability in intercropped vegetable farming on montmorillonitic soils in India. Journal of Sustainable Agriculture, 16: 5-17.

Vasilakoglou I. ,Dhima K. 2008. Forage yield and competition indices of berseem clover intercropped with barley. Agronomy Journal, 100: 1749-1756.

Vesterager J. M. , Nielsen N. E. , Høgh-Jensen H. 2008. Effects of cropping history and phosphorus source on yield and nitrogen fixation in sole and intercropped cowpea-maize systems. Nutrient Cycling in Agroecosystems，80：61-73.

Wahua T. A. T. ，Miller D. A. 1978. Relative yield totals and yield components of intercropped sorghum and soybeans. Agronomy Journal，70：287-291.

Wiesler F. ，Horst W. J. 1994. Root growth and nitrate utilization of maize cultivars under field conditions. Plant and Soil，163：267-277.

Willey R. W. 1979. Intercropping—its importance and research needs. Part 1. Competition and yield advantages. Field Crop Abstract，32：1-10.

Willey R. W. ，Rao M. R. 1980. A competitive ratio for quantifying competition between intercrops. Experimental Agricultural，16：117-125.

Willey R. W. ，Reddy M. S. 1981. A field technique for separating above- and below-ground interactions in intercropping：an experiment with pearl millet/groundnut. Experimental Agriculture，17：257-264.

Wilson J. 1988. Shoot competition and root competition. Journal of Applied Ecology，25：279-296

Wilson S. D. ，Tilman D. 1991. Components of plant competition along an experimental gradient of nitrogen availability. Ecology，72：1050-1065.

Wilson S. D. ，Tilman D. 1993. Plant competition and resource availability in response to disturbance and fertilization. Ecology，74：599-611.

Wilson S. D. ，Tilman D. 1995. Competitive responses of eight old-field plant species in four environments. Ecology，76：1169-1180.

Wolyn D. J. ， Attewell J. ， Ludden P. W. ，et al. 1989. Indirect measures of N_2 fixation in common bean (Phaseolus vugaris L.) under field conditions：the role of lateral root nodules. Plant and Soil，113：181-187.

Xiao Y. ， Li L. ，Zhang F. 2004. Effect of root contact on interspecific competition and N transfer between wheat and faba bean using direct and indirect ^{15}N techniques. Plant and Soil，262：45-54.

Yashima H. ， Fujikake H. ， Yamazaki A. ，et al. 2005. Long-term effect of nitrate application from lower part roots on nodulation and N_2 fixation in upper part roots of soybean (Glycine max (L.) Merr.) in two-layered pot experiment. Soil Science and Plant Nutrient，7：981-990.

Zhang F. S. ，Li L. 2003. Using competitive and facilitative interactions in intercropping systems enhances crop productivity and nutrient-use efficiency. Plant and Soil，248：305-312

Zhang L. ， van der Werf W. ， Zhang S. ，et al. 2007. Growth，yield and quality of wheat and cotton in relay strip intercropping systems. Field Crops Research，103：178-188.

Zuo Y. M. ， Zhang F. S. ， Li X. L. ，et al. 2000. Studies on the improvement in iron nutrition of peanut by intercropping with maize on a calcareous soil. Plant and Soil，220：

13-25.

陈杨,李隆,张福锁.2005.大豆和蚕豆苗期根系生长特征的比较.应用生态学报,16：2112-2116.

陈远学,李勇杰,汤利,等.2007.地下部分隔对间作小麦养分吸收和白粉病发生的影响.植物营养与肥料学报,13：929-934.

范分良.2006.蚕豆/玉米间作促进生物固氮的机制和应用研究[博士学位论文].北京：中国农业大学.

房增国.2004.豆科/禾本科间作的氮铁营养效应及对结瘤固氮的影响[博士学位论文].北京：中国农业大学.

高慧敏.2006.小麦/蚕豆间作体系种间相互作用与根系分布的关系[硕士学位论文].北京：中国农业大学.

李隆.1999.间作作物种间促进与竞争作用的研究[博士学位论文].北京：中国农业大学.

李淑敏.2004.间作作物吸收磷的种间促进作用机制研究[博士学位论文].北京：中国农业大学.

李玉英.2008.蚕豆/玉米种间相互作用和施氮对蚕豆结瘤固氮的影响研究[博士学位论文].北京：中国农业大学.

刘广才.2005.不同间套作系统种间营养竞争的差异性及其机理研究[博士学位论文].兰州：甘肃农业大学.

宋日,牟瑛,王玉兰,等.2002.玉米、大豆间作对两种作物根系形态特征的影响.东北师范大学学报：自然科学版,34：83-86.

王志芬,陈学留,余美炎,等.1995.冬小麦根系P吸收活力的变化规律及其与器官建成关系的研究.作物学报,21：458-462.

肖焱波.2003.豆科/禾本科间作体系中养分竞争和氮素转移研究[博士学位论文].北京：中国农业大学.

张恩和,胡恒觉,张福锁.1999a.施肥对间套复合群体根系生态位的调控研究.见：土壤-植物营养研究文集.西安：陕西科学技术出版社,702-706.

张恩和,黄高宝.2003.间套种植复合群体根系时空分布特.应用生态学报,14：1301-1304.

张恩和,李玲玲,黄高宝,等.2002.供肥对小麦间作蚕豆群体产量及根系的调控.应用生态学报,13：939-942.

钟增涛,沈其荣,冉伟,等.2002.旱作水稻与花生混作体系中接种根瘤菌对植株生长的促进作用.中国农业科学,35：303-308.

左元梅.1997.石灰性土壤上玉米/花生间作改善花生铁营养的效应与机制[博士学位论文].北京：中国农业大学.

第 **4** 章

作物种间相互作用与豆科作物共生固氮

4.1 作物种间相互作用对根区矿质氮的影响

4.1.1 作物种间相互作用降低土壤无机氮含量

豆科植物的结瘤固氮受生长环境特别是土壤中氮素营养的调控。当环境中有充足的矿质氮可以利用的时候,豆科植物则不会结瘤和固氮。因此,间作体系种间相互作用如何影响根区的土壤矿质氮的浓度,对于豆科作物的结瘤固氮至关重要。

大量研究表明间作可以减少土壤无机氮累积,Stuelpnagel(1992)研究发现蚕豆/大麦和蚕豆/春小麦两个间作体系均能减少土壤中硝酸盐累积。Zhou *et al.*(1997)的研究发现,大豆/春小麦和大豆/燕麦间作时,收获后间作土壤残留的硝态氮低于单作。Karpenstein-Machan 和 Stuelpnagel(2000)对不同比例黑麦/红三叶草、黑麦/豌豆间作与豌豆、黑麦单作研究发现,豆科作物间作 0～90 cm 土层中硝态氮含量低于单作,说明间作能减少硝态氮在土壤中的累积。Haugaard-Nielsen *et al.*(2003)通过渗漏试验发现豌豆/大麦间作体系发现了少量硝酸盐的淋洗。在河西走廊灌区蚕豆/玉米间作体系中,间作蚕豆土壤硝态氮累积量都低于单作;与蚕豆间作的玉米在 300 kg N/hm² 氮水平下低于单作玉米,在 450 kg N/hm² 氮水平下高于单作玉米;随氮肥用量增加,0～60 cm 土壤硝态氮相对累积量增加,100～200 cm 相对累积量降低;不同氮水平下土壤氮素平衡的变化表明,小麦/玉米和蚕豆/玉米间作增加了作物对氮素的吸收,减少了土壤氮素盈余和表观损失,随着施氮量增加土壤氮素盈余和损失越多,由于在河西灌区施肥与灌水结合,氮肥超过一定用量后,硝态氮可能因灌水和降雨向 200 cm 以下土层移动(叶优良,2003)。在小麦/玉米/蚕豆间作体系中设 5 个氮水平(0、100、200、300、400 kg N/hm²),无论种植方式如何,土壤剖面硝态氮的累积量随施氮量的增加而增加;小麦收获后,小麦带土壤中累积的硝态氮最多,其次为蚕豆带,玉米带土壤剖面累积的硝态氮量最少,同时间作明显地减少土壤剖面硝态氮的累积量;玉米收获后,蚕豆带土壤剖面硝态氮累积量比小麦收获时有明显地增加,土壤中累积硝态氮的顺序由多到少依次为单作小麦、单作蚕豆、间作小麦、间作蚕豆、与蚕豆间作的玉米、与小麦间作的玉米;有机肥与化肥合理配施有助于降低土壤硝态氮的累积(Li $et\ al.$,2005)。Whitmore 和 Schröder(2007)通过模型研究得出间作不但减少了农田养分污染,且保持了稳产。这些研究结果大都是在作物成熟期进行测定的,说明了间作能够降低土壤中矿质氮素的累积。然而,豆科作物结瘤固氮作用是在作物生长早期开始的。因此,有必要对间作体系作物根区土壤矿质氮含量进行系统研究,从而对间作通过降低土壤矿质氮增加豆科作物结瘤固氮的理论提供依据。

4.1.2 作物种间相互作用和氮肥施用对 0～100 cm 土层土壤 NO_3^--N 和 NH_4^+-N 含量的影响

2006 年和 2007 年在甘肃省武威市白云村不同地块进行了两年的田间试验。试验设置 0、75、150、225、300 kg N/hm² 施肥量处理;种植模式为蚕豆单作、玉米单作和蚕豆/玉米间作;并在玉米出苗后 21、42、63、82、113 和 147 d 时测定不同施氮量和种植作物及种植模式 0～100 cm 土层土壤中的无机氮含量,包括 NO_3^--N 和 NH_4^+-N 含量。

在整个生育期内,无论蚕豆带还是玉米带,NO_3^--N 含量整体呈随生育期推进而下降的趋势(图 4.1)。两年的结果略有不同,2006 年在前期较低,逐渐升高,直到玉米拔节期达到峰值,在玉米拔节期后随着作物生长进程的推进,NO_3^--N 含量呈逐渐降低的趋势(图 4.1);2007 年土壤 NO_3^--N 基本呈下降趋势(图 4.1)。但从图 4.1 可以看出,在玉米不同生长时期,NO_3^--N 含量在蚕豆区和玉米区表现不同,在玉米生长前期(苗期、拔节期和大喇叭口前期),玉米区 NO_3^--N 含量比蚕豆区高,而于蚕豆收获后,玉米区 NO_3^--N 含量比蚕豆区的低,在玉米带下为 (1.07 mg/kg)与玉米收获时比蚕豆区(2.67 mg/kg)降低得明显。这种现象充分说明作物物种对土壤无机氮含量的影响,同时也体现了作物不同时期土壤过程的差异。

蚕豆根瘤形成在苗期。在蚕豆 4～5 叶时,根上呈现小突起,到 6～7 叶时出现粒状瘤,到 9～11 叶时粒状瘤增生成姜块儿状的复瘤(叶茵,2003)。因此,在第 1 次取样时,即玉米出苗后测定的蚕豆根区 NO_3^--N 浓度可能与蚕豆的结瘤作用具有更为密切的关系。从图 4.1 可以看出,2006 年间作蚕豆 0～100 cm 土层中土壤 NO_3^--N 含量在第 1 次取样时(玉米出苗后 21 d)在各个施氮水平均低于单作蚕豆相应土层;2007 年与 2006 年趋势略有不同,但在 225 kg N/hm² 施氮量时趋势一致。

蚕豆收获后(即玉米生长后期),无论间作蚕豆还是间作玉米的 NO_3^--N 含量显著比对应单作低,降幅分别为 11.5% 和 59.3%。在玉米整个生育期内,间作蚕豆和间作玉米分别比对应的单作区土壤 NO_3^--N 含量降低了 14.0% 和 2.4%。

从图 4.1 可知,施氮显著提高了 NO_3^--N 含量,随着氮肥用量增加增幅越大。与不施氮相比,施氮后蚕豆体系和玉米体系土壤 NO_3^--N 含量分别平均增加了 35.2% 和 72.5%。过量施氮不仅会有硝酸盐淋洗的风险(张维理等,1995;李生秀,1999;李方敏等,2004),而且还抑制豆科作物的结瘤固氮(陈文新等,2006)。

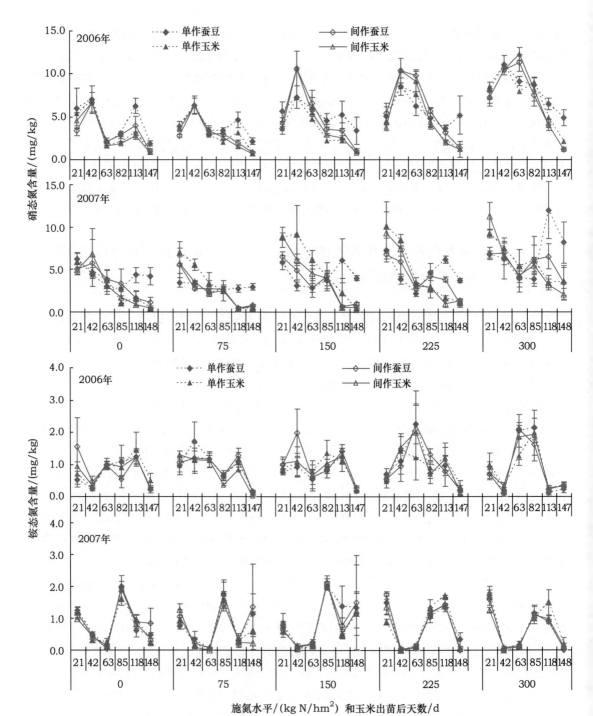

图 4.1　种间相互作用和氮肥施用对 0～100 cm 土壤硝态氮和铵态氮含量的影响

注：(1)在甘肃省武威市不同农田重复两年,2006 年和 2007 年前茬作物分别为单作大麦和单作小麦。试验采用裂区设计,主处理为氮梯度,副处理为种植方式,3 次重复。氮水平设 5 个梯度:0、75 kg N/hm²、150 kg N/hm²、225 kg N/hm² 和 300 kg N/hm²,磷肥为 75 kg P/hm²。3 种种植方式:单作蚕豆、单作玉米和蚕豆/玉米间作。

(2)数据用 Microsoft Excel 2003 整理后,利用 SAS 程序在 0.05 水平进行方差分析(SAS Institute,2001),并用最小显著性差异(LSD)进行多重比较。本节未标注的数据统计分析方法同此。

旱地土壤中无机氮主要形态是 $NO_3^- -N$。在试验期间，$NO_3^- -N$ 含量平均为 4.64 mg/kg，而 $NH_4^+ -N$ 含量仅为 0.83 mg/kg，前者是后者的 4.57 倍。并且 $NH_4^+ -N$ 在作物整个生育期变化不大，不同作物及种植体系之间差异也不大（图 4.1），结果表明土壤中无机氮主要以 $NO_3^- -N$ 为主。本研究结果与在该地区研究（叶优良，2003；Li et al.，2005）以及其他旱地农田生态系统研究（Zhou et al.，1997；Karpenstein-Machan and Stuelpnagel，2000）相似。

4.1.3　种间相互作用对不同剖面层次(0～60 cm 和 60～100 cm)土壤无机氮(Nmin)含量的影响

土壤无机氮含量，也称之为土壤 Nmin 含量，是土壤中 $NO_3^- -N$ 含量与 $NH_4^+ -N$ 含量之和。如前所述，土壤无机氮主要以 $NO_3^- -N$ 为主。因此，0～60 cm、60～100 cm 和 0～100 cm 土层土壤无机氮含量变化趋势与 $NO_3^- -N$ 含量变化趋势基本一致（图 4.2 和图 4.3）。

为了进一步比较间作和单作种间相互作用对不同土壤层次的土壤无机氮（N_{min}）的影响，我们将前述土壤剖面人为划分为 0～60 cm 和 60～100 cm 以及 0～100 cm 整剖面。蚕豆收获前 0～60 cm 土层间作蚕豆和间作玉米无机氮含量平均并没有显著低于单作蚕豆相应土层的土壤无机氮含量；而蚕豆收获后平均降低了 56.9% 和 19.6%；与不施氮相比，施氮蚕豆和玉米无机氮含量分别平均提高了 35.0% 和 46.2%（图 4.2）。

间作蚕豆和间作玉米 60～100 cm 土层土壤无机氮含量在蚕豆收获前平均比单作高 8.0% 和 5.2%，而蚕豆收获后平均降低了 41.3% 和 1.4%；与不施氮相比，施用氮肥使蚕豆和玉米无机氮含量分别平均提高了 19.8% 和 50.3%（图 4.2）。

蚕豆收获前，间作蚕豆和间作玉米 0～100 cm 土层土壤无机氮含量均没有显著低于相应单作作物（图 4.3）。但蚕豆收获后（玉米生长后期）至玉米收获，蚕豆与玉米间作中各层无机氮含量均显著降低了，平均降低了 16.9% 和 51.3%；与不施氮相比，施氮后蚕豆和玉米无机氮含量分别平均提高了 29.1% 和 45.9%，在玉米生长前期较后期更显著（图 4.3）。各土层土壤无机氮含量在不同物种和作物不同主要生育时期差异，从侧面反映了作物根系以及作物在不同时期对养分需求差异。

因为作物根系，特别是在苗期主要分布在 0～60 cm，蚕豆根系结瘤部位也大多在这个层次。因此，0～60 cm 土层中土壤无机氮含量，特别是在第 1 次取样时的土壤无机氮含量可能在结瘤固氮中的作用更为重要。从图 4.2 可以看出，在高施氮量（225 kg N/hm² 和 300 kg N/hm²）条件下，间作蚕豆根区（0～60 cm 土层）土壤中无机氮浓度均低于单作蚕豆，两年结果均呈现相同趋势（图 4.2）。说明在较高氮肥施用量条件下，玉米和蚕豆种间相互作用对降低苗期土壤中无机氮具有重要的作用，这可能与作物种间相互作用增加蚕豆结瘤固氮具有重要关系。

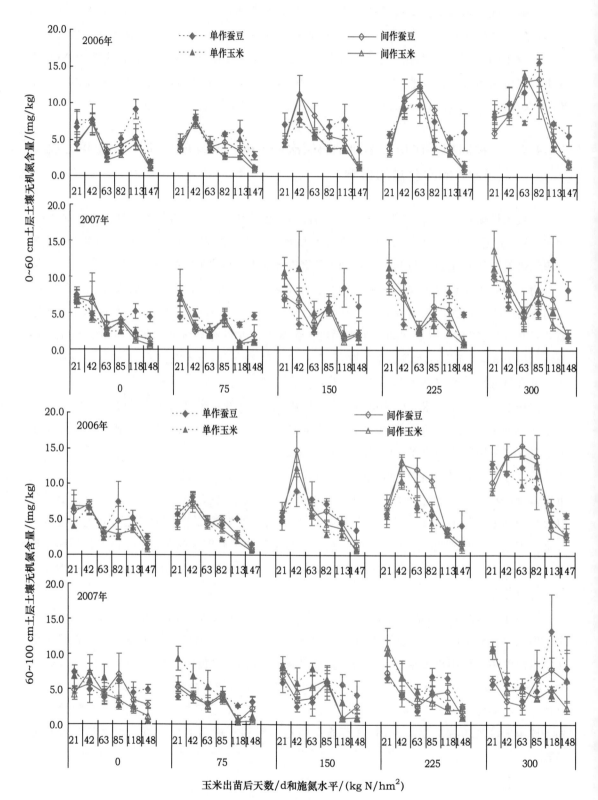

图 4.2　种间相互作用和氮肥对不同土层土壤无机氮含量的影响

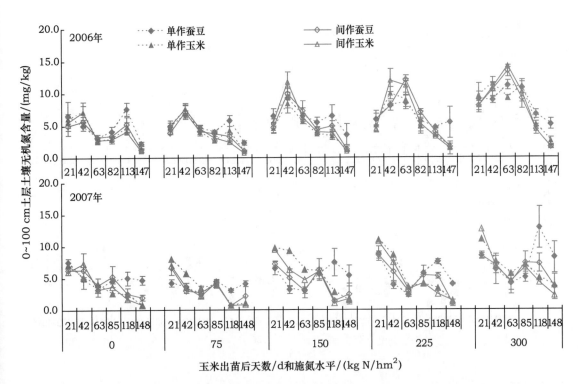

图 4.3 种间相互作用和氮肥施用对 0～100 cm 土层土壤无机氮含量的影响

4.1.4 种间相互作用和氮肥施用对蚕豆/玉米间作体系土壤无机氮累积量的影响

蚕豆收获前,无论间作蚕豆还是间作玉米 0～60 cm(图 4.4)和 60～100 cm(图 4.4)、0～100 cm(图 4.5)各土层土壤无机氮绝对累积量与相应单作作物的相应层次比较,都没有显著变化;但蚕豆收获后(玉米生长后期)至玉米收获,两种作物间作中各层无机氮累积量均显著降低(表 4.1)。间作蚕豆和间作玉米 0～60 cm 土层土壤无机氮累积量在蚕豆收获后平均降低了 56.7% 和 19.2%。蚕豆收获后,与不施氮相比,施氮蚕豆和玉米无机氮累积量分别平均提高了 36.8% 和 45.9%(图 4.4)。

间作蚕豆和间作玉米 60～100 cm 土层土壤无机氮累积量在蚕豆收获前平均比单作高 7.6% 和 4.9%,而蚕豆收获后平均降低了 41.2% 和 1.2%;与不施氮相比,施氮蚕豆和玉米无机氮累积量分别平均提高了 22.4% 和 50.6%(图 4.5)。间作蚕豆和间作玉米 0～100 cm 土层土壤无机氮累积量在蚕豆收获前和单作并没有显著差异;蚕豆收获后平均降低了 51.7% 和 16.6%;与不施氮相比,施氮处理蚕豆和玉米地下部土壤无机氮累积量分别平均提高了 30.1% 和 46.1%(图 4.5);尽管两年间试验设计和田间管理等一样,但是试验年间土壤无机氮累积量存在显著差异,可能与土壤的质地结构差异(李玉英,2008)有关,已有大量研究发现土壤质地影响土壤过程。本研究充分说明各土层土壤无机氮累积量在不同物种和作物不同主要生育时期存在差异。

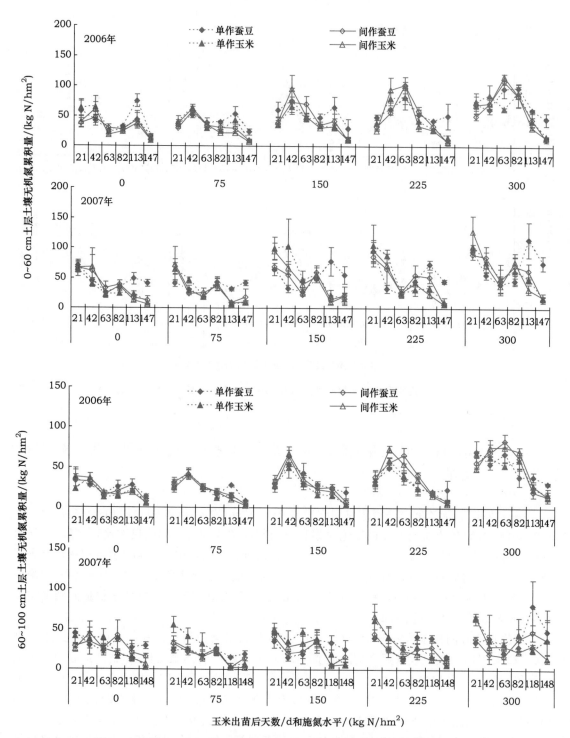

图 4.4　种间相互作用和氮肥施用对不同土层土壤无机氮绝对累积量的影响

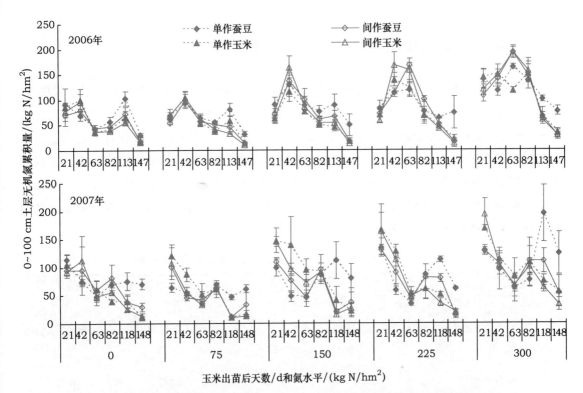

图 4.5　种间相互作用和氮肥施用对 0~100 cm 土层土壤无机氮绝对累积量的影响

表 4.1　蚕豆和玉米在 0~100 cm 土层土壤无机氮累积量 ANOVA 分析

作物	变量	自由度 d.f.	作物生育时期					
			苗期（初花期）	拔节期（盛花期）	大喇叭口期（鼓粒期）	抽雄期（成熟）	灌浆期	成熟
蚕豆	年际	1	<0.000 1	0.000 2	<0.000 1	0.890 5	0.448 8	0.002 9
	氮水平	4	<0.000 1	0.026 2	<0.000 1	<0.000 1	<0.000 1	0.029 5
	作物体系	1	0.165 3	0.166 6	0.051 4	0.479 4	<0.000 1	<0.000 1
	氮水平×作物体系	4	0.566 7	0.947 1	0.467 2	0.711 6	0.565 7	0.369 3
玉米	年际	1	<0.000 1	0.003 9	<0.000 1	0.654 2	0.000 1	0.308 9
	氮水平	4	<0.000 1	0.002 1	<0.000 1	<0.000 1	0.011 3	0.002 1
	作物体系	1	0.681 7	0.960 2	0.286 5	0.688 9	0.011 3	0.292 3
	氮水平×作物体系	4	0.968 0	0.818 0	0.161 1	0.997 7	0.989 5	0.826 0

注：括号内为蚕豆生育期；ANOVA 分析在 0.05 水平。

4.1.5　多季间套作后土壤无机氮的浓度和累积量

李文学等(2005)发现在蚕豆/玉米间作作物带下土壤硝态氮累积量也显著地低于单作(Li *et al.*,2005),在豌豆/禾本科作物间作中豌豆收获后其带下的土壤无机氮累积量也得以降低(Geijersstam and Mårtensson,2006;Urbatzka *et al.*,2009)。不同间作组合对土壤硝态氮累积的影响也不相同(Li *et al.*,2011),在以种间竞争作用为主的小麦/玉米间作体系中土壤无机氮累积量显著高于以种间互补作用为主的蚕豆/玉米和小麦/蚕豆间作体系(表4.2),这是由于不同种植模式中种间互作对作物地上部吸氮量的影响不同,而作物地上部吸氮量的增加被认为是间作体系降低土壤无机氮累积的重要机理(Urbatzka *et al.*,2009)。

表4.2　不同间作组合对 0～100 cm 土层土壤无机氮累积量的影响　　kg N/hm²

种植模式	第1次采样		第2次采样	
	第4年	第5年	第4年	第5年
小麦/玉米	A	A	A	A
间作连作	314 a	147 a	221 a	104 a
间作小倒茬	240 ab	196 a	180 a	85 a
单作连作	145 b	127 a	176 a	94 a
蚕豆/玉米	B	B	B	A
间作连作	207 a	117 a	98 a	67 a
间作小倒茬	200 a	83 a	124 a	98 a
单作连作	126 a	107 a	155 a	56 a
小麦/蚕豆	C	B	B	A
间作连作	84 a	84 a	104 b	82 a
间作小倒茬	100 a	90 a	123 ab	84 a
单作连作	116 a	93 a	148 a	94 a

注:该表改自 Li *et al.*(2011),第4年、第5年指该种植模式自开始后的种植周期;间作连作指两种作物间作时每年都种在各自的种植带上;间作小倒茬指两种作物间作时交替种植在上一年另一种作物的种植带上;第1次采样于蚕豆收获后进行,第2次采样于玉米收获后进行;不同字母表明5%水平上差异显著,小写字母代表间作组合内不同种植模式间的差异,大写字母代表不同间作组合间的差异。

间作降低土壤无机氮的累积是一种长期的效应。至第5个种植周期,不同成熟区的小麦/玉米、蚕豆/玉米间作体系在玉米收获后降低了间作小麦、蚕豆带下土壤无机氮的累积量(表 4.3),这种降低来源于小麦和蚕豆收获后,玉米后期对间作小麦、蚕豆带下土壤无机氮的利用,这在豌豆/禾本科混作收获后种植填闲作物(Urbatzka *et al*.,2009)及在豆科/黑麦间作收获后种植玉米(Karpenstein-Machan and Stuelpnagel,2000)等以间作为主的种植体系中也发现了类似的现象。

间作降低土壤无机氮的累积量主要是由于土壤无机氮的浓度降低(表 4.4、表 4.5),特别是土壤硝态氮的浓度(表 4.6、表 4.7)的降低。通过比较小麦/玉米、玉米/蚕豆、小麦/蚕豆 3 个间作体系,发现蚕豆与小麦、玉米间作可显著降低共同生长期结束后的蚕豆带下土壤无机氮浓度(表 4.4)和硝态氮浓度(表 4.6),间作小倒茬则增加了小麦带下 60 cm 以下土层的土壤无机氮和硝态氮浓度。两年田间试验结果均表明,收获期不同的种植模式有利于降低土壤氮浓度,与玉米间作的小麦、蚕豆带下的土壤氮浓度显著低于单作小麦和单作蚕豆带下的氮浓度,而收获期接近的小麦/蚕豆间作体系则在玉米收获期未降低间作土壤无机氮的浓度。

表 4.3 小麦、蚕豆、玉米在不同间作组合种植模式对带下 0~100 cm 土层
土壤无机氮累积量的影响 (kg N/hm²)

种植模式		第 1 次采样		第 2 次采样	
		第 4 年	第 5 年	第 4 年	第 5 年
小麦	单作连作	135 a	74 c	168 a	89 ab
	/玉米间作连作	101 a	112 bc	53 b	45 c
	/玉米间作小倒茬	87 a	110 bc	53 b	66 bc
	/蚕豆间作连作	80 a	139 b	105 ab	85 ab
	/蚕豆间作小倒茬	109 a	190 a	125 ab	100 a
蚕豆	单作连作	97 a	73 a	128 a	98 a
	/玉米间作连作	88 a	60 ab	59 b	17 b
	/玉米间作小倒茬	97 a	71 a	88 ab	27 b
	/小麦间作连作	88 a	56 ab	102 ab	78 a
	/小麦间作小倒茬	92 a	36 b	121 a	68 a
玉米	单作连作	156 b	140 a	184 b	98 a
	/小麦间作连作	526 a	182 a	388 a	162 a
	/小麦间作小倒茬	393 ab	201 a	303 a	103 a
	/蚕豆间作连作	326 ab	178 a	138 b	117 a
	/蚕豆间作小倒茬	302 ab	129 a	160 b	85 a

注:该表改自 Li *et al*.(2011),第 4 年、第 5 年指该种植模式自开始后的种植周期;间作连作指两种作物间作时每年都种在各自的种植带上;间作小倒茬指两种作物间作时交替种植在上一年另一种作物的种植带上;第 1 次采样于蚕豆收获后进行,第 2 次采样于玉米收获后进行;不同字母表明 5%水平上差异显著。

表4.4 蚕豆收获后不同种植模式对小麦、蚕豆、玉米带下不同土层土壤无机氮浓度的影响

mg/kg

间作组合	土层深度/cm（第4年）							土层深度/cm（第5年）						
	0~20	20~40	40~60	60~80	80~100	100~120	120~140	0~20	20~40	40~60	60~80	80~100	100~120	120~140
小麦														
单作连作	4.4 a	5.1 a	12.5 a	16.9 a	7.6 a	4.4 a	3.1 ab	8.5 a	15.5 a	25.8 a	15.1 b	12.7 b	9.0 b	11.9 ab
/玉米间作连作	5.2 a	5.1 a	6.7 a	9.4 abc	8.8 a	4.8 a	2.3 b	11.3 a	16.2 a	18.7 a	16.1 b	15.1 b	10.3 b	6.5 b
/玉米间作小倒茬	12.2 a	3.0 a	11.2 a	2.6 c	2.1 a	2.1 a	3.5 ab	16.3 a	8.7 a	28.7 a	43.8 a	33.7 a	23.2 a	18.3 a
/蚕豆同作连作	3.3 a	3.9 a	9.1 a	6.0 bc	5.1 a	3.3 a	3.4 ab	8.7 a	24.5 a	25.2 a	8.0 b	7.5 b	7.4 b	5.8 b
/蚕豆同作小倒茬	4.6 a	4.5 a	10.2 a	12.0 ab	6.2 a	3.6 a	5.7 a	9.3 a	17.0 a	25.0 a	16.5 b	7.8 b	6.8 b	7.3 ab
蚕豆														
单作连作	10.1 a	4.3 a	4.8 a	8.2 a	6.9 a	7.9 ab	6.4 a	6.0 a	9.6 a	13.1 ab	11.7 a	10.1 a	8.9 a	8.3 a
/玉米间作连作	3.5 b	5.2 a	10.3 a	6.6 a	4.7 a	5.3 b	5.0 ab	6.6 a	5.1 a	6.9 bc	11.5 a	9.0 a	5.8 a	8.0 a
/玉米间作小倒茬	5.3 b	6.0 a	3.4 a	8.4 a	11.1 a	5.2 b	3.7 bc	6.2 a	3.9 a	3.5 c	4.4 a	7.7 a	10.5 a	11.3 a
/小麦同作连作	4.2 b	4.6 a	4.1 a	7.9 a	9.9 a	6.8 ab	3.6 bc	5.8 a	10.3 a	11.2 ab	8.3 a	5.6 a	5.3 a	4.9 a
/小麦同作小倒茬	3.9 b	4.0 a	9.8 a	8.0 a	5.9 a	9.2 a	1.9 c	5.2 a	13.3 a	13.6 a	8.2 a	8.3 a	4.8 a	4.3 a
玉米														
单作连作	4.3 a	11.0 a	21.0 a	11.3 b	5.3 b	6.2 a	6.4 a	11.9 a	38.7 a	14.8 c	15.8 a	15.6 a	12.1 a	27.9 a
/小麦同作连作	22.9 a	47.0 a	53.7 a	45.2 a	11.5 ab	8.3 a	6.3 a	20.7 a	26.9 a	29.6 b	24.9 a	24.4 a	17.8 a	19.7 a
/小麦同作小倒茬	55.3 a	57.3 a	56.1 a	27.4 ab	11.8 ab	6.3 a	6.6 a	17.9 a	37.1 a	44.1 a	22.6 a	17.1 a	12.9 a	9.8 a
/蚕豆同作连作	16.6 a	26.3 a	25.5 a	27.4 ab	16.9 a	5.2 a	14.4 a	19.5 a	22.7 a	28.4 b	29.3 a	24.5 a	20.6 a	15.4 a
/蚕豆同作小倒茬	4.3 a	15.7 a	34.8 a	35.4 ab	12.5 ab	10.9 a	6.2 a	14.5 a	21.0 a	29.7 b	14.8 a	9.2 a	6.5 a	7.4 a

注：第4年、第5年指该种植模式自开始后种植周期；间作连作指两种作物同作时每年种植在各自的种植带上；间作小倒茬指两种作物同作时交替种植在上一年另一种作物的种植带上；不同字母代表在同一年份、同一作物、同一土层内不同种植组合间在5%水平上差异显著。

表4.5　玉米收获后不同种植模式对小麦、蚕豆、玉米带下不同土层土壤无机氮浓度的影响

mg/kg

种植模式	土层深度/cm(第4年)							土层深度/cm(第5年)						
	0~20	20~40	40~60	60~80	80~100	100~120	120~140	0~20	20~40	40~60	60~80	80~100	100~120	120~140
小麦														
单作连作	11.5 ab	13.4 a	13.1 a	12.4 a	8.2 a	5.0 a	3.3 a	19.9 a	13.5 ab	11.9 a	11.4 a	6.3 b	17.3 a	14.0 a
/玉米同作连作	4.5 b	3.5 b	3.0 b	4.3 b	3.4 a	3.3 a	2.2 a	3.8 b	3.7 b	7.2 a	8.1 a	8.3 b	8.7 a	7.7 a
/玉米同作小倒茬	4.6 b	4.1 b	2.7 b	3.6 b	3.7 a	2.4 a	2.2 a	5.0 b	3.7 b	8.7 a	10.9 a	17.8 a	20.6 a	13.9 a
/蚕豆同作连作	9.9 ab	8.0 ab	8.2 ab	5.5 b	5.6 a	3.7 a	2.2 a	14.5 ab	21.2 a	5.9 a	11.4 a	7.1 b	8.6 a	13.1 a
/蚕豆同作小倒茬	14.1 a	7.2 ab	11.7 a	7.3 ab	4.1 a	5.2 a	4.8 a	10.7 a	28.8 a	13.0 a	7.9 a	8.6 b	6.9 a	5.1 a
蚕豆														
单作连作	9.2 a	6.9 ab	9.0 a	12.0 a	7.5 a	4.4 a	3.8 a	17.4 a	16.9 a	11.3 a	12.3 a	11.4 a	10.1 a	13.4 a
/玉米同作连作	5.2 a	3.5 ab	2.1 b	3.2 b	6.9 a	3.3 a	2.0 a	2.0 b	1.8 b	1.8 a	2.7 b	3.3 a	3.3 a	5.5 a
/玉米同作小倒茬	4.5 a	3.1 b	8.8 ab	7.2 ab	7.1 a	4.4 a	3.1 a	4.0 b	3.4 ab	2.5 b	3.6 b	5.5 a	5.4 a	6.0 a
/小麦同作连作	10.3 a	5.4 ab	8.8 ab	5.7 b	6.0 a	4.2 a	3.9 a	12.0 ab	12.2 ab	12.9 a	9.8 a	7.7 a	6.7 a	5.7 a
/小麦同作小倒茬	12.6 a	8.3 a	10.9 a	6.5 ab	4.3 a	5.2 a	4.5 a	8.8 ab	11.6 ab	9.8 a	11.6 a	5.7 a	7.2 a	6.1 a
玉米														
单作连作	3.7 b	5.7 b	18.3 bc	21.8 ab	13.6 a	7.7 a	5.7 a	8.2 a	18.1 a	14.4 a	11.7 a	15.1 ab	15.0 ab	14.2 a
/小麦同作连作	30.9 a	21.5 a	47.8 a	27.0 a	12.3 a	7.1 a	4.3 a	9.7 a	27.6 a	21.2 a	26.5 a	26.4 a	28.4 a	16.1 a
/小麦同作小倒茬	9.4 b	26.3 a	26.5 b	33.5 a	7.8 a	5.8 a	4.7 a	6.8 a	11.6 a	27.6 a	15.1 a	9.2 b	12.0 b	5.8 a
/蚕豆同作连作	1.9 b	4.1 b	9.8 c	18.0 a	13.3 a	4.0 a	3.5 a	6.3 a	16.7 a	26.2 a	18.2 a	12.2 ab	7.2 b	5.1 a
/蚕豆同作小倒茬	2.0 b	3.7 b	10.0 c	28.4 a	10.8 a	5.4 a	6.0 a	7.6 a	9.2 a	15.6 a	16.9 a	9.7 ab	18.5 ab	9.0 a

注：第4年、第5年指该种植模式自开始后的种植周期；同作连作指两种作物间作时每年每带种在各自的种植带上；同作小倒茬指两种作物间作时交替种植在上一年另一种作物的种植带上；不同字母代表在同一年份、同一作物、同一土层内不同间作组合同在5%水平上差异显著。

表4.6 蚕豆收获后不同种植模式对小麦、蚕豆、玉米带下不同土层土壤硝态氮浓度的影响

mg/kg

种植模式	土层深度/cm(第4年)							土层深度/cm(第5年)						
	0~20	20~40	40~60	60~80	80~100	100~120	120~140	0~20	20~40	40~60	60~80	80~100	100~120	120~140
小麦														
单作连作	3.9 a	4.9 a	12.3 a	16.7 a	7.4 a	4.1 a	2.9 a	7.7 b	14.0 a	24.4 a	13.7 b	11.3 b	7.6 b	10.1 ab
/玉米间作连作	4.6 a	4.3 a	6.3 a	9.1 ab	8.3 a	4.4 a	2.2 a	9.6 ab	14.5 a	17.2 a	14.6 b	13.6 b	8.5 b	5.1 b
/玉米间作小倒茬	10.9 a	2.8 a	10.3 a	2.4 c	1.7 a	1.9 a	3.3 a	14.0 a	7.1 a	27.0 a	42.3 a	31.9 a	22.0 a	17.1 a
/蚕豆间作连作	3.1 a	3.8 a	8.7 a	5.4 bc	4.9 a	3.2 a	3.2 a	7.6 b	23.6 a	24.2 a	6.9 b	6.5 b	6.5 b	4.8 b
/蚕豆间作小倒茬	4.2 a	4.2 a	10.0 a	11.8 ab	6.2 a	3.3 a	4.6 a	7.8 ab	16.1 a	24.1 a	13.5 b	6.9 b	5.9 b	6.3 ab
蚕豆														
单作连作	9.5 a	4.2 a	4.8 a	7.8 a	6.8 a	7.7 a	6.3 a	4.9 a	8.4 a	12.0 a	10.0 a	8.7 a	7.5 a	6.7 a
/玉米间作连作	3.4 b	4.1 a	10.1 a	6.3 a	4.4 a	5.1 a	4.8 ab	6.0 a	4.1 a	6.4 ab	10.8 a	8.4 a	4.6 a	7.0 a
/玉米间作小倒茬	5.0 b	5.2 a	3.1 a	8.2 a	10.8 a	5.0 a	3.7 bc	5.1 a	2.9 a	2.4 b	3.3 a	6.4 a	9.3 a	9.6 a
/小麦间作连作	4.2 b	4.4 a	4.1 a	7.7 a	9.6 a	6.7 a	3.1 bc	4.8 a	9.3 a	10.2 a	7.3 a	4.6 a	4.4 a	3.7 a
/小麦间作小倒茬	3.7 b	3.9 a	9.6 a	7.7 a	5.6 a	8.2 a	1.8 c	4.0 a	12.3 a	12.1 a	6.9 a	7.3 a	3.8 a	3.2 a
玉米														
单作连作	4.2 a	10.9 a	20.9 a	11.1 b	5.3 a	6.0 a	6.3 a	11.0 a	37.3 a	13.9 c	14.5 a	13.9 a	10.4 a	26.4 a
/小麦间作连作	22.3 a	46.6 a	53.6 a	45.1 a	11.5 a	8.3 a	6.0 a	19.5 a	25.7 a	28.2 b	23.7 a	21.7 a	15.5 a	17.6 a
/小麦间作小倒茬	55.1 a	57.3 a	55.5 a	27.3 ab	11.5 a	6.1 a	6.4 a	16.8 a	36.2 a	42.6 a	21.5 a	16.1 a	11.8 a	8.6 a
/蚕豆间作连作	16.3 a	26.3 a	25.3 a	27.1 ab	16.5 a	5.1 a	14.1 a	18.3 a	21.3 a	27.1 a	28.1 a	23.5 a	19.9 a	14.7 a
/蚕豆间作小倒茬	4.2 a	15.4 a	34.7 a	35.1 ab	12.4 a	10.7 a	6.0 a	13.6 a	19.8 a	28.7 a	13.7 a	8.2 a	5.7 a	6.2 a

注:第4年、第5年指该种植模式自开始后的种植周期;间作连作指两种作物间作时每年都在各自的种植带上;间作小倒茬指两种作物间作时交替种植在上一年另一种作物的种植带上;不同字母表示同一年份、同一作物、同一土层内不同种植组合在5%水平上差异显著。

表4.7　玉米收获后不同种植模式对小麦、蚕豆、玉米带下不同土层土壤硝态氮浓度的影响

mg/kg

种植模式	土层深度/cm(第4年)							土层深度/cm(第5年)						
	0~20	20~40	40~60	60~80	80~100	100~120	120~140	0~20	20~40	40~60	60~80	80~100	100~120	120~140
小麦														
单作连作	11.5 ab	13.3 a	13.1 a	12.3 a	8.0 a	4.9 a	3.2 a	19.5 a	13.3 a	11.7 a	10.7 a	6.3 b	17.2 a	13.3 a
/玉米同作连作	4.5 b	3.5 b	2.9 bc	4.3 b	3.3 a	3.1 a	2.1 a	3.4 b	3.5 a	7.0 a	8.0 a	8.1 b	8.2 a	7.7 a
/玉米同作小倒茬	4.1 b	3.6 b	2.3 c	3.2 b	3.5 a	2.2 a	2.0 a	5.0 b	3.7 a	8.6 a	10.9 a	17.5 a	20.1 a	10.5 a
/蚕豆同作连作	9.7 ab	8.0 ab	8.1 ab	5.5 b	5.4 a	3.5 a	2.2 a	14.5 ab	21.2 a	5.9 a	10.7 a	7.0 b	8.4 a	13.1 a
/蚕豆同作小倒茬	14.0 a	7.1 ab	11.4 a	7.1 ab	3.8 a	5.1 a	4.8 a	10.6 ab	28.5 a	12.4 a	7.5 a	8.0 b	5.9 a	4.4 a
蚕豆														
单作连作	9.2 a	6.6 ab	9.0 a	11.8 a	7.2 a	4.2 a	3.7 a	16.9 a	16.5 a	11.0 a	11.9 a	10.9 a	9.0 a	12.1 a
/玉米同作连作	4.8 a	3.2 ab	2.0 b	3.2 b	6.8 a	3.2 a	1.9 a	2.0 b	1.0 a	1.2 b	1.4 b	2.1 b	2.4 a	4.4 a
/玉米同作小倒茬	3.9 a	2.8 b	8.4 ab	6.9 ab	6.7 a	4.0 a	2.6 a	3.9 b	3.2 ab	2.0 b	2.9 b	5.2 ab	4.8 a	5.6 a
/小麦同作连作	10.2 a	5.4 ab	8.8 a	5.6 b	5.8 a	4.1 a	3.7 a	11.8 ab	12.2 ab	12.9 ab	9.8 ab	6.0 ab	5.7 a	5.6 a
/小麦同作小倒茬	12.5 a	8.0 a	10.7 a	6.3 ab	4.2 a	4.8 a	4.2 a	7.8 ab	10.2 ab	9.0 a	10.7 a	4.7 ab	6.7 a	5.9 a
玉米														
单作连作	3.5 b	5.5 b	18.1 bc	21.5 b	13.5 a	7.6 a	5.6 a	8.2 a	17.8 a	14.4 a	11.7 a	15.1 ab	15.0 ab	13.8 a
/小麦同作连作	30.7 a	21.3 a	47.8 a	26.8 a	12.1 a	6.8 a	4.0 a	9.6 a	27.6 a	21.2 a	26.4 a	26.3 a	28.2 a	16.1 a
/小麦同作小倒茬	9.0 b	26.2 a	26.3 b	33.3 a	7.6 a	5.6 a	4.5 a	6.4 a	11.3 a	27.3 a	14.9 a	9.0 b	11.9 b	5.5 a
/蚕豆同作连作	1.7 b	4.0 b	9.8 c	18.0 a	13.3 a	3.7 a	3.4 a	5.8 a	16.2 a	25.2 a	17.4 a	11.9 ab	6.8 b	4.6 a
/蚕豆同作小倒茬	1.6 b	3.5 b	9.8 c	28.3 a	10.6 a	5.2 a	5.8 a	6.6 a	8.3 a	15.5 a	16.8 a	9.7 ab	18.0 ab	7.9 a

注:第4年、第5年指该种植模式自开始后开始的种植周期;同作连指两种作物同作一年后;同一土层内同作连作指两种作物间作时每年都在各自的种植带上;同作小倒茬指两种作物间作时的交替种植带上;同作小倒茬指上一作物在上一作物的种植带上,一年另一种作物的种植带上;不同字母代表在同一作物同一年份,同一土层内不同作物在同一土层同作组合间在5%水平上差异显著。

　　成熟期相近的小麦/蚕豆间作体系在蚕豆收获后,小麦带下土壤无机氮累积量在小麦/蚕豆间作小倒茬中显著高于间作连作、显著高于小麦单作,相应的间作小倒茬蚕豆带下土壤无机氮累积量显著低于了单作蚕豆(表4.3)。这表明除通过作物吸收氮降低土壤无机氮的累积之外,在长期种植的间作体系中,土壤无机氮的累积还受到前茬作物残茬的影响。作物残茬降解的速度受其 C∶N 比的影响,小麦和玉米的 C∶N 比高于蚕豆(Hadas et al.,2004;Hulugalle and Weaver,2005),而且其残茬向土壤释放的氮量也远远低于豆科作物(Lupwayi et al.,2006;Nair,1984),田间试验研究表明第一年种植后小麦残茬向外释放的氮量仅为 2 kg N/hm² (Lupwayi et al.,2006)。不同于小麦和玉米,豆科作物残茬会增加对土壤氮的输入(Herridge et al.,1995;Sharma and Behera,2009),蚕豆根和根瘤会向土壤中输入6~28 kg N/hm² 甚至 100 kg N/hm² 的氮(Köpke and Nemecek 2009;Jensen et al.2009),López-Bellido 等(2006)的研究表明蚕豆地下部对土壤氮的贡献为 15~24 kg N/hm²,此外蚕豆还会以根际沉积的方式向土壤输送 6 kg N/hm²。因此,在含有豆科作物的间作体系中,利用不同生育期作物组合进行间作(如我国西北地区的蚕豆/玉米间作体系),会更有利于共享生境中氮素资源的利用。

4.2　豆科作物的"氮阻遏"效应及种间互作对结瘤固氮的改善作用

4.2.1　豆科作物的"氮阻遏"效应

　　在陆地生态系统中主要有三种固氮体系,即共生固氮、联合固氮和自生固氮体系。三种固氮体系中,固氮能力存在明显差异。共生体系由于固氮微生物直接从寄主植物获得碳水化合物作为固氮能源,其固氮能力最强。众所周知,豆科植物根上的根瘤是由于根瘤菌侵入根部后形成的,根瘤是固氮的场所,豆科的根瘤特性可反映其固氮能力。已有研究证实蚕豆结瘤与固氮正相关性很高,由于测定豆科固氮的其他方法较为昂贵,因此,在田间条件下豆科根瘤数或瘤重已被用于评价豆科的固氮能力(Shearer et al.,1982,1984;Nambiar et al.,1983;Wolyn et al.,1989;Sangakkara et al.,1994;Santalla et al.,2001;Agegnehu et al.,2006)。高氮量(硝态氮和铵态氮)影响豆科结瘤且抑制固氮酶活性,进而降低生物固氮量,但适当低浓度的氮量可促进豆科结瘤与固氮(Gan et al.,1997;Gulden and Vessey,1997;Daimon and Yoshioka,2001;Ferguson and Mathesius,2003;Yashima et al.,2005)。

　　豆科作物与根瘤菌建立共生关系,可以使豆科植物在缺少有效氮的环境中生长。然而,结瘤固氮需要耗能,在环境中具有足够的活性氮时,豆科植物能够进行自我调控,不启动结瘤固氮过程,而直接从环境中吸收利用氮。陈文新(2004)将环境中有效氮对豆科植物结瘤固氮的这一抑制作用称之为"氮阻遏"。

　　蚕豆的根瘤重随土壤中硝态氮浓度的升高而快速下降(图 4.6),清楚地表明了蚕豆结瘤作用受环境有效氮浓度的抑制作用。

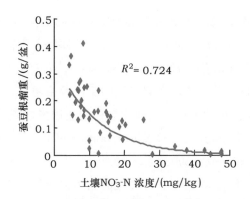

图 4.6　蚕豆根瘤重与土壤 NO_3^--N 浓度的关系

来源：苗锐，2007。

　　肥料施用量以及施用时间同样对间作豆科结瘤固氮产生影响（Adu-Gyamfi *et al.*，1997；Gan *et al.*，1997；Gulden and Vessey，1997；Daimon and Yoshioka，2001；Ferguson and Mathesius，2003；Yashima *et al.*，2005）。已有研究证明高氮量会影响豆科根瘤的形成从而抑制豆科生物固氮，进而引起"氮阻遏"效应，发现 NO_3^--N 和 NH_4^+-N 对豆科固氮调控是系统调控，但短时间内外源氮素应用能够调控豆科生物固氮，则是非系统调控（Unkovich and Pate，1998；Tang *et al.*，1999；Ferguson and Mathesius，2003）。又有研究发现适宜较低浓度的 NO_3^--N（Vessey and Waterer，1992；Daimon and Yoshioka，2001；Yashima *et al.*，2005）和 NH_4^+-N（Gulden and Vessey，1997）会促进根瘤发育而增强固氮效率。

　　一些室内和田间研究表明氮肥施用对蚕豆结瘤固氮产生阻遏效应（Agegnehu *et al.*，2006；Fan *et al.*，2006）。Salvagiotti 等（2008）对从 1966 年至 2006 年 40 年间发表的 108 个田间试验的 637 套（点-年-处理组合）大豆生物固氮相关数据进行了综合分析（图 4.7，彩图5），发现氮肥用量与大豆的生物固氮量呈显著的指数负相关关系（$y=337e^{-0.0098x}$）。进一步清楚地表明了化学氮肥对豆科作物生物固氮的显著抑制作用（Salvagiotti *et al.*，2008）。在其他豆科中也发现了氮阻遏效应（Jensen，1996；Ledgard *et al.*，1996；Adu-Gyamfi *et al.*，1997，2007；Hauggaard-Nielsen *et al.*，2001；Andersen *et al.*，2004；Ghaley *et al.*，2005）。

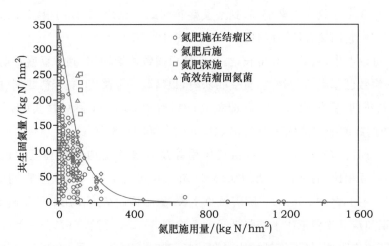

图 4.7　氮肥施用对大豆共生固氮的抑制作用

来源：Salvagiotti *et al.*，2008。

在间作体系中作物搭配以及作物品种都会影响豆科固氮能力(Stern,1993;Akinnifesi *et al.*,2001;Haggaard-Nielsen *et al.*,2001a,b)。在豆科/禾本科间作体系中,不同作物配对,豆科的结瘤固氮能力存在明显的差别。Haggaard-Nielsen *et al.*(2001a)对6个豌豆品种与5个春大麦品种间作研究表明间作作物田间布置(行、间距以及带幅等)、田间管理(氮肥用量和施肥时间等)、土壤肥力、根瘤菌接种等均影响间作豆科结瘤固氮性能(Peoples *et al.*,1995;van Kessel *et al.*,1988,2000;Midmore,1993;Adisarwanto and Knight,1997;Hardarson and Atkin,2003;Haggaard-Nielsen *et al.*,2006)。

在间作体系中,由于豆科作物对土壤无机氮的竞争能力弱于禾本科作物(Jensen,1996;Xiao *et al.*,2004),其固氮效率(固氮量占总氮的比例)往往高于单作。然而,由于生物固氮本身是个耗能过程,固氮部分地抑制了整个植株的生长,此外,与禾本科作物竞争的过程中或多或少地受到地上部和其他元素竞争影响,最终导致间作体系中豆科作物总氮累积量下降的幅度大于固氮比例上升的幅度。从而,一般学者认为间作是不能提高生物固氮量的(van Kessel *et al.*,2000)。但由于物种差异,有的间作体系可促进豆科作物固氮能力(Hauggaard-Nielsen *et al.*,2001;Chu *et al.*,2004;Xiao *et al.*,2004;Fan *et al.*,2006)。尽管这些促进体系中固氮能力提高,但在高氮量条件下豆科作物的生物固氮无论在间作体系或是单作均受到抑制,即所谓"氮阻遏"效应。尽管前人已从育种、病虫害管理、田间管理、根瘤菌接种等方面做了大量工作来提高豆科的生物固氮(Peoples *et al.*,1995;van Kessel *et al.*,1988,2000;Midmore,1993;Adisarwanto and Knight,1997;Hardarson and Atkin,2003;Hauggaard-Nielsn *et al.*,2006),然而,对于在豆科/禾本科间作体系中通过种间互作来缓解"氮阻遏"效应的研究甚少。

4.2.2 种间相互作用促进蚕豆/玉米间体系中蚕豆的结瘤作用

在甘肃武威两年氮梯度试验中,随着蚕豆生育期(蚕豆/玉米共生期)的延长,蚕豆根瘤数、根瘤重和单瘤重3个参数均逐渐增加,到蚕豆盛花期或鼓粒期,蚕豆的根瘤数、瘤重均达到最高值,蚕豆收获时,它们又有所下降(图4.8,图4.9,图4.10)。

从图4.8可以看出,随着蚕豆生长,蚕豆单株根瘤数逐渐增加,到蚕豆盛花期(即蚕豆出苗后约70 d),根瘤数已基本达到峰值,蚕豆收获时,根瘤数又下降,但高于初花期(即蚕豆出苗后约50 d)。在初花期、盛花期、鼓粒期(即蚕豆出苗后约90 d)和蚕豆收获(即蚕豆出苗后约110 d),蚕豆根瘤数的平均值依次是32.7、48.4、48.6和43.8个/株。

在蚕豆生育期内,蚕豆/玉米根系相互作用并没有显著增加间作蚕豆的根瘤数($P>0.05$),但与单作蚕豆相比,前期比后期增加得多(图4.8和表4.8)。整个生育期内氮肥显著抑制蚕豆结瘤($F=4.1,P=0.0070$)。随着蚕豆生长,氮肥抑制结瘤作用的效果越明显,初花期、盛花期、鼓粒期和蚕豆收获依次平均降低了8.2%、0.3%、9.6%和19.3%。此外,随着施氮量增加,"氮阻遏"效应明显,与不施氮相比,150、225、300 kg N/hm² 处理的蚕豆根瘤数分别降低了6.6%、16.6%和21.8%,但在75 kg N/hm² 处理中增加了7.6%(表4.9)。

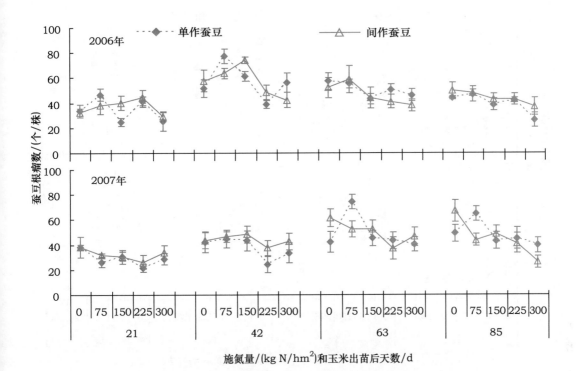

图 4.8　种间相互作用和氮肥施用对蚕豆根瘤数的影响(氮梯度试验)

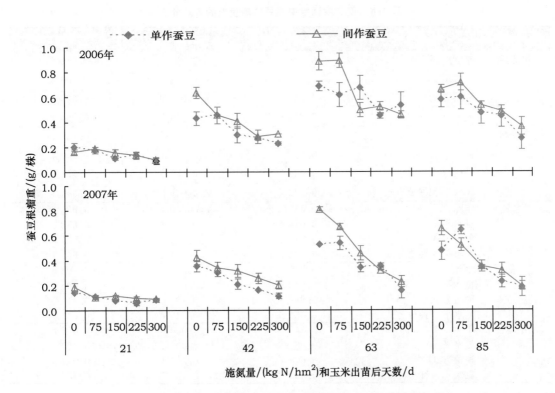

图 4.9　种间相互作用和氮肥施用对蚕豆根瘤重的影响(氮梯度试验)

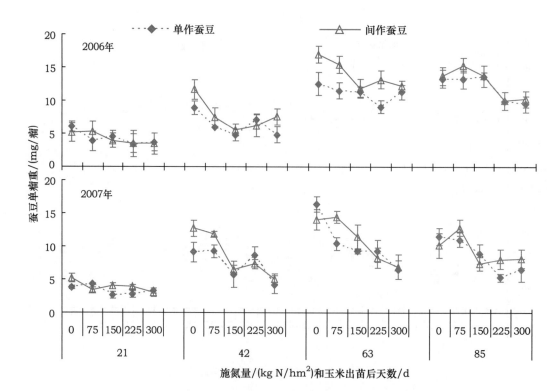

图 4.10　种间相互作用和氮肥施用对蚕豆单瘤重的影响

表 4.8　氮梯度试验中蚕豆结瘤参数的方差分析

生长时期	变量	根瘤数	瘤重	单瘤重
初花期	年际	0.068 9	<0.0001	0.012 6
	氮水平	0.493 8	<0.000 1	0.000 8
	种植方式	0.315 5	0.077 0	0.329 9
	氮水平×种植方式	0.811 6	0.514 9	0.898 4
盛花期	年际	<0.000 1	0.000 1	0.135 7
	氮水平	0.037 7	<0.000 1	<0.000 1
	种植方式	0.924 7	0.001 5	0.051 6
	氮水平×种植方式	0.332 7	0.629 9	0.345 3
鼓粒期	年际	0.660 2	0.000 4	0.053 5
	氮水平	0.014 4	<0.000 1	0.018 3
	种植方式	0.772 1	0.072 0	0.073 6
	氮水平×种植方式	0.502 8	0.194 4	0.642 1
成熟	年际	0.259 6	0.001 0	0.000 8
	氮水平	0.040 7	<0.000 1	0.006 2
	种植方式	0.859 3	0.196 0	0.449 5
	氮水平×种植方式	0.587 6	0.840 6	0.848 8
平均	年际	0.040 5	<0.000 1	0.017 2
	氮水平	0.007 0	<0.000 1	<0.000 1
	种植方式	0.614 7	0.001 1	0.044 0
	氮水平×种植方式	0.351 3	0.420 7	0.753 5

表4.9 间作蚕豆相对于单作及施氮蚕豆相对于不施氮的结瘤参数变化率

根瘤	年份	氮水平 /(kg N/hm²)	间作相对于单作					施氮相对于对照				
			初花期	盛花期	鼓粒期	成熟	平均	初花期	盛花期	鼓粒期	成熟	平均
根瘤数	2006	0	-3.6	12.0	-9.0	13.8	3.3					
		75	-18.5	-17.7	5.9	2.0	-7.1	28.1	29.3	4.3	0.4	15.5
		150	63.0	21.0	2.2	10.5	24.2	-2.6	24.4	-20.6	-14.2	-3.3
		225	7.7	24.4	-19.1	1.1	3.5	28.9	-20.4	-16.3	-9.8	-4.4
		300	15.2	-24.8	-17.3	42.9	4.0	-18.2	-9.9	-23.1	-33.1	-21.1
	2007	0	-0.4	3.5	46.4	36.8	21.6					
		75	20.8	4.7	-29.4	-32.5	-9.1	-24.4	6.7	23.1	-6.6	-0.3
		150	-1.1	11.9	15.9	13.5	10.1	-20.2	7.3	-5.6	-21.1	-9.9
		225	23.2	56.2	-14.1	-8.7	14.2	-38.3	-28.4	-22.5	-25.9	-28.7
		300	19.0	28.0	15.4	-34.7	6.9	-18.8	-11.4	-16.2	-43.9	-22.6
根瘤重	2006	0	-19.1	48.4	29.1	13.8	18.1					
		75	8.8	0.0	45.7	20.2	18.7	0.7	-14.5	-4.2	5.4	-3.1
		150	45.6	38.6	-26.7	14.3	18.0	-27.1	-34.0	-25.8	-19.4	-26.6
		225	-3.4	5.0	16.4	9.1	6.8	-24.9	-48.4	-38.6	-25.8	-34.4
		300	12.1	32.4	-15.0	38.5	17.0	-48.1	-50.3	-37.3	-50.0	-46.4
	2007	0	31.1	20.1	54.2	38.0	35.9					
		75	-4.6	13.9	24.6	-18.8	3.8	-34.2	-16.7	-9.9	3.0	-14.5
		150	52.7	51.8	35.2	2.0	35.4	-42.2	-31.9	-40.4	-39.1	-38.4
		225	61.6	61.4	-10.7	38.2	37.6	-52.7	-46.3	-49.7	-52.1	-50.2
		300	5.2	80.2	47.6	3.7	34.2	-46.4	-59.4	-71.5	-67.5	-61.2
单瘤重	2006	0	-14.8	32.1	35.7	3.0	14.0					
		75	37.5	27.1	34.4	16.3	28.8	-18.4	-35.0	-8.6	5.7	-14.1
		150	-13.6	15.7	3.9	0.8	1.7	-24.6	-49.4	-21.4	1.8	-23.4
		225	2.0	-12.2	45.6	0.6	9.0	-39.1	-35.1	-24.7	-26.1	-31.2
		300	-6.0	57.9	8.3	7.7	17.0	-36.7	-39.7	-20.2	-27.0	-30.9
	2007	0	36.5	40.0	-14.5	-11.4	12.6					
		75	-21.8	28.7	38.3	16.6	15.4	-14.5	-3.3	-18.2	10.0	-6.5
		150	52.6	13.4	24.0	-17.1	18.2	-26.7	-43.9	-32.0	-25.2	-31.9
		225	42.2	-15.2	-11.3	53.5	17.3	-27.0	-27.3	-42.4	-38.6	-33.8
		300	-7.9	20.5	7.3	27.4	11.8	-30.8	-57.8	-56.3	-32.8	-44.4

随着蚕豆生长,蚕豆单株根瘤重逐渐增加,落后于根瘤数一个生长期(蚕豆鼓粒期,即蚕豆出苗后约 90 d)达到峰值,蚕豆收获时,稍有下降(图 4.9)。在初花期、盛花期、鼓粒期和蚕豆收获,蚕豆的单株根瘤重平均值依次是 0.12、0.32、0.53、0.45 g/株。

与单作蚕豆相比,蚕豆/玉米根系相互作用显著增加了间作蚕豆的单株瘤重,平均增幅为 22.5%($F=35.8,P<0.000\ 1$)(图 4.9 和表 4.8)。整个生育期内氮肥显著抑制蚕豆根瘤重增加,降幅平均为 34.3%($F=44.1,P<0.000\ 1$)。与不施氮相比,在蚕豆初花期、盛花期、鼓粒期和蚕豆收获蚕豆的根瘤重依次平均降低了 34.3%、37.7%、34.7% 和 30.7%。此外,随着施氮量的增加,"氮阻遏"效应比对根瘤数的影响更加明显,与不施氮相比,75、150、225、300 kg N/hm^2 处理的蚕豆根瘤重分别降低了 8.8%、32.5%、42.3% 和 53.8%(表 4.9)。

蚕豆单瘤重的动态变化总体趋势是:随着蚕豆生长,蚕豆单瘤重逐渐增加,鼓粒期(即蚕豆出苗后约 90 d)达到峰值,蚕豆收获时,稍有下降,但仍高于盛花期(图 4.10)。在初花期、盛花期、鼓粒期和蚕豆收获,蚕豆的单瘤重平均值依次是 3.90、7.47、11.55、10.57 mg/个。

蚕豆/玉米根系相互作用显著促进了间作蚕豆根瘤的发育,与单作相比,使其单瘤重平均增幅为 14.6%($F=4.3,P=0.044\ 0$)(图 4.10 和表 4.8)。整个生育期内氮肥显著抑制蚕豆根瘤发育,降幅平均为 27.0%($F=6.2,P=0.017\ 2$)。与不施氮相比,于蚕豆初花期、盛花期、鼓粒期和成熟蚕豆的单瘤重依次平均降低了 27.2%、36.4%、28.0% 和 16.5%。与不施氮相比,75、150、225、300 kg N/hm^2 处理的蚕豆根瘤重分别降低了 10.3%、27.7%、32.5% 和 37.7%(表 4.9)。

4.2.3　种间相互作用促进蚕豆/玉米间作体系蚕豆生物固氮

4.2.3.1　种间相互作用促进蚕豆生物固氮

2006—2007 年两年田间氮梯度试验中,随着生长发育进程,其蚕豆 δ^{15}N、来自于空气氮的比例(%$Ndfa$)和固定氮量($Ndfa$)的动态变化如图 4.11 至图 4.13 所示。结果显示,随着蚕豆生育期(蚕豆/玉米共生期)的延长,蚕豆 δ^{15}N 值是逐渐降低的(图 4.11),表明蚕豆固氮能力逐渐增强,其固氮比例和固氮量均于蚕豆盛花期鼓粒期达到峰值,蚕豆收获时,均又有所下降(图 4.12 和图 4.13)。

蚕豆固氮比例(%$Ndfa$)尽管整个生育期内变化不大,但随着蚕豆生长仍有增加的趋势,到蚕豆盛花鼓粒期达最高值,蚕豆收获时,稍有下降(图 4.12)。在初花期、盛花期、鼓粒期和蚕豆收获,蚕豆的固氮比例平均值依次是 44.7%、44.2%、55.7% 和 44.9%,与蚕豆结瘤变化趋势一致。

与单作蚕豆相比,蚕豆/玉米种间相互作用降低了固氮比例,全生育期内 0、75、150、225、300 kg N/hm^2 处理的间作蚕豆固氮比例分别比单作平均降低了 1.1%、5.4%、10.0%、8.5% 和 21.6%,两年平均降幅为 10.0%,但差异不显著($P>0.05$)(图 4.12、表 4.10、表 4.11)。

整个生育期内氮肥显著降低了蚕豆固氮比例,平均降幅为 27.3%($F=31.0,P<0.0001$)。与不施氮相比,在蚕豆初花期、盛花期、鼓粒期和收获期的固氮比例依次平均降低了 20.5%、34.6%、24.2% 和 32.8%。此外,随着施氮量的增加,固氮比例降低得越明显,与不施氮相比,75、150、225、300 kg N/hm^2 处理的蚕豆固氮比例分别降低了 8.2%、31.6%、24.8% 和 43.6%(表 4.11)。

蚕豆固氮量 $Ndfa$ 的动态变化趋势与其根瘤重量参数和地上部生长相近:随着蚕豆生长,蚕豆固氮量迅速增加,鼓粒期(即蚕豆出苗后约 90 d)达到峰值,蚕豆收获时,稍有下降,但仍高于盛花期(图 4.13)。在初花期、盛花期、鼓粒期和蚕豆收获,蚕豆的固氮量平均值依次是 21.2、78.3、202.0、174.4 kg/hm²。

蚕豆/玉米根系相互作用显著提高了间作蚕豆的固氮量,全生育内 0、75、150、225、300 kg N/hm² 处理的间作蚕豆固氮比例分别比单作平均增加了37.2%、30.8%、27.2%、27.4%和3.0%,并且随着生育期的延长,增幅越大(依次为 9.0%、25.3%、30.2%和27.0%),全生育期的固氮量两年平均增幅为 25.0%($F=20.1, P<0.0001$)(图4.13,表 4.10 和表 4.11)。

整个生育期内氮肥显著抑制蚕豆固氮量的增加,降幅平均为29.4%($F=23.6, P<0.0001$)。与不施氮相比,于蚕豆初花期、盛花期、鼓粒期和成熟蚕豆的固氮量依次平均降低了18.3%、39.3%、24.7%和31.8%。与不施氮相比,75、150、225、300 kg N/hm² 处理的蚕豆固氮量分别降低了 5.0%、33.8%、31.3%和47.5%(表4.11)。

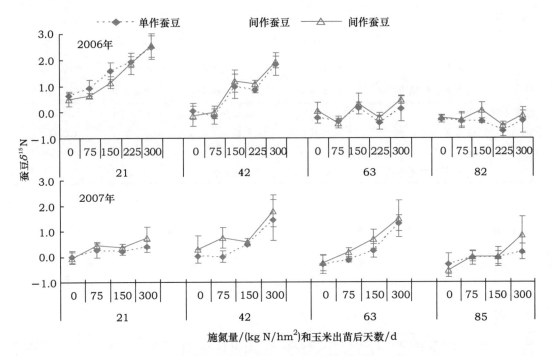

图 4.11　种间相互作用和氮肥施用对蚕豆 $\delta^{15}N$ 的影响(氮梯度试验)

表 4.10　氮梯度试验中蚕豆生物固氮量和吸氮量的方差分析

生长时期	变量	$\delta^{15}N$	固氮比例/%	固氮量 /(kg N/hm²)	吸氮量 /(kg N/hm²)
初花期	年际	<0.000 1	<0.000 1	<0.000 1	0.000 3
	氮水平	<0.000 1	0.005 5	0.061 9	0.001 4
	种植方式	0.884 4	0.640 5	0.252 2	0.015 3
	氮水平×种植方式	0.757 0	0.912 7	0.952 9	0.683 6

续表 4.10

生长时期	变量	$\delta^{15}N$	固氮比例/%	固氮量 /(kg N/hm²)	吸氮量 /(kg N/hm²)
盛花期	年际	0.867 3	<0.000 1	<0.000 1	0.000 1
	氮水平	<0.000 1	<0.000 1	<0.000 1	0.000 1
	种植方式	0.303 2	0.278 5	0.014 3	0.000 2
	氮水平×种植方式	0.903 6	0.960 1	0.924 2	0.428 6
鼓粒期	年际	0.026 9	0.033 6	0.013 3	0.188 5
	氮水平	0.000 4	<0.000 1	<0.000 1	0.000 9
	种植方式	0.193 7	0.295 3	0.004 8	0.000 7
	氮水平×种植方式	0.977 6	0.740 8	0.387 1	0.412 5
成熟期	年际	0.036 3	<0.000 1	0.105 5	<0.000 1
	氮水平	0.042 1	<0.000 1	<0.000 1	<0.000 1
	种植方式	0.176 7	0.197 8	0.012 2	<0.000 1
	氮水平×种植方式	0.444 8	0.392 9	0.067 9	0.031 3
全生育期	年际	0.815 9	<0.000 1	<0.000 1	<0.000 1
	氮水平	<0.000 1	<0.000 1	<0.000 1	<0.000 1
	种植方式	0.697 5	0.108 2	0.001 2	<0.000 1
	氮水平×种植方式	0.258 8	0.692 2	0.220 7	0.106 9

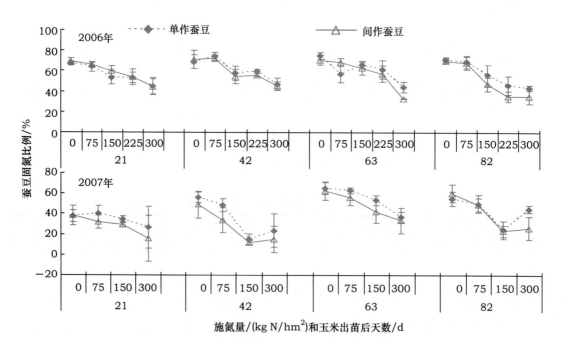

图 4.12　种间相互作用和氮肥施用对蚕豆固氮比例的影响(氮梯度试验)

表4.11 间作蚕豆相对于单作及施氮蚕豆相对于不施氮蚕豆的 Ndfa 和%Ndfa 变化率(氮梯度试验)

年份	氮水平/(kg N/hm²)	间作相对于单作					施氮相对于对照				
		初花期	盛花期	鼓粒期	成熟	平均	初花期	盛花期	鼓粒期	成熟	平均
		固氮量(Ndfa)/(kg N/hm²)									
2006	0	4.4	19.0	22.2	29.2	22.9					
	75	24.7	24.9	64.3	40.7	44.4	−6.5	−10.7	−17.0	−2.5	−10.2
	150	22.1	56.5	8.1	14.1	18.5	−17.9	−29.8	−15.7	−27.7	−22.8
	225	8.6	20.7	50.3	4.4	27.4	−13.6	−35.8	−20.1	−44.2	−31.3
	300	23.0	35.6	−3.7	−5.8	4.6	−33.5	−41.3	−49.5	−45.6	−45.7
2007	0	53.5	23.3	40.0	76.2	48.2					
	75	−16.9	−7.4	29.2	16.2	5.3	−16.1	−22.0	−3.3	12.2	0.2
	150	−7.8	30.1	17.1	93.2	33.2	−12.6	−67.1	−25.4	−58.9	−44.9
	300	−23.2	31.0	42.2	−36.2	3.5	−27.5	−58.8	−43.0	−53.9	−49.3
	平均	9.0	25.3	30.2	26.9	22.9	−18.3	−39.3	−24.7	−31.8	−29.4
		固氮比例(%Ndfa)/%									
2006	0	2.6	3.7	−5.6	−1.9	−0.4					
	75	3.3	−2.3	21.1	−1.5	4.3	−4.6	4.8	−13.9	−2.8	−4.2
	150	11.3	−5.6	−4.2	−15.9	−3.8	−17.1	−19.4	−11.6	−26.6	−18.6
	225	0.9	−6.1	−7.0	−24.2	−8.5	−21.2	−17.5	−18.5	−42.2	−24.8
	300	−2.1	−2.9	−25.5	−18.7	−12.1	−34.4	−33.9	−47.2	−43.8	−40.0
2007	0	1.8	−12.8	−4.0	9.6	−1.3					
	75	−20.6	−30.4	−10.7	−1.4	−15.8	−5.1	−21.5	−6.8	−14.0	−12.1
	150	−15.5	−18.8	−21.0	−4.9	−15.0	−15.9	−74.0	−25.2	−58.3	−44.6
	300	−41.0	−35.7	−8.6	−41.2	−31.6	−43.8	−62.7	−44.8	−38.0	−47.2
	平均	−7.8	−13.5	−7.7	−10.9	−10.0	−20.5	−34.6	−24.2	−32.8	−28.3

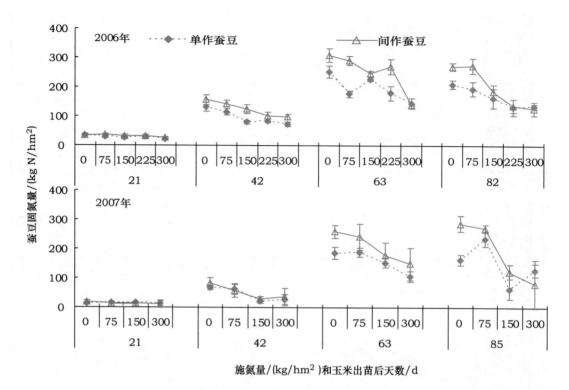

图 4.13　种间相互作用和氮肥施用对蚕豆固氮量的影响（氮梯度试验）

4.2.3.2　蚕豆生物固氮量在籽粒和秸秆中的分配

蚕豆收获时，间作蚕豆固定氮量（Ndfa）比单作蚕豆平均增加了 26.9%（$F=7.1$，$P=0.0121$）（图 4.14 和表 4.12）。氮肥施用抑制了蚕豆固氮，两年平均降幅为 31.8%（$F=18.0$，$P<0.0001$）。在成熟期尽管在高氮条件下（300 kg N/hm²）间作蚕豆地上部生长和氮素吸收比单作稍高，而其固氮量却相反，但差异不显著。虽然 2006 年蚕豆总固氮比例和固氮量比2007 年稍高，但年际间差异不显著。

蚕豆成熟时，间作蚕豆向籽粒转移了较多的固定的氮，2006 年较 2007 年高，但年际间差异不显著。向间作蚕豆籽粒和单作蚕豆籽粒转移的固定的氮占总固氮量分别为 50.1% 和38.5%（2006 年分别为 56.0% 和 35.9%），在低氮条件下（0，75，150 kg N/hm²）较高，分别占54.6% 和 45.0%（2006 年分别为 61.6% 和 46.1%）。

结果表明，第一，在同一生态区两年田间蚕豆生物固氮差异，说明蚕豆生物固氮受到土壤特性、环境和气候条件等因素影响；第二，施氮肥使蚕豆氮素利用效率下降，随施氮量增加越明显；第三，蚕豆与玉米根系相互作用可提高蚕豆氮素利用效率，间作蚕豆固定的氮大约有 50% 最后转移到籽粒中，转变为生产力，揭示了在相同生产条件下间作蚕豆生产力提高的机制。

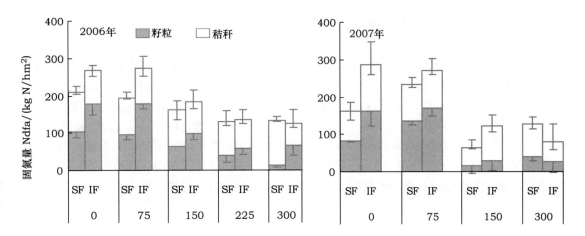

图 4.14　种间根系相互作用和氮肥对蚕豆籽粒和秸秆固氮量的影响（氮梯度试验）

注：SF 和 IF 分别表示单位蚕豆和间作蚕豆和间作蚕豆。

表 4.12　籽粒中生物固氮量占蚕豆总固氮量的百分率（氮梯度试验）　　　　　　%

氮水平/ (kg N/hm²)	2006 年		2007 年	
	单作	间作	单作	间作
0	49.7	66.4	49.9	56.9
75	48.8	65.0	58.1	63.2
150	39.9	53.3	23.7	22.9
225	31.0	42.7	—	—
300	10.2	52.4	32.4	34.0
平均	35.9	56.0	41.0	44.2
显著性检验				
氮水平	0.000		0.169	
种植方式	0.001		0.710	
氮水平×种植方式	0.306		0.603	

4.2.4 蚕豆/玉米种间相互作用缓解"氮阻遏"效应

所谓"氮阻遏",是指固氮生物在有化合氮的环境中固氮能力降低甚至不固氮,因它的固氮酶合成和活性受化合氮抑制(陈文新等,2006)。对豆科/禾本科根系相互作用缓解"氮阻遏"效应的评价以蚕豆/玉米间作体系为例进行研究。豆科的结瘤特性往往反映了豆科的固氮能力强弱,因此,将通过不同施氮处理下有种间根系相互作用和仅单作的蚕豆根瘤参数(根瘤数、根瘤重和单瘤重)和固氮参数($Ndfa$ 和%$Ndfa$)的动态变化及如下指标来研究豆科/禾本科根系相互作用缓解"氮阻遏"效应。

蚕豆/玉米根系相互作用对蚕豆结瘤固氮的促进作用是指相同施氮量处理的间作蚕豆相对于单作蚕豆的结瘤参数或固氮量的变化率,用 $C_{is}(\%)$ 来表示,计算如下:

$$C_{is}=\frac{Y_{if}-Y_{sf}}{Y_{sf}}\times100\%\tag{4.1}$$

氮肥对蚕豆结瘤固氮的"阻遏"效应是指施氮处理的蚕豆相对于不施氮的蚕豆结瘤值或固氮量的变化率,用 $C_i(\%)$ 来表示,计算如下:

$$C_i=\frac{Y_N-Y_0}{Y_0}\times100\%\tag{4.2}$$

蚕豆/玉米根系相互作用缓解"氮阻遏"效应,即缓解效应,指用较高施氮量间作蚕豆相对于低一级施氮量的单作蚕豆的结瘤值或固氮量的变化率,用 $C_a(\%)$ 来表示,计算如下:

$$C_a=\frac{Y_{ifn}-Y_{sf(n-1)}}{Y_{sf(n-1)}}\times100\%\tag{4.3}$$

式(4.1)中 Y_{if} 和 Y_{sf} 分别表示间作和单作蚕豆的结瘤值或固氮量。式(4.2)中 Y_N 和 Y_0 分别表示施氮和不施氮蚕豆的结瘤值或固氮量。式(4.3)中 n 和 $n-1$ 分别表示施氮量高低;Y_{ifn} 和 $Y_{sf(n-1)}$ 分别表示较高施氮量间作蚕豆的结瘤值或固氮量和低一级施氮量的单作蚕豆的结瘤值或固氮量。若 $C_i<0$,表示该施氮量能够抑制蚕豆结瘤与固氮。若 $C_a>0,C_{is}>0$,表示蚕豆玉米根系相互作用促进蚕豆结瘤与固氮,且缓解了氮肥对蚕豆结瘤与固氮的抑制作用;若 $C_a<0,C_{is}>0$,仅表示蚕豆玉米根系相互作用促进蚕豆结瘤与固氮。

4.2.4.1 间作缓解蚕豆结瘤的"氮阻遏"效应

无论氮肥梯度试验或是根系分隔试验,结果均表明蚕豆与玉米种间相互作用显著促进蚕豆结瘤,且氮肥显著抑制蚕豆结瘤(见图4.8至图4.10)。氮肥梯度试验中蚕豆/玉米相互作用在整个生育期内对蚕豆结瘤的促进作用和氮肥的"阻遏"作用根据上述公式计算如表4.13所示。结果充分说明了蚕豆/玉米根系相互作用在蚕豆的整个生育内缓解了结瘤作用的"氮阻遏"效应。尽管个别时期(如2006年鼓粒期的根瘤重)和个别施氮量在同一时期表现不一,可能由于田间试验土壤异质性等各种因素影响,但两年试验结果足以支持我们提出的观点,即蚕豆/玉米间作根系相互作用具有缓解蚕豆结瘤的"氮阻遏"效应。

4.2.4.2 间作缓解蚕豆生物固氮的"氮阻遏"效应

蚕豆/玉米种间相互作用在整个生育期内对蚕豆生物固氮的促进作用和氮肥的"阻遏"作用如图4.13和表4.14所示。氮肥试验和根系分隔试验结果均表明根系相互作用显著促进蚕豆结瘤固氮，且氮肥显著抑制蚕豆固氮量。可能由于田间试验土壤异质性等各种因素影响，造成个别施氮处理中"氮阻遏"作用 $C_a < 0$，但两年结果足以说明了蚕豆/玉米种间相互作用在蚕豆的整个生育内缓解了对蚕豆生物固氮的"氮阻遏"效应。

表 4.13　蚕豆/玉米间作根系相互作用对结瘤"氮阻遏"的缓解作用

氮水平/ (kg N/hm²)	蚕豆生育期				
	初花期	盛花期	鼓粒期	成熟期	全生育期
根瘤数/(个/株)2006 年					
75	23.9	30.8	10.0	8.3	18.3
150	−10.4	0.7	−21.9	−6.3	−9.5
24.0	225	102.4	−21.5	−0.6	15.5
300	−26.1	9.6	−23.0	−10.8	−12.6
2007 年					
75	−17.1	−26.3	61.6	18.2	9.1
150	14.8	58.3	−29.1	−21.6	5.6
225	−9.4	2.8	4.1	89.0	21.6
300	75.0	149.9	22.8	−6.4	60.3
平均	**19.1**	**25.6**	**3.0**	**10.8**	**14.6**
根瘤重/(g/株)2006 年					
75	1.6	7.7	26.6	28.9	16.2
150	−10.8	−1.8	−13.5	−2.3	−7.1
225	21.7	9.6	−8.5	11.8	8.7
300	−26.8	13.5	1.4	−17.3	−7.3
2007 年					
75	−25.2	−0.8	27.1	11.7	3.2
−13.0	150	4.7	4.6	−14.0	−47.2
225	27.0	24.8	−4.2	39.2	21.7
27.4	300	92.2	28.4	−35.0	23.9
平均	**10.5**	**10.7**	**−2.5**	**6.1**	**6.2**

续表4.13

氮水平/ (kg N/hm²)	蚕豆生育期				
	初花期	盛花期	鼓粒期	成熟期	全生育期
单瘤重/(mg/个)2006年					
75	−8.5	−7.2	30.4	20.3	8.8
150	11.7	−4.9	7.8	9.4	6.0
225	−18.7	51.6	18.3	−24.5	6.7
300	0.9	7.2	39.5	17.1	16.2
2007年					
75	−8.8	37.4	4.6	42.9	19.0
150	−8.0	−9.2	80.9	−24.0	9.9
225	64.6	92.5	−10.5	−6.4	35.1
300	11.5	−25.5	−10.4	71.8	11.9
平均	**5.6**	**17.7**	**20.1**	**13.3**	**14.2**

表4.14　蚕豆/玉米间作根系相互作用对固氮量"氮阻遏"的缓解作用

氮水平/(kg N/hm²)	蚕豆生育期				
	初花期	盛花期	鼓粒期	成熟期	全生育期
2006年					
75	7.5	9.8	20.6	31.3	17.3
150	7.8	9.2	41.0	−1.5	14.1
225	18.9	32.4	19.5	−6.2	16.2
300	−12.0	17.6	−16.5	0.8	−2.5
2007年					
75	10.6	−19.8	29.5	72.7	23.3
150	6.1	−20.4	−0.4	−45.5	−15.1
300	−20.5	51.6	−0.7	44.2	18.7
平均	**2.7**	**11.5**	**13.3**	**13.7**	**10.3**

蚕豆/玉米地下部根系相互作用在蚕豆结瘤固氮中起着重要作用。随着蚕豆生长发育,蚕豆结瘤固氮能力逐渐增强,蚕豆/玉米种间相互作用对蚕豆结瘤的促进作用愈加显著。蚕豆/玉米种间根系相互作用缓解了"氮阻遏"效应,对蚕豆结瘤和生物固氮的缓解效应分别为6.2%和10.3%。

本研究于2006年和2007年两年在甘肃武威布置了氮梯度试验和根系分隔试验采用^{15}N自然丰度法验证间作对"氮阻遏"的"缓解效应"和作物地下部根系相互作用对蚕豆生物固氮的决定性作用,前人研究有和本研究在同一生态区的也有不同生态区的,如上所述他们研究结果和本研究相似。本研究进一步从量上明确了间作对豆科结瘤固氮的促进作用和间作对"氮阻遏"的"缓解效应",蚕豆/玉米间作后使根瘤数、根瘤重和单瘤重分别平均增加了7%、23%和14%,固氮量提高了23%;施氮肥使蚕豆结瘤固氮能力均明显下降,根瘤数、根瘤重、单瘤重和固氮量的平均降幅分别为14%、33%、23%和23%,且"氮阻遏"效应随着施氮量增加而显著;间作对"氮阻遏"具有缓解效应,对根瘤数、根瘤重、单瘤重和固氮量的缓解效应分别为14%、6%、14%和24%;间作后间作蚕豆氮素吸收显著增加了48%,且随着施氮量增加而显著增加。

采用本研究中间作对"氮阻遏"效应的缓解效应计算公式计算了不同体系和不同管理条件的豆科/禾本科间作体系的缓解效应,发现间作体系的缓解效应不仅受作物体系影响,还受到种植和试验条件的影响。在蚕豆/小麦体系中,在室内条件下间作促进了蚕豆的生物固氮(Xiao et al.,2004),且缓解了"氮阻遏"效应,其中C_a为2.8;在田间条件下,Fan等(2006)在蚕豆/玉米体系中得出与本研究相似的结论,即间作显著地缓解了"氮阻遏效应",其中C_a为20.2。然而在花生/水稻间作体系中,Chu等(2004)的结果表明间作尽管显著提高了花生的固氮量(20%),但间作并没有缓解"氮阻遏"效应。

对于豆科/禾本科间作和氮肥对间作豆科生物固氮的影响,前人已取得了一定结果(Rao et al.,1987;Stern,1993;Jensen,1996a,b;Ledgard et al.,1996;Chu et al.,2004;Xiao et al.,2004;Fan et al.,2006),间作对豆科生物固氮影响在不同体系差异很大,但氮肥的施用无论对单作或是间作豆科均表现出"阻遏"效应。钟增涛等(2002)研究表明,在有根瘤菌接种的花生/旱稻混作体系中,植株的生长和氮素的供应得到了明显的促进,植株全氮和干重均显著高于花生单作接种和旱稻单作;混作中接种花生根瘤菌的固氮酶活性比单作接种也有显著提高,说明在花生/旱稻混作体系中接种根瘤菌对植株生长的促进作用主要是由于增加了当季作物的氮素营养。肖焱波(2003)在小麦/蚕豆混作系统中采用室内隔根研究技术利用蚕豆叶柄注射^{15}N溶液和接种根瘤,也得出上述类似的结果,并且发现蚕豆向小麦转移5%氮;且在小麦/大豆和小麦/蚕豆两个体系中发现施氮显著抑制了豆科根瘤形成、发育,且蚕豆的根瘤重和单瘤重都高于大豆。但上述两结果均是在温室通过盆栽实验获得的。Li等(2003)于1998年在甘肃靖远发现蚕豆/玉米间作促进了蚕豆根瘤形成。房增国(2004)于2003年在甘肃武威田间试验的基础上证明,田间条件下玉米/蚕豆间作系统中玉米、蚕豆、根瘤菌三者之间存在共同促进的互利作用,对蚕豆进行根瘤菌接种后,显著促进了蚕豆根瘤的发生、发育,提高了共生固氮能力,节省了氮肥;氮肥(225 kg N/hm²)同样抑制了蚕豆根瘤发育。Fan等(2006)于2004年在甘肃武威采用^{15}N自然丰度法研究了蚕豆/小麦和蚕豆/玉米两个体系的蚕豆生物固氮,发现豆科固氮受体系和氮肥影响,在蚕豆/小麦间作体系中间作蚕豆固氮量比单作低 25%,而在蚕豆/玉米间作体系中间作蚕豆固氮量比单作增加 95%,且氮肥(120 kg N/hm²)对两个体系中蚕豆固氮影响显著。

豆科/禾本科间作对间作豆科结瘤的促进作用在其他间作体系中也被发现。有研究发现玉米可以促进菜豆(*Phaseolus vulgaris* L.)根瘤的形成(Graham,1981;Boucher and Espinosa,1982;Santalla *et al*.,2001)。Sangakkara(1994)发现在饭豆(*Vigna radiate* L.)/玉米和饭豆/木薯两个体系中,与玉米和木薯相邻的饭豆根瘤数和根瘤活性均比较远距离的高。在蚕豆/小麦间作体系田间条件下,施氮降低根瘤重;适量施磷增加根瘤重;间作明显提高蚕豆根瘤重;接种根瘤菌 R₁ 和 R₂ 对蚕豆的根瘤重、地上部生物量、豆粒产量都无处理效果(陈远学,2007)。但也有豆科与禾本科间作后结瘤能力降低的报道(Wahua and Miller,1978;Nabiar *et al*.,1983;Baker and Blamdy,1985),如大豆/高粱(Baker and Blamdy,1985),间作后大豆根瘤重减少了 4%,氮肥对大豆与其他体系一样表现抑制作用,且随着施氮量增加抑制作用越强,与不施氮的大豆相比,N60 和 N120 的大豆根瘤数分别降低了 6% 和 25%,根瘤重分别降低了28% 和 51%。

在本研究中尽管间作使间作蚕豆的固氮比例略有降低(10%),但因其强大的地上部库强最终使其固氮总量显著高于单作蚕豆(23%)。其他学者在其他豆科/禾本科间作体系中研究中得出与本研究相似结果的,豆科/禾本科间作促进间作豆科生物固氮(Jensen,1996;Ledgard *et al*.,1996;Chu *et al*.,2004;Fan *et al*.,2006)。大量的研究报道间作可以提高豆科作物的固氮比例。如与大麦间作使蚕豆固氮比例从 74% 提高到 92%(Danso *et al*.,1987),豌豆从62% 提高到 88%(Jensen,1996),与玉米间作使豇豆固氮比例从 34.9% 提高到 49.4%(van Kessel *et al*.,1988)。就单位面积或单位植株的固氮效率而言,固氮比例不足以提高固氮量,因为间作豆科的固氮量取决于固氮比例和整个植株的总氮累积量。Danso 等(1987)的试验清楚表明固氮比例提高的同时,生物量下降的变化。而且后者较大的下降趋势最终导致固氮量下降。因此仅凭间作中的氮竞争控制环境氮浓度,不足以提高固氮量。固氮是个高耗能的生物过程,以上结果可能是由于在低氮环境下,豆科作物必须投入更多光合产物到固氮上,以满足对限制因子氮的需求,从而影响豆科作物生长。Fan 等.(2006)研究发现,与小麦间作的蚕豆在不施氮肥时,固氮比例高于单作,然而固氮量却低于单作 28.6%,主要由于其更低的生物量和总氮累积量;相反,与玉米间作的蚕豆,其固氮比例与单作没有明显的差别,但由于生物量和氮累积量远远高于单作,最后固氮量也远远高于单作。

Herridge 和 Rose(2000)等分析豆科作物生物固氮育种现状认为,提高相对生物固氮的库的强度,是提高生物固氮的重要途径。超结瘤的豆科作物并不能增加固氮量,说明即使有足够的固氮机会,而缺乏驱动力时,生物固氮还是不能提高,过多的根瘤形成还有可能成为累赘。

从蚕豆/小麦间作体系有关结瘤固氮方面(Danso *et al*.,1987;Xiao *et al*.,2004;Fan *et al*.,2006;陈远学,2007)研究可知,对于豆科生物固氮量影响,试验条件(室内和田间)不同会产生相反结果(Xiao *et al*.,2004;Fan *et al*.,2006;陈远学,2007),地理生态区差异同样有不同结论(Danso *et al*.,1987;Fan *et al*.,2006)。其他间作体系也有在不同生态区得出不同结论的,如豇豆/玉米(Eaglesham *et al.*,1981;Patra *et al.*,1986;Ofori *et al.*,1987;van Kessel *et al.*,1988)。但在蚕豆/玉米间作体系中蚕豆结瘤固氮的研究结果表明,无论在地理生态区或历史年代差上均得出同样的结论:蚕豆与玉米种间根系相互作用促进了蚕豆结瘤固氮(Li *et al.*, 2003;房增国,2004;Fan *et al.*,2006)。

两年定位的根系分隔试验中蚕豆的固氮比例和固氮量年间差别很小,而氮梯度试验由于两年田块差异蚕豆的固氮比例和固氮量相差 20% 左右,但另一方面由于 2006 年氮梯度试验和根系分隔试验的试验地前茬作物(单作大麦)田间管理相同,且基础土壤理化特性相近,两个试验的固氮比例差异不大,从而可以充分说明土壤中除了氮素影响豆科生物固氮外,还有其他养分在不同程度上对蚕豆生物固氮产生影响。已有研究发现土壤酸度、铁离子等不同程度影响豆科生物固氮(Tang *et al.*,1990,1998,1999,2001,2006;Zuo *et al.*,2000)。在田间蚕豆/玉米间作条件下,Song 等(2006)研究发现蚕豆和玉米根际化学组成和微生物菌群均有不同程度的改变。

4.3　间套作体系中作物间的氮素转移

4.3.1　豆科/非豆科间作中氮转移的研究方法

测定固定氮转移的方法有地上部 ^{15}N 标记法、^{15}N$_2$ 标记法、分根法和根系分隔法等。地上部 ^{15}N 标记法通过给作物叶片和茎秆提供 ^{15}NH$_3$ 或 ^{15}N-尿素,利用氨能够很快被同化为自由氨基酸和蛋白质,并从吸收部位转运的特点,达到定量作物间氮素转移的目的(Janzen and Bruinsma,1989)。地上部标记的方法没有扰动间作系统,而且叶面具有比根耐高氮的特点。喷施 ^{15}N-尿素被成功用于田间原位标记豆科(Zebarth *et al.*,1991),但 ^{15}N 溶液对叶片各部分标记的不均匀使得这种方法不适用于氮转移的研究。尿素水解的产物氨的损失,雨水对叶片 ^{15}N 的淋失落入土壤中将使得对根-土系统氮的动力学过程解释复杂化(Vasilas *et al.*,1980)。把叶片浸入 ^{15}N 溶液中的方法克服了上述叶面喷施的缺点。与叶面喷施吸收不同的是,这种方法是在一个封闭的容器中吸收,这样由于消除了 ^{15}N 损失,促进了叶片更多吸收 ^{15}N。Pate(1973)成功地利用 K^{15}NO$_3$ 溶液(210 μg/g N)浸泡白羽扇豆叶片的方法,对短期内 ^{15}N 在植株体内的分布进行研究。Russell 和 Fillery(1996)用棉线方法给白羽扇豆茎干标记 ^{15}N,结果表明,可以通过地上部原位标记,在相对不干扰的条件下估计氮转移。但这种方法只局限于像白羽扇豆这样茎干木质化程度较高的豆科植物。

^{15}N$_2$ 标记法可以直接研究豆科作物所固定氮素的转移。这种方法直接用 ^{15}N$_2$ 对豆科作物密封标记,^{15}N$_2$ 经根瘤固定后向相邻作物转移,检测相邻植物 ^{15}N 的量即可达到定量氮素转移的目的,这种方法通过对根瘤的固氮作用来标记混作牧草中的豆科植物(McNeill *et al.*,1994)。但这种方法由于需要复杂昂贵的密封设备(图 4.15),限制了重复的设置,难以田间应用。同时,一些土壤中存在的非共生固氮过程使得解释氮转移的结果复杂化。

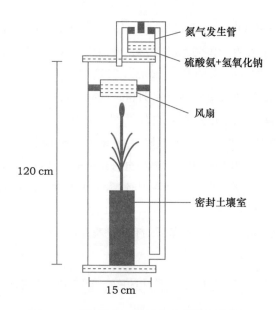

图 4.15　利用 $^{15}NH_3$ 标记小麦的装置示意图

来源：Janzen and Bruinsmal,1989。

　　分根的方法(图 4.16)也用来研究间作中氮的转移。具体做法是把一种作物的根系分为两部分,把其中的一部分种到标记有 ^{15}N 的溶液或者土壤中,另一部分根与其他作物混作(Jensen 1996;van Kessel *et al.*,1985)。由于这种方法要求对根系进行分离,对主根还需切开,这样就破坏了根的自然生长。

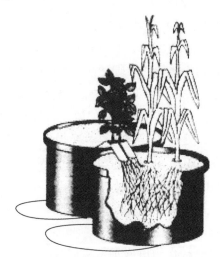

图 4.16　玉米/大豆间作中分根方法研究氮转移

来源：van Kessel *et al.*,1985。

　　一些学者也采用根系分隔的方法研究植物之间的氮素转移,较好地避免了分根法的不足之处(图 4.17)(Li *et al.*,2009;Xiao *et al.*, 2004)。

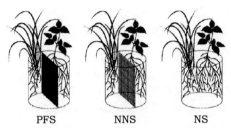

图 4.17　用根系分隔法研究植物之间的氮素转移

来源:Li *et al.*,2009。

注:PFS,塑料布分隔;NNS,尼龙网分隔;NS,不分隔。

综上所述,在研究间作中氮转移的方法中,应根据豆科的特性选择合适的方法。

采用 ^{15}N 标记时,植物间氮素转移的计算方法如下:

$$\%N_{transfer}=\frac{^{15}Ncontent_{receiver}}{^{15}Ncontent_{receiver}+^{15}Ncontent_{donor}}\times100\% \tag{4.4}$$

$$\%N_{transfer}=\frac{\%N_{transfer}}{100-\%N_{transfer}}\times totalN_{donor} \tag{4.5}$$

式中:下标 donor 表示供体植物,下标 receiver 表示受体植物。

4.3.2　国外豆科/非豆科间作中氮转移的研究进展

对植物间氮素转移的研究主要集中在自然生态系统,这些研究大多数都发现豆科和非豆科作物之间存在氮素转移,但氮转移的数量和作用在物种间有较大的差异。而对间作中氮转移的研究相对较少。

Laberge 等(2011)在田间条件下研究了尼日尔的豇豆/粟间套作中氮素的转移情况,所采用的方法为 ^{15}N 标记法,试验小区设计如图 4.18 所示。标记时,将豇豆的嫩复叶的叶柄在水中剪断,然后迅速浸泡在装有 1 mL 丰度为 95%,浓度为 0.5% 的尿素的小管中,并用塑料薄膜密封(Laberge *et al.*,2011)。

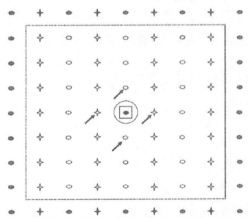

4.18　豇豆/粟间套作氮素转移的田间布置图

注:星型代表粟,空心小圆圈代表豇豆,大圆圈表示土壤和植物的取样区,实心小圆圈表示 ^{15}N 标记的豇豆,箭头所指的植物表示研究氮素转移的采样植物。

研究结果表明,在2006年的试验中,豇豆向相邻粟穗中的氮素转移量为2.7%,向粟叶的氮素转移量为4.4%,而粟茎秆没有检测到转移的氮素;向相邻豇豆秸秆的氮素转移为0.3%;向相邻杂草的氮素转移为18.5%(表4.15)。

表4.15　标记^{15}N的豇豆旁边粟的^{15}N富集、氮素转移比例和转移量(2006年)

植物部位	δ^{15}N	空白δ^{15}N	吸氮量/(mg/穴)	氮转移比例/%	氮转移量/(kg/hm²)
粟穗	8.4	4.1	6 022	2.7	1.4
粟叶	10.9	4.1	1 740	4.4	0.7
粟茎			2 537		
豇豆	1.8	1.5	2 462	0.3	
杂草	29.0	4.1	49	18.5	

来源:Laberge et al.,2011。

在2007年的试验中,豇豆向相邻粟的氮素转移量为4.3%,其中穗中的氮素转移量为3.3%,向粟叶的氮素转移量为6.2%,而粟茎秆没有检测到转移的氮为5.9%(表4.16)。

表4.16　标记^{15}N的豇豆旁边粟的^{15}N富集、氮素转移比例和转移量(2007年)

植物部位	δ^{15}N	空白δ^{15}N	吸氮量/(kg N/hm²)	氮转移比例/%	氮转移量/(kg N/hm²)
粟穗	10.0	4.1	38.3	3.3	1.2
粟叶	15	4.1	8.8	6.2	0.6
粟茎	15	4.1	14.4	5.9	0.9
整株			61.5	4.3	2.6

来源:Laberge et al.,2011。

Sakai等(2011)采用^{15}N自然丰度法研究了绿肥/莴苣间套作体系中绿肥氮素向莴苣的转移。^{15}N自然丰度法最大的优点是不对间套作体系施加任何扰动。试验包含绿肥与莴苣同时播种、绿肥比莴苣提前60 d播种两个处理。研究结果显示,同时播种时,黑麦草、豇豆和白羽扇豆三种绿肥向莴苣氮素转移的百分比分别为6%、15%和20%,而绿肥提前播种60 d时,黑麦草、豇豆和白羽扇豆3种绿肥向莴苣氮素转移的百分比分别为8%、19%和15%(Sakai et al.2011)(表4.17)。

表4.17　莴苣吸氮量、δ^{15}N、从绿肥向莴苣的氮素转移比例和转移量

项目	播种时间	单作莴苣	与黑麦草间作的莴苣	与豇豆间作的莴苣	与羽扇豆间作的莴苣
氮浓度/(g/kg)	同时播种	33.6	31.6	30.7	32.2
	绿肥提前60 d	32.5	35.2	39.2	32.5
吸氮量/(g/株)	同时播种	0.4	0.3	0.3	0.3
	绿肥提前60 d	0.4	0.3	0.3	0.3
δ^{15}N	同时播种	6.3	6.2	5.6	5.3
	绿肥提前60 d	7.4	6.3	5.4	5.4
氮转移比例/%	同时播种		6	15	20
	绿肥提前60 d		8	19	15
氮转移量/(kg N/hm²)	同时播种		2.6	4.1	6.4
	绿肥提前60 d		2.6	6.3	6.1

来源:Sakai et al.2011。

Patra 等(1986)采用^{15}N标记法在国际原子能所(IARI)通过多个盆栽和大田试验研究表明,绿豆/小麦之间的氮素转移在播种45 d后为13.83％,在播种60 d后为20.18％(表4.18)。播种75 d后,豇豆向与之间作的玉米转移的氮素为15.47％(表4.19)。

表4.18　绿豆/小麦间作干物质产量、吸氮量、氮素转移比例和转移量(1980—1981年)

播种后时间/d	种植模式	干物质产量/(g/株)	总吸氮量/(mg/株)	肥料吸氮量/(mg/株)	土壤吸氮量/(mg/株)	氮转移量/(mg/株)	氮转移比例/%
45	小麦单作	1.07	20.88	9.97	10.44		
	小麦间作	1.39	30.30	12.55	13.56	4.19	13.83
	绿豆单作	0.41	15.62	5.47	5.78	4.38	28.00
	绿豆间作	0.52	19.81	5.15	6.37	8.29	41.83
60	小麦单作	1.33	23.83	10.72	12.58		
	小麦间作	1.70	33.49	12.73	14.00	6.76	20.18
	绿豆单作	0.50	17.50	5.49	5.87	6.13	35.02
	绿豆间作	0.71	23.21	5.80	7.00	10.40	44.82

来源:Patra *et al.*,1986。

表4.19　豇豆/玉米间作干物质产量、吸氮量、氮素转移比例和转移量(1981年夏季试验)

种植模式	干物质产量/(g/株)	总吸氮量/(mg/株)	肥料吸氮量/(mg/株)	土壤吸氮量/(mg/株)	氮转移量/(mg/株)	氮转移比例/%
玉米单作	7.18	54.58	26.49	27.46		
玉米间作	8.44	72.58	30.88	30.48	11.23	15.47
绿豆单作	2.36	44.36	17.09	15.68	11.60	26.14
绿豆间作	2.83	38.49	12.08	12.31	14.10	36.63

播种75 d后,为接种根瘤菌的豇豆向与之间作的玉米转移的氮素为25.30％,而接种后的豇豆向与之间作的玉米转移的氮素高达31.80％之多(表4.20)。

表4.20　豇豆/玉米间作干物质产量、吸氮量、氮素转移比例和转移量(1981年季风季试验)

种植模式	干物质产量/(g/株)	总吸氮量/(mg/株)	肥料吸氮量/(mg/株)	土壤吸氮量/(mg/株)	氮转移量/(mg/株)	氮转移比例/%
玉米单作	9.66	65.80	30.00	35.90		
玉米间作(绿豆不接种)	12.17	80.29	18.70	41.25	20.33	25.30
玉米间作(绿豆接种)	14.25	105.45	19.61	52.32	33.50	31.80
绿豆单作(不接种)	5.22	120.25		65.65	54.60	45.41
绿豆单作(接种)	5.57	141.40		62.50	78.90	55.80
绿豆间作(不接种)	5.10	107.83	21.56	55.35	30.93	28.69
绿豆间作(不接种)	5.79	135.62	18.98	55.45	61.16	45.11

在田间条件下,播种 75 d 后,豇豆向与之间作的玉米转移的氮素为 27.60%(表 4.21)。

表 4.21　田间试验豇豆/玉米间作干物质产量、吸氮量、氮素转移比例和转移量(1981 年)

种植模式	籽粒干物质产量/(g/株)	秸秆干物质产量/(g/株)	总吸氮量/(mg/株)	肥料吸氮量/(mg/株)	土壤吸氮量/(mg/株)	氮转移量/(mg/株)	氮转移比例/%
玉米单作	59.2	34.2	78.78	44.61	34.74	—	
玉米间作	56.8	34.9	76.75	26.36	29.21	21.18	27.60
豇豆单作	38.9	8.6	118.61	—	54.94	63.66	53.68
豇豆间作	18.7	4.2	62.44	14.04	21.24	27.16	43.49

此外,Vallis 等(1967)用[15]N 技术证明了豆科/禾本科牧草间作中发生了豆科氮向禾本科牧草的转移;Elgersma 等(2000)用[15]N 稀释技术研究也发现在豆科/禾本科牧草间作中有相当数量的氮发生了转移。van Kessel 等(1985)利用[15]N 标记土壤在大豆中富集方法的分根试验证明了从大豆向玉米根间发生了氮转移。Ledgard(1985)在间作牧草中对同位素稀释法进行了改进,提出了叶片喂饲[15]N的方法,对氮转移的定量研究作了新的尝试,发现三叶草中有 2.2% 的氮向黑麦草发生了直接转移。Giller 等(1991)同时用叶片喂饲[15]N 的方法和[15]N 稀释法测定了菜豆和玉米间作中氮的转移,结果表明有 20%～30% 的玉米氮来源于菜豆的固氮,占菜豆固氮量的 10%～15%。

尽管大部分研究表明豆科和非豆科植物之间存在明显的氮素转移,也有研究发现一些植物组合之间在一定环境下并没有氮素转移。如采用[15]N 标记法在研究加拿大阿尔伯地区豌豆/大麦间套作时,就没有检测到豌豆和大麦之间的氮素转移(Izaurralde et al.,1992)(表 4.22)。

表 4.22　大麦和豌豆氮素来源

种植模式	大麦			豌豆		
	肥料氮	转移氮	土壤氮	肥料氮	转移氮	土壤氮
	百分比%Ndfa/%					
大麦单作	6.2		93.8			
大麦间作(与豌豆同行)	7.1	0	92.9	1.1	84.3	14.5
大麦间作(与豌豆邻行)	7.5	0	92.5	1.3	82.9	15.8
豌豆单作(接种)				2.4	60.9	36.6
豌豆单作(不接种)				2.5	59.4	38.1
	氮量/(kg N/hm²)					
大麦单作	5.5		83.5			
大麦间作(与豌豆同行)	3.3	0	43.5	1.1	80.3	14.1
大麦间作(与豌豆邻行)	2.8	0	34.0	1.3	81.6	15.5
豌豆单作(接种)				4.6	115.6	69.6
豌豆单作(不接种)				4.4	102.7	66.0

来源:Izaurralde et al.,1992。

4.3.3　国内豆科/非豆科间作中氮转移的研究

国内关于豆科和非豆科植物之间氮素转移的研究主要集中在花生/旱稻、绿豆/旱稻和蚕豆/小麦间作。Chu 等(2004)在研究我国南方地区的花生/旱稻间作之间的氮素转移时发现,施氮量为 15、75 和 150 kg N/hm² 时从花生向旱稻的氮素转移分别为 16.30、12.99 和 10.26 mg/株,分别占旱稻总氮量的 9.59%、7.36% 和 4.43%(表 4.23)。

表 4.23　花生生物固氮和向旱稻的氮转移

种植模式	施氮量 /(kg N/ hm²)	¹⁵N原子百 分超/%	固定氮 比例/%	氮转移 比例/%	氮转移量 /(mg N/株)
旱稻单作	15	0.753			
	75	2.116			
	150	3.942			
旱稻间作	15	0.645		12.2	16.30
	75	1.921		9.17	12.99
	150	3.700		6.19	10.36
花生单作	15	0.177	72.8		
	75	0.935	56.5		
	150	1.950	35.4		
花生间作	15	0.167	76.1		
	75	0.931	53.3		
	150	2.577	50.7		

来源:Chu *et al.*,2004。

Shen 和 Chu(2004)在另一个研究发现,花生/旱稻间作存在氮素双向转移现象。如当施氮量分别为 15、75 和 150 kg N/hm² 时,从花生向旱稻的氮素转移分别占旱稻总氮量的 9.93%、5.65% 和 4.22%,而从旱稻向花生的氮素转移分别占花生总氮量的 4.39%、2.06% 和 1.34%。两个方向的氮素种间转移均随着施氮量的增加而下降(表 4.24)。

表 4.24　花生生物固氮和向旱稻的氮转移

施氮量 /(kg/hm²)	作物	花生(输出)		旱稻(输入)	
		¹⁵N原子 百分超/%	氮转移 比例/%	¹⁵N原子 百分超/%	氮转移 比例/%
15	花生	1.074		0.050	4.390
	旱稻	0.115	9.932	2.493	
75	花生	1.110		0.020	2.062
	旱稻	0.068	5.651	2.181	
150	花生	0.765		0.011	1.348
	旱稻	0.024	4.223	1.451	

来源:Shen and Chu,2004。

同时,研究还发现,随着时间的推移,花生向旱稻的氮素转移占旱稻总氮量的比例越来越低(图4.19)。

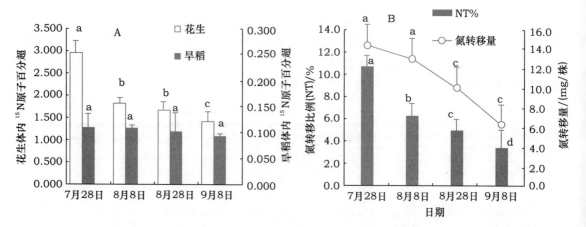

图4.19　花生和旱稻的^{15}N原子百分超(A)和花生向旱稻的氮素转移(B)

在采用根系分隔和^{15}N标记的方法研究绿豆/旱稻之间的氮素转移时,Li等(2009)发现菌根真菌对氮素转移强度均影响很大。当采用尼龙网分隔时,接种菌根真菌的绿豆向旱稻的氮转移比例为16.13%,而不接种真菌的仅为5.36%;当根系不分隔时,接种菌根真菌的绿豆向旱稻的氮转移比例为15.72%,而不接种真菌的仅为5.47%;接种菌根真菌能显著提高绿豆向旱稻氮素种间转移(Li et al.,2009)(表4.25)。

当采用尼龙网分隔时,接种菌根真菌的旱稻向绿豆的氮转移比例为2.69%,而不接种真菌的仅为2.65%;当根系不分隔时,接种菌根真菌的旱稻向绿豆的氮转移比例为5.47%,而不接种真菌的为3.21%;接种菌根真菌对旱稻向绿豆方向的氮素种间转移影响不显著(Li et al.,2009)。

表4.25　绿豆和旱稻之间的氮素双向转移

转移方向	接种方式	种植模式	^{15}N转移量/(mg/盆)	氮转移量/(mg/盆)	氮转移比例/%	净转移氮量/(mg/盆)
从绿豆向旱稻转移	AMF接种	塑料膜分隔	0	0	0	0
		尼龙网分隔	0.07	11.57	16.13	7.97
		不分隔	0.07	11.66	15.72	7.42
	不接种	塑料膜分隔	0	0	0	0
		尼龙网分隔	0.03	3.79	5.36	1.61
		不分隔	0.03	3.91	5.47	2.06
从旱稻向绿豆转移	AMF接种	塑料膜分隔	0	0	0	0
		尼龙网分隔	0.03	3.60	2.69	
		不分隔	0.03	4.25	3.21	
	不接种	塑料膜分隔	0	0	0	
		尼龙网分隔	0.02	2.17	2.65	
		不分隔	0.02	1.85	2.33	

来源:Li et al.,2009。

Xiao 等(2004)则采用盆栽试验和 ^{15}N 标记法研究了我国西北地区的小麦/蚕豆间作中的种间竞争及氮转移。Xiao 等(2004)从蚕豆播种的第 35 天开始连续 10 天进行叶柄注射氮同位素溶液处理,试验设计为注射 ^{15}N 溶液,注射去离子水研究结果表明:在完全分隔方式下,种植蚕豆的土壤中 ^{15}N‰丰度比种植小麦的土壤中 ^{15}N‰丰度高,土壤总氮也有相同趋势(表4.26)。由此可以推知小麦吸收的土壤氮和肥料氮比蚕豆多,小麦更多依赖土壤中的氮和肥料氮。在尼龙网分隔方式下,与完全分隔相比,种植蚕豆土壤中的 ^{15}N‰丰度有所降低,而种植小麦土壤中的 ^{15}N‰丰度则有所增加,再次表明小麦竞争吸收了蚕豆根区有效氮。根系完全分隔中的土壤 ^{15}N 残留种植蚕豆的土壤比种植小麦的土壤多 28 mg,在尼龙网隔中多 22 mg,根系不分隔时土壤中 ^{15}N 残留为每盆 130 mg(相当于每室 65 mg,数据表中未列出)。

表 4.26　根系分隔对小麦/蚕豆间作土壤 ^{15}N 残留的影响

分隔处理	^{15}N 丰度/%			总氮/(g/kg)			土壤中 ^{15}N 残留/(mg/盆)		
	蚕豆	小麦	$LSD_{0.05}$	蚕豆	小麦	$LSD_{0.05}$	蚕豆	小麦	$LSD_{0.05}$
完全分隔	0.766	0.600	0.070	1.008	0.917	0.088	57.6	29.2	8.01
尼龙网隔	0.744	0.629	0.054	0.991	0.956	0.062	55.2	33.7	8.33
$LSD_{0.05}$	0.100	0.033		0.080	0.096		13.7	7.2	

对植株中 ^{15}N‰丰度的测定结果表明:蚕豆的地上部和地下部 ^{15}N‰丰度都低于小麦的相应部位(表 4.27);从根系完全分隔到根系不分隔,随根系种间相互作用程度的增强,蚕豆植株体内的 ^{15}N‰丰度都逐渐降低,表明随种间根系相互作用程度的增加,蚕豆从土壤和肥料中获得的氮降低。虽然小麦秸秆也有相同趋势,但小麦籽粒在尼龙网隔时的 ^{15}N‰丰度是 3 种分隔方式中最高的,表明小麦从蚕豆根区吸收的氮素向库中进行转移。

表 4.27　不同根系分隔方式对间作蚕豆小麦体内 ^{15}N‰丰度的影响

分隔处理	蚕豆				小麦					
	^{15}N‰丰度		植株对 ^{15}N 的回收量/(mg/盆)		^{15}N‰丰度/%			植株对 ^{15}N 的回收量/(mg/盆)		
	茎	根	茎	根	秸秆	籽粒	根	秸秆	籽粒	根
完全分隔	2.337	2.239	27.25	10.98	5.014	5.214	3.795	21	48	3.6
尼龙网隔	1.304	1.480	17.35	8.05	4.827	5.322	4.086	30	57	3.8
不分隔	0.842	0.955	5.70	1.88	4.797	5.042	3.334	41	86	3.1
$LSD_{0.05}$	0.239	0.180	5.72	1.87	0.128	0.177	0.587	6	11	0.8

表 4.27 中从上到下 3 种分隔方式中:蚕豆对 ^{15}N 的回收率依次为 30%、17% 和 2%,小麦对 ^{15}N 的回收率依次为 48%、60% 和 43%。在根系不分隔中,蚕豆吸氮量与根系完全分隔时相比并没显著降低(表 4.27),结合蚕豆对肥料氮的回收只有 2%,间接证明蚕豆从大气中固定

的氮量显著增加。

间作中豆科的贡献在于它能够有效固定空气中的氮,因此禾本科/豆科间作中可以发挥氮的互补利用,即禾本科利用土壤氮,豆科固定空气氮。在本试验中,蚕豆中的氮有 60%~90% 来源于对空气氮的固定(表 4.28)。

表 4.28　根系分隔对蚕豆固氮量及固氮比例的影响

	来自肥料(%$Ndff$)[a]/%		固氮比例(%$Ndff$)[a]/%		固氮量 $Ndfa$/(mg/盆)	
	茎	根	茎	根	茎	根
完全分隔	19.8	18.9	58	46	80	26
尼龙网隔	9.2	11.1	80	68	152	50
不分隔	4.1	5.8	91	84	119	27
LSD$_{0.05}$	2.4	1.8	5	6	27	9

注:[a] %$Ndff$ 表示来源于肥料氮的百分数;%$Ndfa$ 表示来源大气氮的百分数;$Ndfa$ 代表固氮量。

不同根系分隔方式下小麦和蚕豆吸收肥料氮存在显著差异(图 4.20),小麦蚕豆间的根系相互作用影响了间作蚕豆的固氮。在蚕豆根系和小麦根系没有相互作用的处理中(完全分隔),蚕豆吸收肥料氮最多,而蚕豆从大气中固定氮的比例仅有 58%;随着根系交互作用的加强,小麦吸收肥料氮增加,蚕豆吸收肥料氮下降。蚕豆固氮比例随之增加,尼龙网分隔处理为 80%,不分隔处理为 91%。这些结果表明,小麦/蚕豆间作中氮营养竞争和固氮促进机理同时存在,即小麦通过竞争吸收土壤氮,使蚕豆根区土壤有效氮维持在较低的水平进而促进蚕豆固氮。

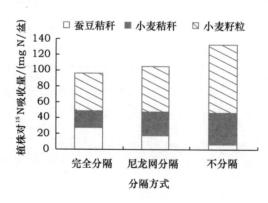

图 4.20　不同根系分隔方式对间作蚕豆
小麦吸收肥料氮的影响

氮转移的直接证据是蚕豆中标记的氮同位素在与之间作的小麦中检测到(表 4.29)。假设蚕豆中 ^{15}N 的同化物与其他氮同化物有同等转移机会,利用对蚕豆叶柄注射氮同位素 ^{15}N 溶液的方法,这样就可以方便地证明间作中豆科向禾本科发生的氮转移。

表 4.29　叶柄注射同位素 ^{15}N 溶液对间作小麦蚕豆生长及植株 ^{15}N‰丰度的影响

处理	干重/(g/盆)		吸氮量/(mg N/盆)		^{15}N‰丰度	
	蚕豆	小麦	蚕豆	小麦	蚕豆	小麦
注射 ^{15}N	7.44	3.20	136	48	0.9302	0.4808
对照[a]	6.48	2.86	121	50	0.4019	0.4010
LSD$_{(0.05)}$	1.84	0.92	30	11	0.2067	0.0127

注：[a] 对照注射蒸馏水。

叶柄注射氮同位素 ^{15}N 溶液和注射蒸馏水之间，蚕豆和小麦的生物量和吸氮量都没有显著差异，说明注射氮同位素 ^{15}N 溶液没有影响作物正常生长。两个处理间蚕豆的 ^{15}N‰丰度存在显著差异，同时小麦的 ^{15}N‰丰度在注射 ^{15}N 溶液和蒸馏水之间也有显著差异。因此，间作蚕豆与小麦间发生了氮转移。计算表明蚕豆中有 7.4 mg 氮发生了转移(表 4.30)。尽管所占小麦吸氮量的比例较高(15.2%)，但考虑到本试验中极度缺氮(土壤有效氮仅 7.1 μg/g)，小麦生物量较小，转移的农学意义不大，因此氮素转移的贡献还需进一步研究。

表 4.30　间作中蚕豆向小麦转移氮的数量

试验	分隔处理	氮转移量/(mg N/盆)	氮转移占蚕豆的总吸氮量的比例/%	氮转移占小麦的总吸氮量的比例/%
试验 4-1	尼龙网分隔	2.09	1.25	1.18
	不分隔	6.40	4.90	2.35
	LSD$_{0.05}$	1.27	1.72	0.50
试验 4-2	不分隔	7.37	5.13	15.20

根据小麦在与蚕豆根系相互作用中的 ^{15}N‰丰度比根系完全分隔时低的事实也可用于计算间作中的氮转移。根系不分隔中氮转移的量是尼龙网隔中的 3.1 倍，表明氮转移主要是通过根系充分接触发生的。在施氮条件下，氮转移所占小麦总吸氮量的比例比缺氮时低。

4.3.4　豆科／非豆科间作中氮转移的形态和途径

4.3.4.1　植物—真菌网络—植物途径

陆地上 80% 的植物能与菌根真菌形成菌根。菌根网络的形成，相当于植物的根系大幅度增大，极大地促进了植物对水分和养分的吸收。当真菌网络同时连接相邻的两种植物时，植物之间便建立了物质互通的桥梁，其中氮素转移是最重要的方面之一。He 等(2003)综述了前人的研究表明，公共真菌网络可能广泛存在于植物之间，而且植物可以快速将自身的氮素转移至公共真菌网络(图 4.21，彩图 6)。

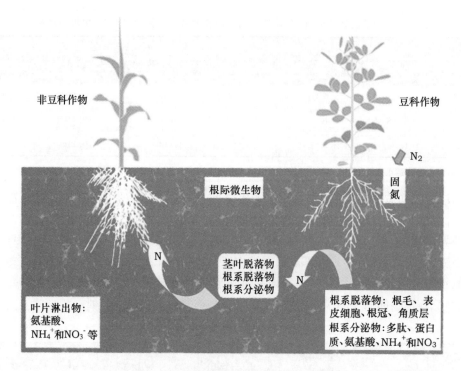

图 4.21   植物之间氮素转移途径示意图

植物通过公共真菌网络转移的氮素可能存在多种形态,铵就是其中重要的一种(图 4.22)(Chalot *et al*.2006;Cruz *et al*.2007)。在这过程当中,铵根离子通过真菌质膜离子通道进入真菌菌丝,经谷氨酰胺合成酶合成谷氨酰胺,谷氨酰胺经精氨基琥珀酸合成酶合成精氨酸,精氨酸跨膜进入内生菌丝,精氨酸在精氨酸酶的催化下,在内生菌丝中形成尿素,尿素经脲酶催化成为铵根离子,铵根离子通过质外体进入植物细胞。

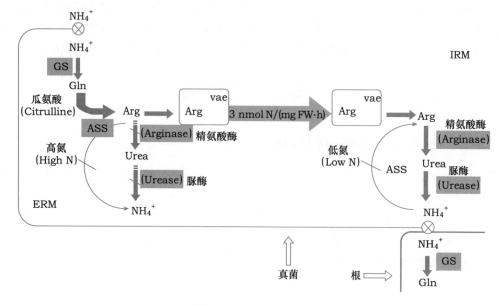

图 4.22   植物与真菌界面之间氨的转运过程

4.3.4.2 植物—根际氮—植物途径

植物在生长过程中,根尖细胞不断脱落,同时还分泌有机酸、蔗糖等多种有机化合物。这些物质形成植物的根际沉淀物。就氮素而言,植物能将自身氮素的 $0 \sim 65\%$ 释放至其根际(Fustec *et al*.,2009)。这些氮素经根际微生物的作用下,降解为简单氨基酸和氨,并进一步经硝化作用转为硝态氮。相邻植物通过根系吸收这些氮素,最终实现植物之间的氮素转移(表 4.31)。

4.3.4.3 植物—昆虫—真菌—植物途径

最近的研究表明,植物和昆虫之间可以通过绿僵菌(*Metarhizium*)进行连接,植物可吸收经绿僵菌输送过来的昆虫氮素(Behie *et al*.,2012)。这样,植物与植物之间则可能增加了一种潜在的氮素转移途径。在这种途径中,供氮植物首先被昆虫取食,而后昆虫被绿僵菌侵染致死,绿僵菌的菌丝与吸氮植物形成共生,这样,吸氮植物和供氮植物便通过昆虫和绿僵菌实现了氮素的间接转移(图 4.23,彩图 7)。

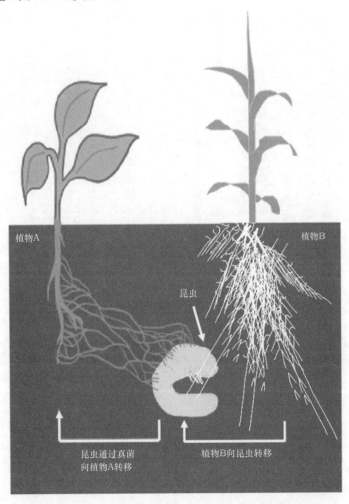

图 4.23 植物—昆虫—真菌—植物氮素转移途径示意图

来源:由 Behie et al.,2012 修改。

表 4.31　根际氮素淀积百分比

植物种类	种植条件	研究方法	^{15}N 回收率/%	(淀积氮/植物氮)/%	参考文献
三叶草，苜蓿	大田	叶面喷洒	—	—	Ze b arth et al 1991
豌豆	生长箱	分根法，$(^{15}NH_4)_2SO_4$	—	8~12	S aw atsky and Soper 1991
豌豆	生长箱	分根法，KNO_3-^{15}N	—	7	Jensen　1996
羽扇豆	大田带雨篷	棉芯法，尿素-^{15}N	81~102	18.5	Russel and Fillery 1996
三叶草，皮特曼黄花鸡足豆	大田	叶片饲喂，尿素-^{15}N	85,76	10,20	McNeill et al 1997
三叶草，皮特曼黄花鸡足豆	温室	叶柄饲喂，尿素-^{15}N	42,64	40,57	McNeill et al.,1998
蚕豆，大豆，羽扇豆，绿豆等	大田	叶柄饲喂，尿素-^{15}N	—	—	Rochester et al.,1998
蚕豆，鹰嘴豆，绿豆，蔓草虫豆	温室	茎饲喂，尿素-^{15}N	90,76,100,102	23.5,43.9,16.5,35.5	Kh an et al.,2002
木田菁	温室	叶饲喂，茎注射，领根饲喂尿素-^{15}N	35,45,101	—	Ch alk et al.,2002
蚕豆，豌豆，羽扇豆	盆栽	棉芯尿素-^{15}N	84.8,83.2,84.5	13,12,16	M ayer et al.,2003
豌豆，山黧豆	温室	分根法 KNO_3-^{15}N	—	10.5,9.2	Schmidtke et al.,2004
鹰嘴豆	温室	叶片饲喂，叶柄注射，棉芯	65~85	9.7~11.7	Y asmin et al.,2006
豌豆	温室,大田, 温室,大田	棉芯尿素^{15}N 分根法， $^{15}NO_3$-$^{15}NH_4$	70 — —	34.2 14.3~17.3 27.5	M ahieu et al.,2007
三叶草/旱地禾	大田	叶片饲喂^{15}N N-ure a	—	47,10	Gylf adottiret al.,2007
豌豆	大田	棉芯^{15}N N-ure a	59~77	32~36	Wichern et al.,2007
羽扇豆	大田	棉芯^{15}N N-ure a	69~76	35~65	McNeill and Fillery,2008

来源：Fustec et al. 2009。

4.4　花生／玉米种间相互作用改善铁营养及结瘤固氮

铁是直接参与豆科作物共生固氮的重要营养元素之一，它是固氮酶、豆血红蛋白、铁氧还蛋白等含铁蛋白的重要金属组分。固氮酶约占根瘤菌细胞全蛋白质的 $10\%\sim12\%$，而豆血红蛋白占侵染植物细胞可溶性蛋白的 $25\%\sim30\%$（Dakora，1995）。根瘤菌-豆科植物识别侵染后，根瘤生长发育和维持功能所需的铁完全依靠寄主豆科植物供应（Guerinot and Yi，1994；Wittenber，1996）。实践证明，共生固氮体系对铁的相对需求程度比豆科植物本身要高，缺铁对依靠固氮生长的豆科植物比依靠矿质氮生长的影响更大；在多种豆科作物中，缺铁可抑制豆科作物结瘤，使固氮酶活性显著降低，从而影响产量和品质（Tang *et al.*，1992；Levier，1996）。因此，铁在豆科作物共生固氮中占有重要的地位。

4.4.1　不同供铁水平对花生结瘤固氮作用的影响

4.4.1.1　铁营养对花生根瘤生长发育的影响

1.根瘤起始点

根瘤起始点数目包括可见根瘤数和不可见的根瘤起始原基数量；铁对根瘤起始点的影响如图 4.24 所示。介质中供铁浓度 $\leqslant80\ \mu mol/L$ 时，铁对根瘤起始点数量影响不大，而介质中供铁浓度在 $160\ \mu mol/L$ 时，根瘤起始点数量明显减少，其差异达 5% 显著水平。这些结果表明，介质中供铁浓度 $\leqslant80\ \mu mol/L$ 时，铁对花生-根瘤菌间的识别、侵染和形成根瘤起始原基无影响，而高铁浓度（$160\ \mu mol/L$）对花生-根瘤菌间的识别、侵染和形成根瘤起始原基具有一定的抑制作用（左元梅等，2002）。

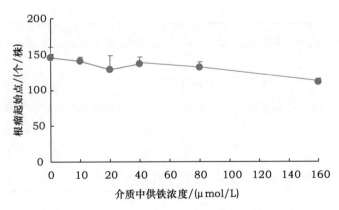

图 4.24　铁对花生根瘤发育点的影响

来源：左元梅等，2002。

2.可见根瘤数和根瘤重量

左元梅等（2002）研究认为，可见根瘤数随介质中供浓度的提高而增加，当铁浓度超过

80 μmol/L 时,可见根瘤数又开始下降。介质中供铁浓度为 80 μmol/L 时,可见根瘤数最多,与对照相比提高了 194%,差异达 1% 显著水平。根瘤重量也随铁浓度的提高而增加,铁浓度超过 40 μmol/L 时又开始下降。介质中供铁浓度为 40 μmol/L 时,根瘤重量最高,与对照相比提高了 118%,差异达 1% 显著水平。可见根瘤数和根瘤重量与介质中供铁浓度之间有明显的相关性(图 4.25)。

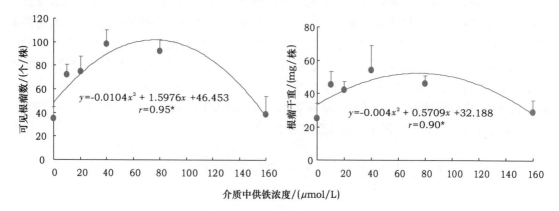

图 4.25　铁对花生可见根瘤数和根瘤干重的影响

来源:左元梅等,2002。

4.4.1.2　铁营养对花生根瘤铁含量的影响

左元梅等(2002)研究表明,随介质中供铁浓度的提高,花生根瘤含铁量增加,与对照相比分别提高了 23%、50%、103%、157% 和 232%。介质供铁浓度≤80 μmol/L 时,根瘤吸铁量随铁浓度提高而增加,与对照相比分别增加 112%、159%、340% 和 379%;当介质中供铁浓度为 160 μmol/L 时,根瘤吸铁量又明显下降,与 80 μmol/L 时吸铁量相比,下降 34.2%。这与 160 μmol/L 时可见根瘤数和根瘤重量下降相一致(表 4.32)。

表 4.32　铁对花生根瘤含铁量和吸铁量的影响

铁浓度(μmol/L)	根瘤含铁量/(mg/kg)	根瘤吸铁量/(μg/株)
0	321.7±29.6	8.0±2.6
10	394.7±20.3	17.0±2.0
20	483.8±28.1	20.7±3.3
30	652.0±108.5	35.2±9.1
80	828.3±112.0	38.3±1.8
160	1 069.5±122.2	25.2±10.1

来源:左元梅等,2002。

4.4.1.3　铁营养对花生根瘤固氮功能的影响

左元梅等(2002)研究认为,单株花生固氮酶活性和单位根瘤固氮酶活性随铁浓度提高而增加,当铁浓度超过 40 μmol/L 时又开始下降。在铁浓度为 0~80 μmol/L 范围内,与对照比各处理单株固氮酶活性分别提高 15%、126%、174% 和 126%，单位根瘤固氮酶活性分别提高 9%、22%、21% 和 10%（图 4.26）。

有资料表明，缺铁主要影响花生根瘤的发育，并指出类菌体繁殖对缺铁最敏感（O'Hara *et al*，1988a；1988b）；而也有研究认为，白羽扇豆缺铁主要影响根瘤的发生，缺铁抑制了根瘤菌诱导的初始分生组织的进一步分化，导致根瘤无法形成（Tang *et al*，1991）。左元梅等（2002）研究认为，当介质中供铁浓度处于 $0\sim80~\mu mol/L$ 时，根瘤起始点几乎没有变化（图 4.24）。说明在此范围内，根瘤菌与豆科植物之间的识别、侵染和形成根瘤原基等过程不受铁的影响。但当介质中供铁浓度较高时（160 $\mu mol/L$），根瘤起始点数目明显减少，说明过高的铁浓度可能影响了根瘤菌和花生间的识别和侵染，导致根瘤原基无法形成。也有研究表明，根瘤菌成功侵染豆科植物可能需要低铁环。境（Miller，1989），铁能够调控参与根瘤菌侵染的基因表达（Payne，1988），因此，低铁不影响根瘤菌侵染，但是过高的铁浓度却能够抑制根瘤菌侵染寄主植物。铁对花生可见根瘤数和根瘤重量的影响与对根瘤起始点的影响不同。在 $0\sim80~\mu mol/L$ 铁浓度范围内，随着介质中铁浓度的提高，花生的可见根瘤数和根瘤重量明显增加（图 4.25）。表明铁主要是影响根瘤原基进一步发育成可见根瘤，进而影响根瘤重量。根瘤发育过程主要包括根瘤菌繁殖增生和与固氮有关的蛋白如固氮酶和豆血红蛋白等的表达合成，而与固氮酶和豆血红蛋白合成有关基因的表达却需要较高铁浓度的诱导（Roessler and Nadler，1982；Guerinot and Chelm，1986；Fisher，1986）。因此，缺铁抑制了花生固氮酶和豆血红蛋白的表达合成，影响了根瘤发育，从而导致花生的固氮功能降低。可见，铁在豆科作物共生固氮中占有极其重要的地位。

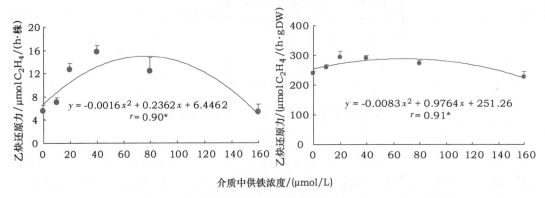

图 4.26　铁对花生单株固氮酶活性和单位根瘤固氮酶活性的影响

来源：左元梅等，2002。

4.4.2　禾本科作物对花生铁营养的改善作用

在铁有效性低的石灰性土壤上，单作花生缺铁黄化现象严重而普遍，已经成为制约花生高产、稳产的重要因素。玉米/花生间作可以改善花生铁营养，增加铁吸收量，矫正花生缺铁失绿症（左元梅，1997）。左元梅等（1998）又通过根箱模拟试验研究了玉米/花生间作对土壤铁的有效性影响。结果表明，间作根室土壤有效铁的含量高于花生单作中根室土壤的有效铁含量，而单作玉米根室土壤有效铁的含量又高于单作花生和间作花生根室土壤有效铁的含量（图 4.27）。

从根际范围来看，距根表距离越近，间作处理土壤的有效铁含量明显高于单作花生。植物根表土壤有效铁含量表现为间作花生土壤有效铁含量高于花生单作,而单作玉米根表土壤有效铁含量又高于单作花生和间作花生;具体来讲,在距根表 0～2 mm 根际范围内,间作土壤有效铁含量高于单作花生,单作玉米高于单作花生和间作花生;在距根表 2～4 mm 范围内仍具有相同的趋势,但在根际 4～6 mm 范围内单作花生、间作花生、单作玉米不同处理土壤有效铁含量之间没有差异(图 4.28)。

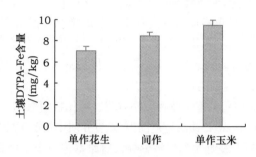

图 4.27　间作对根室土壤有效铁含量的影响

来源:左元梅等,1998。

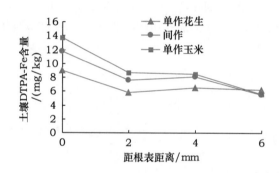

图 4.28　间作对距根表不同距离土壤有效铁含量的影响

来源:左元梅等,1998。

因此,推测在该间作系统中玉米根系分泌麦根酸类植物铁载体可能是改善花生铁营养的主要机制之一。为了证实这一假说,左元梅等(2004)在田间条件下,研究了分泌麦根酸能力不同的 5 种禾本科作物(大麦＞燕麦＞小麦＞玉米＞高粱)分别与花生混作对花生铁营养的影响。结果表明,当花生生长至不同阶段时,与 5 种禾本科作物混作的花生根际土壤有效铁的含量都明显地高于相应的单作花生,单作花生在各生长阶段其根际土壤有效铁含量变化不大,而混作花生根际有效铁含量变化较大。当混作花生新叶最初表现缺铁黄化症状时,其根际土壤有效铁的含量高于花生缺铁黄化明显和严重阶段。总之,混作花生根际有效铁的含量随着花生生长对铁的需求不断增加而呈递减趋势(图 4.29)。

玉米/花生混作盆栽试验表明,不施氮肥的单作花生、单作玉米和混作作物根际土壤活性铁($DTPA-Fe$)浓度基本没有差异;施用氮肥后,当花生生长至开花期时,单作玉米根际土壤活性铁浓度显著高于单作花生和混作,增加的幅度为 $29.4\%\sim34.3\%$,而单作花生和混作根际土壤活性铁浓度无差异;但是当花生生长至下针期时,单作玉米和混作根际土壤活性铁浓度显著高于单作花生,并且有混作＞单作玉米＞单作花生的趋势(表 4.33)。这进一步说明,施用氮肥在一定程度上可提高玉米根际土壤活性铁浓度,石灰性土壤上花生与玉米混作后其铁营养状况可明显地得到改善(房增国,2004)。

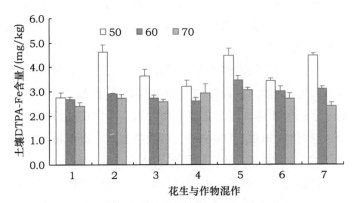

图 4.29 不同混作对花生根际土壤有效铁含量的影响

来源:左元梅等,2004。

注:1.单作花生;2.花生/玉米(丹玉 13);3.花生/高粱;4.花生/大麦;5.花生/燕麦;6.花生/春麦;7.花生/玉米(中单 2)。

表 4.33 花生—玉米混作系统中不同施氮水平对

不同时期土壤 DTPA-Fe 浓度的影响 mg/kg

施氮水平	时期	单作花生	混作	单作玉米
N0	开花期	3.6±0.7a	3.6±0.5a	2.3±0.1b
	下针期	3.9±0.6a	3.9±0.5a	3.1±0.5a
N 50	开花期	3.4±0.5b	3.3±0.6b	4.4±0.2a
	下针期	3.7±0.3b	5.2±0.3a	4.2±0.4b
N 150	开花期	3.6±0.5b	3.5±0.3b	4.7±0.4a
	下针期	2.9±0.5b	5.2±0.6a	4.4±0.4a

注:行内 3 个值进行比较,字母相同的值差异不显著;花生开花期(S1)、下针期(S2)。

小麦和花生间作后花生根际土壤有效铁含量显著增加,施用 $CaCO_3$ 处理导致花生严重缺铁,而单作施用 $CaCO_3$ 处理显著降低土壤有效铁含量,间作施用与未施 $CaCO_3$ 处理间根际土壤有效铁含量无明显差异(郭桂英等,2006)。

由此可见,黄淮海平原实行的玉米/花生间作制度具有较大的间作优势,这一种植方式对改善花生的铁营养具有非常明显的效果。玉米与花生间作通过两种类型作物活化、吸收和利用铁机理的优势互补作用,玉米能够明显地改善花生的铁营养,表明该种植模式对土壤养分铁资源的吸收和利用产生了重要的影响。

4.4.3 玉米/花生混作对花生结瘤固氮作用的影响

4.4.3.1 与玉米混作对花生根瘤形态结构的影响

根瘤的形态结构以及其类菌体的超微结构在一定程度上能反映豆科植物的固氮能力。Sinclair 和 Serraj(1995)对大豆、羽扇豆、豌豆和苜蓿根瘤中的细菌周膜空间进行了详细的比较研究,发现细菌周膜空间与根瘤固氮活性呈显著负相关。左元梅等(2003)研究发现,花生生长至 45 d 时,单作和混作处理花生都没有出现缺铁黄化现象。从根瘤的光学和电子显微观察结果判断处理间根瘤的形态结构差异也不大,受侵染的细胞几乎没有液泡,整个细胞质中充满了变形的根瘤菌——类菌体。类菌体数量较多,处理间数量差异不大,花生成熟根瘤的周膜空间较小,类菌体膜光滑,没有内陷。正在发育的幼小根瘤,侵染细胞液泡化程度较小,细胞内线粒体、内质网和质体数量较多,细胞内根瘤菌数量较少,正处于分裂增殖阶段(表 4.34)。每个类菌体外包一层膜,该膜起源于细胞质膜,称为类菌体周膜,此膜在类菌体和寄主细胞质间的物质运输、能量代谢和信息传递等方面起重要作用。周膜与类菌体膜间的空腔叫做周膜空间,其主要功能是储存离子和代谢物质,其大小将会影响类菌体中固氮酶活性的高低。一般认为,根瘤类菌体周膜空间体积增大能够导致根瘤固氮酶活性下降。花生生长至 69 d 时,单作花生新叶缺铁黄化于成熟根瘤而言,单作花生根瘤侵染细胞液泡较混作下的大,但是单个细胞内类菌体数量处理间没有差异(表 4.34);而不同处理间花生根瘤内类菌体形态差异较大,混作的类菌体周膜空间较小。单作花生缺铁对其幼小根瘤内细胞和类菌体的形态结构影响最大,单作花生幼小根瘤侵染细胞液泡化程度更高,并且,单个细胞内类菌体数量明显低于混作花生(表 4.34)。说明单作花生缺铁抑制了根瘤菌在侵染细胞内的分裂增殖。

表 4.34 花生根瘤侵染细胞中类菌体数量

时 期	种植体系	未成熟根瘤	成熟根瘤
45d	单作	13±4	43±7
	混作	13±3	41±6
	显著性差异	ns	ns
69d	单作	12±4	47±6
	混作	26±5	48±6
	显著性差异	*	ns

来源:左元梅等,2003。

注:* 表示 $P<0.05$ 有显著性差异;ns 表示差异不显著。

Wittenberg(1996)提出,周膜空间(peribacterioid space,PBS)是根瘤中主要的铁储藏空间,PBS 的大部分铁被一个低分子量的化合物所螯合,此化合物的光谱特性同发现的细菌微生物铁载体类似。单作花生受缺铁胁迫时,类菌体周膜空间体积变大,其原因可能主要有以下两个方面:①类菌体为满足固氮需要分泌更多高亲和力物质进入周膜空间,螯合由周膜运输进的铁,维持较高的铁浓度,因而周膜空间水势降低,寄主细胞质中的水分进入周膜空间,导致单作花生根瘤类菌体周膜空间增大。②由于缺铁导致某些可溶性物质在寄主细胞内积累,并进入周膜空间,使其水势降低,吸引水分进入,从而使得周膜空间体积增大。Trinchant 等(1998)研究发现,盐胁迫可导致脯氨酸在侵染细胞和类菌体周膜空间中累积,使周膜空间变大,根瘤固氮活性下降。无论何种原因导致类菌体周膜空间体积增大,都可使寄主细胞质中的矿物质和有机物质不能迅速进入类菌体;同时,类菌体的代谢产物包括固定的氮也不能迅速地输入到寄主细胞质中,最终导致根瘤固氮活性下降。

4.4.3.2　与玉米混作对花生结瘤固氮作用的影响

1. 可见根瘤数

图 4.30 表明,与单作相比,无论是花生开花期还是下针期,混作均能显著增加单株花生的可见根瘤数,开花期三个施氮水平上混作花生单株可见根瘤数分别比单作提高 78.0%、68.6% 和 127.2%,下针期依次比单作提高 48.2%、106.1% 和 41.7%;但随着施氮量的增加,无论单作还是混作,单株花生可见根瘤数均显著降低(房增国等,2004)。

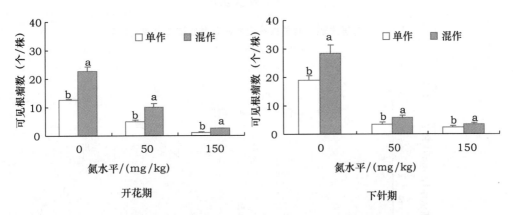

图 4.30　不同施氮水平下与玉米混作对花生可见根瘤数的影响

2. 根瘤豆血红蛋白含量

豆科植物根瘤豆血红蛋白的含量是反映其固氮功能强弱的重要指标(Dakora,1995;Sinclair and Serraj,1995)。豆血红蛋白维持豆科植物根瘤内较低 pO_2,并有效地把 O_2 传送给类菌体的含铁血红蛋白,其浓度越高,根瘤的固氮酶活性也越高(Applely,1984;Bergersen and Goodchild,1973;Dakora,1991)。缺铁能明显降低豆科植物根瘤豆血红蛋白的含量(O'Hara et al.,1988),其机理可能是缺铁抑制了根瘤菌体内与豆血红蛋白合成有关的基因 hemA 的表达(Roessler and Nadler,1982)。

图 4.31 表明,随着单作花生缺铁黄化的加重,单株花生根瘤内豆血红蛋白含量与混作之间差异加大。单作花生新叶轻微黄化时(55 d),混作花生豆血红蛋白含量比单作花生高。单作花生新叶严重黄化时(69 d),混作花生根瘤豆血红蛋白含量比单作增加幅度大。可见,根瘤豆血红蛋白含量低是缺铁黄化导致单作花生固氮活性降低的重要原因(左元梅等,2003)。

3. 根瘤固氮酶活性

图 4.32 所示,混作花生的单株根瘤固氮酶活性高于单作的花生,单作花生表现缺铁随黄化程度加重,其差异更为明显。当单作花生出现轻度黄化(55 d)和严重黄化(69 d)时,混作花生单株固氮酶活性则分别高于相应的单作(左元梅等,2003)。

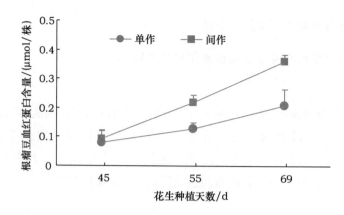

图 4.31　与玉米混作对单株花生根瘤豆血红蛋白含量的影响
来源：左元梅等，2003。

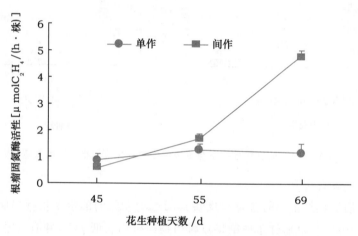

图 4.32　玉米与花生混作对单株花生根瘤固氮酶活性的影响
来源：左元梅等，2003。

左元梅等（2004）研究表明，与玉米混作花生的单株和单位根瘤固氮酶活性高于单作花生，其中混作花生单株固氮酶活性是单作花生的 3.8 倍，单位根瘤固氮酶活性是单作的 2.5 倍，混作和单作花生之间单株根瘤固氮酶活性（F＝15.63，p＜0.01）和单位根瘤固氮酶活性（F＝37.87，p＜0.01）差异显著（表 4.35）。

表 4.35　玉米/花生混作对花生根瘤固氮酶活性的影响

固氮酶	单作花生	混作花生
单株根瘤[$\mu molC_2H_4/(h\cdot 株)$]	1.2±0.42	4.6±0.22
单位根瘤[$\mu molC_2H_4/(h\cdot gDW)$]	86.71±20.49	220.25±30.51

来源：左元梅等，2004。

对于依靠共生固氮的豆科作物而言，根际环境中 NO_3^--N 含量较低将更有利于刺激作物通过共生固氮作用而固定更多的大气氮。一般认为，低浓度的 NO_3^--N 可促进花生固氮，而高浓度的 NO_3^--N 则抑制豆科作物共生固氮，因为硝态氮浓度过高，既影响根瘤皮层内 O_2 的扩散，最终导致根瘤呼吸速率和固氮酶活性下降，又会抑制豆科作物体内信号物质类黄酮的合成和累积,从而抑制根瘤菌与豆科作物间的识别和侵染(Denison and Harter,1995;Vanderley-den,2000;左元梅等,2003)。

图4.33分析了不同施氮水平下,与玉米混作对花生固氮酶活性的影响。结果表明,随着施氮水平的升高,单、混作花生单株固氮酶活性均降低。在开花期,混作花生单株固氮酶活性低于单作花生,当施氮量达到150 mg/kg时,严重抑制了固氮酶活性;但在下针期,混作花生单株固氮酶活性显著高于单作花生。并且不施氮肥的处理中下针期单、混作花生固氮酶活性比开花期都有所降低,单作降低了107.1%,而混作仅降低了21.7%。但施氮肥50、150 mg/kg的处理,混作花生单株固氮酶活性则显著高于开花期的混作花生。说明施氮肥在本试验中会抑制花生的根瘤数和固氮酶活性,而与玉米混作后则显著提高了花生的根瘤数以及根瘤固氮酶活性(房增国等,2004)。

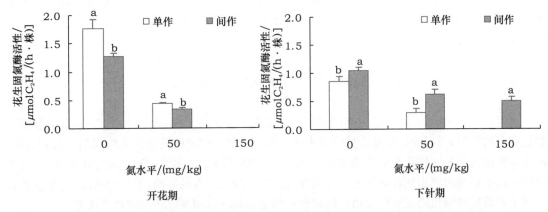

图4.33 玉米/花生混作系统中不同施氮水平对单株花生根瘤固氮酶活性的影响

关于施氮抑制豆科作物的根瘤生长发育及固氮作用的解释有许多,大部分研究都认为高浓度化合态氮(硝酸盐、铵、尿素以及氨基酸),尤其是硝酸盐对豆科作物的固氮酶活性有很强的抑制作用,并且根瘤数也减少。施用高浓度的 NO_3^--N 不但能使根瘤数和根瘤干重降低,而且可能抑制根瘤菌对豆科植物的侵染和影响根瘤的正常结构(Goi,1997;左元梅等,2003);也有人认为硝态氮抑制根瘤固氮的原因是:①由于硝态氮还原的消耗致使光合产物向根瘤供应减少;②根瘤中硝态氮还原生成二氧化氮的毒害,其影响主要是抑制根瘤的着生和肥大,但对已形成的根瘤影响不大(解惠光,1990)。因此豆科/非豆科作物间作系统中氮肥施用不当,会抑制豆科作物的生物固氮。

左元梅等(2003)研究证明花生根瘤的发生主要受介质 NO_3^--N 浓度和地下部含氮量的影响,与地上部含氮量和植株吸氮量关系不大。说明环境介质中较高浓度的 NO_3^--N 能抑制根瘤菌对花生的侵染,从而导致花生根瘤数量明显的减少。

豆血红蛋白占侵染植物细胞可溶性蛋白的25%~30%,其含铁量是根瘤含铁量的0.3%(Verma and Long,1983),因而,豆血红蛋白合成与根瘤内铁含量呈正相关。现已证明:铁直接参与豆血红蛋白骨架血红素的合成,缺铁会抑制与血红素合成有关酶——α-氨基乙酰丙酸合成酶和α-氨基乙酰丙酸脱氢酶的活性(Roessler and Nadler,1982)。豆血红蛋白在固氮过程中承担氧传递的作用,其浓度与固氮活性呈密切正相关(Dakora,1995)。缺铁可能抑制了根瘤豆血红蛋白的合成,进而限制了固氮酶活性(Rai et al,1984;Tang et al,1991)。左元梅(2003)研究结果也证明:生长至69 d时,单作花生根瘤豆血红蛋白数量低于混作花生,而此时单株花生根瘤固氮酶活性也相应地是单作低于混作花生。说明单作花生缺铁黄化导致了根瘤豆血红蛋白含量降低,从而使得其根瘤固氮酶活性也低于混作花生。

根瘤菌-豆科植物识别侵染后,根瘤生长发育和维持功能所需的铁完全依靠寄主豆科植物供应(Guerinot,1994;Wittenberg,1996)。所以玉米/花生混作改善花生铁营养的同时,也促进了花生根瘤的形成和生长发育,并且混作花生的根瘤数和固氮酶活性都显著高于单作花生,从而增强混作花生的固氮能力。由此可以看出,在玉米/花生混作系统中花生固氮能力的提高主要有以下两方面的原因:①混作使花生植株铁营养得到改善;②与玉米混作后,由于玉米竞争利用花生根际的氮素,降低了根际土壤氮浓度,从而减轻了氮素对花生生物固氮功能的抑制。但是,关于混作花生铁营养改善和玉米吸收降低了根际氮浓度对花生固氮功能增强贡献的大小如何,尚需进一步的研究。

综上所述,石灰性土壤上玉米与花生混作改善花生铁营养,改善根瘤的形态结构以及类菌体的超微结构,能明显提高根瘤豆血红蛋白含量,从而提高其固氮活性,这是混作花生固氮活性高于单作的重要原因之一。

4.4.4 玉米/花生混作对花生根瘤碳氮代谢的影响

玉米/花生间作改善花生铁营养同时能明显提高花生的光合速率(Zuo *et al.*,1997),从而增加光合产物数量,而根瘤还需要大量的碳水化合物参与被固定氮的同化以及根瘤的生长和代谢,据此推测这可能是间作花生固氮功能增强的一个重要原因。左元梅(2004)通过研究玉米/花生混作对花生根瘤内碳水化合物含量和与碳氮代谢有关的酶活性的影响,来探讨玉米/花生混作改善花生铁营养增强根瘤碳水化合物代谢水平是否是提高花生固氮作用的重要原因之一。

4.4.4.1 玉米/花生混作对花生根瘤内氨基酸含量的影响

混作对花生根瘤氨基酸含量的影响如图4.34所示,混作花生根瘤氨基酸含量略比单作增加了12%。说明混作花生固氮活性提高,形成的固氮产物也比较多(左元梅等,2004)。

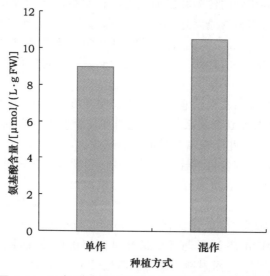

图 4.34 玉米/花生混作对花生根瘤氨基酸含量的影响

来源:左元梅等,2004。

4.4.4.2　玉米/花生混作对根瘤内碳水化合物含量的影响

左元梅等(2004)研究认为,不同处理间根瘤内蔗糖和可溶性糖含量差异不明显(表4.36),相比较而言单作花生根瘤蔗糖含量略比混作高1.8%,可溶性糖含量略低2.4%。根瘤光学显微观察发现,单作花生根瘤皮层细胞内积累大量淀粉粒(图4.35),而混作花生则较少,这与单作根瘤蔗糖含量较高相一致,说明单作花生固氮活性低,消耗能量较少,因此尽管单作花生光合产物供应较少,但还是完全能够满足固氮需要,并有累积。因此,可以推测单作花生缺铁黄化对光合速率以及光合产物的数量和运输的影响不是限制固氮活性的关键因子,碳水化合物代谢可能是限制花生固氮活性的因素。

表 4.36　玉米花生混作对花生地上部、根瘤蔗糖和可溶性糖含量与韧皮部蔗糖和可溶性糖运输量的影响

花生部位	处理	蔗糖含量(mg/gDW)	可溶性糖含量(mg/gDW)
地上部	单作	13.1±1.2	63.2±3.7
	混作	15.0±0.7	77.9±2.6
根瘤	单作	36.3±5.3	69.0±4.0
	混作	35.6±3.3	70.8±6.5
		蔗糖运输量 [$\mu g/(h \cdot 株)$]	可溶性糖运输量 [$\mu g/(h \cdot 株)$]
韧皮部	单作	78.8±4.0	124.49±48.4
	混作	164.6±13.8	267.65±9.5

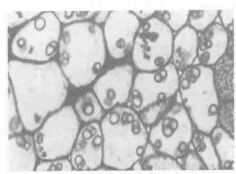

单作花生根瘤×400　　　　　　混作花生根瘤×400

图 4.35　根瘤光学显微镜观察结果——示皮层细胞内淀粉粒积累状况

来源:左元梅等,2004。

4.4.4.3　玉米/花生混作对根瘤内与碳水化合物代谢有关酶活性的影响

混作花生根瘤内异柠檬酸脱氢酶(IDH)活性和苹果酸脱氢酶(MDH)活性高于单作花生

（表 4.37），分别提高 28％和 29％；而混作花生根瘤磷酸烯醇丙酮酸羧激酶（PEPCK）活性则比单作花生低 47％（左元梅等，2004）。

表 4.37 玉米/花生混作对花生根瘤异柠檬酸脱氢酶（IDH）、苹果酸脱氢酶（MDH）、磷酸烯醇丙酮酸
羧激酶（PEPCK）、谷氨酰胺合成酶（GS）和天冬氨酸转氨酶（AAT）活性的影响

酶活性 （μmolNADH/（gFW·min））	单作花生	混作花生
异柠檬酸脱氢酶	20.4 ± 2.3	26.2 ± 2.6
苹果酸脱氢酶	3.4 ± 0.1	4.4 ± 0.3
磷酸烯醇丙酮酸羧激酶	2.3 ± 0.3	1.2 ± 0.2
谷氨酰胺合成酶	31.0 ± 3.2	44.0 ± 4.6
天冬氨酸转氨酶	0.38 ± 0.12	0.32 ± 0.16

来源：左元梅等，2004。

4.4.4.4 混作对花生根中瘤内与氮代谢有关酶活性的影响

表 4.37 结果表明，混作花生根瘤内谷氨酰胺合成酶活性明显高于单作（$F=8.97$，$P<0.05$），增加了 42％，这与混作花生固氮活性较高相一致。而混作花生天冬氨酸转氨酶活性则低于单作，下降 16％，这可能与单作花生根瘤 PEPCK 羧激酶活性高，形成草酰乙酸较多有关。

有研究表明，苹果酸和琥珀酸是寄主豆科植物侵染细胞内类菌体可直接吸收利用的能量物质（Dilworth and Glenn，1984）。因此，三羧酸循环中的异柠檬酸脱氢酶、苹果酸脱氢酶和琥珀酸脱氢酶活性高与混作花生固氮酶活性高所需苹果酸和琥珀酸强度大相一致，因而混作花生根瘤固氮所需能量多，形成的苹果酸和琥珀酸也相应较多。

磷酸烯醇丙酮酸羧激酶的功能主要是催化固定由呼吸释放的 CO_2 的反应并形成草酰乙酸，再参与根瘤内的碳氮代谢，从而提高碳的利用效率。植物在逆境条件下，磷酸烯醇丙酮酸羧激酶活性往往升高，以满足其对新陈代谢能量和碳架的需要。由于单作花生在缺铁黄化的条件下，根瘤内三羧酸循环中的异柠檬酸脱氢酶、苹果酸脱氢酶和琥珀酸脱氢酶活性较低（表4.37），不能满足类菌体和寄主细胞能量和碳架需求，因而由磷酸烯醇丙酮酸羧激酶催化固定 CO_2 的途径增强，三羧酸循环关键酶异柠檬酸脱氢酶活性测定结果也表明，混作花生根瘤内碳水化合物代谢强度高于单作。

PEPCK 羧激酶是豆科植物根瘤中将碳氮代谢联系在一起的关键酶，其活性受根瘤内苹果酸含量水平的反馈调节，苹果酸含量越高，PEPCK 活性越低。此外，PEPCK 羧激酶活性的高低与植物组织呼吸强度有密切关系，呼吸强度越高，PEPCK 羧化酶活性越低（Jiao and Chollet，1991；Schuller and Werner，1993；Ocana，1996）。研究结果表明，单作花生根瘤 PEP-CK 羧激酶活性明显高于混作花生（表 4.37），说明混作花生根瘤苹果酸水平和呼吸强度高于单作，单作花生固氮受能量供应的限制，导致固氮活性下降。

总之，在混作花生根瘤内碳代谢趋向于形成苹果酸和琥珀酸，以满足高活性的固氮代谢能量需要；而单作花生因受缺铁的胁迫，根瘤碳代谢趋向于形成苹果酸和琥珀酸的程度较弱，这与单作花生固氮活性低相一致。NH_4^+ 被同化的第一步是在谷氨酰胺合成酶的催化下形成谷

氨酸,此酶活性随固氮酶活性的提高而增加(Temple,1996)。单作花生因受缺铁胁迫固氮酶活性较低,因而谷氨酰胺合成酶活性也较低(表 4.37),根瘤提取物中可溶性氨基酸总量也相应降低。天冬氨酸转氨酶催化谷氨酸和草酰乙酸反应形成天冬氨酸,该反应所需碳架——草酰乙酸的 20%～35%是由 PEPCK 羧激酶催化固定 CO_2 形成的(Maxwell,1984)。单作花生根瘤天冬氨酸转氨酶活性高于混作,这可能与单作花生根瘤 PEPCK 羧激酶活性高,形成草酰乙酸多密切相关。

综上所述,单作花生缺铁黄化严重影响了叶片的光合速率,光合产物减少,并且由地上部向地下部运输的量也减少。但是,根瘤内碳水化合物含量处理间并没有差异,甚至单作花生根瘤内还积累少量糖类,由此可见,光合产物运输量的减少并不是单作花生根瘤固氮活性降低的关键因素。根瘤内碳水化合物代谢强度是混作花生高于单作花生,这是导致单作花生根瘤固氮活性低的原因之一,其可能机制如下:①缺铁限制根瘤碳代谢的某一反应,如乌头酸酶催化的反应,导致类菌体所需能量物质供应不足;②侵染细胞内类菌体受缺铁影响较大,对能量需求减少,导致碳代谢强度减弱。③缺铁还可能是通过抑制根瘤内含铁金属蛋白如豆血红蛋白的合成,进而影响类菌体的 O_2 供应,导致碳代谢强度减弱。是碳代谢导致的固氮活性的差异,还是侵染细胞类菌体对能量的需求反馈导致的碳代谢差异,还有待于进一步深入研究和探讨。

参考文献

Abdel Wahab A. M. ,Abd-Alla M. H. 1995. The role of potassium fertilizer in nodulation and nitrogen fixation of faba bean plants under drought stress. Biology and Fertility of Soils, 20:147-150.

Adisarwanto T. ,Knight R. 1997. Effect of sowing date and plant density on yield and yield components in the faba bean. Austrlian Journal of Agriculture Research,48:1161-1168.

Adu-Gyamfi J. J. ,Ito O. ,Yoneyama T. ,et al. 1997. Timing of N fertilization on N₂ fixation, N recovery and soil profile nitrate dynamics on sorghum/ pigeonpea intercrops on Alfisols on the semi-arid tropics. Nutrient Cycling in Agroecosystems,48:197-208.

Adu-Gyamfi J. J. ,Myaka F. A. ,Sakala W. D. ,et al. 2007. Biological nitrogen fixation and nitrogen and phosphorus budgets in farmer-managed intercrops of maize-pigeonpea in semi-arid southern and eastern Africa. Plant and Soil,295:127-136.

Ae N. ,Arihara J. ,Okada K. ,Yoshihara T. ,et al. 1990. Phosphorus uptake by pigeon pea and its role in cropping systems of the Indian subcontinent. Science,248:477-480.

Aerts R. 1999. Interspecific competition in natural plant communities: mechanisms, tradeoffs,and plant-soil feedbacks. Journal of Experimental Botany,50:29-37.

Agegnehu G. ,Ghizaw A. ,Sinebo W. 2006. Yield performance and land-use efficiency of barley and faba bean mixed cropping in Ethiopian highlands. European Journal of Agronomy, 25:202-207.

Akanvou R. ,Bastiaans L. ,Krop M. J. ,et al. 2001. Characterization of growth,nitrogen accumulation and competitive ability of six tropical legumes for potential use in intercropping systems. Journal of Agronomy and Crop Science,187:111-120.

Akinnifesi F. K. ,Makumba W. ,Sileshi G. ,*et al*. 2007. Synergistic effect of inorganic N and P fertilizers and organic inputs from *Gliricidia sepium* on productivity of intercropped maize in Southern Malawi. Plant and Soil,294:203-217.

Andersen M. K. , Hauggaard-Nielsen H. , Ambus P. ,*et al*. 2004. Biomass production, symbiotic nitrogen fixation and inorganic N use in dual and tri-component annual intercrops. Plant and Soil,266:273-287.

Andersen M. K. ,Hauggaard-Nielsen H. ,Weiner J. ,*et al*. 2007. Competitive dynamics in two- and three-component intercrops. Journal of Applied Ecology,44(3):545-551.

Applely C A. 1984. Leghaemoglobin and Rhizobium respiration. Annud Review of Plant Physiology,35: 443-478.

Ashokan P. K. ,Wahid P. A. ,Sreedharan C. 1988. Relative uptake of 32P by cassava,banana,elephant foot yam and groundnut in intercropping system. Plant and Soil,109:1-30.

Baker C. M. ,Blamey F. P. C. 1985. Nitrogen fertilizer effects on yield and nitrogen uptake of sorghum and soybean,grown in sole cropping and intercropping systems. Field Crops Research,12:233-240.

Banks J. E. ,Ekbom B. 1999. Modelling herbivore movement and colonization: pest management potential of intercropping and trap cropping. Agricultural and Forest Entomology,1: 165-170.

Behie S W,Zelisko P M,Bidochka M J. 2012. Endophytic Insect-Parasitic Fungi Translocate Nitrogen Directly from Insects to Plants. Science 336,1576-1577.

Bergersen F J,Goodchild D J. 1973. Cellular location of leghaemoglobin in soybean root nodules. Australian Journal of Biological Science,26: 741-756.

Bergersen F J. 1971. The central reaction of nitrogen fixation. Plant and Soil,511-524.

Bond D. A. , Lawes D. A. , Hawtin G. C. ,*et al*. 1985. Faba bean (*Vicia faba* L.) In: Grain legume Crops. Summerfield R. J. and E. H. Roberts ed. Collins,London,199-265,Brophy L. S. ,G. H.

Boucher D. H. ,Espinosa J. 1982. Cropping system and growth and nodulation responses of beans to nitrogen in Tabasco,Mexico. Tropical Agriculture (Trinidad),59:279-282.

Brophy L. S. , Heichel G. H. , Russelle M. P. 1987. Nitrogen transfer from forage legumes to grass in a systematic planting design. Crop Science,27:753-758.

Cadisch G. 1993. Effects of phosphorus and potassium on N_2 fixation (^{15} N-dilution) of field- Centrosema acutifolium and C. macrocarpum. Field Crops Research. ,31:329-340.

Cahill J. F. 1999. Fertilization effects on interactions between above- and below-ground competition in an old field. Ecology,80:466-480.

Cahill J. F. 2002. What evidence is necessary in studies which separate root and shoot competition along productivity gradients? Journal of Ecology,90:201-205.

Cardinale B. J. ,Wright J. P. ,Cadotte M. W. ,*et al*. 2007. Impacts of plant diversity on biomass production increase through time because of species complementarity. Proceedings of the National Academy of Sciences USA,104:18123-18128.

Carr P. M. ,Martin G. B. ,Caton J. S. ,*et al*. 1998. Forage and nitrogen yield of barley-pea and oat-pea intercrops. Agronomy Journal,90:79-84.

Carroll B. J. ,Mathews A. 1990. Nitrate inhibition of nodulation in legumes. In: Gresshoff P. M. (eds). Molecular biology of symbiotic nitrogen fixation. Boca Raton,Fla. : CRC, 159-180.

Carruthers K. ,Prithiviraj B. ,Fe Q. ,et al. 2000. Intercropping corn with soybean,Lupin and forage: yield component response. European Journal of Agronomy,12:103-115.

Casper B. B. ,Jackson R. B. 1997. Plant competition underground. Annual Review of Ecology and Systematics,28:54-70.

Cassman K. G. ,Dobermann A. ,Waltere D. T. 2002. Agroecosystems,nitrogen-use efficiency,and nitrogen management. Royal Swedish Academy of Science,31 (2):132-140.

Chalk P M. 1985. Estimation of N_2 fixation by isotope dilution: An appraisal of techniques involving ^{15}N enrichment and their application. Soil Biology and Biochemistry, 17:389-410.

Chalk P. M. 1996. Nitrogen transfer from legume to cereals in intercropping. Roots and nitrogen in cropping systems of the semi-arid tropics,Edited by Osamu Ito,Chris Johansen , Joseph J,Adu-Gyamfi,Katsuyuki Katayama,Jangala V. D. Kumar Rao and Thomas J. Rego. Published by Japan International Research Center for Agricultural Science,1-2,Ohwashi, Tsukuba,Ibaraki 305,Japan: 351-374.

Chalk P. M. 1998. Dynamics of biologically fixed N in legume-cereal rotations: a review. Australian Journal of Agricultural Research,49:303-316.

Chalk P. M. ,Ladha J. K. 1999. Estimation of legume symbiotic dependence: An evaluation of techniques based on ^{15}N dilution. Soil Biology and Biochemistry,31:1901-1917.

Chalk P. M. ,Ladha J. K. ,Padre A. ,2002. Efficacy of three ^{15}N labelling techniques for estimating below-ground N in Sesbania rostrata. Biology and Fertility of Soils,35 387-389.

Chalk P. M. ,Smith C. J. ,Hamilton S. D. ,et al. ,1993. Characterization of the N-benefit of a grain legume (*Lupinus angustifolius* L.) to a cereal (*Hordeum vulgare* L.) by an insitu ^{15}N isotope-dilution technique. Biology and Fertility of Soils,15:39-44.

Chalot M,Blaudez D,Brun A. 2006. Ammonia: a candidate for nitrogen transfer at the mycorrhizal interface. Trends in Plant Science 11,263-266.

Chamblee D. S. 1958. Some above- and below-ground relationships of an alfalfa-orchard grass mixture. Agronomy Journal,50:434-437.

Chang J. F. ,Shibles R. M. 1985. An analysis of competition between intercropped cowpea and maize. I. Soil N and P levels and their relationships with dry matter and seed productivity. Field Crops Research,12:133-143.

Chen Y. X. ,Zhang F. S. ,Tang L. ,et al. Wheat powdery mildew and foliar N concentrations as influenced by N fertilization and belowground interactions with intercropped faba bean. Plant and Soil,291:1-13.

Chiariello N, Hickman J. C. , Mooney H. 1982. Endomycrrnizal role for interspecific transfer of phosphorus in a community of annual plants. Science,217:941-943.

Chu G. X. ,Shen Q. R. ,Cao J. L. 2004. Nitrogen fixation and N transfer from peanut to rice cultivated in aerobic soil in an intercropping system and its effect on soil N fertility. Plant and Soil,263:17-27.

Connolly J. ,Wayne P. ,Bazzaz F. 2001. Interspecific competition in plants: how well do current methods answer fundamental questions? American Naturalist,157:107-125.

Connolly J. ,Wayne P. ,Murray R. 1990. Time course of plant - plant interactions in experimental mixtures of annuals - density,frequency,and nutrient effects. Oecologia,82:513-526.

Connolly J. ,Wayne P. 1996. Asymmetric competition between plant species. Oecologia,108:311-320.

Cook S. J. ,Ratcliff D. 1984. A study of the effects of root and shoot competition on the growth of green panic (*Panicum Maximum* var. Trichglume) seedlings in an existing grassland using root exclusion tubes. Journal of Applied Ecology,21:971-982.

Corre-Hellou G. ,Fustec J. ,Crozat Y. 2006. Interspecific competition for soil N and its interaction with N_2 fixation,leaf expansion and crop growth in pea-barley intercrops. Plant and Soil,282:195-208.

Craine J. M. 2006. Competition for nutrients and optimal root allocation. Plant and Soil,285:171-185.

Cruz C,Egsgaard H,Trujillo C,*et al*. 2007. Enzymatic evidence for the key role of arginine in nitrogen translocation by arbuscular mycorrhizal fungi. Plant Physiology 144,782-792.

Daimon H. ,Yoshioka M. 2001. Responses of root nodule formation and nitrogen fixation activity to nitrate in a split-root system in peanut (*Arachis hypogaea* L.). Journal of Agronomy and Crop Science,187:89-95.

Dakora D F. 1991. Effects of pO_2 on the formation and status of leghaemoglobin. Plant Physiol,95:723-730.

Dakora D F. 1995. A functional relationship between leghaemogbin and nitrogenase based on novel measurements of the proteins in legume root nodules. Annals of Botany,15:49-54.

Danso S. K. ,Zapata F. ,Hardarson G. H. 1987. Nitrogen fixation in faba bean as affected by plant population density in sole or intercropped systems with barley. Soil Biology and Biochemisty,19:411-415.

Dauro D. ,Mohamedsaleem M. A. 1995. Shoot and root interactions in intercropped wheat and clover. Tropical Agriculture (Trinidad),72:170-172.

De Kroon H. 2007. How do roots interact? Science,318:1562-1563.

De R. M. ,Sinha M. N. 1984. Studies on phosphorus utilization in intercropping maize with greengram using ^{32}P as tracer. Nuclear Agriculture and Biology,13:138-140.

Denison R. F. , B. L. Harter. 1995. Nitrate effects on nodule oxygen permeability and leghemoglobin. Plant Physiology,107: 1335-1364.

Devos GHR. 1991. Increased resistance to copper induced damage of root cell plastmalemma in copper tolerant silene cucubalus. Physiolgia Plantarum ,2 :523-528.

Dilworth M,Glenn A. 1984. How dose a legume nodule work? Trends in Biochemistry

Science,9: 519-523.

Drew M. C. ,Sacker R. L. ,Ashle T. W. 1973. Nutrient supply and growth of seminal roots in Barley. Journal of Experimental Botany,24:1189-1202.

Eaglesham A. R. J. ,Ayanaba A. ,Rao V. R. ,*et al*. ,1981. Improving the nitrogen nutrition of maize by intercropping with cowpea. Soil Biology and Biochemistry 13,169-171.

Elabbadi K. ,Ismaili M. ,Materon L. A. 1996. Competition between medicago truncatula and wheat for ^{15}N labeled soil nitrogen and influence of phosphorus. Soil Biology and Biochemistry,28(1):83-88.

Elgersma A. ,Schleppers H. ,Nassiri M. 2000. Interactions between perennial (*Ryegrass perenne* L.) and white clover (*Trifolium repens* L.) under contrasting nitrogen availability: Productivity,seasonal patterns of species composition,N_2 fixation,N transfer and Nrecavery. Plant and Soil,221:281-299.

Fan F. L. ,Zhang F. S. ,Song Y. N. ,*et al*. 2006. Nitrogen fixation of faba bean (*Vicia faba* L.) interacting with a non-legume in two contrasting intercropping systems. Plant and Soil,283:275-286.

FAO Fertilizer Yearbook. 1998.

Felix D D. 1995. A functional relationship between leghaemoglobin and nitrogenase based 011 novel ts of the two proteins in legume root nodules. Annals of Botany,75(1):49-54.

Ferguson B. J. ,Mathesius U. 2003. Signaling interactions during nodule development. Journal of Plant Growth Regulation,22:47-72

Finn G A,Brun W A. 1982. Effect of atmospheric CO_2 enrichment on growth,non-structural carbohydrate content and root nodule activity in soybean. Plant Physiology,69:327-331.

Fisher H M. 1986. The pleiotropic nature of symbiotic regulatory mutants: *Bradyrhizobium japonium* nif. A gene is involved in control of nifgene expression and formation of determinate symbiosis. Gen. Genet. ,209: 621-626.

Francis C. A. 1989. Biological efficiencies in mixed multiplecropping systems. Advance in Agronomy,42:1-42.

Fransen B. ,Blijjenberg J. , de Kroon H. 1999. Root morphological and physiological plasticity of perennial grass species and the exploitation of spatial and temporal heterogeneous nutrient patches. Plant and Soil,211: 179-189.

Fustec J,Lesuffleur F,Mahieu S,*et al*. 2009. Nitrogen rhizodeposition of legumes. A review. Agronomy for Sustainable Development 30,57-66.

Gan Y. B. ,Peoples M. B. ,Rerkasem B. 1997. The effect of N fertilizer strategy on N_2 fixation,growth and yield of vegetable soybean. Field Crops Research,51:221-229.

Gardner W. K. ,Boundy K. A. 1983. The acquisition of phosphorus by *Lupinus albus* L. Ⅳ. The effect of interplanting wheat and white lupin on the growth and mineral composition of the two species. Plant and Soil,70:391-402.

Geijersstam L. A. , Mårtensson A. 2006. Nitrogen fixation and residual effects of field pea intercropped with oats. Acta Agriculturae Scandinavica Section B-Soil and Plant Science, 56: 186-196.

Georges K. ,Thomas C. ,Bouchaud M. ,*et al*. 2006. Indirect facilitation and competition in tree species colonization of sub-Mediterranean grasslands. Journal of Vegetation Science，17：379-388.

Gersani M. ,Brown J. S. ,O'Brien E. E. ,*et al*. 2001. Tragedy of the commons as a result of root competition. Journal of Ecology,89： 660-669.

Geurts R. ,Bisseling T. 2002. Rhizobium Nod factor signalling. Plant Cell,14： 239-249.

Ghaley B. B. , Hauggaard-Nielsen H. , Høgh-Jensen H. , *et al*.. 2005. Intercropping of wheat and pea as influeced by nitrogen fertilization. Nutrient Cycling in Agroecosystems,73： 201-212.

Gibson D. J. ,Connolly J. ,Hartnett D. C. ,*et al*. 1999. Designs for greenhouse studies of interactions between plants. Journal of Ecology,87：1-16

Giller K E,Ormesher J,Awah F M. 1991. Nitrogen transfer from *Phaseolus* bean to intercropped maize measured using ^{15}N-enrichment and ^{15}N N-isotope dilution methods. Soil Biology and Biochemistry 23,339-346.

Giller K. E. 2001. Nitrogen fixation in tropical cropping systems. 2nd Edition. Oxfordshire： Wallingford.

Giller K. E. ,Cadisch G. 1995. Future benefits from biological nitrogen fixation： an ecological approach to agriculture. Plant and Soil,174：255-277.

Giller K. E. ,Ormesher J. ,Awah F. M. 1991. Transfer of Nitrogen from Phaseolus bean to intercropped maize measured using ^{15}N-enriched and ^{15}N-isotope dilution methods. Soil Biology and Biochemistry,23： 339-346.

Goi S. R. 1997. Effect of different sources of N_2 on the structure of Mimosa caesalpiniaefolia root nodules. Soil Biology and Biochemistry. ,29：983-987.

Gosh P. K. ,Manna M. C. ,Bandyopadhyay K. K. ,*et al*. ,2006. Specific interaction and nutrient use in soybean/sorghum intercropping system. Agronomy Journal,98：1097-1108.

Graham P. H. 1981. Some problems of nodulation and symbiotic fixation in *Phaseolus vulgaris* L. ：A review. Field Crops Research 4：93-112.

Grime J. P. 1979. Plant strategies and vegetation processes. Chichester： Wiley.

Grime J. P. 2001. Plant strategies,Vegetation Processes,and Ecosystem Properties. Chichester： Wiley.

Guerinot M L,Chelm B. K. 1986. Bacterial δ-aminolevulinic acid synthase activity is not essential for leghemoglobin formation in the soybean/Bradyrhizobium japonicum symbiosis Proceedings of the National Academy of Sciences USA. ,83： 1837-1841.

Guerinot M L,Yi Y. 1994. Iron：Nutritious,noxious and not really available. Plant Physiology,104：815-820.

Gulden G. H. ,Vessey J. K. 1997. The stimulating effect of ammonium on nodulation in *Pisum sativum* L. is not long lived once ammonium supply is discontinued. Plant and Soil, 195： 195-205.

Gylfadottir T. ,Helgadottir A. ,Hogh-Jensen H. ,2007. Consequences of including adapted white clover in northern European grassland： transfer and deposition of nitrogen. Plant and Soil 297,93-104.

Hadas A. ,Kautsky L. ,Goek M. ,Kara E. E. 2004. Rates of decomposition of plant residues and available nitrogen in soil,related to residue composition through simulation of carbon and nitrogen turnover. Soil Biology and Biochemistry,36: 255-266.

Hamel C. ,Barrantes-Cartin U. ,Furlan V. ,et al. 1991. Endomycorrhizal fungi in nitrogen transfer from soybean to maize. Plant and Soil,138:33-40.

Hardarson G. ,Atkins G. 2003. Optimizing biological N_2 fixation by legumes in farming systems. Plant and Soil,252:41-54.

Hatfield J. L. ,Pureger J. H. 2004. Nitrogen over-use,under-use and efficiency. Proceedings of the 4th international crop science congress. Published on CDROM. 1-15.

Hauggaard-Nielsen H,Gooding M,Ambus P,et al. 2009. Pea-barley intercropping for efficient symbiotic N_2-fixation,soil N acquisition and use of other nutrients in European organic cropping systems. Field Crops Research 113,64-71.

Hauggaard-Nielsen H. ,Jensen E. S. 2005. Facilitative root interactions in intercrops. Plant and Soil,274:237-250.

Hauggaard-Nielsen H. ,Ambus H. ,Jensen E. S. 2001a. Temporal and spatial distribution of roots and competition for nitrogen in pea-barley intercrops-Afield study employing ^{32}P technique. Plant and Soil,236:63-74.

Hauggaard-Nielsen H. ,Ambus P. ,Jensen E. S. 2003. The comparison of nitrogen use and leaching in sole cropped versus intercropped pea and barley. Nutrient Cycling Agroecosystems,65:289-300.

Hauggaard-Nielsen H. ,Andersen M. K. ,Jørnsgaard B. ,et al. 2006. Density and relative frequency effects on competitive interactions and resource use in pea-barley intercrops. Field Crops Research,95:256-267.

Hauggaard-Nielsen H. ,Jensen E. S. 2001b. Evaluating pea and barley cultivars for complementarity in intercropping at different levels of soil nitrogen availability. Field Crops Research,72:185-196.

Haymes R. ,Lee H. C. 1999. Competition between autumn and spring planted grain intercrops of wheat (*Triticum aestivum*) and field bean (*Vicia faba*). Field Crops Research, 62:167-176.

He X. H. ,Critchley C. ,Bledsoe C. 2003. Nitrogen transfer within and between plants through common mycorrhizal networks (CMNs). Critical Reviews in Plant Science,22: 531-567.

Herridge D. F. 1982. Relative abundance of ureides and nitrate in plant tissues of soybean as a quantitative assay of nitrogen fixation. Plant Physiology,70: 1-6.

Herridge D. F. ,Peoples M. B. 2002. Calibrating the xylem-solute method for nitrogen fixation measurement of ureide-producing legumes: Cowpea,mungbean,and black gram. Communications in Soil Science and Plant Analysis,33: 425-437.

Herridge D. F. ,Rose I. A. 2000. Breeding for enhanced nitrogen fixation in crop legumes. Field Crops Research,65:229-248.

Herridge D. F. ,Marcellos H. ,Felton W. L. ,*et al*. 1995. Chickpea increases soil-N fertility in cereal systems through nitrate sparing and N_2 fixation. Soil Biology and Biochemistry,27: 545-551.

Hierro J. L. ,Callaway R. M. 2003. Allelopathy and exotic plant invasion. Plant and Soil, 256: 29-39.

Hodge A. 2004. The plastic plant: root responses to heterogeneous supplies of nutrients. New Phytologist,162: 9-24.

Hodge A. ,Campbell C. D. ,Fitter A. H. 2001. An arbuscular mycorrhizal fungus accelerates decomposition and acquires nitrogen directly from organic material. Nature, 413: 297-299.

Høgh-Jensen H,Schjoerring J. K. 1997. Interactions between white clover and ryegrass under contrasting nitrogen availability: N_2 fixation,N fertilizer recovery,N transfer and water use efficiency. Plant and Soil 197,187-199.

Høgh-Jensen H. ,Schjoerring J. K. 2000. Below-ground nitrogen transfer between different grassland species: Direct quantification by ^{15}N leaf feeding compared with indirect dilution of soil ^{15}N. Plant and Soil,227: 171-183.

Horst W. J. ,Wäschkies C. 1987. Phosphorus nutrient of spring wheat (*Triticum aestivum* L.) in mixed culture with white lupin (*Lupinus albus* L.). Zeitschrift Pflanzenernahrung and Bodenkd,150:1-8.

Horwith B. 1985. A Role for intercropping in modern agriculture. BioScience, 35: 286-291.

Hulugalle N. R. ,Weaver T. B. 2005. Short-term variations in chemical properties of vertisols as affected by amounts,carbon/nitrogen ratio,and nutrient concentration of crop residues. Communications in Soil Science and Plant Analysis,36: 1449 – 1464.

Ikram A. ,Jensen E. S. ,Jakobsen I. 1994. No significant transfer of N and P from Pueraria phaseoloides to hevea brasiliensis via hyphal links of arbuscular mycorrhiz. Soil Biology and Biochemistry,26: 1541-1547.

Ito O. ,Matsunaga R. ,Tobita S. ,*et al*. 1993. Spatial distribution of root activity and nitrogen fixation in sorghum/pigeonpea intercropping on an Indian Alfisol. Plant and Soil,155/156: 341-344.

Izaurralde R. C. ,McGill W. B. ,Juma N. G. 1992. Nitrogen fixation efficiency,interspecies N transfer,and root growth in barley-field pea intercrop on a Black Chernozemic soil. Biology and Fertility of Soils 13,11-16.

Jha P. K. ,Nair S. ,Gopinathan M. C. . 1995. Suitability of rhizobia-inoculated wild legumes *Argyrolobium flaccidum*,*Astragalus graveolens*,*Indigofera gangetica* and *Lespedeza stenocarpa* in providing a vegetational cover in an unreclaimed limestone quarry. Plant and Soil ,177 (2):139-149.

Jackson W. A. ,Pan W. L. ,Moll R. H. ,*et al*. 1986. Uptake,translocation,and reduction of nitrate,in Neyra,C. A. (ed.): Biochemical Basis of Plant Breeding. Nitrogen Metabolism, Vol2. CRC press,Boca Raton,FL,95-98.

Janzen H H，Bruinsma Y. 1989. Methodology for the quantification of root and rhizosphere nitrogen dynamics by exposure of shoots to ^{15}N-labelled ammonia. Soil Biology and Biochemistry 21,189-196.

Jemison J. M.，Fox R. H. 1994. Nitrate leaching from nitrogen fertilizered and manured corn measured with zero-tension pan lysimeters. Journal of Environmental Quality，7：258-2611.

Jensen E. S. 1996. Grain yield，symbiotic N_2 fixation and interspecific competition for inorganic N in pea-barley intercrops. Plant and Soil，182：25-38.

Jensen E. S.，Peoples M. B.，Hauggaard-Nielsen H. 2009. Faba bean in cropping systems. Field Crops Research，115：203-216.

Jiao J A，Chollet R. 1991. Translational regulation of phosphoenolpyruvate carboxylase in C_4 and crassulacean acid metabolism plants. Plant Physiology，95：981-985.

Jordan D.，Rice C. W.，Tiedje J. M. 1993. The effect of suppression treatments on the uptake of ^{15}N by intercropped corn from labeled alfafa. Biology and Fertility of Soils，16(3)：211-226.

Karpenstein-Machan M.，Stuelpnagel R. 2000. Biomass yield and nitrogen fixation of legumes monocropped and intercropped with rye and rotation effects on a subsequent maize crop. Plant and Soil，218：215-232.

Katayama K.，Adu-Gyamfi J. J.，Devi G.，et al. 1996. Balance sheet of nitrogen from atmosphere，fertilizer，and soil in pigeonpea-based intercrops. Roots and nitrogen in cropping systems of the semi-arid tropics，429-440. Edited by Osamu Ito，Chris Johansen，Joseph J，Adu-Gyamfi，Katsuyuki Katayama，Jangala V. D. Kumar Rao and Thomas J. Rego. Published by Japan International Research Center for Agricultural Science，1-2，Ohwashi，Tsukuba，Ibaraki 305，Japan：341-350.

Kenneth E. G.，Ormesher J.，Awah F. M. 1991. Nitrogen transfer from phaseolus bean to intercropped maize measured using ^{15}N-enrichment and ^{15}N-isotope dilution methods. Biochemistry，23 (4)：339-346.

Khan D. F.，Peoples M. B.，Chalk P. M.，et al.，2002. Quantifying below-ground nitrogen of legumes. 2. A comparison of ^{15}N and non isotopic methods. Plant and Soil 239，277-289.

Köpke U.，Nemecek T. 2009. Ecological services of faba bean. Field Crops Research，115：217-233.

Laberge G.，Ig Haussmann B.，Ambus P.，et al. 2011. Cowpea N rhizodeposition and its below-ground transfer to a co-existing and to a subsequent millet crop on a sandy soil of the Sudano-Sahelian eco-zone. Plant and Soil 340，369-382.

Laidlaw A. S.，Christle P.，Lee H. W. 1996. Effect of white cultivar on apparent transfer of nitrogen from clover to grass and estimation of relative turnover rates of nitrogen in roots. Plant and Soil ，179：243-251.

Larsson，EH，Bornman，J. F.，Asp，H.，1998. Influence of UV-B radiation and C_d^{2+} on chlorophyll fluorescence，growth and nutrient content in Brassica napus. Journal of Experimental Botany,323:1031—1039.

Ledgard S. F. ,Freney J. R. ,Simpson J. R. ,1985. Assessing nitrogen transfer from legumes to associated grasses. Soil Biology and Biochemistry,17:575-577.

Ledgard S. F. 2001. Nitrogen cycling in low input legume-based agriculture,with emphasis on legume/grass pastures. Plant and Soil,228:43-59.

Ledgard S. F. ,Sprosen M. S. ,Steele K. W. 1996. Nitrogen fixation by nine white clover cultivars in grazed pasture,as affected by nitrogen fertilization. Plant and Soil,178:193-203.

Lehmann J. ,Weigl D. ,Peter I. ,*et al*. 1999. Nutrient interactions of alley-cropped *Sorghum bicolor* and *Acacia saligna* in a runoff irrigation system in Northern Kenya. Plant and Soil,210: 249-262.

Levier K. 1996. Iron uptake by symbiosythesis from soybean root nodule . Plant Phytologist,111: 613-618.

Lewisd D. H. 1980. Boron,lignification and origin of vascular plants aunified hypothesis. New Phytologist,84:209-229.

Li H. G. ,Shen J. B. ,Zhang F. S. ,*et al*. 2008. Dynamics of phosphorus fractions in the rhizosphere of common bean (*Phaseolus vulgaris* L.) and durum wheat (*Triticum turgidum durum* L.) grown in monocropping and intercropping systems. Plant and Soil,312: 139-150 .

Li L,. Zhang F. ,Li X. ,*et al*. 2003. Interspecific facilitation of nutrient uptake by intercropped maize and faba bean. Nutrient Cycling in Agroecosystem,65:61-71.

Li L. ,Li S. M. ,Sun J. H. ,*et al*. 2007. Diversity enhances agricultural productivity via rhizosphere phosphorus facilitation on phosphorus-deficient soils. Proceedings of the National Academy of Sciences USA,27:11192-11196.

Li L. ,Sun J. H. ,Zhang F. S. ,*et al*. 2006. Root distribution and interaction between intercropped species. Oecologia,147:280-290.

Li L. ,Sun J. H. ,Zhang F. S. ,*et al*. 2001. Wheat/maize or wheat/soybean strip intercropping. I. Yield advantage and interspecific interactions on nutrients. Field Crops Research,71:123-137.

Li L. ,Tang C. ,Rengel Z. ,*et al*. 2002. Chickpea facilitates phosphorous uptake by intercropped wheat from an organic phosphorus source. Plant and Soil,248:297-303.

Li L. ,Yang S. C. ,Li X. L. ,*et al*. 1999. Interspecific complementary and competitive interactions between intercropped maize and faba bean. Plant and Soil,212:105-114.

Li L. ,Zhang F. S. ,Li X. L. ,*et al*. 2003. Interspecific facilitation of nutrient uptake by intercropped maize and faba bean. Nutrient Cycling in Agroecosystems,65:61-71.

Li W. X. ,Li L. ,Sun J. H. ,*et al*. 2005. Effects of intercropping and nitrogen application on nitrate present in the profile of an Orthic Anthrosol in Northwest China. Agriculture,Ecosystems and Environment,105:483-491.

Li Y. F. ,Ran W. ,Zhang R. P. ,*et al*. ,2009. Facilitated legume nodulation,phosphate uptake and nitrogen transfer by arbuscular inoculation in an upland rice and mung bean intercropping system. Plant and Soil,315:285-296.

López-Bellido L. ,López-Bellido R. Z. ,Redondo R. ,*et al*. 2006. Faba bean nitrogen fixation in a wheat-based rotation under rainfed Mediterranean conditions：effect of tillage system. Field Crops Research,98：253-260.

Loreau M. ,Naeem S. ,Inchausti P. ,*et al*. 2001. Biodiversity and ecosystem functioning：current knowledge and future challenges. Science,294:804-808.

Lupwayi N. Z. ,Clayton G. W. ,O'Donovan J. T. ,*et al*. 2006. Nitrogen release during decomposition of crop residues under conventional and zero tillage. Canadian Journal of Soil Science,86：11-19.

Madiama C. ,Paul L. G. V. 2003. Influence of urea on biological N_2 fixation and N transfer from Azolla intercropped with rice. Plant and Soil,250:105-112.

Mahieu S. , Fustec J. , Faure M. -L. , *et al*. ,2007. Comparison of two N-15 labelling methods for assessing nitrogen rhizodeposition of pea. Plant and Soil,295:193-205.

Maingi J. M. ,Shisanya C. A. ,Gitonga N. M. ,*et al*. 2001. Nitrogen fixation by common bean. (*Phaseolus vulgaris* L.) in pure and mixed stands in semi-arid south-east Kenya. European Journal of Agronomy,14:1-12.

Mandal B. K. ,Das D. ,Saha A. ,*et al*. 1996. Yield advantage of wheat (*Triticum aestivum*) and chickpea (*Cicer arietinum*) under different spatial arrangements in intercropping. India Jouranl of Agronomy,41(1):17-21.

Marschner H. 1995. Mineral nutrition of higher plants. London：Academic Press.

Martin M. P. L. D. ,Snaydon R. W. 1982. Root and shoot interactions between barley and field beans when intercropped. Journal of Applied Ecology,19:263-272.

Maxwell C A. 1984. CO_2 fixation in alfalfa and birdsfoot trefoil nodules and partitioning of ^{14}C to the plant. Crop Science,24：257-264.

Mayer J. ,Buegger F. ,Jensen E. S. ,*et al*. ,2003. Estimating N rhizodeposition of grain legumes using a ^{15}N in situ stem labelling method. Soil Biology and Biochemistry 35,21-28.

McNeill A M, Hood R C, Wood M. ,1994. Direct measurement of nitrogen fixation by *Trifolium repens* L. and *Alnus glutinosa* L. using $^{15}N_2$. Journal of Experimental Botany,45：749-755.

McNeill A. M. ,Fillery I. R. P. ,2008. Field measurement of lupin belowground nitrogen accumulation and recovery in the subsequent cereal-soil system in a semi-arid Mediterranean-type climate. Plant and Soil,302:297-316.

McNeill A. M. ,Zhu C. ,Fillery I. R. P. ,1998. A new approach to quantifying the N benefit from pasture legumes to succeeding wheat. Australian Journal of Agricultural Research,49:427-436.

McPhee C. S. and Aarssen L. W. 2001. The separation of above- and below-ground competition in plants A review and critique of methodology. Plant Ecology,152:119-136.

Midmore D. J. 1993. Agronomic modification of resource use and intercrop productivity. Field Crops Research,34:357-380.

Miller J. F. 1989 . Coordinate regulation and sensory transduction in the control of bacterial virulence. Science,243：916-922.

Minchin F. R. 1997. Regulation of oxygen diffusion in legume nodules. Soil Biology and

Biochemistry,29:881-888.

Morris R. A. ,Garrity D. P. 1993. Resource capture and utilization in intercropping: non-nitrogen nutrients. Field Crops Research,34:319-334.

Moynihan J. M. ,Simmons S. R. ,Sheaffer C. C. 1996. Intercropping annual medic with conventional height and semidarf barley grown for grain. Agronomy Journal,88:823-828.

Mulder E G. 1948. Importance of molybdenum in the nitrogen metabolism of micro-organisms and higher plants. Plant and Soil,1(1): 94-117.

Murphy G. U. ,Dudley S. A. 2007. Above-and below-ground competition cues elitict independent responses. Journal of Ecology,95:261-272.

Nair K. P. P. 1984. Efficiency of recycled nitrogen from residues of maize(*Zea mays*), soybean (*Glycine max*) and moong (*Vigna radiata*) on wheat (*Triticum aestivum*) grain yield. Plant and Soil,82: 125-132.

Nambiar P. T. C. ,Rao M. R. ,Reddy M. S. ,*et al*. 1983. Effect of intercropping on nodulation and N_2-fixation by groundnut. Experimental Agriculture,19:79-86.

Neumann A. ,Schmidtke K. ,Rauber R. 2007. Effects of crop density and tillage system on grain yield and N uptake from soil and atmosphere of sole and intercropped pea and oat. Field Crops Research,100:285-293.

Nguyen J. 1986. Plant xanthine dehydronase: It is distribution,properties and function. Physiologie Vegetale,24: 263-281.

O'Hara G. W. ,Dilworth M J,Boonkerd N. 1988a. Iron-deficiency specifically limits nodule development in peanut inoculated with Bradyrhizobiumsp. New Phytologist,108: 51-57.

O'Hara G. W. ,Dilworth M J,Boonkerd N. 1988b. Mineral constraints to nitrogen fixation. Plant and Soil,108: 93-110.

Ocana. 1996. Phosphoenolpyruvate carboxylase in root nodules of Vicia faba: partial purification and properties. Physiologia Plantarum,97: 724-730.

Ofori F. ,Stern W. R. 1986. Maize/cowpea intercrop system: effect of nitrogen fertilizer on productivity and efficiency. Field Crops Research,14:247-261.

Ofori F. ,Stern W. R. 1987. Cereal-legume intercropping systems. Advances in Agronomy,41: 41-90.

Ofosu-Budu G. K,Sumiyoshi D. ,Matsuura H. 1993a. Signaficance of soil N on dry matter production and N balance in soybean/sorghum mixed cropping system. Soil Science and Plant Nutrition,39 (1):33-42.

Ofosu-Budu K. G. ,Fujita K. ,Gamo T. ,*et al*. 1993b. Dinitrogen fixation and nitrogen release from roots of soybean cultivar Bragg and its mutants Nts 1116 and Nts 1007. Soil Science and Plant Nutrition,39: 497-506.

Ofosu-Budu K. G. ,Ogata S. ,Fujita K. 1992. Temperature effects on root nodule activity and nitrogen release in some sub tropical and temperate legumes. Soil Science and Plant Nutrition,38: 717-726.

Oikeh S. O,King J. G,Horst W. J,*et al*. 1999. Growth and distribution of maize roots under nitrogen fertilization in plinthite soil. Field Crop Research,62: 1-13.

Ong C. K. ,Deans J. D. ,Wilson J. ,*et al*. 1998. Exploring below ground complementarity in agroforestry using sap flow and root fractal techniques. Agroforestry Systems,44：87-103.

Park S. E. ,Benjamin L. R. ,Watkinson A. R. 2003. The theory and application of plant competition models：an agronomic perspective. Annals of Botany,92：741-748.

Pate J. S. 1973. Uptake,assimilation and transport of nitrogen compounds by plants. Soil Biology and Biochemistry,5：109-119.

Patra D. D. ,Sachdew M. S. ,Subbiah B. V. 1986. [15]N studies on the transfer of legume-fixed nitrogen to associated cereals in intercropping systems. Biology and Fertility of Soils,2：165-171 .

Payne S. M. 1988. Iron and virulence in the family enterobacteriaceae. CRC Microbiological Review,16：81-111.

Peoples M. B. ,Boddey R. M. ,Herridge D. F. 2002. Quantification of nitrogen fixation. In Nitrogen Fixation at the Millennium. Editor Leigh G. J. Elsevier,Brighton,UK.

Peoples M. B. ,Ladha J. K. ,Herridge D. F. 1995. Enhancing legume N_2 fixation through plant and soil management. Plant and Soil,174:83-101.

Pereira P. A. A. ,Bliss F. A. 1989. Selection of common bean for N_2 fixation at different levels of available phosphorus under field and environmentally controlled conditions. Plant and Soil,115：75-82.

Porter L K,Viets Jr F G,Hutchinson G L. 1972. Air containing nitrogen-15 ammonia：foliar absorption by corn seedlings. Science 175,759.

Prasad R. ,Blaise D. 1996. Soil Nitrogen dynamics in cropping systems. Roots and nitrogen in cropping systems of the semi-arid tropics. Edited by Osamu Ito,Chris Johansen ,Joseph J,Adu-Gyamfi,Katsuyuki Katayama,Jangala V. D. Kumar Rao and Thomas J. Rego. Published by Japan International Research Center for Agricultural Science,1-2,Ohwashi,Tsukuba,Ibaraki 305,Japan:429-440.

Prasad S. N. ,Singh R. ,Singhal A. K. 1997. Grain yield,competitive indices and water use and soybean (*Glycin max*)-based intercropping systems in south-eastern Rajasthan. Indian Journal of Agricultural Sciences,67(4):150-152.

Rachid S,Thomas R S. 1998. N_2 fixation response to drought in common bean (*Phaseolus vulgaris* I.). Annals of Botany,82(2):229-234.

Raghothama K G. Phosphate acquisition. Annual Review of plant Physiology and Plant Molecular Biology,1999,50:665-693.

Rai R. ,Prasad V. ,Choudhury S. K. 1984. Iron nutrition and symbiotic N_2 fixation of lentil (*Lens culinaris*) genotypes in calcareous soil. Journal of Plant Nutrition,7:399-405.

Rao M. R. ,Rego T. J. ,Willey R. W. 1987. Response of cereals to nitrogen in sole cropping and intercropping with legumes. Plant and Soil,101:167-177.

Rerkasem B. ,Rerkasem K. ,M. B. Peoples,*et al*. 1988. Measurement of N_2 fixation in maize (*Zea mays* L.)-Ricebean (*Vigna umbelIata* Ohwi and Ohashi) intercrops. Plant and Soil,108:125-135.

Ribet J. ,Drevon J. J. 1995. Phosphorus deficiency increases the acetylene-induced decline

237

in nitrogenase activity in soybean. Journal of Experimental Botany,46(291):1479-1486.

Robinson D. 1996. Resource capture by localized root proliferation: Why do plants bother? Annals of Botany,77:179-185.

Rochester I. J. ,Peoples M. B. ,Constable G. A. ,et al. ,1998. Faba beans and other legumes add nitrogen to irrigated cotton cropping systems. Australian Journal of Experimental Agriculture,38:253-260.

Rodrigo V. H. L. ,Stirling C. M. ,Teklehaimanot Z. ,et al. 2001. Intercropping with banana to improve fractional interception and radiation use efficiency of immature rubber plantations. Field Crops Research,69:237-249.

Roessler P. G. ,Nadler K. D. ,1982. Effects of iron deficiency on heme biosynthesis inrhizobium japonicum. Journal of Bacteriology. ,149:1021-1026.

Roscher C. ,Thein S. ,Schmid B. ,et al. 2008. Complementary nitrogen use among potentially dominant species in a biodiversity experiment varies between two years. Journal of Ecology,doi: 10. 1111/j. 1365-2745. 2008. 01353. x.

Rovira A. D. 1959. Root excretions in relation to the rhizosphere effect. IV. Influence of plant species,age of plant,light,temperature and calcium nutrition on exudation. Plant and Soil,7:53-64.

Russell C. A. , I. R. P. Fillery. 1999a. Estimates of lupin below-bround biomass nitrogen, dry matter,and nitrogen turnover to wheat. Australian Journal of Agriculfural Research 47: 1047-1059.

Russell C. A. ,I. R. P. Fillery. 1999b. In situ ^{15}N labeling of lupin below-ground biomass. Australian Journal of Agricultural Research,47:1035-1046.

Sakai R H,Ambrosano E J,Negrini A C A,et al. 2011. N transfer from green manures to lettuce in an intercropping cultivation system. Acta Scientiarum. Agronomy,33:679-686.

Salvagiotti F,Cassman K. G,Specht J. E. ,et al. 2008. Nitrogen uptake,fixation and response to fertilizer N in soybeans: A review. Field Crops Research, doi. org/10. 1016/j. fcr. 2008. 03. 001.

Salvagiotti F. ,Cassman K. G. ,Specht J. E. ,et al. ,2008. Nitrogen uptake,fixation and response to fertilizer N in soybeans: A review. Field Crops Research,108:1-13.

Sangakkara R. 1994. Growth,yield and nodule activity of mungbean intercropped with maize and cassava. Journal of the Science of Food and Agriculture,66:417-421.

Santalla M. ,Amurrio J. M. ,Rodino A. P. ,et al. 2001. Variation in traits affecting nodulation of common bean under intercropping with maize and sole cropping. Euphytica,122:243-255.

Sarada R. L. ,Polasa H. 1992. Effect of manganese ,copper and cobalt on the in vitro growth of Rhizobium leguminosarum and the symbiotic nitrogen fixation in lentil plants. Indian Journal of Agriculfural Research,26 (4) :187-194.

SAS Institute. 2001. SAS/STAT User's Guide. Version8. 2. SAS Institute,Cary,NC.

Sawatsky N. ,R. J. Soper. 1991. A quantitative measurement of the nitrogen loss from root system of peas (Pisum avense L.) grown in the soil. Soil Biology and Biochemistry. ,23:

255-259.

Schenk H. J. 2006. Root competition: beyond resource depletion. Journal of Ecology,94: 725-739.

Schmidtke K. ,Neumann A. ,Hof C. ,Rauber R. 2004. Soil and atmospheric nitrogen uptake by lentil (*Lens culinaris* Medik.) and barley (*Hordeum. vulgare* ssp. nudum L.) as monocrops and intercrops. Field Crops Research,87:245-256 .

Schuller K A, Werner D. 1993. Phosphorylation of soybean (*Glycine maxL.*) nodule phosphoenolpyruvate carboxylase in vitro decreases sensitivity to inhibition by L-malate. Plant Physiology,101: 1267-1273.

Schulz S. ,Keatinge J. ,Wells G. 1999. Productivity and residual effects of legumes in rice-basedcropping systems in a warm-temperate environment I. Legume biomass production and N fixation. Field Crops Research,61:23-35.

Schulze J. 2004. How are nitrogen fixation rates regulated in legumes? Journal of Plant Nutrient and Soil Sicence,167:125-137.

Searle P. G. E,Comudom Y. ,Shedden D. C. ,*et al*. 1981. Effect of maize/legume intercropping systems and fertilizer nitrogen on crop yields and residual nitrogen. Field Crops Research,4:133-145.

Senaratne R. ,Liyanage N. D. L. ,Ratnasinghe D. S. 1993. Effect of K on nitrogen fixation of intercrop groundnut and the competition between intercrop groundnut and maize. Fertilzer Research,34:9-14.

Serraj R. and Sinclair T. R. 1998. N_2 fixation response to drought in common bean. Annals of Botany,82:229-234.

Shangguan Z. P. ,Shao M. A. ,Ren S. J. ,*et al*. 2004. Effect of nitrogen on root and shoot relations and gas exchange in w inter wheat. Botanical Bulletin of Academia Sinica,45:49-54.

Shantharam S. ,Mattoo A. K. 1997. Enhancing biological nitrogen fixation: An appraisal of current and alternative technologies for N input into plants. Plant and Soil,194:205-216.

Sharma A. R. ,Behera U. K. 2009. Recycling of legume residues for nitrogen economy and higher productivity in maize (*Zea mays*)-wheat (*Triticum aestivum*) cropping system. Nutrient Cycling in Agroecosystems,83: 197-210.

Shearer G. ,Kohl D. H. 1986. N_2-fixation in field settings: estimations based on natural ^{15}N abundance. Australian Journal of Plant Physiology,13:699-756.

Shearer G. ,Bryan B. A. , ,Kohl D. H. 1984. Increase of natural ^{15}N enrichment of soybean nodules with mean nodule mass. Plant Physiology,76:743-746.

Shearer G. ,Feldman L. ,Bryan B. A. ,*et al*. 1982. Abundance of nodules as an indicator of N metabolism in N_2-fixing plants. Plant Physiology,70:465-468.

Shen Q. and Chu G. 2004. Bi-directional nitrogen transfer in an intercropping system of peanut with rice cultivated in aerobic soil. Biology and Fertility of Soils,40:81-87.

Siame J. ,Willey R. W. ,Morse S. 1998. The response of maize/phaseolus intercropping to applied nitrogen on Oxisols in northern Zambia. Field Crops Research,55:73-81.

Simpson J R. 1976. Transfer of nitrogen from three pasture legumes under periodic defoliation in a field environment. Animal Production Science,16:863-870.

Sinclair T. R. 1987. Field and model analysis of the effect of water deficits on carbon and nitrogen accmulation by soybean,cowpea and blank gram. Field Crops Research,17:121-140.

Sinclair T. R. ,Serraj R. 1995. Legume nitrogen fixation and drought. Nature,378(23): 344-349.

Smucker A. M. J,Aiken R. M. 1992. Dynamic root responses water deficits. Soil Science, 154:281-289.

Snapp S. S. ,Aggarwal V. D. ,Chirwa R. M. 1998. Note on phosphorus and cultivar enhancement of biological nitrogen fixation and productivity of maize/bean intercrops in Malawi. Field Crops Research,58:205-212.

Snaydon R. W. ,Harris P. M. 1981. Interaction below ground – the use of nutrients and water. In: Proceedings of international workshop on intercropping,10-13,Juauary,1979. ICRISAT,Hyderabad,188-201.

Song Y. N. ,Zhang F. S. ,Marschner P. ,*et al*. 2007. Effect of intercropping on crop yield and chemical and microbiological properties in rhizosphere of wheat (*Triticum aestivum* L.), maize (*Zea mays* L.),and faba bean (*Vicia faba* L.). Biology and Fertility of Soils,43:565-574.

Sprent J. I. ,F. R. Minchin. 1985. Rhizobium,nodulation and nitrogen fixation. In: Grain legume Crops. Summerfield R. J. and E. H. Roberts ed. Collins,London. 115-144.

Stern W. R. 1993. Nitrogen fixation and transfer in intercrop systems. Field Crops Research,34:335-356.

Stewart W. D. P. ,Fitzgerald G. P. ,Burris R. H. 1967. *In situ* studies on N_2 fixation using the acetylene reduction technique. Proceeding of National Academy of Sciences of the United States of America,58:2071-2078.

Stuelpnagel R. 1993. Intercropping of faba beans (*Vicia faba* L.) with oats or spring wheat. In Proceedings of the International Crop Science Congress, 14-44,July,1992. Iowa State University,Ames,Iowa.

Tang C,Robson A D,Dilworth M J. 1991. Which stage of nodule initiation inLupinus angustfoliusL. is sensitive to iron deficiency. New Phytologist. ,117:243-250.

Tang C,Robson A D,Dilworth M J. 1992. The role of iron in the (brady) rhizobium legume symbiosis. Journal of Plant Nutrition,15 (10): 2235-2252.

Tang C,PHinsinger,J J Drevon. 2001. phosphorus deficiency impairs early nodule functioning and enhanoes proton release in roots of *Medicago truncatula* L. . Annals of Botany, 88:131-138.

Tang C. 1998. Factors affecting soil acidification under legumes I. Effect of potassium supply. Plant and Soil,199:275-282.

Tang C. ,Hinsinger P. ,Jaillard B. ,*et al*. 2001. Effect of phosphorus deficiency on the growth,symbiotic N_2 fixation and proton release by two bean (*Phaseolus vulgaris* L.) genotypes. Agronomy,21:683-699.

Tang C. ,Unkovich M. J. ,Bowden J. W. 1999. Factors affecting soil acidification under legumes. III. Acid production by N - fixing legumes as influenced by nitrate supply. New Phytologist,143:513-521.

Tang C. ,Zheng S. J. ,Qiao Y. F. ,et al. 2006. Interactions between high pH and iron supply on nodulation and iron nutrition of *Lupinus albus* L. genotypes differing in sensitivity to iron deficiency. Plant and Soil,279:153-162.

Tang C. X. ,Robson A. D. ,Dilworth M. J. ,1990. The role of iron in nodulation and nitrogen-fixation in *Lupinus angustifolius* L. New Phytologist, 114:173-182.

Temperton V. M. ,Mwangi P. N. ,Scherer-Lorenzen M. ,et al. 2007. Positive interactions between nitrogen-fixing legumes and four different neighbouring species in a biodiversity experiment. Oecologia,151:190-205.

Temple S. J. 1996. Total glutamine synthetase activity during soybean nodule development is controlled at the level of transcription and holopro tein turnover. Plant Physiology,112: 1723-1733.

Theunissen J. ,Schelling G. 1996. Pest and disease management by intercropping: suppression of thrips and rust in leek. International Journal of Pest Management,42:227-234.

Thorsted M. D. ,Weiner J. ,Olesen J. E. 2006. Above- and below-ground competition between intercropped winter wheat Triticum aestivum and white clover Trifolium repens. Journal of Applied Ecology,43:237-245.

Tobita S. ,Ito O. ,Matsunaga R. ,et al. 1994. Field evaluation of nitrogen fixation and use of nitrogen fertilizer by sorghum/pigeonpea intercropping on an Alfisol in the Indian semi-arid tropics. Biology and Fertility of Soils,17:241-248.

Tomm G. O. ,Kessel G. V. ,Slinkard A. E. 1994. Bidirectional transfer of nitrogen between alfafa and bromegrass: Short and long term evidence. Plant and Soil,164:77-86.

Trenbath B. R. 1993. Intercropping for the management of pests and diseases. Field Crops Research,34:381-405.

Trinchant J C,Yang Y S,Rigaud J. 1998. Proline accumulation inside symbiosomes of faba bean nodules under sal stress. Physiol Plantarum,104: 38-49.

Tsubo M. , Walker S. , Mukhala E. 2001. Comparisons of radiation use efficiency of mono-inter cropping systems with different row orientations. Field Crops Research, 71: 17-29.

Unkovich M. J. ,Pate J. S. 2000. An appraisal of recent field measurements of symbiotic N_2 fixation by annual legumes. Field Crops Research,65:211-228.

Unkovich M. J. ,Pate J. S. and Sanford P. 1997. Nitrogen fixation by annual legumes in Australian Mediterranean agriculture. Australian Journal of Agricultural Research, 48: 267-293.

Urbatzka P. ,Graβ R. ,Haase T. ,et al. 2009. Fate of legume-derived nitrogen in monocultures and mixtures with cereals. Agriculture Ecosystem and Environment,132: 116-125.

Vallis I. ,Haydock K. P. ,Ross P. J. ,et al. 1967. Isotopic studies on the uptake of nitrogen by pasture plants. III. The uptake of small additions of ^{15}N-labelled fertilizer by Rhodes grass and Townsvill lucerne. Australian Journal of Agricultural Research,18:865-877.

van Kessel C. ,Singleton P. W. ,Hoben H. J. 1985. Enhanced N-transfer from soybean to maize by vesicular arbuscular mycorrhizal (VAM) fungi. Plant Physiology,79:562-563.

van Kessel C. ,Hartley C. 2000. Agricultural management of grain legumes,has it led to an increase in nitrogen fixation? Field Crops Research,465:165-181.

van Kessel C. ,Roskoski J. P. 1988. Row spacing effects on N_2-fixation,N-yield and soil N uptake of intercropped cowpea and maize. Plant and Soil,111:17-23.

van Ruijven J. ,Berendse F. 2005. Diversity-productivity relationships: initial effects, long-term patterns,and underlying mechanisms. Proceedings of the National Academy of Sciences USA,102:695-700.

van Ruijven J. ,Berendse F. 2003. Positive effects of plant species diversity on productivity in the absence of legumes. Ecology Letters,6(3):170-175.

Vanderleyden J. 2000. The "oxygen paradox"of dinitrogen-fixing bacteria. Biology and Fertility of Soils,30: 363-373.

Vandermeer J. H. 1989. The ecology of intercropping. Cambridge University Press,Cambridge,Cambridge,UK.

Vasilas B. L,Legg J O,Wolf D C. 1980. Foliar fertilization of soybeans: absorption and translocation of ^{15}N-labeled urea. Agronomy Journal ,72:271-275.

Vasilas B. L. ,Ham G. E. 1985. Intercropping nodulating and non-nodulating soybeans: effects on seed characteristics and dinitrogen fixation estimates. Soil Biology and Biochemistry,17(44):581-582.

Veneklaas E. J. ,Stevens J. ,Cawthray G. R. ,et al. 2003. Chickpea and white lupin rhizosphere carboxylates vary with soil properties and enhance phosphorus uptake. Plant and Soil, 248:187-197.

Verma D. P. S. ,Long S. 1983. The molecular biology of Rhizobium legumesymbiosis. , International Review of cytology,14(Suppl): 211-245.

Vessey J. K. ,Waterer J. 1992. In search of the mechanism of nitrate inhibition of nitrgoenase activity in legume nodules: Recent developments. Plant Physiology,84:171-176.

Wahua T. A. T. ,Miller D. A. 1978. Relative yield totals and yield components of intercropped sorghum and soybeans. Agronomy Journal,70:287-291.

Walker T. S. ,Bais H. P. ,Grotewold E. ,et al. 2003. Root exudation and rhizosphere biology. Plant Physiology,132:44-51.

Wani S. P. ,Rego T. J. ,Ito O. ,Lee K. K. 1996. Nitrogen budget in soil under different cropping systems . Roots and nitrogen in cropping systems of the semi-arid tropics,Edited by Osamu Ito,Chris Johansen ,Joseph J,Adu-Gyamfi,Katsuyuki Katayama,Jangala V. D. Kumar Rao and Thomas J. Rego. Published by Japan International Research Center for Agricultural Science,1-2,Ohwashi,Tsukuba,Ibaraki 305,Japan: 481-492.

Waterer J. G. ,Vessey J. K. ,Stobbe E. H. ,et al. 1994. Yield and symbiotic nitrogen fixation in a pea-mustard intercrop as influenced by N fertilizer addition. Soil Biology and Biochemistry,26:447-453.

Watt M. S. ,Clinton P. W. ,Whitehead D. ,et al. 2003. Above-ground biomass accumulation and nitrogen fixation of broom (*Cytisus scoparius* L.) growing with juvenile *Pinus radiata on a dryland site*. Forest Ecology and Management,184:93-104.

Weiner J. 1988. The influence of competition on plant reproduction. In: J. L. Doust and L. L. Doust,(eds). Plant reproductive ecology: patterns and strategies. Oxford: Oxford University Press,228-245.

Weiner J. 1990. Asymmetric competition in plant populations. Trends in Ecology and Evolution,5:360-364.

Weiner J. ,Griepentrog H. W. ,Hristensen L. 2001. Suppression of weeds by spring wheat Triticum aestivum increases with crop density and spatial uniformity. Journal of Applied Ecology,38: 784-790.

Weinig C. ,Delph L. F. 2001. Phenogypic plasticity early in life constrains developmental response later. Evolution,55:930-936.

Welham C. V. J. ,Setter R. A. 1998. Comparison of size-dependent reproductive effort in two dandelion (*Taraxacum officinale*) populations. Canadian Journal of Botany, 76: 166-173.

Weston L. A. ,Duke S. O. 2003. Weed and crop allelopathy. Critical Reviews in Plant Sciences,22:367-389.

Whipps J. M. ,Lynch J. M. 1983. Substrate flow and utilization in the rhizocphere of cereals. New Phytologist,26:59-71.

Whitmore A. P. ,Schröder J. J. 2007. Intercropping reduces nitrate leaching from under field crops without loss of yield: A modelling study. Europea Journal of Agronomy,27:81-88.

Wichern F. ,Eberhardt E. ,Mayer J. ,*et al*. 2008. Nitrogen rhizodeposition in agricultural crops: methods,estimates and future prospects. Soil Biology and Biochemistry,40:30-48.

Wichern F. ,Mayer J. ,Joergensen R. G. ,*et al*. ,2007. Rhizodeposition of C and N in peas and oats after C-13-N-15 double labelling under field conditions. Soil Biology and Biochemistry 39,2527-2537.

Wiesler F. ,Horst W. J. 1994. Root growth and nitrate utilization of maize cultivars under field conditions. Plant and Soil,163:267-277.

Willey R. W. 1979. Intercropping – its importance and research needs. Part 1. Competition and yield advantages. Field Crop Abstract,32:1-10.

Willey R. W. ,Rao M. R. 1980. A competitive ratio for quantifying competition between intercrops. Experimental Agricultural,16:117-125.

Willey R. W. ,Reddy M. S. 1981. A field technique for separating above- and below-ground interactions in intercropping: an experiment with pearl millet/groundnut. Experimental Agriculture,17:257-264.

Williamson,N. A. ,M S Johnson,A. D. Bradshaw. 1982. Mine wastes reclamation: the establishment of vegetation on mental mine wastes . London,England:Mine Journal Books. (in chinese).

Wilson J. 1988. Shoot competition and root competition. Journal of Applied Ecology,25: 279-296.

Wilson S. D. , Tilman D. 1991. Components of plant competition along an experimental gradient of nitrogen availability. Ecology,72:1050-1065.

Wilson S. D. , Tilman D. 1993. Plant competition and resource availability in response to disturbance and fertilization. Ecology,74:599-611.

Wilson S. D. , Tilman D. 1995. Competitive responses of eight old-field plant species in four environments. Ecology,76:1169-1180.

Wittenberg J B. ,1996. Siderophore-bound iron in the peribacteriod space of soybean root nodules. Plant and Soil,178: 161-169.

Wolyn D. J. ,Attewell J. ,Ludden P. W. ,*et al*. 1989. Indirect measures of N_2 fixation in common bean (*Phaseolus vugaris* L.) under field conditions: the role of lateral root nodules. Plant and Soil,113:181-187.

Xiao Y. B. ,Li L. ,Zhang F. S. 2004. Effect of root contact on interspecific competition and N transfer between wheat and faba bean using direct and indirect ^{15}N techniques. Plant and Soil,262:45-54.

Yashima H. ,Fujikake H. ,Yamazaki A. ,*et al*. 2005. Long-term effect of nitrate application from lower part roots on nodulation and N_2 fixation in upper part roots of soybean (*Glycine max* (L.) Merr.) in two-layered pot experiment. Soil Science and Plant Nutrition,7: 981-990.

Yasmin K. ,Cadisch G. ,Baggs E. M. ,2006. Comparing ^{15}N——labelling techniques for enriching above- and below-ground components of the plant-soil system. Soil Biology and Biochemistry 38,397-400.

Yone-yama T. , Adu-Gyamfi J. J. 1996. Crop nitrogen economy: major issues and research needs. Roots and nitrogen in cropping systems of the semi-arid tropics,Edited by O. Ito,C. Johansen,J. Joseph,Adu-Gyamfi, K. Katayama,V. D. Jangala,K. Rao and T. J. Rego. Published by Japan International Research Center for Agricultural Science,1-2,Ohwashi, Tsukuba,Ibaraki 305,Japan: 429-440.

Zebarth B. J. ,Freyman S,Kowalenko C G. 1991. Influence of nitrogen fertilization on cabbage yield,head nitrogen content and extractable soil inorganic nitrogen at harvest. Canadian Journal of Plant Science 71,1275-1280.

Zebarth B. J. ,V. Alder,R. W. Sheard. 1991. *In situ* labeling of legume residues with a foliar application of a ^{15}N-enriched urea solution. Communication in Soil Plant Analysis. ,22: 437-447.

Zhang F. S. ,Li L. 2003. Using competitive and facilitative interactions in intercropping systems enhances crop productivity and nutrient-use efficiency. Plant and Soil,248:305-312.

Zhang F. S. ,Shen J. B. ,Li L. ,*et al*. 2004. An overview of rhizosphere processes related with plant nutrition in major cropping systems in China. Plant and Soil,260:89-99.

Zheng D. 1987. Nitrogen Fixatioon Biology. Xiamen :Xiamen University Press. (in Chinese).

Zhou X. M. ,Mackenzie A. F. ,Madramootoo C. A. ,*et al*. 1997. Management practices to conserve soil nitrate in maize production system. Journal of Environment Quality,1369-1374.

Zhu Y. ,Chen H. ,Fan J. ,*et al*. 2000. Genetic diversity and disease control in rice. Nature,406:718-722.

Zuo Y. M. ,Li X. L. ,Cao Y. P. ,*et al*. 1997. Effects of peanut intercropping with maize on iron nutrition of peanut plants on calcareous soil. Plant Nutrition and Fertilizer Science,3 (2): 153-159.

Zuo Y. M. ,Zhang F. S. ,Li X. L. ,*et al*. 2000. Studies on the improvement in iron nutrition of peanut by intercropping with maize on a calcareous soil. Plant and Soil,220:13-25.

Zuo Y. M. , Liu Y. X. , Zhang F. S. 2003. Effects of improvement of iron nutrition by mixed cropping with maize on nodule microstructure and leghaemoglobin content of peanut. Journal of Plant Physiology and Moleeular Biology,29 (1):33-38.

陈文新,陈文峰. 2004. 发挥生物固氮作用 减少化学氮肥用量. 中国农业科技导报,6(6):3-6.

陈文新,李季伦,朱兆良,等. 2006. 发挥豆科植物-根瘤菌共生固氮作用——从源头控制滥施氮肥造成的面源污染. 科学时报(2006-10-9).

陈文新,汪恩涛,陈文峰. 2004. 根瘤菌-豆科植物共生多样性与地理环境的关系. 中国农业科学,37:81-86.

陈远学. 2007. 小麦/蚕豆间作系统中种间相互作用与氮素利用、病害控制及产量形成的关系研究[博士学位论文]. 北京:中国农业大学,2007.

董钻. 1999. 大豆产量生理. 北京:中国农业出版社.

范分良. 2006. 蚕豆/玉米间作促进生物固氮的机制和应用研究[博士学位论文]. 北京:中国农业大学.

房增国,左元梅,李隆,等. 2004. 玉米-花生混作体系中不同施氮水平对花生铁营养及固氮的影响. 植物营养与肥料学报,10(4): 386-390.

房增国,左元梅,李隆,等. 2004. 玉米-花生混作体系中不同施氮水平对花生铁营养及固氮的影响,植物营养与肥料学报,10(4):386-390.

房增国. 2004. 豆科/禾本科间作的氮铁营养效应及对结瘤固氮的影响[博士学位论文]. 北京:中国农业大学.

郭桂英,申建波. 2006. 小麦/花生间作体系中根际有效铁含量及 pH 值的动态分布. 海南大学学报:自然科学版,24(1),42-46.

解惠光. 1990. 日本大豆氮素营养与施肥研究最新进展. 大豆科学,9(2):163-167.

李隆. 1999. 间作作物种间促进与竞争作用的研究[博士学位论文]. 北京:中国农业大学.

李春俭,唐玉林,张福锁,等. 1996. 缺硼对不同植物根茎生长及体内钾离子活度的影响. 中国农业大学学报,1(1):17-21.

李方敏,樊小林,刘芳,等. 2004. 控释肥料对稻田氧化亚氮排放的影响. 应用生态学报,15:2170-2174.

李生秀. 1999. 植物营养与肥料学科的现状与展望. 植物营养与肥料学报,5:193-205.

李文学. 2001. 小麦/玉米/蚕豆间作系统中氮、磷吸收利用特点及其环境效应[博士学位论文]. 北京:中国农业大学.

李玉英. 2008. 蚕豆/玉米种间相互作用和施氮对蚕豆结瘤固氮的影响研究[博士学位论文]. 北京:中国农业大学.

苗锐. 2007. 施氮量及种间根系相互作用对间作蚕豆结瘤的影响[硕士学位论文]. 北京:中

国农业大学.

肖焱波.2003.豆科/禾本科间作体系中养分竞争和氮素转移研究[博士学位论文].北京:中国农业大学.

叶茵,2003.中国蚕豆学.北京:中国农业出版社.

叶优良.2003.间作对氮素和水分利用的影响[博士学位论文].北京:中国农业大学.

张国梁,章申.1998.农田氮素淋失研究进展.土壤,30(6):291-297.

张维理,田哲旭,张宁,等.1995.中国北方农用氮肥造成地下水硝酸盐污染的调查.植物营养与肥料学报,1:80-87.

赵琳,李世清,李生秀,等.2004.半干旱区生态过程变化中土壤硝态氮累积及其在植物氮素营养中的作用.干旱地区农业研究,22(4):14-20.

钟增涛,沈其荣,冉伟等.2002.旱作水稻与花生混作体系中接种根瘤菌对植株生长的促进作用.中国农业科学,35(3):303-308.

左元梅,李晓林,张福锁,等.1998.玉米/花生间作对土壤有效铁和花生铁营养的影响.华中农业大学学报,17(4),350-356.

左元梅,刘永秀,张福锁.2003.NO_3^-对花生结瘤与固氮作用的影响.生态学报,23(4):758-764.

左元梅,刘永秀,张福锁.2003.与玉米混作改善花生铁营养对其根瘤形态结构及豆血红蛋白含量的影响.植物生理与分子生物学报,29(1):33-38.

左元梅,刘永秀,张福锁.2004.玉米/花生混作改善花生铁营养对花生根瘤碳氮代谢及固氮的影响.生态学报,24(11):2584-2590.

左元梅,张福锁.2004.不同禾本科作物与花生混作对花生根系质外体铁的累积和还原力的影响.应用生态学报,15(2):221-22.

左元梅,刘永秀,张福锁.2003.与玉米混作改善花生铁营养对其根瘤形态结构及豆血红蛋白含量的影响.植物生理与分子生物学学报,29(1):33-38.

左元梅.石灰性土壤上玉米/花生间作改善花生铁营养的效应与机制[博士学位论文].北京:中国农业大学,1997.

第5章

间套作体系豆科作物
共生固氮的植物−微生物互作

5.1 豆科作物−根瘤菌相互作用的化学信号过程

5.1.1 豆科植物与根瘤菌的识别及根瘤的形成

在土壤中,植物的根系分泌物是根瘤菌等其他一些腐生细菌的主要碳源。同时根分泌物中含有诱导根瘤菌结瘤所需的信号物质。在长期的进化过程中,豆科植物和根瘤菌共同建立了一套完善的信号识别系统,双方信号的交流及随后的根瘤菌和豆科植物的一系列结瘤相关基因的诱导表达,共同实现了根瘤的诱导发生和发育。

Broughton 等(2003)比较基础和全面地总结了结瘤过程中根瘤菌与寄主植物之间的信号物质的释放和识别过程(图 5.1,彩图 8)。首先,豆科植物在生长过程中向根际分泌黄酮类、简单糖类、酚酸、氨基酸等物质,对根瘤菌具有强烈的趋化反应诱导作用。其中,黄酮类如毛地黄黄酮、槲皮黄酮等在不同豆科作物中均有发现,且表现为含量和组分的特异性。然后黄酮类物质作用于土壤中自由存在的根瘤菌,激活根瘤菌蛋白 NodD(NodD proteins)。NodD 蛋白与细菌的 *Nod* 系列基因的启动子结合,诱导根瘤菌结瘤基因(*nod*、*nol*、*noe* 等)的表达,表达产物组装合成一类脂壳寡糖化合物(Lipo-chitooligosaccharide,Lcos),也就是常说的结瘤因子(nod factor)(Broughton *et al.*, 2003;Schultze and Kondorosi, 1998;Crespi and Galvez, 2000;Wang *et al.*, 2012)。结瘤因子是一类由 β-1,4-N-乙酰-D-葡萄糖胺残基链接而成的寡糖类化合物,一般在非还原的末端连接一个脂肪酰基链。通过保守结瘤基因的变异以及物种特异结瘤基因表达的共同作用,结瘤因子的结构会发生诸如糖骨架长度、脂肪酰基链饱和度、修饰基团种类和数量的变异(Cooper, 2007;Perret *et al.*, 2000)。结瘤因子的结构特异性决定识别过程中的寄主特异性反应。

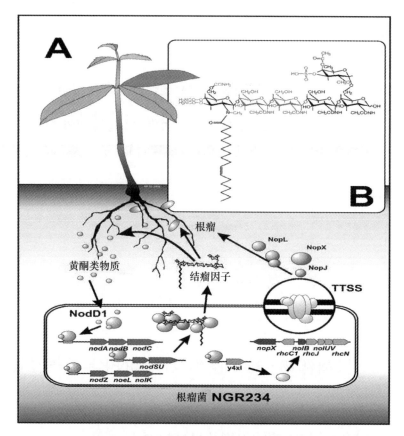

图 5.1　黄酮类信号物质诱导的根瘤菌(*Rhizobium* sp. NGR234)
与豆科植物结瘤的主要过程和决定因素

来源:Broughton *et al.*, 2003。

注:A. 根系分泌的黄酮类物质激发受 *NodD*1 调控的根瘤菌结瘤必需基因(*nod*, *nol* 和 *noe*)的表达。很多结瘤基因与结瘤因子合成有关。根瘤菌 NGR234 体内的 *NodD*1 还通过 y4xI 对细菌类Ⅲ型分泌系统(TTSS)组分的表达进行调控。Ⅲ型分泌系统 TTSS 分泌的效应因子(Nop)能够调控根瘤菌 NGR234 在不同寄主植物上结瘤的能力。B. 结瘤因子是由脂壳寡糖(lipo-chito-oligosaccharide)修饰而成,比如,N-乙酰葡萄糖胺由一个脂肪酸代替了其非还原末端的 N-乙酰基形成 β-1,4 型寡聚体。结瘤因子核由链延伸必需的 N-乙酰葡萄糖氨基转移酶 *NodC*、去除非还原末端乙酰基的脱乙酰基酶 *NodB* 和将酰基连接到寡聚糖的酰基转移酶 *NodA* 合成。根瘤菌 NGR234 结瘤因子的合成还需要一系列其他结瘤基因,比如参与氮端甲基化的 *nodS*、甲氨酰化的 *nodU* 和岩藻糖基化的 *nodZ*。

　　豆科植物的根毛细胞上的结瘤因子受体能够识别具有菌株及生态型特异性的结瘤因子,通过改变肌动蛋白活动、破坏微纤丝,引起根毛弯曲(D'Haeze and Holsters,2002)。根瘤菌侵染根毛细胞的同时激活根皮层细胞,引起其细胞分裂的开始。根内皮层细胞分裂构成根瘤原基,根外皮层细胞被激活形成前侵染线结构。弯曲的根毛卷携了少量根瘤菌,通过入侵线沿着根毛进入豆科植物一些变大的根细胞内(Vance,2002;Wang *et al.*,2012),发生类似于细胞内吞的作用。被"内吞"进入根细胞的根瘤菌通常被称为类菌体(Bacteroid),其与植物的内吞小泡共同组成共生体(Symbiosome)的单元(Patriarca *et al.*,2002)。

　　少量的根瘤菌通过侵染线向内皮层入侵(Goormachtig *et al.*,2004)。根瘤原基基部的细胞首先被侵染。而在根瘤原基顶端的细胞形成顶端分生组织。在根皮层细胞分裂形成根瘤原基时,一些植物早期结瘤基因得到特异性表达,如 *ENOD*12、*ENOD*40(Yang *et al.*,1993;

Gibson et al.，2008；Oldroyd and Downie，2008）。结瘤因子能够诱导内皮层与原生木质部相对的部分细胞的分化，形成根瘤原基。早期结瘤基因 *PsENOD*12 和 *PsENOD*5 的表达模式与结瘤因子诱导根瘤原基的形成是一样的(Vijn *et al.*，1993)。

分生组织不断向根瘤基部分化，形成被根瘤菌侵染的中央组织和未被侵染的外周组织。外周组织包括根瘤皮层、内皮层和根瘤薄壁组织，后者是根瘤维管束存在的地方。自此根瘤形成(Vance，2002)。全过程示例见图 5.2(彩图9)。

Wang(2012)针对近年来决定结瘤识别过程的进展进行了总结(图 5.2,彩图9)。主要进展包括：①发现了结瘤因子在寄主植物上的受体，这是一种跨膜蛋白，表现出种和生态型的特异性。②发现了根瘤菌可以通过细胞表面包裹的胞外多糖对寄主范围进行调节，这一调节可能发生在结瘤因子的调节作用之后，相关的寄主受体仍然未知，但很可能与动物对致病细菌胞外多糖的受体相类似。③在一些特定的菌种中，NodD 会诱发 *Ttsl* 基因的表达，编码与 tts-box 紧密结合的一些转录

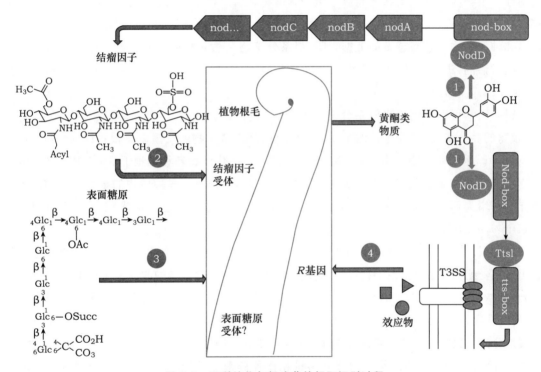

图 5.2 豆科植物与根瘤菌的根际识别过程

来源：Wang *et al.*，2012。

注：①首先，植物产生并向根系周围的根瘤菌释放黄酮类信号物质(如图中的苜蓿产生的木樨草素(luteolin))，激活细菌 NodD 蛋白。NodD 蛋白结合到结瘤基因启动子上保守的 nod box，诱导结瘤基因表达。

②结瘤基因编码合成结瘤因子的酶。细菌分泌的结瘤因子被植物表面跨膜受体以品系或生态型特有的方式识别。结瘤因子的修饰，如酰基长度和饱和度，决定了寄主的专一性。结瘤因子受体的激活促使根毛生长发生变化，以利于吸纳形成整个根瘤细菌群落的少量细菌。

③可能在结瘤因子的下游，根瘤菌也可能利用其表面的多糖(如来自于 S. meliloti 的 EPS)来调整寄主的范围。植物受体还不清楚，但可能类似于识别细菌类病原菌表面多糖的动物受体。

④在某些根瘤菌菌系中，NodD 还诱导 Tts I 的表达。Tts I 是一种与Ⅲ型分泌系统及效应器操纵子上游、高度保守的启动子元件 tts box 结合的转录调控因子。效应蛋白只能被部分生态型或品种的植物 R 基因识别，这样就限定了寄主范围。

因子，它们是编码Ⅲ型分泌系统分泌的因子蛋白的操纵子上游物质。与此同时，只在一些植物

物种的特定生态型或者变种中存在可以识别和接收这些因子蛋白的 R 基因(图 5.2,彩图 9)。

5.1.2 根分泌物与信号物质

植物根系不断地制造并向根际环境中释放一些分泌物,这些根系分泌物包含了健康组织有机物的释放、衰老表面细胞和细胞内含物的分解、植物根系的直接分泌物、微生物修饰及其自身的产物。主要包括:渗出物、分泌物、植物黏液、胶质和裂解物(张福锁,1992)。其中,占植物根系分泌物比重很大的一部分成分是分子量较大一些的黏液和蛋白质。另外一些组分,例如,氨基酸、有机酸、糖类、酚酸类和其他的一些次生代谢产物等(Bais et al.,2006)分子质量较小的化合物,在植物根系分泌物中所占的比重很小,但是种类非常丰富,同时具有较强的生物活性。植物与土壤微生物之间通过植物凋落物和植物根系分泌物建立起密切联系。根系分泌物不仅为根际微生物提供生长所需的能源,而且不同根系分泌物直接影响着根际微生物的数量和种群结构。越来越多的证据表明,根系分泌物是植物根际的根系与根系或根系与微生物之间对话的"语言",负责协调根系之间或根系与土壤微生物之间的生物和物理相互作用(Bais et al.,2004)。

很多因素可以影响植物根系分泌物的分泌,包括植物的种类、年龄,环境中温度、光照条件,植物的养分状况、植物生长的基质、土壤湿度、环境微生物的反馈以及根系的损伤等(Rovira,1969)。禾本科植物一生中有 $30\% \sim 60\%$ 的光合同化产物转移到地下部,其中 $40\% \sim 90\%$ 以有机或无机分泌物的形式释放到根际(Bais et al.,2004)。多种植物的根系分泌物随着植物年龄的增大而减少,如高粱和小麦。同时,环境压力的增大也会促进根系分泌物的增多(Bertin et al.,2003)。

植物根系周围的微生物被植物感知后会诱导植物自身根系分泌物发生改变,由此推断植物也可以感受到临近植物根系的存在,并通过根系的生理和生化功能的改变来做出响应(Badri and Vivanco,2009)。一些相关的研究已经被报道。儿茶酚是矢车菊根系分泌的一种强烈的化感物质,研究发现,根系分泌的儿茶酚协助了矢车菊的入侵过程(Bais et al.,2003),表现为矢车菊在入侵地分泌了比原生地高 2 倍的儿茶酚,并且强烈的抑制了入侵两种地土地著植物种的生长。当拟南芥种群密度较高时,芥子油苷分泌量相比种群密度较低时的分泌量显著增加(Wentzell and Kliebenstein,2008),此研究中,临近植物的出现可以调控芥子油苷的分泌。如前所述,植物根系分泌物还是植物识别临近其他植物根系的重要信号物质,植物根据根系分泌物识别出其亲缘植物及不同种植物(Semchenko et al.,2007;Biedrzycki et al.,2010)。

在农田生态系统,特别是间作套种和农林复合系统经常观察到一些强烈的化感作用,如核桃树强烈抑制与其间作生长的粮食类作物(Chou,1999)。化感作用的定义为:植物通过向环境释放生物化学物质而对其他植物(含微生物)产生的直接或间接的促进或抑制作用(Rice,1984)。

植物可以通过地上部叶片挥发一部分挥发性化感物质(Hierro and Callaway,2003)。但主要化感物质存在于根系分泌物中,它们会对邻近植物根系及根际微生物群落产生显著影响

(Bais *et al.*, 2004)。因此,对根系分泌物的研究已成为大量植物根系及根际研究的重点。对玉米化感作用的研究主要集中在苯并恶嗪酮类化合物(Minorsky, 2002),主要是丁布(DIM-BOA)和门布(MBOA)的研究上。

研究表明,植物根系可以利用根系分泌物来识别邻近的障碍物,并进行规避,即抑制自身根系的生长,当利用高锰酸钾将根系分泌物氧化后,根系的规避活动消失,说明根系分泌物在根系生长及分布方面起着重要作用(Falik *et al.*, 2003)。在研究同一物种不同植株间根系竞争关系时发现,共享相同环境中资源的两株同种植物,他们的根系生物量会增加,但产量会明显降低,出现了"公共财产悲剧"现象(Gersani *et al.*, 2001)。很多人将这一现象归结为植物根系进行自身/非自身识别(self/non-self discrimination)活动造成的(Gersani *et al.*, 2001; Falik *et al.*, 2003; Gruntman and Novoplansky, 2004)。这些研究表明,在生长环境条件一致的情况下,两棵种内植物种植在一起,他们会比单独生长的植物产生更多的根系生物量。植物根系的这种自身/非自身识别特点可以减少同自身根系没有必要的竞争活动,增加自己同邻近植物根系的竞争能力。但植物根系选择的这种应对措施是以牺牲最终产量作为代价的。Falik 等(2003)通过试验发现两株同种植物根系间的竞争导致植物朝向邻近植物的侧根的大量生长,并认为植物根系间的自身/非自身识别是由植物体内不同组织通过共同生理调节来实现的,并非通过对根系分泌的化感物质的识别来实现的,这对植物根系高效利用生长环境内的有限资源是非常有利的。Gruntman 和 Novoplansky(2004)通过试验同样证明了这种自身/非自身根系识别是通过植物体内的生理调节来实现的。

就同种植物间"公共财产悲剧"理论的研究已经发展到养分浓度差异及空间差异对植物生物量分配的影响方面。研究发现,对于两株同种植物根系的共同生长区域,相对于植物各自占有的生长区域,存在着养分空间异质性环境。在这种环境条件下,种内植物根系间的竞争会使植物的根系生物量增加,作物产量下降,茎叶的生物量上升;而存在空间差异时,竞争关系中的植物只有根系生物量增加,其他部分的生物量不存在差异(O'Brien *et al.*, 2005)。目前,又有新研究表明,植物根系生长的空间因素对自身/非自身根系识别有较大的影响。在相同生长体积条件下,通过利用活性炭吸附根系分泌物处理的植物根系生物量比未加入活性炭处理的植物根系生物量要大,对于之前的"公共财产悲剧"现象,不存在竞争条件时,植物的生长空间变小,影响植物根系的正常生长(Semchenko *et al.*, 2007)。

植物在与其他植物发生相互作用时,除了在一定程度上改变生理活性,最重要的策略就是发生形态上的改变。如根系种间相互作用除了使植物根系在空间分布(Casper and Jackson, 1997)和时间动态上发生变化外(Li *et al.*, 2006),更重要的是根系形态上发生变化。对敏感的植物来说,根系变长变粗,增大单位干物质的根系长度,侧根数量增加等(Casper and Jackson, 1997; Hodge, 2004)。就豆科植物而言,人们观察到超结瘤的豆科突变体侧根的数量往往比其野生型要多,即根瘤和根系在发生发育过程发生重叠,也就是说他们有部分共同的发生发育机理(Mathesius, 2003)。

5.1.3　重要的豆科作物结瘤信号物质——类物质

由于黄酮类物质分泌作为结瘤作用的初始信号,因此在结瘤过程中起关键作用。豆科植物分泌的黄酮类物质可作为信号物质诱导根瘤菌结瘤,而在众多酚类物质中最为重要的即为黄酮类物质,它是豆科-根瘤菌互作的信号成分(Broughton *et al.*,2003;Schultze and Kondorosi,1998;Crespi and Galvez,2000;Wang *et al.*,2012)。

黄酮类化合物是由两个具有酚羟基的苯环通过三碳原子相互联结,而形成的一系列化合物。基本母核是 2-苯基-色原酮。酚羟基、甲基、甲氧基、异戊烯基等为黄酮类化合物结构中常连接的官能团结构。此外,黄酮类类物质还常与糖结合成糖苷类化合物。常见黄酮类物质见图 5.3。

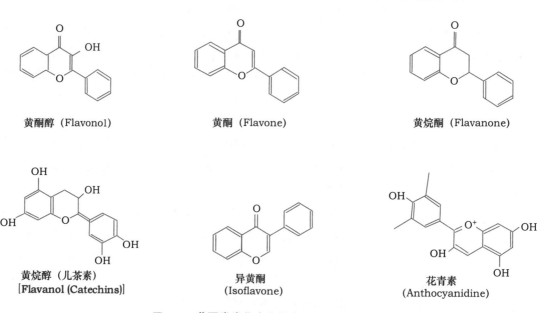

黄酮醇 (Flavonol)　　　　　黄酮 (Flavone)　　　　　黄烷酮 (Flavanone)

黄烷醇 (儿茶素)　　　　　　异黄酮　　　　　　　　花青素
[Flavanol (Catechins)]　　　(Isoflavone)　　　　　(Anthocyanidine)

图 5.3　黄酮类类化合物的常见化合物结构式

如图 5.4(彩图 10)所示,大多数植物第 1 步关键的过程是由查尔酮合成酶(CHS)催化的过程,将苯丙烷代谢途径引向黄酮类化合物的合成。该酶催化 4-香豆酸-CoA 和丙二酰-CoA反应,合成查尔酮-柚(苷)配基-4,5,7-三羟黄烷酮。CHS 是苯丙烷系代谢途径中含量最丰富的酶之一,但该酶的催化效率较低.植物体内 CHS 的转录受到高浓度肉桂酸的抑制及高浓度的香豆酸促进。接下来步骤中的关键酶是查尔酮异构化酶(CHI),该酶催化查尔酮-柚(苷)配基-4,5,7-三羟黄烷酮进一步合成柚(苷)配基-4,5,7-三羟黄烷酮,此为异黄酮的前体,由此进入异黄酮代谢支路。来自于 4-香豆酸-CoA 的部分用粉红色标记,而来自于丙二酰-CoA 的部分用蓝色标记。图中绿色为酶,黄框中为化合物的名称,红色名称的化合物为在豆科植物根际中发现的特定化合物,标记为黑色的还未被在根际发现(Broughton *et al.*,2003)。

禾本科作物玉米和冬小麦根系的浸提液和淋洗液能诱导根瘤菌结瘤因子的产生。研究结果表明,用大豆、玉米和冬小麦的根系浸提液与大豆根瘤菌反应,均能诱导结瘤因子产生,其中以玉米根系浸提液的诱导效果最好,甚至好于根瘤菌的宿主植物大豆的根系浸提液(Lian *et al.*,2002)。

　　黄酮类物质在共生结瘤过程中起了关键作用,高浓度氮素明显降低黄酮类物质在豆科植物体内的合成及其向根际的释放(Zhang *et al.*,2003)。由于黄酮类物质分泌作为结瘤作用的初始信号,在结瘤过程中起关键作用。因此,在高结瘤育种中,专家们也非常注重豆科植物黄酮类物质的合成和分泌能力的选育(Rengel,2002;Herridge and Rose,2000)。关于豆科植物根系分泌结瘤信号物质,国内外大量研究主要集中在大豆,苜蓿和豌豆上,几乎没有对蚕豆根分泌黄酮类信号物质的研究。已有的蚕豆黄酮类研究报道都集中在植株体内(表5.1)。在水培条件下将氮素供应浓度由 10 mmol 降低到 0.25 mmol,苜蓿根系黄酮类物质的分泌量确实有所上升(Coronado *et al.*,1995)。

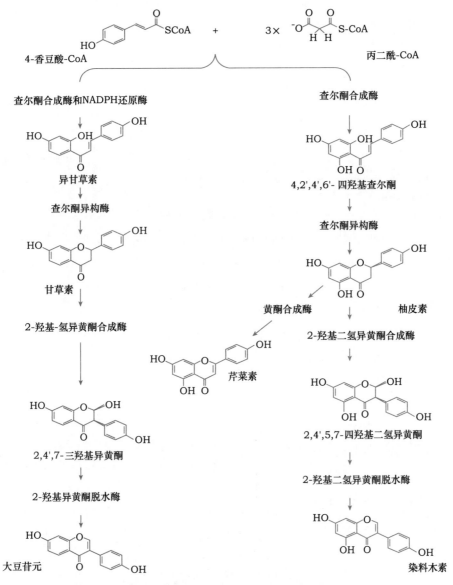

图 5.4　植物体内黄酮类和相关化合物生物合成的两个途径

来源:Broughton *et al.*,2003。

表 5.1　已报道蚕豆(*Vicia faba* L.)中黄酮类物质汇总

发现部位	黄酮类苷元名称	简写结构式	文献来源
种子浸提物	梅黄酮 [Myrecetin(myricetin)]	3,3′,4′,5,5′,7-Hexahydroxy flavone	Nasr and Selim,1997
	羟黄酮(Luteolin)	3′,4′,5,7-Tetrahydroxy flavone	
	柚皮素(Naringenin)	4′,5,7-Trihydroxy flavanone	
	染料木素黄酮(Genistein)	4′,5,7-Trihydroxy isoflavone	
	鸡豆黄素/染料木素 4′-甲基醚(Biochanin A/Genistein 4′-methyl ether)	5,7-Dihydroxy -4′-methoxy isoflavone	
种皮	槲皮素(Quercetin)	3,3′,4′,5,6-Pentahydroxy flavone	Nozzolillo *et al.*,1989
	杨梅黄酮[Myrecetin (myricetin)]	3,3′,4′,5,5′,7-Hexahydroxy flavone	
	山奈酚(Kaempferol)	3,4′,5,7-Tetrahydroxy flavone	
植株体	槲皮素(Quercetin)	3,3′,4′,5,6-Pentahydroxy flavone	Micheal *et al.*,1997
	槲皮素总苷(Glycosides of Quercetin)	Quercetin-7-O-galacoside	
		Quercetin-3,7-diglucoside	
		Quercetin-7-O-glucoside	
		Quercetin-3,4-diglucoside	
		Quercetin-3-gentiobioside	
		Quercetin-3-glucoside-7-rhamnoside	
	山奈酚(Kaempferol)	3,4′,5,7-Tetrahydroxy flavone	
	山奈酚总苷(Glycosides of Kaempferol)	Kaempferol-7-O-galactoside	
		Kaempferol-7-O-glucuronide	
		Kaempferol-7-O-glucoside	
		Kaempferol-7-O-rhamnoside	
		Kaempferol-7,4-diglucoside	
		Kaempferol-3,7-diglucoside	
		Kaempferol-3-glucoside	
	芹菜甙(Apigenin glycosides)	6,8-di-C-glucoside apogenin	
		Apigenin-7-O-rutinoside	
		Apigenin-7-O-glucuronide	
		Apigenin-7-O-apiosyl glucoside	
		Apigenin-7-O-β-D-glucoside	

同时,单纯从禾本科植物竞争氮而降低土壤氮素浓度刺激豆科植物结瘤固氮并不能完全

解释豆科/禾本科间作后结瘤固氮的增效作用。与玉米/蚕豆间作相比,对氮素竞争能力更强的小麦与蚕豆间作后,蚕豆结瘤固氮作用并没有像期望的那样进一步增强(Fan et al.,2006)。这说明豆科/禾本科间作中种间氮素竞争并不是间作中豆科结瘤固氮增加的唯一机制。玉米植株体内能够合成黄酮类物质(Bruce et al.,2000),并且有可能通过根系释放到环境中(Kidd et al.,2001)。黄酮类物质是植物体内普遍存在的一类次生代谢产物,与植物的生长发育、生物化学过程以及植物对环境的响应密切相关,玉米也不例外(Bruce et al.,2000);玉米根系释放的大量黄酮类物质能够缓解土壤中过量可溶性铝导致的毒害作用(Kidd et al.,2001)。Dardanelli 等(2008)对菜豆根分泌物中发现的黄酮类物质进行了汇总(表 5.2)。

表 5.2　已报道菜豆(*Phaseolus vulgaris* L.)根分泌物中黄酮类物质汇总

黄酮类苷元名称	简写结构式
大豆苷元 (Daidzein)	4',7-Dihydroxyisoflavone
松属素 (Pinocembrin)	5,7-Dihydroxyflavone
异甘草素 (Isoliquiritigenin)	4,2',4'-Trihydroxychalcone
橙皮素 (Hesperetin)	3',5,7-Trihydroxy-4-methoxyflavanone
桑色素 (Morin)	2',3,4',5,7-Pentahydroxyflavone
紫杉叶素 (Taxifolin)	(2R,3R)-3,3',4',5,7-Pentahydroxyflavanone

来源:Dardanelli et al.,2008。

豆科植物黄酮类物质的分泌会受到不同温度、氮素浓度等的影响(Coronado et al.,1995;Zhang et al.,2003)。在这一系列的信号传递途径中,黄酮类物质不仅作为最初信号分子被根瘤菌感知,诱发相互识别的过程,更参与了结瘤固氮信号在豆科植物体内细胞和组织间的传递。同时,作为多条信号途径的交叉点,黄酮类物质受到多种环境因素调控,并协同调控多条植物应激反应系统。

5.2　禾本科作物根系分泌物对蚕豆结瘤固氮的促进作用

5.2.1　禾本科作物根系分泌物对蚕豆早期结瘤反应——根毛变形的影响

添加 3 种不同禾本科作物玉米,小麦和大麦 14 d 幼苗的根分泌物至蚕豆根-根瘤菌体系,12 h 后,观察蚕豆幼苗根毛变形情况。在短根毛区,添加玉米根系分泌的处理数量与添加去离子水处理的对照结果相近,没有显著差异。而添加小麦和大麦根系分泌物的处理,根毛变形数量显著低于对照,变形比率分别是 13.3% 和 11.6%。在长根毛区,添加去离子水的对照组的根毛变形率为 13.3%,与此相比,添加玉米根系分泌物的处理,根毛变形率显著增加,达到了 33%。而添加大麦和小麦根分泌物的处理,根毛变形发生不同程度的减少,分别为 10% 和 6.7%,但没有达到显著水平(图 5.5)。

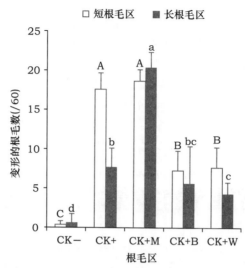

图 5.5　接种根瘤菌 12 h 后每 60 条根毛中变形的根毛数统计结果

注:CK－,阴性对照,不接种根瘤菌,不添加根系分泌物;CK＋,阳性对照,接种根瘤菌,添加去离子水;CK＋M,接种根瘤菌,添加玉米根系分泌物;CK＋B,接种根瘤菌,添加大麦根系分泌物;CK＋W,接种根瘤菌,添加小麦根系分泌物。大写字母不同表明短根毛区平均每 60 条根毛中根毛中变形数差异显著($P<0.05$),具有相同字母表示差异不显著($P>0.05$);小写字母不同表示长根毛区平均变形根毛数差异显著($P<0.05$),具有相同字母表示差异不显著($P>0.05$)。

这些结果证明添加不同植物的根系分泌物,对于豆科植物结瘤的早期反应——根毛变形过程有着显著影响,此种影响主要出现在根毛较长区域。添加玉米根系分泌物,促进根毛变形的发生,在长根毛区表现显著影响。添加蚕豆根系分泌物同样会促进根毛变形的发生,效果显著。而添加大麦和小麦的根系分泌物,抑制根毛变形的发生,但这种影响只在短根毛区表现显著。这些结果充分说明禾本科作物对豆科作物结瘤过程具有显著影响,且因作物而异。同时证明间作体系中,禾本科植物对于豆科作物结瘤因子活性具有重要的影响。

5.2.2　禾本科作物根分泌物对蚕豆结瘤固氮的影响

添加不同禾本科根系分泌物对蚕豆地上部和地下部植株生长均没有显著影响(图 5.6)。添加玉米根系分泌物的处理在 1/2 N 水平条件下,单株蚕豆根系总根瘤数量平均达到 50 个,显著多于添加去离子水的对照处理的 25 个,主要表现为分类为中、小级根瘤数量的显著增加(李白,2012)。同时,发生在蚕豆主根的根瘤数量也显著多于对照。而添加大麦和小麦根分泌物的处理与对照相比,总根瘤数量和中小根瘤数均小幅下降,但差异不显著。在不施氮条件下,所有处理间的差异均不显著(李白,2012)。单株根瘤干重呈现相类似的变化趋势。随着氮浓度的升高,表现为降低。玉米根系分泌物在中高氮浓度时显著增加了单株根瘤干重。

在 1/2 N 和全氮浓度营养液供应条件下,单株蚕豆总根瘤的平均活性在添加玉米根系分泌物处理中为 79.5 nmol C_2H_4/(h·g),显著高于所有其他 3 个处理,显著增加了中级大小根瘤的活性。针对不同分级根瘤活性的测定显示,中等分级的根瘤活性表现最高,平均活性达到 67.5 nmol C_2H_4/(h·g),而大根瘤和小根瘤的平均活性仅为 32.1 nmol C_2H_4/(h·g)和 47.2 nmol C_2H_4/(h·g)。添加玉米根系分泌物的处理,显著增加了中、小根瘤的数量,并最终使得平均活性显著高于对照和其他两组处理。而添加大麦和小麦的根系分泌物处理则与对照始终没有明显差异(李白,2012)。

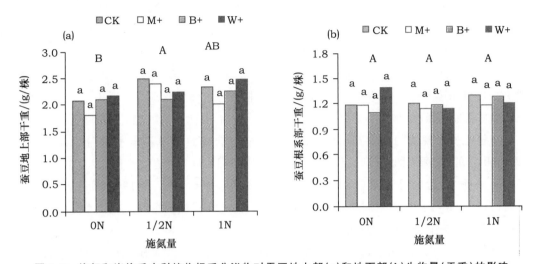

图 5.6 施氮和浇施禾本科植物根系分泌物对蚕豆地上部(a)和地下部(b)生物量(干重)的影响

注:CK,阳性对照,接种根瘤菌,添加去离子水;M+,接种根瘤菌,添加玉米根系分泌物;B+,接种根瘤菌,添加大麦根系分泌物;W+,接种根瘤菌,添加小麦根系分泌物。

在1/2 N 和 1 N 营养液供应水平下,添加玉米根系分泌物显著增加了蚕豆体内来自于大气的氮的比例。在 1/2 N 供氮水平条件下,添加玉米根系分泌物的处理,生物固氮比例达到68.4%,显著高于对照的 29%,在全氮处理的条件下,具有类似现象。添加大麦和小麦根系分泌物的处理,在 1/2 N 水平与对照没有显著差异。而全氮营养液供应条件下,分别不同程度地增加了蚕豆生物固定氮的比例,添加小麦根系分泌物处理的蚕豆生物固定氮的比例甚至达到显著水平(李白,2012)。

通过结瘤和生物固氮量(自然丰度法)的测定结果,可以看到:在蚕豆根际氮浓度维持在一个比较低的浓度的情况下(1/2 N,营养液浓度为 1 mmol/L)玉米根系分泌物显著促进了蚕豆的结瘤作用,根瘤干重比添加无菌水处理的对照高 51%(李白,2012),同时显著高于其他两种根系分泌物添加的处理。在根际氮浓度较高条件下,添加根系分泌物的处理均一定程度上表现促进结瘤的现象,玉米根系分泌物处理较对照促进蚕豆结瘤达 3 倍。与此同时,蚕豆的生物固氮量表现出与结瘤情况较为一致的趋势。与对照相比,玉米根系分泌物显著增加了蚕豆的生物固氮量,达 2 倍以上(李白,2012)。

以上结果表明,外源根系分泌物的添加,直接影响了蚕豆的结瘤过程,进而影响了生物固氮的活性。

植物与土壤微生物之间通过植物凋落物和植物根系分泌物建立起密切联系。根系分泌物不仅为根际微生物提供生长所需的能源,而且不同根系分泌物直接影响着根际微生物的数量和种群结构(Bais et al.,2004;Micallef et al.,2009)。然而这种影响与根分泌物的数量和种类有直接的关系(van Rhijn and Vanderleyden,1995)。一些研究结果显示,成熟小麦根系分泌物碳含量在 11.6 mg/g 干重,而豌豆是 16 mg/g 干重,玉米则是 9.516 mg/g 干重(Wittenmayer et al.，1995；Merbach et al.，1999）。在这种情况下，根系分泌物的量足以支持根际微生物的生长。通过研究表明 3 种禾本科根系分泌物的干物质量与报道中土壤条件下根系分泌的干物质量大致相当，进一步验证了这一结果。相对而言，小麦根系分泌物中含有更多的糖分，而玉米根系分泌物含有更高的蛋白质物质（Wittenmayer et al.，1995；Merbach et al.，1999）。研究发现，相同的根分泌物干物质中，小麦根分泌物的糖分更多一些（Azaizeh et al.，1995；Schilling et al.，1998）。在试验中加入试验处理中的根系分泌物水溶液，浓度为干物质量的 1/5，在此浓度条件下，外源加入的玉米及大麦根系分泌物所含碳源物质不足以对根瘤菌的生长产生显著地刺激作用，而小麦根系分泌物中糖分更高，因此显著影响了根瘤菌生长的情况。

对于根毛变形现象的观察，是研究结瘤发生早期响应的一种基本手段（Faucher et al.，1989）。根毛在与根瘤菌的识别过程中，受到结瘤因子（LCOs）的诱导作用，发生变形，主要包括根毛顶端膨大、弯曲等现象（Faucher et al.，1989；Anita et al.，1998；Heidstra et al.，1994）。这一现象在识别发生时迅速发生，最早在侵染 1 h 就被观测到。在根系分泌物对蚕豆早期结瘤反应影响的试验中，分别在根分泌物处理的 3 h、12 h 和 24 h 观测结果，均观测到了不同程度的根毛变形，此现象表明根瘤菌成功侵染蚕豆根毛。然而在 3 h 和 24 h 观测点，由于变形根毛过少或过多，处理间差异不显著。在 12 h 观测点，不同禾本科植物根系分泌物对于蚕豆根毛变形结果表现了不同的影响。短根毛区，大麦及小麦根系分泌物显著抑制变形发生，而玉米根系分泌物与对照相比无显著影响。长根毛区，玉米根系分泌物显著地促进了根毛变形的发生，而小麦根系分泌物则显著地抑制了根毛变形的发生。与对照相比，大麦根系分泌物对根毛变形没有显著影响。根系分泌物及黄酮类物质会影响根毛变形的发生（Nasr and Selim，1997），本试验结果也表明不同植物根系分泌物对根毛变形具有一定的影响。然而，这种影响作用在处理 24 h 后，效应会趋于平衡。

根系分泌物的添加，除碳源外，还会向根际加入多种具有生物活性的化合物。Lian 等（2001）试验发现小麦根系分泌物可以诱导大豆结瘤因子的合成（Lian et al.，2001）。本课题组的前期研究工作也证实，在与禾本科植物如玉米间作时，种间根系相互作用可以促进蚕豆的结瘤及固氮作用（Li et al.，2009）。然而直接通过根系分泌物的添加作用于豆科植物，进而观察结瘤及固氮结果的研究尚属首次。通过添加不同植物根系分泌物，观测蚕豆结瘤作用和固氮量，发现玉米根系分泌物可以通过增加蚕豆中等大小根瘤（直径 1～2 mm）的发生，进而促进蚕豆的结瘤作用和固氮的过程。Tajima 等（2007）发现，根瘤活性与根瘤大小具有显著关系，其中，中等大小根瘤（直径 1～2 mm）具有最佳的体积-活性比，导致其根瘤活性最高。此试验中，总根瘤数及小根瘤数的变化均不显著，而玉米根系分泌物显著地增加了蚕豆中等大小根瘤的发生。进而也导致处理中根瘤活性的显著增加。然而关于中等大小根瘤增加的原因却没有数据的支持。这可能是由于采样期处于蚕豆盛花末期和结荚期早期，根瘤的固氮作用已经下降（Vikman and Vessey，1992）。中等大小的根瘤多处于生理活跃期，因此，中等大小根瘤的数量可能决定了根瘤总活性。与对照相比，玉米根系分泌物的添加显著促进了蚕豆生物固氮量，尤其是在比较高的施氮量条件下。这可能是由于高施氮量抑制对照组结瘤和固氮的发生，而添加了玉米根系分泌物的处理，由于根系分泌物的作用而使得在高施氮量条件下结瘤及固氮得以维持。

已经有人测定到玉米体内叶片和花粉中黄酮类物质的存在（表 5.3）。李春杰（2010）发现玉米根分泌物中也含有黄酮类物质。这可能是玉米促进蚕豆结瘤的途径之一。

表 5.3　玉米（*Zea mays*）植株体内黄酮类物质汇总

发现部位	黄酮类	文献来源
叶片	染料木素（Genistein）	Yu *et al*.，2000
	大豆苷元（Daidzein）	
	甘草素（Liquiritigenin）	
	槲皮素（Quercetin）	Lagrange *et al*.，2001
	芸香苷（Rutin）	Harborne and Baxter，1999
	翠菊苷（Callistephin）	
	花青素 3-(6″-先丙二酰葡萄糖苷)	
	[Cyanidin 3-(6″-Malonylglucoside)]	
	花青素 3-(3″,6″-双丙二酰葡萄糖苷)	
	[Cyanidin 3-(3″,6″-Dimalonylglucoside)]	
	Apiforol	
	山奈酚-3-Gly(Kaempferol-3-Gly)	Saunders and Clure,1976
	槲皮素-3,7-Digly（Quercetin-3,7-Digly）	
花粉	山奈酚（Kaempferol）	Ceska and Style，1984
	槲皮素（Quercetin）	
	异鼠李素（Isorhamnetin）	
	山奈酚 3-O-葡萄糖苷（Kaempferol 3-O-Glucoside）	
	槲皮素 3-O-葡萄糖苷（Quercetin 3-O-Glucoside）	
	槲皮素 3,7-O-二葡萄糖苷（Quercetin 3,7-O-Diglucoside）	
	槲皮素 3,3′-O-二葡萄糖苷（Quercetin 3,3′-O-Diglucosi）	
	槲皮素 3-O-新橘皮苷（Quercetin 3-O-Neohesperidoside）	
	槲皮素 3-O-葡萄糖苷-3′-二葡萄糖苷	
	(Quercetin 3-O-Glucoside-3′-O-Diglucoside)	
	异鼠李素 3-O-葡萄糖苷（Isorhamnetin 3-O-Glucoside）	
	异鼠李素 3-4′-O-二葡萄糖苷（Isorhamnetin 3,4′-O-Diglucoside）	
	异鼠李素 3-O-新橘皮苷（Isorhamnetin 3-O-Neohesperidoside）	
	异鼠李素 3-O-葡萄糖苷-4′-O-二葡萄糖苷	
	(Isorhamnetin 3-O-Glucoside-4′-O-Diglucoside)	

5.2.3　种间根系相互作用对蚕豆植株体内黄酮类物质的影响

在蚕豆的地上部和地下部组织中，一共发现了 3 种黄酮类物质：山奈酚（kaempferol）、毛地黄黄酮（luteolin）、槲皮黄酮（quercetin）。质谱的特异离子峰分别如下：山奈酚 kaempferol [M-H]-m/z 285；毛地黄黄酮 luteolin[M-H]-m/z 285；槲皮黄酮 quercetin[M-H]-m/z 301。次级特异峰分别是：山奈酚 kaempferol m/z 151；毛地黄黄酮 luteolin[M-H]-m/z 133；槲皮黄酮 quercetin m/z 151（Dardanelli *et al*.，2008；Krumbein *et al*.，2007）。HPLC 检测结果如图 5.7 所示。

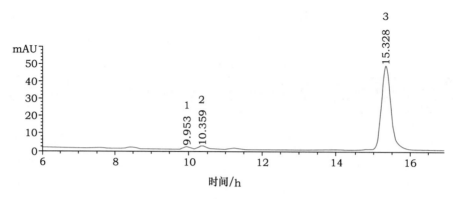

图 5.7　HPLC 检测峰图

注：出峰时间如图标注。1 号峰为毛地黄黄酮，2 号峰为槲皮黄酮，3 号峰为山柰酚。

这 3 种黄酮在蚕豆根系及地上部茎叶组织中均有存在。而在同时检测的玉米植株体内，没有发现常见的黄酮类物质。尽管有报道在玉米组织细胞中曾发现黄酮苷类物质（Grotewold et al.，1998）。同时在根系分泌物样品中未能检测到黄酮类物质的存在。

蚕豆地上部总黄酮苷元浓度在 0.39～0.71 mg/g 干重之间，而地下部总浓度在 0.02～0.14 mg/g 干重之间（图 5.8）。曾有关于蚕豆籽粒及叶片中黄酮类物质总浓度的报道（Chaieb et al.，2011；Tomas-Barberan et al.，1991），但在幼苗植株体内黄酮类物质浓度的报道仍是首例。

山柰酚是一种邻位单羟基黄酮，是一种黄酮醇物质。本试验中发现，无论在蚕豆地上部茎叶及地下部根系，山柰酚含量均是最高，分别高于其他两种已发现的黄酮 7～9 倍。由此可知，蚕豆总黄酮浓度主要由山柰酚的浓度（图 5.9）决定。本研究揭示蚕豆体内黄酮类物质浓度及种类对种间根系相互作用存在一定响应，而总黄酮浓度对玉米根系的相互作用响应并不敏感，在根系互作的处理中表现浓度变化不显著（图 5.8）。与玉米间作或者蚕豆单作，其体内总黄酮浓度没有显著变化。

种间根系相互作用显著地提高了蚕豆地上部茎叶及地下部根系的临位二羟基黄酮类槲皮黄酮（图 5.10）和毛地黄黄酮（图 5.11）浓度。植物在应对一些环境因子的影响时会发生某种植物次生代谢物的大量累积，如受到病原菌的侵害（Morkunas et al.，2011）。油菜（Brassica rapa）在受到侵染后会在植株地上部大量累积毛地黄黄酮（Abdel-Farid et al.，2009），用于抵抗病原侵染带来的细胞凋亡程序。在种间根系相互作用及紫外线照射对间作蚕豆植株体及根分泌物中黄酮类物质影响的试验中，蚕豆幼苗响应蚕豆-玉米根系互作，导致大量累积毛地黄黄酮和槲皮黄酮，这一现象与植物抗病响应过程十分相近。与山柰酚相比，槲皮黄酮具有更高的抗氧化性（Edreva，2005）。与玉米间作的蚕豆，槲皮黄酮的浓度增加了 50%，表明种间根系相互作用促进了槲皮黄酮的累积（图 5.10）。这种变化表明，玉米根系的共同出现可能被蚕豆根系定义为压力诱导因子。类似于病原菌的侵染，引发了植物的应激响应并进一步导致槲皮黄酮的大量累积，与此同时伴随有毛地黄黄酮的累积。

山柰酚在蚕豆根系中降低了 37%（$P=0.08$，接近显著水平，见图 5.9），这可能是由于压力诱导了高的黄酮醇 3-羟化酶的活性，从而激发了由山柰酚向下游产物槲皮黄酮的转化合成。我们从一些研究中发现，在拟南芥（Arabidopsis thaliana），矮牵牛（Petunia hybrida）和玉米（Zea mays）等植株体内，山柰酚是一种生长素运输的有效抑制剂（Grotewold et al.，1998；

Mo *et al.*，1992；Peer *et al.*，2004；Taylor and Grotewold，2005)。因此，在植株体内的山奈酚累积可能会导致生长素运输受到抑制(Brown *et al.*，2001)，进而导致根系生长的受抑制。本研究中，生物测定结果显示，与玉米间作，蚕豆根长得到显著增加(平均值见表5.4)。这一结果与山奈酚浓度降低相一致。

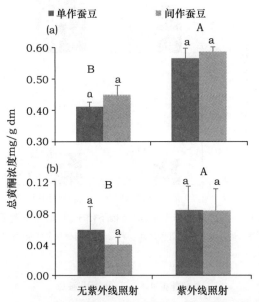

图 5.8　蚕豆地上部干重(a)及地下部干重(b)总黄酮浓度

注：dm 表示干物重；不同大写字母表示紫外照射处理之间差异显著，不同小写字母表示间作处理间差异显著，显著水平为 $P \leqslant 0.05$。

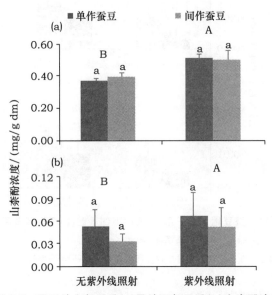

图 5.9　蚕豆地上部干重(a)及地下部干重(b)山奈酚浓度

注：dm 表示干物重；不同大写字母表示紫外照射处理之间差异显著，不同小写字母表示间作处理间差异显著，显著水平为 $P \leqslant 0.05$。

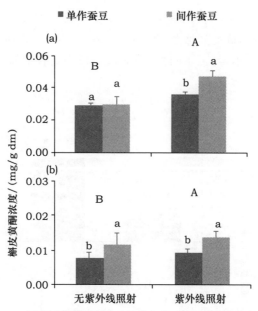

图 5.10　蚕豆地上部干重(a)及地下部干重(b)槲皮黄酮浓度

注:dm 表示干物重;不同大写字母表示紫外照射处理之间差异显著,不同小写字母表示间作处理间差异显著,显著水平为 $P \leqslant 0.05$。

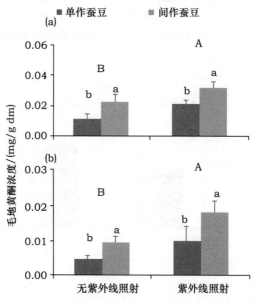

图 5.11　蚕豆地上部干重(a)及地下部干重(b)毛地黄黄酮浓度

来源:Li *et al.*,2012。

注:dm 表示干物重;不同大写字母表示紫外照射处理之间差异显著,不同小写字母表示间作处理间差异显著,显著水平为 $P \leqslant 0.05$。

　　很多研究揭示,黄酮类物质在植物体中参与了多条信号传导的途径,是一些信号途径的交叉作用因子,这些信号途径包括共生体形成中的信号传导(Pollastri and Tattini,2011)。在种间根系相互作用及紫外线照射对间作蚕豆植株体及根分泌物中黄酮类物质影响的试验中,植物种间互作引发的黄酮类物质累积(槲皮黄酮及毛地黄黄酮)间接表明了植物根系互作在植株体内可能引发细胞内和胞间的信号传递,为种间识别提供了一定理论解释。这一发现也同时表明,种间互作的存在,可以一定程度的激发植物抵抗外界侵害的信号传递,使得植物对侵害提前获得一定的免疫能力。与此同时,这一结果,也可以解释种间根系相互作用对植物生长的促进作用。与玉米间作的蚕豆相对于单作,根长及根干重分别增加了14.6%、13.2%。蚕豆根系的增殖有利于后期根系对养分的获取(Hodge,2004)。不过,种间根系互作对于植物生产力的影响仍未有明确的解释(Gersani et al.,2001)。

在种间根系相互作用及紫外线照射对间作蚕豆植株体及根分泌物中黄酮类物质影响的试验中,为了加强植物尤其是根部黄酮的浓度,以利于检测,我们添加了中等强度的紫外光照处理(UV-B,总照射量为 3 d 0.81 kJ/m²)。与没有紫外照射的处理相比,中等强度的紫外照射处理下蚕豆地上部黄酮物质的浓度增加了 2 倍(图 5.8 至图 5.11)。Harbaum-Piayda 等用中等强度的紫外线[20~24 kJ/(m² · d)]照射小白菜(pak choi,Brassica rapa ssp. chinensis),7 d后,发现山奈酚苷元的大量累积。而对大豆(Glycine max)进行紫外照射后,发现了槲皮黄酮的累积(Winter and Rostas,2008)。本试验中,响应紫外线的照射蚕豆根系也发生黄酮类物质的累积(图 5.8 至图 5.11)。在拟南芥(A. thaliana)和萝卜(Raphanus sativus)中均发现了相同的响应现象(Tong et al.,2008;Nithia et al.,2005)。中等强度的紫外线照射处理显著地增加了蚕豆地上部和地下部的总黄酮的浓度,并且 3 种检测黄酮均表现不同程度的累积。植物通过上游调节防护机制来适应紫外线照射带来的伤害。在本试验中,紫外线照射没有抑制蚕豆和玉米幼苗的生长(表 5.4),因此,中剂量的紫外照射处理在此并不应该被视为氧化胁迫因子。在较低剂量下,UV-B 会触发黄酮类物质的合成,并且这一触发反应是系统性的,在旱金莲(Tropaeolum majus)及甘蓝(Brassica oleracea var. sabellica)中均发现相同现象(Schreiner et al.,2009;Neugart et al.,2012)。低剂量的 UV-B 照射将介导植物体内 UV-B 受体 UVR8 从细胞液向细胞核中的移动(Jenkins,2009;Kaiserli and Jenkins,2007)。在细胞核中,UVR8 与 COP1 及包括 HY5 在内的部分染色质区域中被紫外激活的基因协同作用(Cloix and Jenkins,2008;Favory et al.,2009)。HY5 和 HYH 控制了植物适应 UV-B 胁迫的一系列应激过程,包括植物苯丙烷合成途径相关的酶的表达(Brown et al.,2005)。

方差分析显示,UV-B 照射显著增加了蚕豆体内的 3 种黄酮类含量,相反的,种间相互作用尤其促进了槲皮黄酮和毛地黄黄酮的累积(地上部及地下部累积量见表 5.5)。生测测定结果综合来看,种间相互作用刺激了这两种黄酮物质的累积,进而促进了间作蚕豆的根长生长(14.6%)及根干重的累积(13.2%)(表 5.4)。仅在槲皮黄酮这一项上,种间相互作用及 UV-B 照射具有显著的交互作用。由于槲皮黄酮潜在的较高的抗氧化能力(Edreva,2005;Zietz et al.,2010)及作为信号物质的作用(Vanrhijn and Vanderleyden,1995),UV-B 照射加强了蚕豆对于种间根系相互作用的响应。

本试验中蚕豆体内发现的 3 种黄酮类物质:山奈酚、毛地黄黄酮及槲皮黄酮,在蚕豆根系分泌物及种子浸提液中也有所报道(Micheal et al.,1997;Nasr and Selim,1997)。3 种黄酮类物质在蚕豆特异根瘤菌(R. leguminosarum bv. viciae)与蚕豆根系的识别过程中均具有一定的根瘤菌诱导活性,其中,毛地黄黄酮的活性最强(Vanrhijn and Vanderleyden,1995)。种间根系相互作用及 UV-B 照射所激发的毛地黄黄酮及槲皮黄酮在蚕豆根系的累积可能为蚕豆根分泌物中两种黄酮物质分泌量增加提供一定基础,进而进一步诱导根瘤菌的定殖。

苯基丙氨酸(Phenylalanine)是小分子氨基酸的一种,它是植物合成黄酮类物质的前体。苯基丙氨酸的浓度可以影响根系累积的黄酮类的浓度。在种间根系相互作用及紫外线照射对间作蚕豆植株体及根分泌物中黄酮类物质影响的试验中,测定了植株和根分泌物中的苯基丙氨酸含量,发现与玉米间作的蚕豆根系中的苯基丙氨酸浓度低于单作,这可能是合成黄酮类物质对苯基丙氨酸的大量消耗(表 5.6)所导致的。同时,在间作体系中,根分泌物中苯基丙氨酸的含量高于两作物分别单作的处理,而低于玉米单作时分泌量的 2 倍,这可能表明在间作体系中,玉米分泌的苯基丙氨酸被蚕豆所汲取利用。

表 5.4　种间根系相互作用和紫外线照射对蚕豆、玉米根系和地上部发育的影响

参数	处理	蚕豆			玉米		
		间作	单作	差异比例/%	间作	单作	差异比例/%
茎长/cm	+UV-B	6.9	7.0	−1.4(ns)	22.3	21.7	2.8(ns)
	−UV-B	7.0	6.6	6.1(ns)	22.4	21.9	2.5(ns)
	Diff$_{UV-B}$	−1.4(ns)	6.1(ns)	—	−0.6(ns)	−0.9(ns)	—
根长/cm	+UV-B	12.3	10.4	18.3($P \leqslant 0.05$)	15.6	15.8	−1.3(ns)
	−UV-B	11.3	10.2	10.8(ns)	14.9	14.8	0.7(ns)
	Diff$_{-UV-B}$	8.8 ($P \leqslant 0.05$)	2.0 (ns)	—	4.7(ns)	6.8(ns)	—
茎干重 /(mg/株)	+UV-B	155.4	152.7	1.8(ns)	118.5	107.5	10.2(ns)
	−UV-B	142.2	150.8	−5.7(ns)	112.5	101.4	10.9(ns)
	Diff$_{UV-B}$	9.3(ns)	1.3(ns)	—	5.3(ns)	6(ns)	—
根干重 /(mg/株)	+UV-B	272	229.9	18.3(ns)	112.5	101.4	10.9(ns)
	−UV-B	245.8	227.7	7.9(ns)	118.5	107.5	10.3(ns)
	Diff$_{UV-B}$	10.7(ns)	1.0(ns)	—	−5.1(ns)	−5.6(ns)	—

来源:Li et al.,2012。

注:种植差异比例(%)表示混作和单作之间的差异比例,计算方法如下:(混作的均值/单作的均值−1)×100%;紫外线照射差异比例(%)表示照射紫外线和不照射紫外线之间得差异比例,计算如下:(紫外线照射的均值/不进行紫外线照射的均值−1)×100%;每个均值代表 8 个重复的平均值,ns 表示差异不显著,显著水平 $P \leqslant 0.05$,dm 表示干物重。

表 5.5 蚕豆中黄酮类浓度的方差分析

物质名称	处理	F 值(1,31)	P 值
山奈酚	IRI	0.35	0.560 7
	UV-B	86.23	<0.000 1
	UV-B×IRI	0.18	0.678 4
毛地黄黄酮	IRI	168.95	<0.000 1
	UV-B	152.55	<0.000 1
	UV-B×IRI	0.99	0.327 5
槲皮黄酮	IRI	59.26	<0.000 1
	UV-B	107.09	<0.000 1
	UV-B×IRI	15.56	0.000 5

注:IRI 表示种间根系相互作用;每种黄酮类物质的值指其在茎部和根部中的平均和,显著性差异在 $P \leqslant 0.05$ 水平。

表 5.6 蚕豆和玉米植株与根系分泌物样品中苯基丙氨酸含量和浓度

样品名称	苯基丙氨酸	
	含量/(nmol/mg)	浓度/%
单作蚕豆根系	49.730	0.822
间作蚕豆根系	46.493	0.768
单作玉米根系	28.312	0.468
间作玉米根系	25.069	0.414
单作蚕豆根系分泌物	1.774	0.029
单作玉米根系分泌物	2.248	0.037
间作蚕豆玉米根系分泌物	2.342	0.039

来源:Li *et al.*,2012。

5.2.4 种间根系相互作用及接种根瘤菌对间作蚕豆植株体中黄酮类物质的影响

在种间根系相互作用及接种根瘤菌对间作蚕豆植株体及分泌物中黄酮类物质的影响的试验中,同样在蚕豆的地上部和地下部组织中发现了 3 种黄酮类物质:山奈酚(kaempferol)、毛地黄黄酮(luteolin)、槲皮黄酮(quercetin)。这3种黄酮在蚕豆根系及地上部茎叶组织中均有存在。

蚕豆地上部总黄酮苷元浓度在0.18～0.40 mg/g干重,而地下部总浓度在0.06～0.12 mg/g干重。

与种间根系相互作用及接种根瘤菌对植株体中黄酮类物质组成及含量影响的试验结果相一致,山奈酚是蚕豆体内根系及地上部茎叶组织中含量最高的黄酮类苷元,分别高于其他两种已发现的黄酮的7～9倍。作为植株体内含量最高的黄酮类物质,山奈酚在蚕豆的浓度对间作种间根系相互作用和接种根瘤菌均表现显著的响应(图5.12c和图5.13c)。间作增加了山奈酚在蚕豆地上部的累积,同时降低了蚕豆在地下部的浓度,达到极显著水平($P<0.01$)。在接种和不接种根瘤菌的条件下,地上部浓度分别升高了17%和66%,地下部则均降低了近60%。接种蚕豆根瘤菌显著的增加了山奈酚在地上部的累积($P<0.05$)。

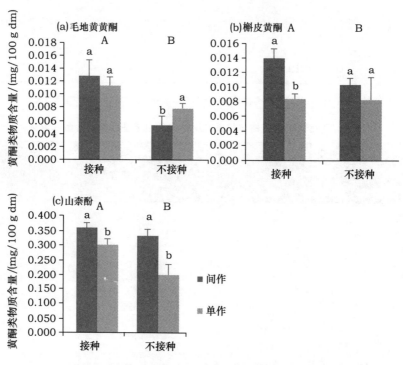

图5.12　种间根系相互作用及接种根瘤菌对蚕豆地上部黄酮类物质浓度
的影响,(a)毛地黄黄酮、(b)槲皮黄酮及(c)山奈酚

来源:Li *et al*., 2012。

注:不同大写字母表示接种处理之间的差异性,不同小写字母表示间作处理间差异性,显著水平为$P\leq0.05$。

在不接种条件下,种间根系相互作用显著地降低了蚕豆地上部茎叶中邻位二羟基黄酮类毛地黄黄酮含量,而增加了地下部根系中的毛地黄黄酮含量(图5.12a和图5.13a),而接种根瘤菌后,毛地黄黄酮含量升高,与单作相比差异不显著。接种蚕豆根瘤菌使得邻位二羟基黄酮类毛地黄黄酮在蚕豆地上部的浓度显著地上升了77%($P<0.05$)。接种处理没有显著影响蚕豆地下部根系中毛地黄黄酮的含量,种间根系相互作用显著增加了根系中毛地黄黄酮的累积($P<0.05$)。与紫外照射的作用不同,接种根瘤菌并没有带来毛地黄黄酮在根系中浓度的

变化。

与毛地黄黄酮不同的是,不接种根瘤菌条件下,间作蚕豆的槲皮黄酮(图5.12b和图5.13b)浓度与单作蚕豆的相比没有显著差异($P=0.32$)。其接种根瘤菌后,间作条件下的蚕豆地上部槲皮黄酮大量累积,显著超过单作($P<0.05$)。同样的,接种显著增加了地上部槲皮黄酮的累积。地下部槲皮黄酮浓度变化趋势与地上部相一致。接种处理促进地下部槲皮黄酮累积量增加了39%($P<0.05$)。这一结果与种间根系相互作用及接种根瘤菌对植株体中黄酮类物质组成及含量影响的试验基本一致。

根瘤菌的侵染过程可以导致植物抗病程式的启动(Morkunas $et\ al.$,2011),导致大量累积毛地黄黄酮(Abdel-Farid $et\ al.$,2009)等化学物质,用于抵抗病原侵染带来的细胞凋亡程序。本试验中蚕豆幼苗在接种后,地上部大量累积了毛地黄黄酮、槲皮黄酮和山柰酚,正是对这一情况的响应。这一现象与植物抗病响应过程十分相近。

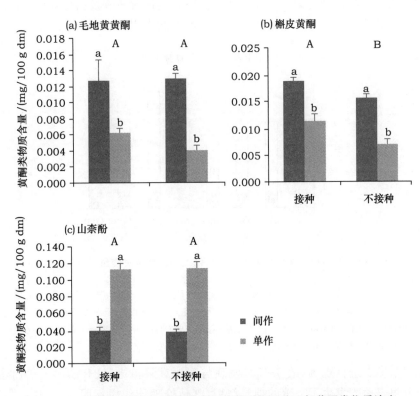

图5.13　种间根系相互作用及接种根瘤菌对蚕豆地下部黄酮类物质浓度的影响,(a)毛地黄黄酮;(b)槲皮黄酮及;(c)山柰酚

注:不同大写字母表示接种处理之间的差异性,不同小写字母表示间作处理间差异性,显著水平为$P\leqslant0.05$。

黄酮类物质是一些信号途径的交叉作用因子这些信号途径包括共生体形成中的信号传导(Pollastri and Tattini,2011)。在本试验中,植物种间互作引发的槲皮黄酮及毛地黄黄酮浓度累积和山柰酚在地下部浓度的减少间接的表明了植物根系互作在植株体内可能引发细胞内和胞间的信号传递过程,为种间识别提供了一定理论解释。

接种蚕豆根瘤菌对蚕豆生长没有显著影响,这一结果与田间观察得到的结果比较一致(Mei $et\ al.$,2012)。主要是由于根瘤菌与蚕豆形成共生体时,消耗寄主蚕豆的养分以供给为生和进行固氮结瘤相关基因表达。同时,与蚕豆间作促进了玉米地上部生长,在田间也观察到了相一致的结果(Mei *et al.*,2012),一般认为是养分供给玉米的结果。在本实验中,没有养分因素,其机理还有待探讨。

5.2.5 外源添加黄酮类及丁布等物质对蚕豆结瘤的影响

不同浓度及组分的植物次生代谢物对蚕豆生长有不同作用。与不接种对照相比,除了添加门布标准品的处理以外,所有添加植物次生代谢物标准品的处理都显著地促进了蚕豆根系干物质累积。门布标准品处理对根系干重没有显著影响($P=0.17$)。门布还显著的抑制了蚕豆地上部生物量累积,而阳性对照(CK+)、添加葡萄糖、山奈酚、染料木素的标准品处理均相比于阴性对照(CK−)无显著影响。添加槲皮黄酮和毛地黄黄酮标准品的处理则显著促进了地上部生物量累积。与接种的阳性对照相比,葡萄糖、毛地黄黄酮及槲皮素标准品的处理对蚕豆地下部生长无显著影响。其他处理均表现显著的抑制作用,如图5.14所示。

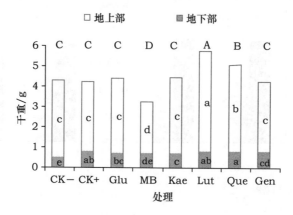

图 5.14　不同植物次生代谢物对蚕豆地上部及根系生物量(干重)的影响

注:不同小写字母表示地上部或地下部各处理间具有显著差异($P \leqslant 0.05$);不同大写字母指示不同化学标准品溶液处理间差异显著($P \leqslant 0.05$)。每个均值代表5个重复的平均值。CK−代表不接菌处理,添加无菌水;CK+代表接菌,添加无菌水;Glu代表葡萄糖;MB代表门布(MBOA);Kae代表山奈酚(Kaempferol);Lut代表毛地黄黄酮(Luteolin);Que代表槲皮黄酮(Quercetin),Gen代表染料木素(Genistein)。

对蚕豆根系形态进行观测(图5.15),发现与阳性对照相比,只有添加了葡萄糖标准品的处理对根长及根表面积发生了显著的抑制作用,其他处理均作用不明显。而接种根瘤菌则通常会促进根系生长,增加根长及根表面积。

对蚕豆地上部植株氮进行测定,结果如图5.16(a)所示,除添加葡萄糖标准品的处理之外,其他处理与阳性对照相比均显著地促进了植株体内氮素浓度,葡萄糖标准品处理无显著影响。同时,所有处理的氮素浓度水平均显著高于阴性对照处理。计算含氮量[图5.16(b)]后发现,添加黄酮类物质的4个处理,其含氮量都显著高于对照组和其他处理。黄酮类物质显著促进了蚕豆体内氮素的累积。

对蚕豆根系植株氮进行测定,结果如图5.17所示。阳性对照组氮浓度及氮含量均为最高。除槲皮黄酮标准品处理之外,其他处理均显著降低了蚕豆根系氮浓度。

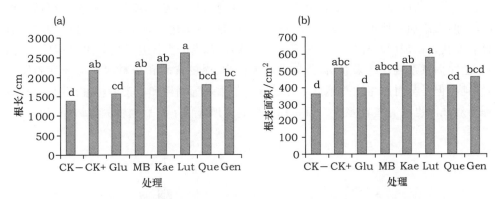

图 5.15　不同植物次生代谢物对蚕豆根系生长的影响，根长(a)及根表面积(b)

注:不同小写字母表示不同化学标准品溶液处理间差异显著($P \leqslant 0.05$)。每个均值代表 5 个重复的平均值。CK－代表不接菌处理，添加无菌水;CK＋代表接菌,添加无菌水;Glu 代表葡萄糖;MB 代表门布(MBOA);Kae 代表山奈酚(Kaempferol);Lut 代表毛地黄黄酮(Luteolin);Que 代表槲皮黄酮(Quercetin),Gen 代表染料木素(Genistein)。

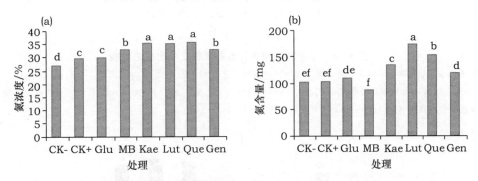

图 5.16　不同植物次生代谢物对蚕豆植株地上部氮素浓度(a)和氮素含量(b)的影响

注:不同小写字母表示不同化学标准品溶液处理间差异显著($P \leqslant 0.05$)。每个均值代表 5 个重复的平均值。CK－代表不接菌处理，添加无菌水;CK＋代表接菌,添加无菌水;Glu 代表葡萄糖;MB 代表门布(MBOA);Kae 代表山奈酚(Kaempferol);Lut 代表毛地黄黄酮(Luteolin);Que 代表槲皮黄酮(Quercetin),Gen 代表染料木素(Genistein)。

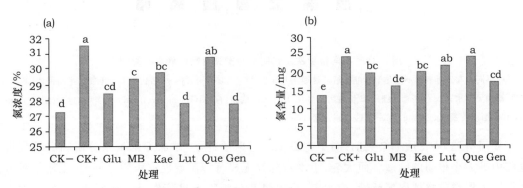

图 5.17　不同植物次生代谢物对蚕豆植株地下部氮素浓度(a)和氮素含量(b)的影响

注:不同小写字母表示不同化学标准品溶液处理间差异显著($P \leqslant 0.05$)。每个均值代表 5 个重复的平均值。CK－代表不接菌处理，添加无菌水;CK＋代表接菌,添加无菌水;Glu 代表葡萄糖;MB 代表门布(MBOA);Kae 代表山奈酚(Kaempferol);Lut 代表毛地黄黄酮(Luteolin);Que 代表槲皮黄酮(Quercetin),Gen 代表染料木素(Genistein)。

对接种根瘤菌的处理进行根瘤干重的称量,发现添加槲皮黄酮的处理,蚕豆根瘤干重得到显著的增加,而添加毛地黄黄酮的处理发现增加趋势,但未达显著水平。其他处理与对照相比没有显著变化。添加门布标准品的处理出现抑制的趋势,但未达到显著水平($P=0.13$)(图5.18)。生物固氮量测定结果表明,添加毛地黄黄酮、槲皮黄酮和染料木素标准品的处理生物固氮量最高,但是与对照相比并不显著。尽管高于添加葡萄糖和山奈酚标准品的处理,但这两个处理与对照间也没有显著差异。门布标准品显著地降低了蚕豆生物固氮量(5.19)。

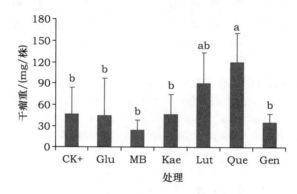

图 5.18 不同植物次生代谢物对蚕豆干瘤重的影响

注:不同小写字母表示不同化学标准品溶液处理间差异显著($P\leqslant0.05$)。每个均值代表 5 个重复的平均值。CK+代表接菌,添加无菌水;Glu 代表葡萄糖;MB 代表门布(MBOA);Kae 代表山奈酚(Kaempferol);Lut 代表毛地黄黄酮(Luteolin);Que 代表槲皮黄酮(Quercetin),Gen 代表染料木素(Genistein)。

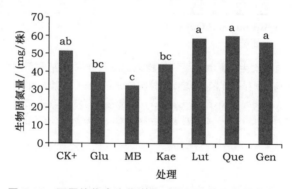

图 5.19 不同植物次生代谢物对蚕豆生物固氮量的影响

注:不同小写字母表示不同化学标准品溶液处理间差异显著($P\leqslant0.05$)。每个均值代表 5 个重复的平均值。CK+代表接菌,添加无菌水;Glu 代表葡萄糖;MB 代表门布(MBOA);Kae 代表山奈酚(Kaempferol);Lut 代表毛地黄黄酮(Luteolin);Que 代表槲皮黄酮(Quercetin),Gen 代表染料木素(Genistein)。

如前所述,盛花后期结荚前期,中施氮及高施氮条件下,添加玉米根系分泌物显著促进蚕豆的中等大小根瘤的结瘤。而大麦、小麦对此并无显著抑制或促进作用。同时,玉米根系分泌物促进了根瘤的整体固氮活性,而大麦、小麦根系分泌物无显著作用。相对于对照,添加玉米根系分泌物还进一步显著增加了蚕豆的生物固氮量。

槲皮黄酮、木樨草素、山奈酚、染料木素、门布 5 种物质对根瘤菌种群的生长没有显著的促进作用,并不是作为碳源物质发挥作用。上述观察到的玉米根系分泌物促进蚕豆结瘤固氮并不是通过增加根际碳源供应促进根瘤菌种群的生长来实现的,为玉米根系分泌物是通过活性物质或者信号物质促进蚕豆结瘤固氮提供了进一步的数据支撑。

添加玉米根系分泌物在 12 h 显著促进了蚕豆的根毛变形作用,而大麦和小麦根分泌物显著抑制了长短根毛区根毛变形数量,进一步证实了玉米根系分泌物在结瘤过程的原初反应——根毛变形中就起到了重要作用。

如前所述,黄酮类等物质对蚕豆生长会起到一定的促进作用,只有槲皮黄酮和毛地黄黄酮具有显著效应,其他处理表现一定趋势但未达到显著性水平。而根系添加槲皮黄酮可以促进根瘤生长,但所有添加黄酮类类物质的处理对生物固氮并没有显著增加作用。可能与室内实验生长期较缺乏有关。

种间根系相互作用以及中等强度的紫外线照射促进了蚕豆地上部及根系邻位二羟基黄酮——毛地黄黄酮及槲皮黄酮的累积。种间根系相互作用与紫外照射两处理在蚕豆体内的槲皮黄酮浓度上表现强烈的交互作用,表明两因素可能共同诱导了槲皮黄酮相关的信号传导过程。间作处理中,施加紫外照射处理的根长显著增加。

接种根瘤菌的间作玉米的根长得到了显著的促进。接种根瘤菌的处理,蚕豆地上部茎叶的山柰酚、槲皮黄酮和毛地黄黄酮的累积分别增加了 22%、23% 和 77%,同时促使蚕豆根系中槲皮黄酮含量增加了 39%,均到达显著水平。种间根系相互作用促进槲皮黄酮和山柰酚同时在地上部和地下部的累积,在接种根瘤菌条件下,促进作用效果更为显著。种间根系相互作用显著地降低了蚕豆植株根系山柰酚含量。

5.3 根瘤菌-真菌互作对固氮的影响

5.3.1 根瘤菌-真菌互作对豆科作物固氮的影响

植物与微生物共生(symbiosis)是自然界普遍存在的一种生物学现象,其中关注比较多的有高等植物与菌根真菌共生形成的菌根(mycorrhiza)和豆科植物与根瘤菌(rhizobium)共生形成的根瘤。菌根通常分为内生菌根(endomycorrhizas)、外生菌根(ectemycorrhizas)和内外生菌根 3 个主要类型(贾永强,2008)。约有 90% 的植物可以与菌根真菌共生,菌根真菌通过菌丝的扩张、增大与养分水分的接触面积来提高植物对养分、水分的吸收,而植物则为菌根真菌提供生长必需的碳水化合物,二者互惠互利。有些豆科植物不但可以形成根瘤,还可以形成菌根,是菌根营养型固氮物种。这种具有菌根及根瘤的植株表现出了显著的生长优势和抗逆能力。对许多豆科作物应用真菌和固氮菌双接种试验表明,菌根可使宿主植物结瘤数量增多,瘤体积增大,加强了固氮作用,且生长量也大大提高。这表明真菌不仅促进豆科植物形成根瘤,提高固氮能力,同时还说明真菌与宿主植物之间存在着相互选择、相互识别的过程。

如表 5.7 所示,双接种根瘤菌和真菌对豆科作物的生长和固氮都有可观的正效应,例如在翼豆双接种 VA 菌根真菌和根瘤菌,就显著提高了翼豆的固氮能力(郑伟文等,2000)。

接种 VA 菌根真菌(泡囊丛枝菌根真菌)所表现的正效应可能与 VA 菌根真菌对翼豆的高侵染 93%(郑伟文等,2000)有关,也可能是根瘤菌与菌根真菌互利互惠的结果。Garbage 指出,土壤中有一类菌根真菌的互助细菌(helperbactereia),它们有几种可能的功能,即促进植物根与菌根真菌的相互识别,有利于菌根真菌的生长和孢子萌发,以及对根际土壤的修饰(汪洪钢等,1982)。Paula 等用固氮醋酸杆菌与 *Gloums clarum* 双接种的试验表明,固氮醋酸杆菌会增加菌根真菌在甘蔗、地瓜和高粱根组织中的 VA 菌根真菌孢子数并促进其繁殖(Paula *et al.*,1991)。Isopi 等用固氮醋酸杆菌与 *Glomus moseae* 双接种的试验也证实,双接种的处理的根长明显比仅接种菌根真菌的处理长,且分支更多(Isopi *et al.*,1995)。国内一些研究结果表明,双接种的处理的根长和根干重分别比仅接种 VA 菌根真菌的高 5.6% 和 15.7%(郑伟文等,2000)。另一方面,菌根真菌也有利于固氮醋酸杆菌的侵染和繁殖。Isopi 指出,接种 VA 菌根真菌的处理其根组织内固氮醋酸杆菌的数量显著高于不接种的处理,并认为,这可能是 VA 菌根真菌本身的侵染有利于固氮醋酸杆菌穿透根组织并在其中增殖的缘故(Isopi *et al.*,1995)。有研究认为,VA 菌根真菌之所以会促进翼豆结瘤固氮也可能与 VA 菌根真菌增进翼豆的磷素营养有关(郑伟文等,2000)。

表5.7 **VA 菌根真菌和根瘤菌双接种对翼豆固氮和生长的效应(盆栽试验)**

土壤类别	测定时的生育期	处理	根瘤数/(粒/株)	瘤重/(g/株)	固氮量/μg/(株·h)	固氮酶活性/μg/(g·h)	生物量/(g/株)
灰红泥沙土	现蕾期	双接种	1 018±87	93.0±8.6	26 300.4±98	30.3±0.3	1 786.0±76.2
		不接种 VAM	357±66	24.1±2.8	4296.2±88.2	19.1±0.3	1 034.1±29.5
灰红泥沙土	开花期	双接种	957±103	100.4±5.8	未测定	未测定	2 100.6±44.3
		不接种 VAM	779±75	55.9±3.2	未测定	未测定	1 300.9±22.8
灰红泥沙土	结荚期	双接种	862±36	122.4±7.6	2 890.3±44.8	2.53±0.02	2 072.4±50.4
		不接种 VAM	405±23	59.8±8.6	407.4±33.6	0.73±0.01	1 975.1±34.3
坡地红壤	成熟期	双接种	561±38	94.7±5.4	65.4±5.8	0.074±0.003	2 067.5±38.5
		不接种 VAM	405±12	52.5±3.2	14.2±2.0	0.029±0.001	1 403.1±45.2

来源:郑伟文等,2000。

5.3.2 根瘤菌-真菌互作在豆科/非豆科间作体系中的作用

为了更好地促进真菌、根瘤菌、豆科作物互作,和作物间互作,双接种也常应用于豆科/非豆科的间套作体系中。为了研究在玉米/大豆间作体系中双接种对豆科作物结瘤固氮的影响,李淑敏等通过设计大豆和玉米之间根系不同分隔方式的盆栽试验,研究了在玉米/大豆间作体系中接种大豆根瘤菌、AM 真菌 *Glomus mosseae* 和双接种对间作体系氮素吸收的促进作用。结果表明,双接种处理显著提高了大豆及与其间作玉米的生物量、氮含量,双接种大豆/玉米间作体系总吸氮量比单接 AM 菌根、根瘤菌和不接种对照平均分别增加 22.6%、24.0% 和 54.9%。大豆促进了与其间作玉米对氮素的吸收作用,在接种 AM 真菌和双接种条件,间作玉米的 AM 真菌侵染率提高,大豆根瘤数增加;接种 AM 真菌处理,不分隔和尼龙网分隔比完全分隔玉米吸氮量的净增加量是未接种对照的 1.8 倍和 2.6 倍,双接种处理分别是对照的 1.3 倍和 1.7 倍。说明在间作体系中进行有效的根瘤菌和 AM 真菌接种,发挥两者的协同作用对提高间作体系土壤养分利用效率,进一步提高间作体系的生产力有重要的意义(李淑敏等,2011)。

另外,还有实验通过设置不同的氮水平和接种不同的菌根真菌和根瘤菌,从而筛选出适宜大豆/玉米间作体系的根瘤菌和菌根真菌的最佳组合。采用3种不同根系分隔方式和叶柄注射^{15}N技术,研究在根瘤菌、真菌、玉米和大豆共生体系中氮素的转移。该实验证明了不同的根瘤菌和菌根真菌的组合对大豆结瘤固氮的能力有不同的影响,而最优组合是菌根真菌 *G. m.* 和根瘤菌 SH212(表5.8)。

表5.8 接种菌根真菌和根瘤菌对大豆/玉米间作体系中大豆根瘤数的影响

处理	CK	*G. m*	*G. i*	BA207	SH212	BA207＋*G. i*	SH212＋*G. i*	BA207＋*G. m*	SH212＋*G. m*	平均
N1	16c	18bc	19bc	22b	30ab	24b	26b	34a	36a	24A
N2	17c	26b	28a	31b	32a	32a	30a	30a	37a	38B

来源:武帆等,2009。

大豆和玉米的植株总生物量比不接种增加25.4%,大豆根瘤数增多,大豆和玉米的侵染率提高,在大豆/玉米间作体系中,双接种不但促进了大豆的固氮能力,间接改善了玉米的氮素营养,而且提高了大豆和玉米的总吸氮量(武帆等,2009)。

在大豆/玉米间作体系中,通过叶柄注射^{15}N示踪技术,表明大豆向玉米发生了氮转移,转移率在5.19%～9.88%,转移量为8.19～18.2 mg/盆,转移的量相当于大豆总氮量的7.95%～10.7%,同时也检测出接种菌根真菌和根瘤菌促进了大豆向玉米的氮转移,并且根系之间的相互作用越强烈,氮转移越显著。而对玉米进行^{15}N处理的情况下,未发现玉米向大豆的氮素转移,因此,初步认为大豆/玉米间作体系的氮素转移是单向的,即大豆向玉米的转移(武帆等,2009)。

表5.9 不同间作与接种对蚕豆根瘤数及根瘤重的影响

项目	接种	完全分隔	尼龙网分隔	未分隔	平均
根瘤数/(个/盆)	CK	8.3a	9.0a	11.3a	9.7c
	NM353	41.0a	42.5a	53.0a	45.5b
	G. m	98.3b	135.8a	149.5a	127.8a
	NM353＋*G. m*	140.3b	143.8a	166.5a	138.2a
	平均	80.0	83.0	95.1	
根瘤重/(mg/盆)	CK	11.1a	9.9a	12.0a	11.0c
	NM353	137.5a	162.5a	166.8a	155.6b
	G. m	347.5b	475.0a	492.5a	438.3a
	NM353＋*G. m*	362.5c	487.5b	652.5a	500.8a
	平均	214.7	283.8	331.0	

来源:李淑敏等,2005。

有很多相关研究表明,双接种不仅可以提高豆科作物的结瘤固氮效率(刁治民,2000),还可以促进作物对有机磷(宋勇春等,2000)和无机磷的吸收,而磷的吸收和结瘤固氮有一定的协同作用(Xie *et al.*,1995)。李淑敏等(2005)在蚕豆/玉米间作体系中对这种效应进行了试验。结果表明,双接种对蚕豆根瘤数影响显著,蚕豆根瘤数在同时接种根瘤菌与 AM 真菌处理的条件下达到最大(表5.9)。

接种 AM 真菌和同时接种根瘤菌与 AM 真菌处理间根瘤数差异不显著,根瘤重变化也呈相同趋势,表明接种 AM 真菌后蚕豆吸收有机磷增加,而更多的磷的吸收显然会促进蚕豆的生长,从而促进结瘤固氮过程的进行,并且,接种 AM 菌根真菌对玉米有机磷的吸收较蚕豆更高(表5.10)。

表5.10　不同间作与接种对植株吸磷量的影响

项目	接种	完全分隔	尼龙网分隔	未分隔	平均
玉米	CK	4.94b	5.17b	6.12a	5.41d
	NM353	5.09c	6.50b	7.45a	6.35c
	G. m	11.36b	13.42a	13.86a	12.88b
	NM353+*G. m*	12.19b	14.37b	17.48a	14.68a
蚕豆	CK	10.19a	8.77b	9.94ab	9.59d
	NM353	11.24a	10.94a	12.08a	11.42c
	G. m	16.70a	17.26a	18.49a	17.48b
	NM353+*G. m*	17.98a	19.02a	20.87a	19.24a

来源:李淑敏等,2005。

这也在一定程度上促进了玉米与蚕豆之间的氮素竞争,导致蚕豆要加强结瘤固氮作用去固定更多的氮,从而满足自身的需要,故蚕豆根瘤数和根瘤重明显提高。不同分隔方式对蚕豆根瘤数和根瘤重也有显著影响,这说明间作效应可以促进这一过程的进行。接种 AM 真菌和同时接种根瘤菌与 AM 真菌条件下玉米磷营养得到显著改善,生物量增加较大,对土壤氮竞争较强,间作系统中禾本科作物对土壤氮的竞争可增加豆科作物固氮(Stern *et al.*,1993)故未分隔与尼龙网分隔处理蚕豆根瘤数和根瘤重显著增加,蚕豆固氮量增加,进而改善玉米的氮素营养(李淑敏等,2005)。

5.3.3　豆科作物对根瘤菌和菌根真菌的识别

豆科作物接种真菌菌根和根瘤菌后之所以会出现上述反应,是因为有一系列调控系统在识别三者之间的共生作用中起到了重要的作用。

真菌和植物的识别开始于第一个定殖结构(附着胞)出现。寄主植物根系分泌物可以诱导刺激 AM 真菌孢子的萌发及其菌丝生长,而非寄主植物则相反(Giovannetti and Sbrana,1996)。有试验表明,仅有与之相匹配的寄主植物根部才能够引起菌丝形成分枝及随后在植物根部形成附着胞、泡囊、丛枝等一系列相关的形态学变化(Poulin and Simard,1997)。以上显现均表明 AM 真菌与寄主植物之间的共生关系的建立是依靠某些物质而存在的。

菌根形成因子(Myc因子)是已经证实的 AM 菌根真菌分泌的信号识别物质(Vierheilig and Piché,2002;Simoneau *et al.*,1994)。研究表明,在附着胞形成前后,AM 真菌的菌丝体使得植物根部分泌的黄酮类物质发生了一系列变化：在孢子萌发阶段，植物根部大豆黄酮的含量明显增加；附着胞形成后，植物根部分泌的美迪紫檀素和 7-羟基-4-甲氧基异黄酮的浓度会大大提高，但对拟雌内酯则没有显著地影响(Requena and Mann，2002)。这些现象表明，AM真菌分泌的共生体识别因子可以在真菌与寄主根系接触后，刺激寄主产生一系列分子水平上的相应反馈，从而保证真菌随后的侵染和扩展。在附着胞形成前和形成过程中，由AM真菌衍生的信号物质可以诱导植物改变根系分泌的黄酮类物质的浓度。

AM真菌在植物根部侵染率高时，对植物根部进一步的侵染就会减少，这可以降低共生体系中碳的消耗(Requena and Breuninger，2004)。在 Harro 等(2007)的研究中也发现，AM真菌对由植物根部所分泌的 strigolactone(5-deoxy-strigol)能够做出快速而强烈的反应，在 AM真菌与豆科植物根部之间存在着一个有效的信号级联放大系统。与此同时，一种由新基因编码、推测其在发信号时起作用的蛋白质(GmGin1)也已经鉴定出来，通过对其进行的表达分析表明，GmGin1 在进入共生体之后开始调控，并对植物与真菌的共生识别有一定的作用(宋福强和贾永，2008)。GmGin1 可能是一个由真菌分泌、位于细胞膜上、植物信号的传感器，当GmGin1 对植物的信号物质作出反应时，自身可以发生剪接，随后的蛋白质末端将保留一个共价端作为一种亲核集团来连接植物的信号物质(Requena and Mann，2002)。

综上所述，在 AM真菌定殖于植物根部之前确实存在着由 AM真菌衍生的信号物质，这些信号分子可以调控植物对黄酮类物质的分泌，可对寄主植物产生诱导性反应。但对于 AM真菌释放的信号物质，只是证明了 AM真菌确实可以在其共生体形成过程中分泌一种扩散性的信号分子——Myc 因子(宋福强和贾永，2008)。

Dénarié 和 Cullimore(1993)在描述根瘤菌侵染植物根毛的原因及其在豆科植物根部根瘤的形成过程中首次提出了豆科植物-根瘤菌共生体相关的"分子对话"的概念。在这个"分子对话"中，最先的参与者是黄酮类化合物(由寄主植物所释放)和脂质几丁寡糖(由根瘤菌合成)(Ardourel et al.，1994；Aoki et al.，2000)。

黄酮是植物分泌的一类多酚类化合物，是植物的主要次生代谢产物，它常以结合态(黄酮苷)或自由态(黄酮苷元)的形式存在于植物中，包括黄酮(flavones)、异黄酮(isoflavones)、黄烷酮(flavanones)和苯基乙烯酮(chalcones)等。模拟自然条件，将由植物根部分泌的黄酮类物质(拟雌内酯、大豆黄酮、槲皮素和 7-羟基-4′-甲氧基异黄酮)施加在 AM真菌孢子的外部时，可在非共生体期间促进菌丝生长并提高其对植物的侵染率(Nair et al.，1998；Larose et al.，2002；董昌金等，2004)。植物根系分泌的黄酮类物质对促进真菌孢子萌发、加快菌丝生长、增加分枝出现以及孢子的形成都有着积极的影响，但是这种影响通常是多种黄酮的共同作用。

AM形成过程中，通过修饰与黄酮类和异黄酮物质新陈代谢相关基因的表达方式，改变了根系分泌黄酮类的结构、数量和性质(Harrison and Dixon，1994；Akiyama and Matsuoka，2002)。Larose 等(2002)指出紫花苜蓿植物可以感知 AM真菌衍生的真菌信号物质并且积累大豆黄酮和拟雌内酯，降低 7-羟基-4′-甲氧基异黄酮的浓度，而对 5,7,4′-三羟基异黄酮的浓度则没有影响。可见，AM真菌和寄主植物之间存在着"分子对话"，可以共同调控黄酮类物质的分泌。

但是 AM真菌精确感知植物信号物质的机制仍然未知。Siqueira 和 Safir(1991)以及Akiyama 和 Matsuzaki(2005)认为黄酮类物质和假定的 AM真菌受体之间相互影响，而且有活性的黄酮分子在失去 D 环后,就会很快失去其活性。尽管这个受体和黄酮类物质所主导的信号途径仍然是未知的,但是已经发现黄酮类物质所起的作用可以被雌激素模仿,也可以被雌激素抑制物所抑制(宋福强和贾永,2008)。

菌根侵染初期,根系分泌的黄酮类物质在浓度为 0.5～20 mmol 时可以刺激孢子萌发、菌丝伸长和对根部的入侵,但根系分泌的黄酮类物质是否能够保证 AM 真菌附着胞的形成还并不确定,也可能存在其他的信号。附着胞的形成可能是由根表皮物理结构特征激发的,而来自于植物根部分泌的信号对于真菌进一步在根部定植则是必需的。这个推测与 Bonfante 和Genre(2000)的发现一致,他认为 AM 真菌在植物根部的定殖步骤是由植物细胞层来调控的(宋福强和贾永,2008)。

近 20 年的研究一直都集中在黄酮类物质对结瘤基因诱导的促进作用,已经从 9 种豆科植物中分离出约 30 种的有该功能的黄酮类物质,包括查耳酮、黄酮、二氢黄酮、异黄酮、拟雌内酯等糖苷配糖基或是苷元(Cooper,2007)。植物中最早被鉴定出来的黄酮类结瘤基因的诱导者,是来自于紫苜蓿的 3,4,5,7-四羟基黄酮和来自于白三叶草的 7,4-二羟基黄酮(Geurts et al.,2005)。不同的黄酮类化合物对植物结瘤基因的诱导作用以及对 AM 菌根真菌的作用是不尽相同的。此外,寄主植物根部分泌的黄酮类物质还可以启动对根瘤菌-寄主植物共生体中的一些蛋白质的合成和共生体形成前所涉及的一些其他的化合物的分泌;而且在共生体系形成识别过程中所需要的根瘤菌表皮多糖的合成或是其合成后的结构也都受到了黄酮类物质的影响;与此同时,也有一些植物根部内源性的黄酮类物质能够阻止植物生长素运输到结瘤组织的位点,并将此作为一种发育信号对共生体的形成起到一定的调节作用(宋福强和贾永,2008;Geurts et al.,2005)。近几年,更多的结瘤因子-诱导性黄酮类物质已经在豆科植物根部表皮的分泌物和组织中被发现,包含有糖醛酸、甜菜碱、杂蒽酮、简单的酚类化合物和茉莉酮,所有这些物质都表现出对结瘤因子有一定的诱导作用(宋福强和贾永,2008)。一些研究表明,根际非生物因素(pH、温度等)对共生体初始信号的形成、识别及其转导也都有一定的影响。

研究发现,接种根瘤菌的植株根部 AM 真菌侵染的数量显著高于不接种根瘤菌,与此同时接种 AM 真菌的植株的根瘤数也明显多于不接种 AM 真菌,而且在试验中并没有发现根瘤菌和 AM 真菌之间竞争定殖位点,反而发现二者同时接种有协同增效作用(Antunes and Goss 2006;Rosa et al.,1996;Tsimilli-Michael et al.,2000)。生长在灭菌土壤上的大豆,其根瘤的干物重、对 N_2 的吸收和植物中被固定的 N 的含量在根瘤菌和 AM 真菌双接种处理下显著高于单接种 AM 真菌或根瘤菌处理(宋福强和贾永,2008)。试验表明,结瘤因子诱导信号途径与由 AM 真菌所分泌的信号分子诱导途径是部分共享的,它们能够彼此感知结瘤因子和菌根形成因子的存在,从而在 AM 真菌-豆科植物-根瘤菌共生体形成期间能够相互协调,产生协同促进作用。但结瘤因子和菌根形成因子在植物根部有着不同的受体,启动不同的信号转导途径(Kosuta et al.,2003;Biró et al.,2000)。

植物-菌根真菌的共生和豆科植物-根瘤菌是植物群落中植物-微生物互惠互利的两个典型例子。在豆科为主的间套作体系中,很多植物既是菌根植物,豆科植物又能和根瘤菌共生,形成了复杂的地下部植物-微生物互利互惠共生关系。间作系统中两作物之间菌丝桥的发现,以及植物物种之间可以通过菌根真菌的菌丝连接,进行养分如氮和磷的交换等,为间套作如何充分利用地下部互惠网络,挖掘这些生物学潜力,提高资源的利用效率具有重要意义。特别是豆科植物-根瘤菌和植物-菌根真菌共生体的形成中均有黄酮类物质作为信号物质在起作用。但是这方面的研究还不够深入,是未来很好的一个研究方向。

参考文献

Abdel-Farid I. B. , Jahangir M. , van den Hondel C. A. M. J. ,*et al*. 2009. Fungal infection-induced metabolites in Brassica rapa. Plant Science,176:608-615.

Akiyama K. ,Matsuoka H. 2002. Isolation and identification of a phosphate deficiency-induced C-glycosylflavonoid that stimulates arbuscular mycorrhiza formation in melon roots. Molecular Plant-Microbe Interact,15:334-340.

Akiyama K. , Matsuzaki K. , Hayashi H. 2005. Plant sesquiterpenes induce hyphal branching in arbuscular mycorrhizal fungi. Nature,435:824-827.

Anita A. , Veena J. ,Nainawatee H. S. 1998. Effect of low temperature and rhizospheric application of naringenin on pea-*Rhizobium leguminosarum* biovar *viciae* symbiosis. Journal of Plant Biochemistry and Biotechnology,7:35-38.

Antunes P. M. ,Goss M. J. 2005. Communication in the tripartite symbiosis formed by arbuscular mycorrhizal fungi, rhizobia and legume plants:a review. Chapter 11. In:Wright S. F. , Zobel R. W. (eds.)Roots and soil management:interactions between roots and the soil. Agronomy Monograph No 48. ASA, CSSA, and SSSA, Madison,WI. pp.199-222.

Aoki T. , Akashi T. ,Ayabe S. 2000. Flavonoids of leguminous plants:structure, biological activity and biosynthesis. Journal of Plant Research,113:475-488.

Ardourel M. , Demont N. and Debelle F. 1994. *Rhizobium meliloti* lipooligosaccharide nodulation factors:different structural requirements for bacterial entry into target root hair cells and induction of plant symbiotic developmental responses. Plant Cell,6:1357-1374.

Azaizeh H. A. , Marschner H. , Romheld V. ,*et al*. 1995. Effects of a vesicular-arbuscular mycorrhizal fungus and other soil-microorganisms on growth, mineral nutrient acquisition and root exudation of soil-grown maize plants. Mycorrhiza. 5,321-327.

Badri D. V. ,Vivanco J. M. 2009. Regulation and function of root exudates. Plant Cell and Environment,32:666-681.

Bais H. P. , Park S. W. , Weir T. L. ,*et al*. 2004. How plants communicate using the underground information superhighway. Trends in Plant Science,9:26-32.

Bais H. P. , Weir T. L. , Perry L. G. ,*et al*. 2006. The role of root exudates in rhizosphere interactions with plants and other organisms. Annual Review of Plant Biology,57:233-266.

Bertin C. , Yang X. H. ,Weston L. A. 2003. The role of root exudates and allelochemicals in the rhizosphere. Plant and Soil, 256: 67-83.

Biedrzycki M. L. , Jilany T. A. , Dudley S. A. , 2010. Root exudates mediate kin recognition in plants. Communicative and Integrative Biology, 3: 28-35.

Biró B. , Köves-Péchy K. , Vörös I. 2000. Interrelations between *Azospirillum* and *Rhizobium* nitrogen-fixers and arbuscular mycorrhizal fungi in the rhizosphere of alfalfa in sterile, AMF-free or normal soil conditions. Applied Soil Ecology, 15: 159-168.

Bonfante P. ,Genre A. 2000. The *Lotus japonicus LjSym*4 gene is required for the successful symbiotic infection of root epidermal cells. Molecular Plant-Microbe Interactions, 13: 1109-1120.

Broughton W. J. , Zhang F. , Perret X. ,*et al*. 2003. Signals exchanged between legumes and Rhizobium: agricultural uses and perspectives. Plant and Soil, 252: 129-137.

Broughton W. J. , Zhang F. , Perret X. ,*et al*. 2003. Signals exchanged between legumes and Rhizobium: agricultural uses and perspectives. Plant and Soil, 252: 129-137.

Brown B. A. , Cloix C. , Jiang G. H. , *et al*. 2005. A UV-B-specific signaling component orchestrates plant UV protection. Proceedings of the National Academy of Sciences of the United States of America, 102: 18225-18230.

Brown D. E. , Rashotte A. M. , Murphy A. S. ,*et al*. 2001. Flavonoids act as negative regulators of auxin transport in vivo in Arabidopsis thaliana. Plant Physiology, 126: 524-535.

Bruce W. , Folkerts O. , Garnaat C. , *et al*. 2000. Expression profiling of the maize flavonoid pathway genes controlled by estradiol-inducible transcription factors CRC and P. Plant Cell, 12: 65-80.

Casper B. B. ,Jackson R. B. 1997. Plant competition underground. Annual Review of Ecology and Systematics, 28, 545-570.

Ceska O. ,Styles E. D. 1984. Flavonoids from zea-mays pollen. Phytochemistry, 23: 1822-1823.

Chaieb N. , Gonzalez J. L. , Lopez-Mesas M. , *et al*. 2011. Polyphenols content and antioxidant capacity of thirteen faba bean (*Vicia faba* L.) genotypes cultivated in Tunisia. Food Research International, 44: 970-977.

Chou C. H. 1999. Roles of allelopathy in plant biodiversity and sustainable agriculture. Critical Reviews in Plant Sciences, 18: 609-636.

Cloix C. ,Jenkins G. I. 2008. Interaction of the *Arabidopsis* UV-B-specific signaling component UVR8 with chromatin. Molecular Plant, 1: 118-128.

Cooper J. E. 2007. Early interactions between legumes and rhizobia: disclosing complexity in a molecular dialogue. Journal of Applied Microbiology, 5: 1-5.

Coronado C. , Zuanazzi J. A. S. , Sallaud C. , *et al*. , 1995. Alfalfa Root Flavonoid Production is Nitrogen Regulated. Plant Physiology, 108: 533-542.

Crespi M. ,Galvez S. 2000. Molecular mechanisms in root nodule development. Journal of Plant Growth Regulation, 19: 155-166.

Dardanelli M. S. , de Cordoba F. J. F. , Espuny M. R. , et al. 2008. Effect of Azospirillum brasilense coinoculated with Rhizobium on Phaseolus vulgaris flavonoids and Nod factor production under salt stress. Soil Biology and Biochemistry, 40: 2713-2721.

D'Haeze W. ,Holsters M. 2002. Nod factor structures, responses, and perception during initiation of nodule development. Glycobiology. 12, 79-105.

Edreva A. 2005. The importance of non-photosynthetic pigments and cinnamic acid derivatives in photoprotection. Agriculture, Ecosystems and Environment, 106: 135-146.

Falik O. , Reides P. , Gersani M. ,Novoplansky A. 2003. Self/non-self discrimination in roots. Journal of Ecology, 91: 525-531.

Fan F. L. , Zhang F. S. , Song Y. N. , et al. 2006. Nitrogen fixation of faba bean (Vicia faba L.) interacting with a non-legume in two contrasting intercropping systems. Plant and Soil, 283: 275-286.

Faucher C. , Camut S. , Dénarié J. ,et al. 1989. The nodH and nodQ host range genes of Rhizobium meliloti behave as avirulence genes in Rhizobium leguminosarum biovar viciae and determine changes in the production of plant-specific extracellular signals. Mol ecular Plant-Microbe Interactions, 2: 291-300.

Favory J. J. , Stec A. , Gruber H. , et al. 2009. Interaction of COP1 and UVR8 regulates UV-B-induced photomorphogenesis and stress acclimation in Arabidopsis. The EMBO Journal, 28: 591-601.

Gersani M. , Brown J. S. , O'Brien E. E. ,et al. 2001. Tragedy of the commons as a result of root competition. Journal of Ecology, 89: 660-669.

Geurts R. , Federova E. ,Bisseling T. 2005. Nod factor signalling genes and their function in the early stages of infection. Current Opinion in Plant Biology, 8: 346-352.

Gibson K. E. , Kobayashi H. ,Walker G. C. 2008. Molecular determinants of a symbiotic chronic infection. Annual Review of Genetics. Annual Reviews, Palo Alto, 413-441.

Giovannetti M. ,Sbrana C. 1996. Analysis of factors involved in fungal recognition responses to host derived signals by arbuscular mycorrhizal fungi. New Phytologist, 133: 65-71.

Goormachtig S. , Capoen W. ,Holsters M. 2004. Rhizobium infection, lessons from the versatile nodulation behaviour of water-tolerant legumes. Trends in Plant Science, 9: 518-522.

Grotewold E. , Chamberlin M. , Snook M. , et al. 1998. Engineering secondary metabolism in maize cells by ectopic expression of transcription factors. Plant Cell, 10: 721-740.

Gruntman M. , Novoplansky A. 2004. Physiologically mediated self/non-self discrimination in roots. Proceedings of the National Academy of Sciences of the United States of America, 101: 3863-3867.

Harborne J. B. , Baxter H. 1999. Handbook of Natural Flavonoids. 2 vols. Wiley, Chichester.

Harro J. B. , Christophe R. , Juan A. L. R. 2007. Rhizosphere communication of plants, parasitic plants and AM fungi. Trends in Plant Science, 12: 5-12.

Hartwig U. A. , Heim I. , Luscher A. , Nösberger J. 1994. The nitrogen-sink is involved in the regulation of nitrogenase activity in white clover after defoliation. Physiologia Plantarum, 92: 375-382.

Heidstra R. , Geurts R. , Franssen H. , et al. 1994. Root hair deformation activity of nodulation factors and their fate on *vicia-sativa*. Plant Physiology, 105: 787-797.

Herridge D. , Rose I. 2000. Breeding for enhanced nitrogen fixation in crop legumes. Field Crops Research, 65: 229-248.

Hierro J. L. , Callaway R. M. 2003. Allelopathy and exotic plant invasion. Plant and Soil, 256: 29-39.

Hodge A. 2004. The plastic plant, root responses to heterogeneous supplies of nutrients. New Phytologist. 162, 9-24.

Isopi R. , Fabbri P. , Delgallo M. et al. 1995. Dual inoculation of *Sorghum bicolor* (L.) *Moench* ssp. bicolor with vesicular arbuscular mycorrhizas and Acetobacter diazotrophicus. 18: 43-55.

Jenkins G. I. 2009. Signal transduction in responses to UV-B radiation. Annual Review of Plant Biology, 60: 407-431.

Kaiserli E. , Jenkins G. I. 2007. UV-B promotes rapid nuclear translocation of the *Arabidopsis* UV-B specific signaling component UVR8 and activates its function in the nucleus. Plant Cell, 19: 2662-2673.

Kidd P. S. , Llugany M. , Poschenrieder C. , et al. 2001. The role of root exudates in aluminium resistance and silicon—induced amelioration of aluminium toxicity in three varieties of maize (*Zea mays* L.). Journal of Experimental Botany, 52: 1339-1352.

Kosuta S. , Chabaud M. , Lougnon G. 2003. A diffusible factor from arbuscular mycorrhizal fungi induces symbiosis-specific *MtENOD*11 expression in roots of Medicago truncatula. Plant Physiology, 131: 952-962.

Krumbein A. , Saeger-Fink H. , Schonhof I. 2007. Changes in quercetin and kaempferol concentrations during broccoli head ontogeny in three brokkoli cultivars. Journal of Applied Botany and Food Quality, 81: 136-139.

Lagrange H. , Jay-Allgmand C. , Lapeyrie F. 2001. Rutin, the phenolglycoside from eucalyptus root exudates, stimulates Pisolithus hyphal growth at picomolar concentration. New Phytologist, 149: 349-355.

Larose G., Chênevert R., Moutoglis P., et al. 2002. Flavonoid levels in roots of Medicago sativa are modulated by the developmental stage of the symbiosis and the root colonizing arbuscular mycorrhizal fungus. Journal of Plant Physiology, 159: 1329-1339.

Li B., Krumbeinb A., Neugartb S., Li L. et al. 2012. Mixed cropping with maize combined with moderate UV-B radiations lead to enhanced flavonoid production and root growth in faba bean. Journal of Plant Interactions, 7: 333-340.

Li L., Sun J. H., Zhang F. S., Guo T. W., et al. 2006. Root distribution and interaction between intercropped species. Oecologia, 147: 280-290.

Li Y. Y., Yu C. B., Cheng X., Li C. J., et al. 2009. Intercropping alleviates the inhibitory effect of N fertilization on nodulation and symbiotic N_2 fixation of faba bean. Plant an Soil, 323: 295-308.

Lian B., Souleimanov A., Zhou X. M. et al. 2002. In vitro induction of lipo-chitooligosaccharide production in Bradyrhizobium japonicum cultures by root extracts from non-leguminous plants. Microbiological Research, 157: 157-160.

Mathesius U. 2003 Conservation and divergence of signalling pathways between roots and soil microbes: the Rhizobium-legume symbiosis compared to the development of lateral roots, mycorrhizal interactions and nematode-induced galls. Plant and Soil, 255: 105-119.

Mei P. P., Gui L. G., Wang P., et al. 2012. Maize/faba bean intercropping with rhizobia inoculation enhances productivity and recovery of fertilizer P in a reclaimed desert soil. Field Crops Research, 130:19-27.

Merbach W., Mirus E., Knof G., et al. 1999. Release of carbon and nitrogen compounds by plant roots and their possible ecological importance. Journal of Plant Nutrition and Soil Science-Zeitschrift Fur Pflanzenernahrung Und Bodenkunde, 162: 373-383.

Micallef S. A., Shiaris M. P., Colon-Carmona A. 2009. Influence of Arabidopsis thaliana accessions on rhizobacterial communities and natural variation in root exudates. Journal of Experimental Botany, 60: 1729-1742.

Micheal H. N., Guergues S. N., Sandak R. N. 1997. Studies on some phenolic and flavonoid contents of Vicia faba hulls and their antibacterial activity. Egyptian Journal of Pharmaceutical Sciences, 38: 435-450.

Minorsky P. 2002. Allelopathy and grain crop production. Plant Physiology, 130: 1745-1746.

Mo Y., Nagel C.,, Taylor L. P. 1992. Biochemical complementation of chalcone synthase mutants defines a role for flavonols in functional pollen. Proceedings of the National Academy of Sciences of the United States of America, 89: 7213-7217.

Morkunas I. , Narozna D. , Nowak W. , *et al.* 2011. Cross-talk interactions of sucrose and *Fusarium oxysporum* in the phenylpropanoid pathway and the accumulation and localization of flavonoids in embryo axes of yellow lupine. Journal of Plant Physiology, 168: 424-433.

Nair M. G. , Vargas J. M. , Powell J. F. 1998. Method for controlling fungal diseases in turfgrasses. Cleaner Production, 6: 73-75.

Nasr S. A. and Selim S. 1997. Effect of flavonoid compound on growth rate and expression of nodulation genes of *Rhizobia*. Annals of Agricultural Science (Cairo), 42: 81-93.

Neugart S. , Zietz M. , Schreiner M. , *et al.* 2012. Structurally different flavonol glycosides and hydroxycinnamic acid derivatives respond differently to moderate UV-B radiation exposure. Physiologia Plantarum, 145: 582-593.

Nithia S. M. J. , Shanthi N. , Kulandaivelu G. 2005. Different responses to UV-B enhanced solar radiation in radish and carrot. Photosynthetica, 43: 307-311.

Nozzolillo C. , Ricciardi L. , Lattanzio V. 1989. Flavonoid constituents of seed coats of *Vicia* faba (Fabaceae) in relation to genetic control of their color. Canadian Journal of Botany, 67: 1600-1604.

O'Brien E. E. , Gersani M. , Brown J. S. 2005. Root proliferation and seed yield in response to spatial heterogeneity of below-ground competition. New Phytologist, 168: 401-412.

Oldroyd G. E. D. , Downie J. M. 2008. Coordinating nodule morphogenesis with rhizobial infection in legumes. Annual Review of Plant Biology. Annual Reviews, Palo Alto, 519-546.

Patriarca E. J. , Tate R. , Iaccarino M. 2002. Key role of bacterial metabolism in Rhizobium-plant symbiosis. Microbiology and Molecular Biology Reviews, 66: 203-222.

Paula M. A, Reis V. M. , Dobereiner J. 1991. Interactions of Gloums clarum with Acetobacter diaxctraphicus in infection of sweet potato, sugarcane, and sweet sorghum. Biology and Fertility of Soils, 11: 111-115.

Peer W. A. , Bandyopadhyay A. , Blakeslee J. J. , *et al.* 2004. Variation in expression and protein localization of the PIN family of auxin efflux facilitator proteins in flavonoid mutants with altered auxin transport in Arabidopsis thaliana. Plant Cell, 16: 1898-1911.

Perret X. , Staehelin C. , Broughton W. J. 2000. Molecular basis of symbiotic promiscuity. Microbiology and Molecular Biology Reviews, 64: 180-187.

Pollastri S. , Tattini M. 2011. Flavonols, old compounds for old roles. Annals of Botany, 108: 1225-1233.

Poulin M. J. , Simard J. , 1997. Response of symbiotic endomycorrhizal fungi to estrogen and antiestrogens. Molecular Plant-Microbe Interactions, 10: 481-487.

Rengel R. 2002. Breeding for better symbiosis. Plant and Soil, 245: 147-162.

Requena N. ,Breuninger M. 2004. The old arbuscular mycorrhizal symbiosis in the light of the molecular era. Progress in Botany, 3: 323-356.

Requena N. ,Mann P. 2002. Early developmentally regulated genes in the arbuscular mycorrhizal fungus *Glomus mosseae*: identification of GmGin1 a novel gene with homology to the C-terminus of metazoan hedgehog proteins. Plant and Soil, 244: 129-139.

Rice. 1984. Allelopathy. 2nd Ed. Academic Press. INC.

Rosa M. T. , Concepción A. A. , Juan S. *et al*. 1996. Impact of a genetically modified *Rhizobium* strain with improved nodulation competitiveness on the early stages of arbuscular mycorrhiza formation. Applied Soil Ecology, 4: 15-21.

Rovira A. D. 1969. Plant root exudates. The Botanic Review, 35: 35-37.

Saunders J. A. ,McClure J. W. 1976. Distribution of flavonoids in chloroplasts of 25 species of vascular plants. Phytochemistry, 15: 809-810.

Schilling G. , Gransee A. , Deubel A. *et al*. 1998. Phosphorus availability, root exudates, and microbial activity in the rhizosphere. Zeitschrift Fur Pflanzenernahrung Und Bodenkunde. 161, 465-478.

Schreiner M. , Beyene B. , Krumbein A. *et al*. 2009. Ontogenetic changes of 2-propenyl and 3-indolylmethyl glucosinolates in Brassica carinata leaves as affected by water supply. Journal of Agricultural and Food Chemistry, 57: 7259-7263.

Schultze M. ,Kondorosi A. 1998. Regulation of symbiotic root nodule development. Annual Review of Genetics, 32: 33-57.

Semchenko M. , John E. A. ,Hutchings M. J. 2007. Effects of physical connection and genetic identity of neighbouring ramets on root-placement patterns in two clonal species. New Phytologist, 176: 644-654.

Simoneau P. , Louisy-Louis N. ,Plenchette C. 1994. Accumulation of new polypetides in Ri-T-DNA-transformed roots of tomato (*Lycopersicon esculentum*) during the development of vesiculararbuscular mycorrhizae. Applied and Environmental Microbiology, 60: 1810-1813.

Siqueira J. O. ,Safir G. R. 1991. Stimulation of vesicular arbuscular mycorrhiza formation and growth of white clover by flavonoid compounds. New Phytologist, 118: 87-93.

Stern W. R. 1993. Nitrogen fixation and transfer in intercrop system. Field Crops Research, 34: 335-356.

Tajima R. , Lee O. N. , Abe J. , *et al*. 2007. Nitrogen-fixing activity of root nodules in relation to their size in peanut (*Arachis hypogaea* L.). Plant Production Science, 10: 423-429.

Taylor L. P. ,Grotewold E. 2005. Flavonoids as developmental regulators. Current Opinion in Plant Biology，8：317-323.

Tomas-Barberan F. A. , Gil M. I. , Marin P. D. *et al*. 1991. Biochemical Systematics E-cology. 19：697-698.

Tong H. Y. , Leasure C. D. , Hou X. W. ,*et al*. 2008. Role of root UV-B sensing in Ar-abidopsis early seedling development. Proceedings of the National Academy of Sciences of the United States of America，105：21039-21044.

Tsimilli-Michael M. , Eggenberg P. ,Biro B. 2000. Synergistic and antagonistic effects of arbuscular mycorrhizal fungi and *Azospirillum* and *Rhizobium* nitrogen-fixers on the pho-tosynthetic activity of alfalfa，probed by the polyphasic chlorophyll a fluorescence transient O-J-I-P. Applied Soil Ecology，15：169-182.

van Rhijn P. ,Vanderleyden J. 1995. The Rhizobium-plant symbiosis. Microbiology Re-view，59：124-142.

Vance C. P. 2002. Root-bacteria interactions，symbiotic N_2 fixation. In：Waisel Y. , Eshel A. , Kafkafi U. (eds.). Plant Roots，The hidden half. New York：Marcel-Dekker，839-868.

Vierheilig H. ,Piché Y. 2002. Signalling in Arbuscular Mycorrhiza：Factors and Hypot-heses. New York Plenum Press，21：23-39.

Vijn I. , Dasneves L. , Vankammen A. , Franssen H. , 1993. Nod factors and nodula-tion in plants. Science，260：1764-1765.

Vikman P. A. and Vessey K. J. 1992. The decline in N_2 fixation rate in common bean with the onset of pod filling：fact or artifact. Plant and Soil，147：95-105.

Wang D. , Yang S. M. , Tang F. *et al*. 2012. Symbiosis specificity in the legume - rhi-zobial mutualism. Cellular Microbiology，14：334-342.

Wentzell A. M. ,Kliebenstein D. J. 2008. Genotype，age，tissue，and environment regu-late the structural outcome of glucosinolate activation. Plant Physiology，147：415-428.

Wittenmayer L. , Granshee A. Schilling G. 1995. Investigations into quantitative and qualitative determination of organic root separation for maize and peas. Untersuchungen zur quantitativen und qualitativen Bestimmung von organischen Wurzelabscheidungen bei Mais und Erbsen. Mitteilungen der Deutschen Bodenkundlichen Gesellschaft，76：971-974.

Xie Z. P. , Staehelin C. , Vierheilig H. *et al*. 1995. Rhizobial Nodulation Factors Stimu-late Mycorrhizal Colonization of Nodulating and Nonnodulating Soybeans. Plant Physiology，108：1519-1525.

Yang W. C. , Katinakis P. , Hendriks P. , *et al*. 1993. Characterization of *GM-ENOD*40，a gene showing novel patterns of cell-specific expression during soybean nodule development. Plant Journal，3：573-585.

Yu O. , Jung W. S. , Shi J. , *et al*. 2000. Production of the isoflavones genistein and daidzein in non-legume dicot and monocot tissues. Plant Physiology. 124，781-793.

Zhang F. S. and Li L. 2003. Using competitive and facilitative interactions in intercropping systems enhanced crop productivity and nutrient-use efficiency. Plant and Soil，248：305-312.

刁治民. 2000. 青海蚕豆根瘤菌共生固氮效应的研究. 微生物学杂志，20：20-22，28.

董昌金，周盈，赵斌. 2004. 类黄酮对 AM 真菌及宿主植物的影响研究. 菌物学报，23：294-300.

贾永强. 2008. 丛枝菌根（AM）对根瘤菌趋化性研究［硕士学位论文］. 杭州：浙江林学院.

李白. 2012. 玉米/蚕豆种间根系相互作用增强蚕豆结瘤及生物固氮机理研究［博士学位论文］. 中国农业大学.

李春杰. 2010. 小麦/玉米、玉米/蚕豆和小麦/蚕豆间作体系作物氮营养及根分泌物在根系生长及形态变化中的作用［博士学位论文］. 中国农业大学.

李淑敏，李隆，张福锁. 2005. 蚕豆/玉米间作接种 AM 真菌与根瘤菌对其吸磷量的影响. 中国生态农业学报，13：136-139.

李淑敏，武帆. 2011. 大豆/玉米间作体系中接种 AM 真菌和根瘤菌对氮素吸收的促进作用. 植物营养与肥料学报，17：110-116.

宋福强，贾永. 2008. 丛枝菌根（AM）真菌-豆科植物-根瘤菌共生识别信号研究概况. 菌物学报，27：788-796.

宋勇春，冯固，李晓林. 2000. 泡囊丛枝菌根真菌对红三叶草根际土壤磷酸酶活性的影响. 应用于环境生物学报，6：171-175.

汪洪钢，吴观以，李慧荃. 1982. VA 菌根的研究方法. 土壤肥料，3：33-34.

武帆，李淑敏，孟令波. 2009. 菌根真菌、根瘤菌对大豆/玉米氮素吸收作用的研究. 东北农业大学学报，40：6-10.

张福锁. 1992. 根分泌物及其在植物营养中的作用. 北京农业大学学报，18：353-356.

郑伟文，宋亚娜. 2000. VA 菌根真菌和根瘤菌对翼豆生长、固氮的影响. 福建农业学报，15：50-55.

第**6**章

间套作豆科作物接种根瘤菌的效应

6.1 根瘤菌接种方法

接种根瘤菌的试验多数是针对单种豆科作物进行的,而对豆科/禾本科间作体系接种根瘤菌的研究报道尚不多见,特别是对我国西部地区广泛采用的小麦/蚕豆、玉米/蚕豆等间作体系中接种根瘤菌的研究及应用资料尚不完善。

本课题组曾对间套作体系中的豆科植物进行了接种根瘤菌的试验。肖焱波等(2003)在温室进行的盆栽试验中,对不同根系分隔方式中的间作蚕豆接种不同根瘤菌菌株,发现在养分缺乏情况下,接种 NM353 与不接种相比蚕豆的生物量和植株氮浓度显著增加,同时对促进间作小麦的生长也有显著效果;而接种 LN732、LN566 与不接种相比对蚕豆和小麦的生长均没有明显促进作用。说明不同根瘤菌菌株对间作体系中蚕豆固氮的影响存在明显的差异。对蚕豆/玉米间作体系中的作物蚕豆进行双接种,接种根瘤菌 NM353 和丛枝真菌促进了蚕豆的结瘤固氮和玉米的生长,这间接地证明了接种对间作体系中的作物氮营养有促进作用(李淑敏,2004)。

孙艳梅(2010)将根瘤菌 *Sinorhizobium meliloti*(CCBAU0119)接种到紫花苜蓿/老芒麦间作体系,取得了良好的增产效果。并且发现间作条件下接种根瘤菌,在种植的前两年,能显著提高苜蓿产量,而到第三年时,根瘤菌却没有明显的增产效果,因此建议在实践生产中可以考虑牧草生长过程中进行多次接种。这主要是因为,在土壤中有土著根瘤菌的存在,与所接种的根瘤菌之间存在着一定的竞争作用。随着接种时间的延长,人工接种的根瘤菌不再占优势。

以根瘤菌-紫花苜蓿-无芒雀麦互作体系为模式,贾瑞宗(2009)在研究结果中提到筛选高效根瘤菌的方法,主要从 3 个方面考虑:①比较菌株的结瘤能力、固氮能力和与土著根瘤菌的竞争能力;②探讨根瘤菌菌株和苜蓿品种间的匹配效果,即观察宿主植物的形态学参数和地上部植株养分等;③把室内盆栽试验结果与大田定点试验相结合。研究结果显示,豆科植物接种根瘤菌并且与禾本科植物间作提高了生物固氮,缓解"氮阻遏",具有促进豆、禾双增产的生物学效应。同时发现接种根瘤菌和间作两种措施均能明显提高作物生物量,而且间作同时接种则增产效应更为明显。这也为我们将这种间作优势和豆科-根瘤菌生物固氮作用联合起来应用于农作物开辟了新思路。

因此,选择合适的菌株,在共生固氮体系中综合考虑宿主、菌株和环境的相互关系,将有利于充分发挥共生固氮的作用。而将有效菌株接种到复杂的豆科/禾本科间套作体系中,则需要考虑到更多的影响因素(图6.1),才能充分发挥豆科植物-固氮菌的高效共生固氮作用和豆科/禾本科的间作优势。

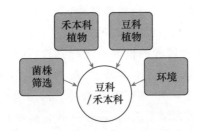

图 6.1　间作体系接种根瘤菌考虑的因素

间套作体系中豆科植物接种根瘤菌,同样也受很多生物和非生物因素影响,尤其还要考虑与间作作物的互惠作用,因为与其间作的作物本身对氮、磷等养分的吸收,会影响到豆科植物的固氮过程。Jensen 等(1996)曾经发现,当豌豆与大麦间作时,其固氮比例显著高于单作的豌豆。类似的种间促进作用增加豆科植物结瘤特性的结果在我们前面的研究中也已发现(Li *et al.*, 2001a, b; Li *et al.*, 2009)。尤其是肖焱波和李淑敏,通过对间作体系豆科植物接种根瘤菌的研究发现间作和接种根瘤菌的交互促进作用显著增加了蚕豆的生物固氮和营养生长。Stern(1993)和 Sangakkara(1994)都曾研究发现,与不能固氮的植物间作时,豆科植物的结瘤特性和生物固氮就表现出了明显的增加优势。Cardoso 等(2007)验证了当菜豆间作并且接种根瘤菌时,其结瘤特性会明显增加,且生物固氮量的增加有效地保持并促进土壤肥力。

陈文新(2004)曾建议将豆科植物-根瘤菌共生固氮体系的应用,纳入西部地区农林牧业生产和退耕还林还草的规划,使其在我国经济发展和生态建设中发挥应有的作用。

杨文权等(2007)对宁夏豆科植物根瘤菌资源及其生态分布进行了调查,从24属47种豆科植物根部采集到根瘤样品748份,并发现该地区根瘤主要为黄色或褐色,形状以球形和棒状为主,主要着生在侧根,同时发现影响宁夏豆科植物结瘤的因素有水分、土壤肥力和植物的生育阶段。但是豆科植物与根瘤菌共生一方面具有较强的专一性;另一方面也具有非专一性的特征。为了使豆科植物从共生固氮中得到更多的氮素,就要进行共生固氮的比较试验(王宏,1989)。

6.1.1　间套作体系接种根瘤菌的必要性

化学肥料输入无疑是提高农作物产量的重要手段,但生物固氮在农业可持续发展中具有不可忽视的作用。豆科植物-根瘤菌共生体系是生物固氮体系中固氮能力最强的体系,而豆科/非豆科间作结合了粮食生产,并且利用了生物固氮的优点,是一种稳产、高产、高效、可持续的种植体系,在世界上很多地方都有分布(Shantharam and Mattoo,1997;Chu et al.,2004;Corre-Hellou et al.,2006;Adu-Gyamfi et al.,2007;Neumann et al.,2007)。豆科作物/禾本科作物间作具有明显的产量优势,这主要由于作物地下部根系生态位时空互补和根际过程促进作物养分高效吸收利用(Li et al.,1999;2001a,b;2003;2006;2007)。进一步研究发现蚕豆/玉米间作能提高间作蚕豆的生物固氮量(范分良,2006),并且可以减少土壤无机氮的累积,从而降低了农业生态环境污染的风险(李玉英,2008)。在新开垦土壤上,为了更好地发挥豆科植物优势,种植豆科植物必须接种与之相匹配的根瘤菌(陈文新,2004),这样不但可以提高间作体系中豆科植物的固氮优势(李淑敏等,2005;汤东生等,2005;房增国等,2009),而且可以进一步提高豆科/禾本科间作系统的产量优势(房增国等,2009;李淑敏等,2011),并改善与之间作的作物营养状况(李淑敏等,2005;肖焱波等,2006)。豆科植物与根瘤菌共生有一定的选择性,即每种植物只与其相匹配的根瘤菌共生。但目前多数研究,普遍采用模拟试验的方法,且多数集中于对单种豆科植物接种的根瘤菌进行筛选,匹配的类型有很强的生态适应性(陈丹明等,2002;刘杰等,2005;谢军红等,2009)。接种方法则多局限于灌根法(陈丹明等,2002;肖炎波等,2006)。本课题组2002年在温室条件下采用根系分隔方式对蚕豆/小麦体系进行过接种不同根瘤菌的研究,研究结果表明,通过选择合适的菌株进行接种,间作可以充分发挥生物固氮作用,改善作物氮素营养。为了在新开垦土壤上更好地利用豆科/禾本科的间作优势和豆科植物-根瘤菌共生体的共生固氮优势,根据宁夏新开垦土壤地区的特殊气候环境特点,本课题组于2008年在中国农业大学资环学院温室进行了蚕豆/玉米间作体系高效根瘤菌种和高效接菌方法筛选的盆栽试验,并于同年及2009年在宁夏红寺堡区新开垦土壤上,针对蚕豆/玉米间作进行了接种根瘤菌的田间试验。

6.1.2 蚕豆/玉米间套作体系中的根瘤菌

供试的4个根瘤菌(NM353、CCBAU、G254和QH258)由中国农业大学生物学院菌种保藏中心陈文新院士课题组提供,虽是经过多年在甘肃蚕豆上进行配对试验得出的4种蚕豆专属高效结瘤的根瘤菌菌种,但是其生长习性各不相同。因此,首先在室内对试验中所选用的4个根瘤菌菌种的生长曲线进行了研究,目的是为了在合适时间制备好生长势强的菌剂以备大田拌种使用,即菌剂的制备必须与田间整地、播种等一系列环节相配套。

生长曲线是为了检测细菌的生长情况,并获取其具体的生长信息。测 OD_{600} 的一个重要应用,就是利用细菌的吸光值来测量细菌培养液的浓度,从而估计细菌的生长情况,所以 OD_{600} 通常用来指菌体细胞密度。一般来讲,细菌培养液在600 nm的吸光值如果在0.6~0.8之间,表明细菌处于旺盛生长的对数生长期,此时可以进行转代等研究。

根瘤菌菌剂的配制方法为:首先配制无菌的固体和液体培养基,在无菌操作台中,将菌种从保藏试管种挑出,先在固体培养基上用平板画线法进行活化,同时用接菌环轻轻挑取平板上生长出的单菌落,将其放入到已灭菌的液体培养基中,25℃,200 r/min进行摇培。观测 OD_{600}。根据4种菌的生长曲线,一般在摇培24 h左右开始频繁测定所有菌液的 OD_{600}。待 OD_{600} 在0.6~0.8之间时,即可用来接种使用。

通过对 4 种高效根瘤菌种的摇菌培养观察,从 4 个菌种的生长曲线可以看出(图 6.2),在摇培 28 h 后,NM353 和 CCBAU 两个菌种可以达到 $OD_{600}=0.6\sim0.8$ 的最佳生长状态。计算好时间便于在田间做好接菌的其他准备工作,尤其对于大田条件下接种菌剂来说,留有充足的时间做好各项田间准备工作是至关重要的。另外,通过平板菌落计数法,测得 $OD_{600}=0.6\sim0.8$ 时 NM353 和 CCBAU 两种菌剂在直径为 10 cm 的培养皿上培养 20 h 的计数分别为 3.5×10^8 个和 2.4×10^8 个。单位体积内菌株密度越大越好,显然,NM353 优于 CCBAU。

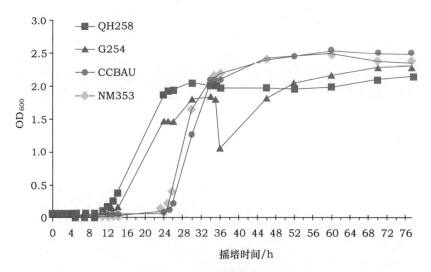

图 6.2　4 种根瘤菌的生长曲线

6.1.3　间套作体系中的高效根瘤菌筛选

采用盆栽和大田试验相结合的方法对间套作体系接种的根瘤菌进行筛选。用作接种的菌悬液均稀释至 OD_{600} 处于 $0.63\sim0.64$ 时作为接种用,采用灭过菌的 YMA 液体培养基进行稀释。盆栽试验中每盆用菌量为:除了三叶期灌根用 10 mL 菌液外,其他 3 种接种方法都用了 20 mL 菌液。清水拌种则是将一定量的菌悬液加入种子中并充分搅拌,以使每粒种子都能均匀地蘸到菌液。置于阴凉避光待播种。保水剂拌种的方法是,按照播种蚕豆量与保水剂用量 60∶1(王宏等,1997)将称好的保水剂(保水剂购于北京金元易公司)与菌液混匀后,倒入种子中并充分搅拌,使每粒种子表面都均匀沾上菌剂。置于阴凉处待播种。大田试验也采用此方法,拌种用的剂量为蚕豆种(kg):菌剂(L):清水(L):保水剂(kg)=60∶6∶10∶1,保证每 10 g 蚕豆种子沾上 2 mL 菌液(7×10^7 个)。菌剂、保水剂和清水混匀后,倒入种子中充分拌匀,稍晾后立即播种。丸衣化接种参照牧草种子丸衣化的方法(王宏等,1997),先将 20 mL 菌液加入到配好的 5 mL 羧甲基纤维素钠溶液内,搅拌均匀后将种子放入,反复搅拌使每粒种子表面都均匀沾上菌液和羧甲基纤维素钠的黏着剂,再加入 6 g 左右的滑石粉,反复搅拌使每粒种子都裹上一层丸衣材料,置于阴凉处阴干待用。三叶期灌根,即在蚕豆第三片真叶展开时在蚕豆根部浇灌 10 mL 培养好的菌液。

接种要点:根瘤菌怕日光,惧高温。在保存、运输、搬运、拌种和播种后,都要尽量避开阳光直射(如拌种时要在阴暗地方,搬去田间时,用黑布覆盖,播种后立即盖土等)。土壤湿度应保持田间持水量的 $60\%\sim80\%$;土壤通气较好;土壤温度在 $20\sim28℃$ 利于根瘤的生长发育。

6.1.3.1 根瘤菌接种方法和根瘤菌菌种对间作蚕豆和玉米生产力的影响

盆栽试验结果见表 6.1。接种 4 种不同根瘤菌的地上部总生物量的大小顺序是 CCBAU＞NM353＞G254＞QH258＞间作不接菌＞单作不接菌。但以采用三叶期灌根的接种方式，接种 NM353 根瘤菌的蚕豆植株生物量最大，与接种 QH258 的蚕豆生物量差异显著，比单作不接种蚕豆的生物量高出 34.4％，比间作不接种的蚕豆高 19.4％。但用保水剂拌种的方式接种 NM353 却与其他 3 个菌种间无显著差异。从整盆中蚕豆和玉米总的生物量来看，各菌种

表 6.1 不同接种方法接种 4 个不同根瘤菌菌种后蚕豆、玉米地上部生物量和地上部氮吸收（盆栽）

接种方法	菌株	地上部生物量/（g/盆）			地上部氮累积量/（mg N/盆）		
		蚕豆	玉米	整盆	蚕豆	玉米	整盆
保水剂拌种	CCBAU	3.94 a	5.03 a	8.96 a	99.2 a	30.9 a	130.1 a
	G254	3.03 b	6.05 a	9.08 a	80.1 a	36.1 a	116.2 a
	NM353	3.62 ab	6.04 a	9.66 a	93.2 a	38.2 a	131.4 a
	QH258	3.51 ab	6.63 a	10.14 a	91.0 a	37.8 a	128.8 a
	平均值	3.53 AB	5.93 A	9.46 A	90.9 A	35.8 A	126.6 A
清水拌种	CCBAU	3.29 a	5.61 a	8.90 a	90.2 a	34.1 ab	124.3 a
	G254	3.32 a	5.84 a	9.15 a	81.8 a	34.1 ab	115.9 a
	NM353	2.46 b	6.55 a	9.00 a	71.4 a	41.9 a	113.3 a
	QH258	3.32 a	5.27 a	8.58 a	84.6 a	30.5 b	115.0 a
	平均值	3.09 B	5.81 AB	8.91 AB	82.0 A	35.2 A	117.1 A
三叶期灌根	CCBAU	3.37 ab	5.12 a	8.50 a	88.2 ab	30.4 a	118.5 ab
	G254	3.56 ab	5.52 a	9.08 a	93.4 ab	31.9 a	125.3 ab
	NM353	4.30 a	4.34 a	8.64 a	116.1 a	28.2 a	144.3 a
	QH258	3.15 b	5.28 a	8.43 a	81.2 b	30.9 a	112.1 b
	平均值	3.59 A	5.07 B	8.66 B	94.7 A	30.3 A	125.1 A
丸衣化	CCBAU	3.61 a	5.55 a	9.16 a	90.7 a	34.8 a	125.5 a
	G254	3.77 a	5.65 a	9.42 a	99.3 a	32.7 a	131.9 a
	NM353	3.39 a	5.51 a	8.89 a	89.8 a	33.9 a	123.7 a
	QH258	2.77 a	5.88 a	8.65 a	69.5 a	32.5 a	102.3 a
	平均值	3.30 AB	5.64 AB	9.03 AB	87.4 A	33.5 A	120.8 A
单作不接菌	水	3.56 A		7.12 C	86.03 A		172.1 A
间作不接菌	水	3.20 C	5.20 B	8.40 BC	72.90 A	29.40 A	102.3 A

注:盆栽试验是 2009 年在中国农业大学资源与环境学院温室进行的,盆栽试验用土采自大田试验点。以玉米/蚕豆间作为对象,设不接菌的蚕豆单作和不接菌的玉米/蚕豆间作为对照。主处理为接种 4 种不同的根瘤菌菌株(CCBAU、G254、NM353 和 QH258),副处理为 4 种不同接种方法,分别为保水剂拌种(液体菌剂 ＋ 保水剂 ＋ 清水拌种)、清水拌种(液体菌剂 ＋ 清水拌种)、丸衣化(种子丸衣化方法接种根瘤菌)、三叶期灌根(三叶期对种苗根部浇灌菌液)。本节未标注的盆栽试验图表结果为同一试验方案的结果。

表中所列数据为 4 个重复的平均值。同一列中不同大写字母表示 4 个不同接种方式与两个对照共 6 个处理间差异显著($P<0.05$);同一列中不同小写字母表示同一接菌方式下不同菌株间的差异显著($P<0.05$)。

间无明显差异。但通过统计分析发现,用保水剂拌种的方式接种效果相对较佳,与三叶期灌根的接种方式无显著差异。用保水剂拌种的接种方式,接种 NM353 根瘤菌的蚕豆植株生物量比用此种方式接种 CCBAU 的少 8.8%,而就与相应蚕豆间作的玉米生物量而言,则是接种 NM353 的间作处理比接种 CCBAU 的高 20.1%。因此,考虑对玉米/蚕豆间作体系进行接种根瘤菌,所以从生物量和作物长势来看是以用保水剂拌种的接种方式接种 NM353 根瘤菌为最佳处理。但是需要通过大田试验进一步验证。

大田试验的研究结果见表 6.2。间作玉米比单作玉米总体增产 18.1%;间作蚕豆比单作蚕豆产量增加 104.7%,达到显著水平($P=0.005$)。接种根瘤菌显著增加了单、间作蚕豆籽粒产量,接种 CCBAU、G254、NM353、QH258 和对照处理后,间作蚕豆分别比单作蚕豆产量高 113.8%、33.4%、152.8%、49.8% 和 15.9%。由于共生期间对玉米/蚕豆间作体系接种根瘤菌,在玉米/蚕豆种间促进作用和蚕豆-根瘤菌共生固氮二者的协同作用下,本试验中间作蚕豆产量增加显著,而间作中玉米的产量基本与单作保持一致。地上部生物量结果(图 6.3)也可以看出,接种根瘤菌 NM353 的处理,间作蚕豆和玉米的生物量为最高,分别是 18 t DW/hm² ($P<0.05$) 和 20 t DW/hm²。

从土地当量比(表 6.2)分析,除了不接菌对照处理外,接菌处理的间作体系具有明显的产量优势,土地当量比均大于 1。就增产的效果而言,蚕豆的增产水平更加显著,主要是间作体系中蚕豆接种高效根瘤菌的作用。由此可知,接种 NM353 和 CCBAU 两种根瘤菌后,间作蚕豆均有明显的增产效果,其中以 NM353 的效果更好。用保水剂拌种的接种方式,接种 NM353 根瘤菌的玉米/蚕豆间作共生体系的土地当量比为 1.65,该间作体系中的间作玉米和间作蚕豆的产量分别比接种 CCBAU 的处理高 5.8% 和 7.6%。因此,所构建的玉米/蚕豆-接种根瘤菌 NM353 的间作体系从生产力上来看为最优。

表 6.2 接种 4 个不同根瘤菌种和 1 个清水处理后蚕豆/玉米间作作物籽粒产量及其间作优势(大肥田) kg/hm²

菌种	蚕豆		玉米		土地当量比
	单作	间作	单作	间作	
CCBAU	1 765 a	5 578 ab *	7 413 a	8 536 ab	1.97 a
G254	2 488 a	5 438 ab△	7 413 a	7 705 ab	1.08 ab
NM353	3 261 a	5 950 a *	7 413 a	9 029 a* *	1.65 ab
QH258	2 907 a	5 444 ab *	7 413 a	6 322 b	1.19 ab
清水(CK)	2 975 a	4 311 b△	7 413 a	6 348 b	0.93 b
增产率/%		104.70%		18.11%	

注:大田试验在宁夏红寺堡区兴盛村进行。试验地是在 2005 年开垦出来的,前茬作物为玉米。试验主处理为接种 4 种不同根瘤菌菌株(CCBAU、NM353、G254 和 QH258)和清水接种作为对照,均用保水剂拌种的方式接菌;副处理为蚕豆单作,玉米单作和玉米/蚕豆间作 3 个种植方式。本节未标注的大田试验图表结果为同一试验方案的结果。
表中所列数据为 3 个重复的平均值。不同小写字母表示同一作物相同种植方式下 4 个不同菌种处理和 1 个清水对照共 5 个处理间的差异($P<0.05$);△,* 和 * * 分别表示同一接菌处理下同一作物单作和间作间在 10%,5% 和 1% 水平下差异显著。

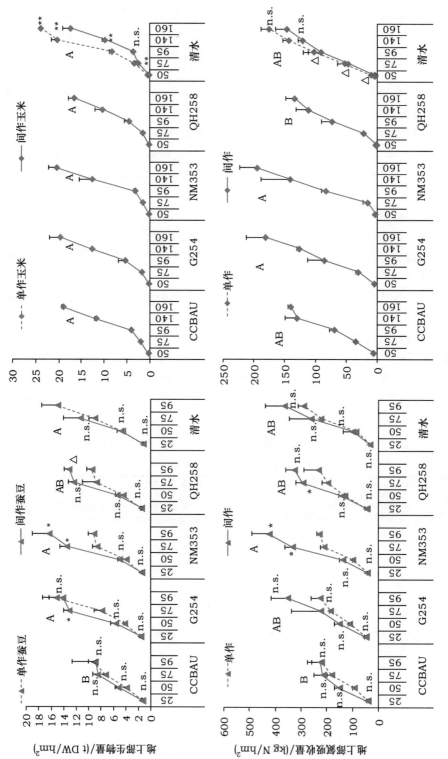

图6.3 接种4个不同菌种和1个清水处理后蚕豆、玉米地上部生物量和地上部氮吸收（大田）

玉米出苗后天数/d 及4个不同接菌处理和1个清水对照

注：不同大写字母表示同一作物4个不同接菌处理和1个清水对照共5个处理间的差异（P<0.05）；△，*，**和 n.s.分别表示相同接菌方式下同一取样日期单作和间作间的差异，*，**和 n.s.分别表示相同接菌方式下同一取样日期单作和间作间的差异，*，**表示在10%，5%，1%水平上差异显著和n.s.水平上差异不显著。

6.1.3.2 根瘤菌接种方法和根瘤菌菌种对间作蚕豆和玉米地上部氮累积的影响

盆栽试验中,分析不同处理植株地上部氮含量发现,接种后的蚕豆植株氮含量均比不接种的对照植株显著增加(表6.3)。无论是单株蚕豆的氮含量还是整盆植株的氮含量,均以三叶期灌根接种方式接种根瘤菌NM353为最高,均与接种QH258的根瘤菌菌种间差异显著。与其他两个菌种间无明显差异。以整盆中的两个植株为单位来看,单作蚕豆的地上部的氮含量比间作不接种的蚕豆地上部的氮含量高,说明在间作条件下发生了种间相互竞争作用。而间作接种处理的蚕豆地上部氮含量高于间作不接种,说明接种根瘤菌后,发挥了两种作物在有限的资源空间中对资源的吸收和利用的补偿作用。总体上来说,4种根瘤菌中,以接种NM353的间作蚕豆地上部含氮量最高,4种接种方法间没有明显差异,但都高于不接种的间作和单作蚕豆。另外,通过盆栽试验还发现对于地上部氮养分吸收来说,蚕豆接种根瘤菌比间作的作用贡献更大一些。因为对玉米/蚕豆间作体系来说,玉米对土壤中氮的吸收有竞争优势,这样在一定程度上是刺激了蚕豆的生物固氮。

结合大田试验从图6.3来看,接种NM353的蚕豆地上部氮吸收量与接种G254、QH258以及不接菌的处理差异均不明显,而在本试验中发现玉米/蚕豆间作体系接种CCBAU在地上部吸氮方面显然没有优势。这对后期氮往籽粒中的运转造成了影响,以至于没有很明显的产量优势。在接种CCBAU的间作体系中玉米的地上部吸氮量也没有表现出优势,而以NM353的处理为最高玉米吸氮量,但是与接种G254的处理没有显著性差异。所以,通过同步的大田试验,我们发现对玉米/蚕豆间作体系接种NM353,并辅以保水剂拌种的方式接种为最佳。考虑到宁夏本土的环境气候条件以及土壤的保水性差等因素,因此,建议在大田试验中采用保水剂拌种的接种方式接种NM353根瘤菌来构建玉米/蚕豆-根瘤菌高效间作体系。

6.1.3.3 根瘤菌接菌方法和根瘤菌菌种对间作蚕豆结瘤特性的影响

盆栽试验条件下,接种根瘤菌处理的蚕豆单株根瘤数都显著高于单作和间作不接菌处理的单株根瘤数,说明接种根瘤菌确实促进了蚕豆结瘤,特别是在与玉米间作的条件下更为明显(表6.3)。4种根瘤菌中,接种效果没有显著差异,说明盆栽条件下4种根瘤菌均与蚕豆匹配较好。4种接种方法中,清水拌种和保水剂拌种的结瘤数显著高于丸衣化和三叶期灌根的接种处理,清水拌种和保水剂拌种分别比间作不接种蚕豆的结瘤数增加了102.2%和126.6%。间作不接种的蚕豆比单作蚕豆的结瘤数也有所提高,但差异不显著,这从一定程度说明间作条件下对养分的竞争可以促使蚕豆结瘤固氮。

盆栽条件下,间作蚕豆的根瘤重比单作条件下均有显著增加,即使是未接种根瘤菌间作蚕豆,其根瘤干重比单作蚕豆显著增加,说明间作条件下,禾本科与豆科竞争养分刺激豆科作物的结瘤作用。4种根瘤菌菌种比较,发现接种NM353和CCBAU的根瘤干重高于另外两个菌种,而4种接种方法对比时,发现保水剂拌种>丸衣化>三叶期灌根>清水拌种,分别比单作不接种的蚕豆根瘤干重增加60.8%、55.6%、33.8%和33.0%;比间作不接种的蚕豆提高了36.5%、17.2%、14.7%和14.0%(表6.3)。

在田间条件下,不同生长阶段蚕豆根系结瘤状况见图6.4(彩图11)。接种NM353后,在盛花期和盛花鼓粒期,间作蚕豆比单作蚕豆单株根瘤干重分别高6.4%和7.0%(表6.4)。而

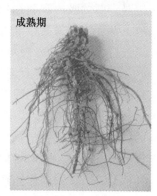

图 6.4　田间条件下不同生长期根瘤生长情况

在其他两个时期,单间作蚕豆间的根瘤干重均无明显差别。在接种其他根瘤菌后,如 QH258,在初花期、盛花期、盛花鼓粒期间作蚕豆比单作蚕豆单株根瘤菌干重分别高 14.5％、22.7％、26.8％。在这 3 个时期均以接种 NM353 根瘤菌后,间作蚕豆单株根瘤干重为最高,分别为:0.448 g/株、1.356 g/株和 2.054 g/株。在成熟期,接种各个菌种的单间作蚕豆的根瘤干重均趋于一致。在此时期,NM353 的根瘤干重不是最大值。这同时也可以说明,玉米/蚕豆-NM353 根瘤菌的体系在成熟期干物质转化效率相对比较高,因为形成根瘤菌要消耗很多来自于地上部的碳水化合物。试验中单株根瘤数目和单瘤重均显示出菌种 NM353 的优势,与单株根瘤干重结果变化趋势一致(图 6.4,彩图 11)。因此,对玉米/蚕豆间作体系在田间接种根瘤菌 NM353 最有效。相对于对照接水处理,并结合盆栽试验的结果,用保水剂拌种的方式接种高效根瘤菌 NM353 是有效的菌种和接种方式组合。

6.1.3.4　根瘤菌接种方法和根瘤菌菌种对间作蚕豆生物固氮的影响

盆栽试验条件下,接种根瘤菌的间作蚕豆收获期固氮比例(％$Ndfa$)和固氮量($Ndfa$)相对于不接菌的单作蚕豆平均高出 90.3％和 93.7％,比不接菌的间作蚕豆也分别高出 40.4％和 70.3％(表 6.3)。

盆栽试验条件下,用保水剂拌种的方法中,接种根瘤菌 NM353 的蚕豆的固氮比例显著高于接种 CCBAU 和 G254 的,分别高出 26.3％和 26.3％,比 QH258 高出 17.1％($P>0.05$),但差异不显著。同一个接种方式下接种的不同根瘤菌在蚕豆的固氮量和固氮比例之间的差异均不显著(表 6.3)。

表 6.3　不同接菌方法和接种不同根瘤菌对间作蚕豆结瘤特性和生物固氮的影响（盆栽）

接种方法	菌株	根瘤数/ （个/株）	根瘤干重/ （g/株）	单瘤重/ （10^{-3} g）	固氮比例 /%	固氮量/ （mg/株）
保水剂拌种	CCBAU	96.0 a	0.273 a	3.88 a	51.64 b	49.63 ab
	G254	69.5 b	0.218 a	3.75 a	51.62 b	41.16 b
	NM353	102.0 a	0.280 a	2.78 ab	65.21 a	60.82 a
	QH258	105.5 a	0.210 a	2.12 b	55.70 ab	51.02 ab
	平均值	93.3 A	0.245 A	3.13 BC	56.04 AB	50.66 BC
清水拌种	CCBAU	85.0 a	0.230 a	2.85 ab	65.14 a	57.49 a
	G254	94.8 a	0.213 a	2.52 b	68.10 a	56.19 a
	NM353	71.5 a	0.228 a	3.85 a	67.85 a	63.33 a
	QH258	95.8 a	0.223 a	2.35 b	64.22 a	54.30 a
	平均值	86.8 A	0.223 AB	2.89 BC	66.33 A	57.83 A
三叶期灌根	CCBAU	55.3 a	0.210 a	3.82 b	64.38 a	56.78 a
	G254	31.5 b	0.180 a	5.26 a	58.25 a	53.45 a
	NM353	50.3 a	0.238 a	4.81 ab	58.85 a	61.04 a
	QH258	52.8 a	0.190 a	3.65 b	58.43 a	46.17 a
	平均值	47.4 BC	0.204 B	4.38 AB	59.98 A	54.36 B
丸衣化	CCBAU	40.5 ab	0.200 a	6.65 a	47.97 a	38.73 b
	G254	64.8 ab	0.245 a	4.04 b	54.37 a	54.86 a
	NM353	69.5 a	0.240 a	3.71 b	50.85 a	46.00 b
	QH258	32.3 b	0.160 a	5.43 a	59.31 a	41.53 b
	平均值	51.8 B	0.211 AB	4.96 A	53.13 B	45.28 C
单作不接菌	水	26.8 C	0.063 C	2.34 C	31.07 C	26.86 E
间作不接菌	水	38.5 BC	0.090 C	2.89 BC	42.11 C	30.55 D

　　注：表中所列数据为 4 个重复的平均值。同一列中不同大写字母表示 4 个不同接种方式与两个对照共 6 个处理间差异显著（$P<0.05$）；同一列中不同小写字母表示同一接菌方式下不同菌株间的差异显著（$P<0.05$）。

用保水剂拌种的方式接种 NM353 的蚕豆的固氮量为最高,分别比接种 CCBAU、G254 和 QH258 高 22.5％、47.8％和 19.2％。此外,在固氮量方面,用丸衣化接种的方式接种根瘤菌 G254 的固氮量显著高于其他 3 个接菌处理,但其仍低于用保水剂拌种的方式接种 NM353 的蚕豆的固氮量,比其低 10.9％。由此看出,用保水剂拌种的方式接种 NM353 在蚕豆固氮方面具有优势。

表 6.4　接种不同根瘤菌对间作蚕豆结瘤动态的影响(大田)

菌株	初花期		盛花期		盛花鼓粒期		成熟期	
	单作	间作	单作	间作	单作	间作	单作	间作
根瘤数/(个/株)								
CCBAU	147.3 a	136.8 a	145.6 ab	188.0 a	143.7 a	156.1 a	159.8 a	119.6 a
G254	181.1 a	140.3 a	162.4 ab	156.9 a	125.7 a	127.2 a	158.1 a	164.7 a
NM353	185.7 a	123.6 a△	231.8 a	193.7 a	191.1 a	147.8 a	115.2 a	158.2 a
QH258	194.0 a	181.2 a	172.0 ab	168.2 a	142.7 a	149.2 a	185.3 a	165.3 a
清水	124.7 a	165.7 a	112.4 b	115.1 a	124.1 a	190.2 a	155.0 a	134.8 a
根瘤干重/(g/株)								
CCBAU	0.251 a	0.264 b	0.944 ab	1.367 a*	1.300 a	1.674 ab	1.733 a	1.371 a
G254	0.402 a	0.298 ab	0.867 b	0.944 a	1.318 a	1.032 b	1.650 a	2.464 a
NM353	0.457 a	0.448 a	1.267 a	1.356 a	1.931 a	2.054 a	1.557 a	1.459 a
QH258	0.362 a	0.415 ab	0.978 ab	1.200 a	1.399 a	1.773 ab	2.113 a	1.548 a
清水	0.229 a	0.328 ab	0.978 ab	0.978 a	1.342 a	1.884 ab	1.308 a	1.533 a
单瘤重/(10^{-3} g/瘤)								
CCBAU	1.3 a	2.0 b	6.7 a	8.5 a	10.8 a	10.7 a	10.5 a	12.7 a
G254	2.5 a	2.1 b	6.6 a	6.1 a	11.0 a	8.2 a△	10.7 a	17.0 a
NM353	2.5 a△	3.8 a	5.7 a	7.0 a	9.9 a	14.8 a△	9.9 a	14.4 a
QH258	1.9 a	2.3 b	5.6 a	7.7 a	9.6 a	12.1 a	12.2 a	11.1 a
清水	2.4 a	2.2 b	9.8 a	8.0 a	10.0 a	11.0 a	8.4 a	11.8 a

注:表中所列数据为 3 个重复的平均值。不同小写字母表示同一作物相同种植方式下 4 个不同接菌处理和 1 个清水对照共 5 个处理间的差异($P<0.05$);△和 * 分别表示同一个生育时期同一接菌处理下单作和间作间在 10％水平下差异边缘性显著和 5％水平下差异显著。

从接菌方式上来看,盆栽试验中以清水拌种的接菌方式,蚕豆的固氮比例和固氮量依次比用三叶期灌根、保水剂拌种和丸衣化的接菌方式分别高 10.6% 和 6.4%($P<0.05$),18.4% ($P<0.05$)和 14.2%($P<0.05$),24.8%($P<0.05$)和 27.7%($P<0.05$),比不接菌单作蚕豆和不接菌间作蚕豆分别高 113.5%($P<0.000\ 1$)和 115.3%($P<0.000\ 1$),57.5%($P<0.000\ 1$)和 89.3%($P<0.000\ 1$)。因此,在盆栽条件下,用清水拌种的方式既节省成本,简化操作环节,又能保证接菌效果。

大田试验条件下,在蚕豆盛花鼓粒期,蚕豆的固氮比例和固氮量为整个生育期中最高,说明随着生育期的推进,蚕豆的固氮能力逐渐增强,在收获期均又有所下降。相比较而言,蚕豆固氮比例在整个生育期内变化幅度不大。但是在各个生育时期,不同接菌方式间还是有差异的。总体上来看,接种 NM353 的蚕豆固氮比例(图 6.5)均优于其他接菌方式,与各生育时期的对照(接水)处理都表现出显著差异,而其他几个接菌方式则没有这样的明显优势,尤其是在成熟期,接种 CCBAU 和接种 QH258 的蚕豆的固氮比例就与对照接水处理没有显著差异。盛花鼓粒期是蚕豆固氮最旺盛时期,此时期,接种 NM353 的蚕豆固氮比例与接种 QH258 和 G254 没有显著性差异,却仍比它们分别高出 6.9% 和 3.9%;与接种 CCBAU 和接水处理间差异极显著,分别比它们高 11.1% 和 28.2%。在前面的盆栽试验中,玉米/蚕豆间作体系接种 NM353 和接种 CCBAU 都具有明显效果。田间试验结果表明,在初花期和成熟期接种 NM353 的蚕豆固氮比例比接种 CCBAU 的分别高出 36.1% 和 31.0%,虽没有达到统计上的显著性,但在盛花期和盛花鼓粒期,接种 NM353 的蚕豆却表现出了明显的效果,其固氮比例分别比接种 CCBAU 高出 19.1% 和 11.1%,差异均达到显著水平。因此,根瘤菌 NM353 更能适应新开垦土壤环境条件下的玉米/蚕豆间作体系,玉米、蚕豆和根瘤菌 NM353 三者之间能更好地发挥间作促进作用和豆科-根瘤菌共生体系的共生固氮优势。

接种 NM353 的蚕豆在整个生育期固氮量均显著高于接种 CCBAU 的蚕豆(图 6.5)。与玉米共生阶段,接种 NM353 的蚕豆的固氮量在初花期、盛花期、鼓粒期和成熟期分别比接种 CCBAU 的高 64.8%、45.2%、34.3% 和 91.6%。

此外,接种 NM353 处理,间作蚕豆在盛花鼓粒期的固氮比例($\%Ndfa$)比单作高9.2% ($P=0.026$),差异达显著水平,而其他时期总体上表现为间作蚕豆接菌后比单作的高,但却没有显著性差异。就固氮量而言,接种 NM353 的单间作蚕豆在初花期差异达到边缘性显著水平($P=0.051\ 4$),间作的蚕豆比单作的蚕豆高 38.9%,在盛花期、盛花鼓粒期和成熟期差异达到显著水平,间作蚕豆分别比单作蚕豆高 25.7%、51.1% 和 115.3%。总体上,间作显著增加了蚕豆固氮量,固氮比例增加不显著。

通过盆栽和大田试验相结合的方法,对玉米/蚕豆间作体系进行的根瘤菌接种试验和接种方法筛选试验证明了对该间作体系用保水剂拌种的方式接种 NM353 根瘤菌是有效的。

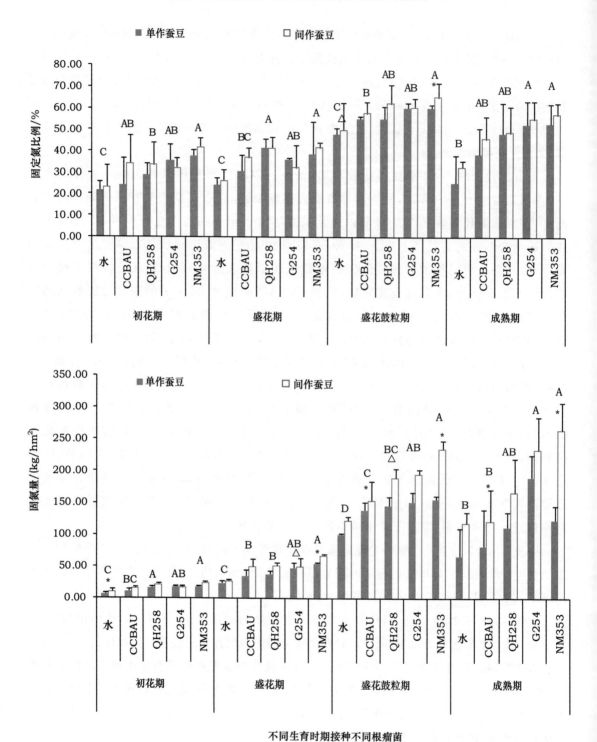

图 6.5　蚕豆的固氮比例和固氮量（大田）

注：图中所列数据为 3 个重复的平均值。不同大写字母表示同一个生育时期 4 个不同接菌处理和 1 个清水对照共 5 个处理间差异显著（$P<0.05$）；△和 * 分别表示同一个生育时期同一接菌处理下单作和间作间在 10% 和 5% 水平下差异显著。

6.2　绿洲高产农田间套作接种根瘤菌的效应

适量使用化学氮肥可使粮食获得高产,但生产氮肥要消耗大量能源,加重大气污染和温室效应;过量施用化肥,不仅提高农业生产成本,而且有导致地下水和土壤污染的风险。因此,随着人们生活水平的不断提高和对生态平衡、环境保护意识的加强,生物固氮的研究再次引起人们的重视。全球每年共生固氮量在 $45\sim50$ Tg 之间(Smil,1999),因此豆科作物的生物固氮为农业生产提供了一条重要的氮素来源。

豆科/禾本科作物间作体系是我国西北地区广泛采用的种植模式。与单作相比,合理间作既可高产高效,还可解决作物与环境、作物与作物间的矛盾(李增嘉,1998)。豆科/禾本科作物间作具有明显的产量优势,这已在小麦/鹰嘴豆(Mandal et al.,1996),大麦/苜蓿(Moynihan et al.,1996),玉米/蚕豆(李隆,1999),豌豆/大麦(Jensen,1996),小麦/大豆(张恩和,1997;胡恒觉等,1999)等间作体系中得到充分证实。

已有研究表明,禾本科与豆科间作提高了禾本科作物的产量(李隆,1999),其部分原因是豆科作物能够为禾本科作物提供部分氮素(Morris and Ganrity,1993;Stern,1993)。近20年来,国际上的研究较为活跃。有学者认为,间作系统不能提高豆科作物的生物固氮量(van Kessel and Hartley,2000);但也有研究表明间作可促进豆科作物固氮(Fan et al.,2006;Hauggaard-Nielsen and Jensen,2001a,b;Chu et al.,2004;Xiao et al.,2004),系统氮营养存在优势互补(Xiao et al.,2004;Li et al.,2003;褚贵新等,2004;Stern,1993),其作用大小取决于作物组合。接种适宜的根瘤菌是提高豆科作物固氮能力的主要措施之一(师尚礼,2005)。因此,通过根瘤菌接种增强豆科作物的生物固氮能力是否有利于更进一步提高间作优势,是我们关心的问题。

6.2.1　豌豆/玉米间作接种根瘤菌的效应

豌豆(Pisum sativum)/玉米间作是我国西部地区广泛采用的种植模式,研究接种根瘤菌对单作及间作豌豆的结瘤固氮、豌豆和玉米生长的影响,探明间作对豌豆共生固氮的影响以及豌豆/玉米间作体系中的接种效果,筛选适宜间作豌豆的根瘤菌菌株,对充分利用和提高豌豆的生物固氮,优化该间作系统的氮素资源管理十分必要。

郭丽琢等(2012)在甘肃省兰州市的黄绵土上采用盆栽试验的方法对豌豆/玉米间作体系接种根瘤菌的效果进行了研究。试验采用的供试作物玉米为沈单16号,豌豆为燕农2号。供试菌株为豌豆根瘤菌,ACCC16101(R1)引自中国农业科学院农业微生物菌种保藏中心,XC3.1(R2)为筛选自甘肃的菌株。试验设种植模式和豌豆接种根瘤菌2个试验因素。种植模式设玉米/豌豆间作(MP)、玉米单作(M)和豌豆单作(P)3种;接种设不接种根瘤菌(R0)、接种R1、接种R2三种。共7个处理:M、PR0、PR1、PR2、MPR0、MPR1、MPR3。

6.2.1.1 接种合适的根瘤菌促进了豌豆和玉米的生长及籽粒产量的提高

接种 R1 根瘤菌后,豌豆、玉米的生物量与不接种间无显著差异,接种 R2 根瘤菌后单作及间作豌豆、玉米的生物量均显著增加,表明 R2 根瘤菌对单作及间作体系中两种组分作物的生长均有促进作用,这种促进作用与作物氮素营养状况的改善有关。间作作物的生物量均低于相应的单作,但体系的干物质累积量大于单作,间作后相对生产力增加。接种改善了豌豆的氮素营养状况并且促进了籽粒产量的形成,接种 R1、R2 后籽粒产量提高了 16.9%~20.8%。豌豆接种 R1 后间作玉米的产量与间作 R0 间无显著差异,豌豆接种 R2 后间作玉米的产量相对于间作 R0 和 R1 分别提高了 19.1% 和 13.6%,表明 R1、R2 均适于在单作和间作中接种,但接种于间作豌豆后,R1 只对豌豆的产量具有提高作用,R2 提高了两种间作作物的产量,R2 更适合于在间作中接种。

间作作物的籽粒产量低于相应的单作,这是因为添加试验设计间作作物的混合密度大于单作(王立祥和李军,2003),该研究中间作和单作施肥量相同,单株作物的营养空间降低所致。用土地当量比来衡量,R0、R1、R2 三种接种处理下的土地当量比分别为 1.53,1.54 和 1.63,均大于 1,表明间作具有产量优势,且接种 R2 提高了间作的产量优势,进一步印证了 R2 是比 R1 更适于在间作中接种的根瘤菌(郭丽琢等,2012)。

6.2.1.2 接种根瘤菌对玉米和豌豆的生物量的影响

间作条件下,接种 R1 后,玉米和豌豆的生物量无显著变化;接种 R2 后,玉米和豌豆的生物量分别平均增加 55.0% 和 33.7%,另外,在接种高效根瘤菌 R2 后豌豆生物量较单作下降了 7.1%,而在其他接种处理中分别下降了 10.8% 和 30.6%,即在高效接种的条件下减缓了间作豌豆生物量下降的趋势,说明在豌豆/玉米间作系统中,接种合适的根瘤菌能强化豌豆相对于玉米的竞争力。同一供氮水平下,与单作相比,相应间作的豌豆生物量明显降低,而玉米的生物量却有不同程度的提高;在 N0 水平下,间作对豌豆生物量的降低和玉米生物量的提高效应更加明显。表明不论接种与否,玉米的强竞争作用影响豌豆的生长。

6.2.1.3 接种根瘤菌改善豌豆结瘤状况及固氮酶活性

接种显著改善了单作及间作豌豆的结瘤状况。同一种植模式下,接种 R1、R2 的总根瘤数量及重量呈现大于不接种(R0)的趋势,表明接种增加了根瘤菌的结瘤状况,进一步改善了根瘤的生长状况;单作及间作豌豆接种后有效根瘤数量及重量亦显著大于不接种,表明接种不仅改善了侵染结瘤能力,而且增加了具有固氮能力的根瘤的数量和重量,为共生固氮奠定了良好的基础。PR0、PR1、PR2、MPR0、MPR1、MPR2 有效根瘤占总根瘤重量的百分比分别为 53.3%,64.3%,59.7%,54.0%,75.5% 和 93.4%,接种提高了有效根瘤占总根瘤的比重,降低了单作及间作豌豆结瘤过程中能量的无谓消耗。两种菌株中,R2 接种后根瘤的数量及重量均显著大于同一种植模式下的 R1,表明菌株 R2 与燕农 2 号豌豆的匹配性优于 R19(郭丽琢等,2012)。

豌豆/玉米间作(MPR0)的根瘤数多于豌豆单作(PR0),而且间作接种处理(MPR1、

MPR2)的根瘤数多于单作接种(PR1、PR2),表明不仅玉米对根际状况的影响能促进土著根瘤菌的侵染,而且接种根瘤菌也增强了结瘤能力。MPR0 与 PR0 之间、MPR1 与 PR1 之间的有效根瘤数和根瘤重无显著差异,而 MPR2 的有效根瘤数量及重量显著大于 PR2,表明玉米的间作没有改善豌豆的有效结瘤状况,不同菌株在单作及间作体系中的适应性和反应存在种间差异,R1 在单作和间作体系中的适应性无显著差异,而 R2 在间作中对有效结瘤的促进作用大于单作,玉米和引入菌株之间存在相互作用。接种和间作提高了固氮酶的活性,表明固氮能力均高于相应土著根瘤菌的菌株 R1、R2,伴生作物玉米的生长对豌豆根瘤的固氮能力有显著的提高作用。R2 在单作和间作中的固氮能力均高于 R1(郭丽琢等,2012)。

6.2.1.4　接种根瘤菌提高豌豆/玉米间作体系土壤含氮量

与基础土样(含氮量 0.64 g/kg)和单作玉米处理的土壤含氮量相比,种植豌豆在盛花期土壤含氮量均显著增加,单作豌豆的土壤含氮量的平均增幅为 57.8%,显著高于间作时的增幅(42.2%),说明豌豆—根瘤共生体系固氮效果显著;间作时玉米吸收了体系土壤中的有效氮,使得间作时土壤含氮量显著低于单作豌豆的处理。与未接种根瘤菌处理相比,接种根瘤菌均显著增加了土壤含氮量,根瘤菌 R2 的接种效果最为显著,2 种种植模式下,土壤含氮量的平均值较未接种与接种根瘤菌 R1 分别高出 24.4% 和 11.5%,说明不同的根瘤菌菌株在单作和间作体系中,对共生固氮的影响均存在明显差异(郭丽琢等,2012)。

6.2.1.5　接种根瘤菌促进豌豆/玉米间作体系植株地上部分氮积累量

接种根瘤菌 R2 的豌豆吸氮量平均比接种 R1 和不接种时分别高 17.4% 和 37.4%。说明接种 R2 有利于改善单作及间作豌豆的氮素营养状况。接种对玉米吸氮量的影响与豌豆一致;与单作玉米吸氮量相比,间作处理显著降低了玉米吸氮量,这可能是由于间作玉米在苗期受豌豆竞争的影响,生长较弱,直至豌豆盛花期,间作玉米的生物量都显著低于单作玉米,致使氮的积累量较少。从每盆豌豆的吸氮量来看,间作处理的吸氮量均显著高于单作处理,这除了与生物量的差异有关外,原因还可能是豌豆/玉米间作系统中,玉米竞争氮的能力比豌豆强,间作玉米能吸收更多的氮,使豌豆根区土壤氮素水平下降,进而利于豆科作物固氮能力的提高,因此,整个系统的吸氮量显著增加(郭丽琢等,2012)。

豆科植物的结瘤及固氮能力因根瘤菌菌株的不同而存在较大差异(王福生等,1989;陈文新,2004;陈文新等,2002;窦新田等,1989)。接种菌株 XC3.1,豌豆的结瘤、固氮效果都显著优于未接种的处理;接种 AC-CC16101 对豌豆有效结瘤状况及其含氮量的影响因氮素的供应状况、种植模式不同而存在差异;接种菌株 XC3.1,豌豆具有较强的结瘤固氮能力,XC3.1 对共生固氮的促进作用具有广泛的适应性,接种效果优于 ACCC161019(郭丽琢等,2012)。

豆科作物对外接菌株的反应很大程度受土壤有效氮含量的影响(赵丹丹等,2006)。窦新田等(1989)研究表明,大豆接种根瘤菌的有效性与土壤有效氮含量呈显著负相关;而在贫瘠土壤上,限制豆科植物固氮能力的主要因素是氮的吸收(赵丹丹等,2006)。固氮生物在有化合态氮环境中均不能或很难固氮,其固氮酶的合成和活性受到化合态氮的抑制(陈文新等,2006)。该研究表明,较高的施氮量对侵染结瘤具有一定的抑制效果,但还受根瘤菌自身的适应性与抗逆性的影响。间作体系豌豆的有效结瘤数量和根瘤重量，以及豌豆的地上部分含氮量及生物量均呈现 R2＞R1,趋势与之间作的玉米的地上部分含氮量及生物量亦呈现 R2＞R1 的趋势，说明当地筛选的菌株 XC3.1 对氮阻遏的敏感性小于 AC-CC16101,在含氮量较高的条件下仍具有较好的有效结瘤及固氮能力(郭丽琢等,2012)。

豆科生物固氮作用固定的氮,能有效供给与之间套作的禾本科作物及后茬作物吸收利用(Peoples *et al.*,1995;褚贵新等,2004),或豆科植物自身进行固氮从而减少了对间作禾本科作物根区氮素的竞争(房增国等,2009b;Kessel and Hartley,2000),进一步促进禾本科作物的生长。间作体系中,豌豆和玉米地上部分的氮含量分别大于相应的单作,未接种条件下间作使豌豆的含氮量平均增加 18.2%,玉米以接种根瘤菌 XC3.1 处理的增幅最大,平均增加 25.8%。在豌豆/玉米体系中,由于玉米发达的根系消耗掉大量氮素并降低了豌豆根际的氮素浓度,减小了高浓度氮素对豌豆根瘤固氮的抑制。

间套作体系中种间相互作用受间作作物种类及环境条件的影响(房增国等,2009;孙建好等,2007)。孙建好等(2007)研究表明,在小麦/大豆间作体系中施用氮肥处理间作大豆减产的原因除氮肥对大豆的副作用外,小麦对大豆的竞争加剧也是重要原因。郭丽琢等(2012)研究表明,豌豆/玉米体系中,玉米的竞争力较强,接种 XC3.1 不但进一步加强了间作群体中玉米的竞争能力,而且豌豆对玉米的竞争抵抗力也明显提高,即在合理的间作体系中高效接种可以获得双赢。

多数学者认为间(混)作对豆科作物根瘤的形成及其生长具有促进作用(钟增涛等,2003;房增国等,2009a;胡博,2009;Santalla *et al.*,2001a,b;李玉英等,2009);但也有研究表明,与单作相比,间作对根瘤数的影响较小,但显著增加了单株根瘤重(房增国等,2009a),这可能与间作后对土壤氮素水平影响的大小有关。因为根瘤数量的改变需要氮水平差异达到一定大小,间作豆科作物在稍低的氮环境不一定能提高豆科作物的根瘤数量(Maingi *et al.*,2001),而根瘤的大小却往往高于单作(Fan *et al.*,2006)。与玉米组成间混作体系中,蚕豆、大豆接种根瘤菌提高了结瘤数量(房增国等,2009a;武帆等,2009)及单株根瘤的重量(房增国等,2009a)。郭丽琢等(2012)研究表明,在豌豆/玉米间作的基础上接种,根瘤数量及重量的变化因菌株而异;菌株在单作和间作中结瘤适应性存在种间差异。因此,应针对特定的作物组合进行菌株的筛选。

6.2.2　蚕豆/玉米间套作接种根瘤菌的效应

房增国(2004)在田间研究了蚕豆/玉米间作系统接种根瘤菌的效应。试验设在甘肃省武威市永昌镇白云村(38°37′N,102°40′E),海拔 1504 m,无霜期 150 d 左右,降雨量 150 mm,年蒸发量 2 021 mm,年平均气温为 7.7℃,日照时数 3 023 h,≥10℃的有效积温为 3 016℃,年太阳辐射总量 140～158 kJ/cm²,小麦收获后≥10℃的有效积温为 1 350℃,属于典型的两季不足、一季有余的自然生态区。

供试土壤为灌漠土,表层土质地为轻壤,耕层土壤有机质(O.M.)含量为 21.75 g/kg,全氮(Total-N)为 1.19 g/kg,速效磷(Olsen-P)为 31.3 mg/kg,速效钾(NH₄Ac-K)为 156.2 mg/kg, pH(H_2O)为 8.40。0～20 cm 土壤容重为 1.33 g/cm^3。供试玉米为中单 2 号(*Zea mays* L. cv Zhongdan No. 2),蚕豆为临蚕 2 号(*Vicia faba* L. cv Lincan No. 2),蚕豆根瘤菌为 *Rhizobium leguminosarum* biovar viciae GS374(中国农业大学生物学院根瘤菌分类课题组提供)。

6.2.2.1　接种根瘤菌和种间相互作用对蚕豆产量的影响

施氮、接种根瘤菌和种植方式均显著影响了蚕豆的生物量(表 6.5)。施氮显著促进蚕豆生物量的增加,施氮肥处理的蚕豆生物量平均为 16 074 kg/hm^2,比不施氮处理提高 17.6%,差异达到极显著水平。且在不接种根瘤菌的单作条件下,施氮肥效果更佳,蚕豆生物量比不施氮增加 46.2%;接种根瘤菌也显著增加了蚕豆生物量,相对于对照(不接种)来说,接种 GS374 的蚕豆生物量增加了 15.3%。并且在不施氮的单作条件下接种根瘤菌效果更好,比对照增加 4 387 kg/hm^2。本试验条件下,间作对蚕豆生物量影响极为显著,间作蚕豆的平均生物量为 17 583 kg/hm^2,而单作蚕豆的平均生物量仅为 12 158 kg/hm^2,间作比单作蚕豆生物量增加了 44.6%。且无论施氮与不施氮,接种与不接种,间作均极显著地提高了蚕豆生物量。这表明蚕豆/玉米间作系统中种间相互作用对蚕豆的生长极为有利。另外,不施氮只进行根瘤菌接种与同样种植方式下施氮 225 kg/hm^2 的蚕豆生物量基本相当。且施氮、接种与间作三因素之间对蚕豆生物量有显著的交互作用,而任意两因素间的交互作用则不显著。

表 6.5　接种和间作对蚕豆生物量的影响　　　　　　　　　　　　kg/hm^2

处理	N0		N225	
	单作	间作[1]	单作	间作[1]
对照	8 811 b	15 526 a	12 883 a	17 783 a
接种	13 198 a	17 133 a	13 738 a	19 891 a
差异显著性				
施氮与不施氮肥(N)	* *			
间作与单作(C)	* *			
接种与不接种(I)	* *			
N×C	NS			
N×I	NS			
C×I	NS			
N×C×I	*			

注:列内字母相同的值差异不显著,具有不同字母的值间差异显著;* *、*分别表示差异达 1% 和 5% 显著水平,NS 表示差异不显著;[1] 表示当量面积上的产量。

蚕豆籽粒产量对施氮、接种和种植方式的反应与生物量有所不同(表 6.6)。施氮和接种对蚕豆籽粒产量均没有明显影响,在不施氮条件下接种根瘤菌显著地提高了间作蚕豆的籽粒产量,增产达 13.7%。间作对蚕豆籽粒产量的影响与生物学产量一致,有极显著的增产作用,产量增幅高达 72.6%～98.1%。在不接种根瘤菌的处理中,间作增加蚕豆籽粒产量的幅度为 72.6%～73.7%,而进行接种处理后,增产的幅度高达 95.3%～98.1%。

表 6.6　接种和间作对蚕豆籽粒产量的影响　　　　　　　　　kg/hm²

处理	N0		N225	
	单作	间作[1]	单作	间作[1]
对照	3 583 a	6 183 b	3 867 a	6 717 a
接种	3 550 a	7 033 a	3 933 a	7 683 a
差异显著性				
施氮与不施氮肥(N)	NS			
间作与单作(N)	＊＊			
接种与不接种(I)	NS			
N×C	NS			
N×I	NS			
C×I	NS			
N×C×I	NS			

注:列内字母相同的值差异不显著,具有不同字母的值间差异显著;＊＊、＊分别表示差异达 1％和 5％显著水平,NS 表示差异不显著;[1] 表示当量面积上的产量。

图 6.6 结果表明,在蚕豆和玉米的共生期内,施氮、间作和接种均显著提高蚕豆生物量。

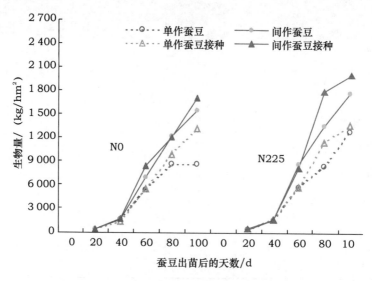

图 6.6　接种和间作对整个生育期蚕豆生物量的影响

由表 6.7 可看出,施氮、接种根瘤菌和间作等因素均对蚕豆收获指数具有影响。总的趋势是施氮有降低蚕豆收获指数的趋势,特别是在单作条件下更为明显。接种根瘤菌也有降低蚕豆收获指数的趋势,在单作条件下更为明显。有意思的是,蚕豆与玉米间作后很大程度上缓解了这种施用氮肥和接种根瘤菌对收获指数的下降作用。也就是说,无论是施氮不施氮,接种根瘤菌和不接种根瘤菌,间作均有改善蚕豆收获指数的趋势。原因可能是接种和施氮促进了单作蚕豆的营养生长,结果造成通风透光性能较差,限制了蚕豆的生殖生长。而既不施氮又不接种的单作蚕豆由于营养生长不是太旺盛,因此收获指数较高。间作改善蚕豆收获指数的机制除通风透光外,是否还有其他途径,有待进一步研究。

表 6.7　接种和间作对蚕豆收获指数的影响　　　　kg/hm²

处理	N0		N225	
	单作	间作	单作	间作
对照	0.40 a	0.40 a	0.30 a	0.38 a
接种	0.27 b	0.41 a	0.29 a	0.39 a
差异显著性				
施氮与不施氮肥(N)	* *			
间作与单作(C)	* *			
接种与不接种(I)	*			
N×C	NS			
N×I	*			
C×I	* *			
N×C×I	*			

注:列内字母相同的值差异不显著,具有不同字母的值间差异显著;＊＊、＊分别表示差异达1％和5％显著水平,NS表示差异不显著。

6.2.2.2　接种根瘤菌和种间相互作用对玉米产量的影响

施氮、蚕豆接种和间作对玉米籽粒产量及其生物学产量的影响如表6.8所示。施氮显著增加了玉米生物量和籽粒产量。施氮处理的玉米生物量相对于不施氮处理提高了17.3％,差异达到极显著水平;施氮处理的玉米籽粒产量平均高于不施氮处理26.6％,差异也达到极显著水平。尽管间作对玉米籽粒产量无明显影响,但对其生物学产量却有不同的影响。不施氮时,间作的玉米生物量较单作显著降低。施用氮肥后,与蚕豆间作的玉米生物量较单作无差异,这说明玉米生物学产量受氮肥的影响较大。蚕豆接种根瘤菌后,与之相间作的玉米在不施氮时籽粒产量和生物学产量较相应单作分别增加36.3％和13.8％,达到显著水平;施氮条件下则无此显著增产效果。

图6.7的结果表明,在玉米的生育前期,单作玉米的生物量低于间作,而生育后期,间作玉米的生物量则略高于单作,尤其是施氮处理更为明显。在不施氮肥的间作系统中,蚕豆接种根瘤菌增加了生育后期间作玉米的生物量。

表6.8　接种和间作对玉米籽粒产量和生物学产量的影响　　　　kg/hm²

种植方式	产量		生物量	
	N0	N225	N0	N225
单作	8 785 b	11 610 a	22 509 b	27 122 a
间作[1]	8 914 b	12 817 a	20 895 b	27 074 a
间作（接种）[1]	11 972 a	13 504 a	26 250 a	28 190 a
差异显著性				
施氮与不施氮肥（N）	* *		* *	
间作与单作（C）	* *		NS	
N×C	NS		NS	

注:列内字母相同的值差异不显著,具有不同字母的值间差异显著。* *、* 分别表示差异达1%和5%显著水平,NS表示差异不显著。[1] 表示当量面积上的产量。

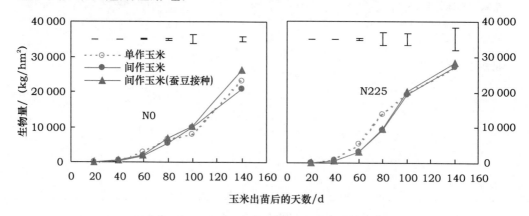

图6.7　接种和间作对整个生育期玉米生物量的影响

注:图上方的竖线段是 $P=0.05$ 水平时的 LSD 值,同一取样时间处理间差值大于该值为差异显著,小于该值为差异不显著。

施氮和间作极显著地提高了玉米收获指数（表6.9）。施用氮肥后,玉米收获指数的平均值为0.46,显著高于不施氮肥的0.42。无论施氮与否,间作均显著提高了玉米的收获指数。但是与接种根瘤菌的蚕豆间作较与未接种根瘤菌的蚕豆间作的玉米收获指数无太大变化,说明在本试验条件下,对间作系统中的蚕豆进行根瘤菌接种,并不影响玉米的收获指数。

表6.9　接种和间作对玉米收获指数的影响

种植方式	N0	N225
单作	0.38 b	0.43 b
间作	0.44 a	0.47 a
间作（接种）	0.46 a	0.48 a
差异显著性		
施氮与不施氮肥（N）		* *
间作与单作（C）		* *
N×C		NS

注:列内字母相同的值差异不显著;具有不同字母的值间差异显著;* *、* 分别表示差异达1%和5%显著水平,NS表示差异不显著。下同。

6.2.2.3 施氮、接种根瘤菌和种间相互作用对土地当量比(LER)的影响

无论施氮与否,蚕豆/玉米间作系统中蚕豆接种根瘤菌显著提高了以籽粒产量为基础计算的土地当量比(表 6.10),对照(蚕豆不接种)中 N0、N225 水平上以籽粒产量为基础计算的 LER 分别是 1.27 和 1.33,而对蚕豆进行根瘤菌接种后,LER 依次是 1.58 和 1.45。由此可见,在本试验的 N0 水平上对蚕豆进行根瘤菌接种较 N225 水平效果更佳。与以籽粒产量为基础计算的 LER 不同的是:蚕豆接种根瘤菌仅在不施氮的情况下,显著提高了以生物量为基础计算的 LER,增加了 18.3%;施用氮肥后,蚕豆接种根瘤菌并不能显著提高以生物量为基础计算的 LER。但总体上说,该系统中接种处理的以生物量为基础计算的 LER 显著高于对照(不接种)处理,接种处理后的平均值是 1.32,而对照处理的仅为 1.17。

表 6.10 接种根瘤菌和种间相互作用对土地当量比的影响

接种方式	产量		生物量	
	N0	N225	N0	N225
对照	1.27 b	1.33 b	1.21 b	1.13 a
接种	1.58 a	1.45 a	1.42 a	1.21 a
差异显著性				
施氮与不施氮肥(N)	NS		NS	
接种与不接种(I)	*		*	
N×I	NS		NS	

6.2.2.4 施氮、接种根瘤菌和种间相互作用对蚕豆结瘤作用的影响

单株蚕豆根瘤总数动态变化总体趋势为:随着蚕豆生育期的延长,单株根瘤数逐渐增加,到蚕豆盛花结荚期(即蚕豆出苗后约 80 d)时,根瘤数最多,蚕豆收获时,根瘤数又下降(图 6.8)。施氮在蚕豆出苗后 40~80 d 之间显著抑制根瘤数的增加。蚕豆出苗后 20、40、60、80、100 d,施氮 225kg N/hm² 处理单株根瘤数平均值依次是不施氮处理的 100.6%、76.3%、

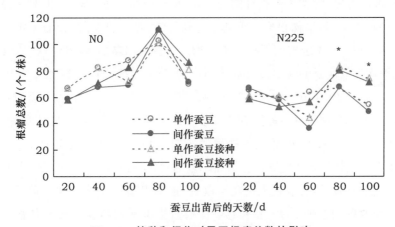

图 6.8 接种和间作对蚕豆根瘤总数的影响

307

64.7%、70.2%、90.1%。单作蚕豆与间作蚕豆相比,其单株根瘤总数变化不大,说明在本试验条件下,间作对蚕豆的单株根瘤数没有影响。接种根瘤菌在两个供氮水平上对蚕豆根瘤数的影响表现一致,蚕豆收获前根瘤数变化不大,收获时接种处理较不接种处理显著增加了单株蚕豆根瘤数。N0 和 N225 水平上不接种的蚕豆根瘤数平均值分别为 70.8 和 51.8 个/株,而接种根瘤菌后单株蚕豆根瘤数分别是不接种的 1.18 和 1.42 倍。由此可以看出,在施氮 225 kg/hm² 条件下蚕豆接种根瘤菌仍然促进蚕豆结瘤。

根据蚕豆根瘤的颜色大体可把它划分为两类,白色根瘤为无效瘤;红色根瘤(主要是豆血红蛋白的颜色)为有效根瘤。由于无效瘤数量较少,大都是几个,因此单株蚕豆的有效根瘤数对施氮、间作和接种的反应与总根瘤数基本一致(图 6.9)。施氮显著抑制蚕豆盛花结荚期的有效根瘤数;而间作对其无影响;接种仅在收获时显著增加有效根瘤数。

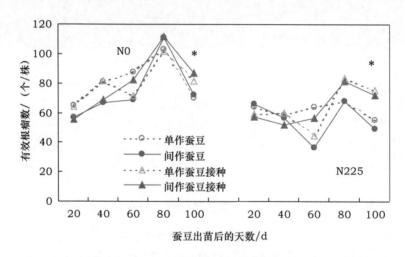

图 6.9　接种和间作对蚕豆有效根瘤数的影响

注:图 6.8、图 6.9 中,* 表示接种与对照之间(蚕豆出苗后 100 d)差异达 5% 显著水平。

从图 6.10 可以看出,随着蚕豆生育期的延长,单株根瘤干重逐渐增加,到蚕豆盛花结荚期(即蚕豆出苗后约 80 d)时,单株根瘤干重基本达到峰值,蚕豆收获时,根瘤干重又降低。施氮在蚕豆出苗后 40～100 d 显著抑制根瘤干重的增加。蚕豆出苗后 40、60、80、100 d,N0 水平上单株根瘤干重平均值依次是 0.173、0.457、0.611、0.580 g/株,而 N225 水平上单株根瘤干重平均值分别是 0.086、0.171、0.319、0.328 g/株。且本试验条件下,间作自蚕豆出苗后 60 d 才显著增加蚕豆的单株根瘤干重,间作后 N0 水平上单株根瘤干重平均值比单作依次增加 36.5%、37.1%、33.3%;N225 水平上单株根瘤干重平均值比单作依次增加 9.0%、50.4%、14.9%,且间作在 N0 水平上对蚕豆单株根瘤干重的促进作用较 N225 水平上效果显著。不考虑施氮水平,统计结果表明,蚕豆进入结荚期以后,接种根瘤菌显著增加了蚕豆根瘤干重。蚕豆出苗后 80 d 至收获,接种后 N0 水平上单株根瘤干重平均值比不接种依次增加 11.4%、13.4%;N225 水平上单株根瘤干重平均值比不接种依次增加 67.1%、58.3%。

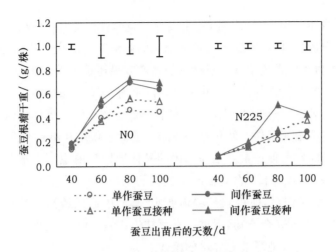

图 6.10　接种和间作对蚕豆根瘤干重的影响

注:图中上方的竖直线段是 $P=0.05$ 水平时的 LSD 值,同一取样时间不同处理间差值大于该值为差异显著,小于该值为差异不显著。

不同施氮条件下,不同种植体系中对蚕豆进行接种根瘤菌 GS374 与不接种的比较,结果表明接种根瘤菌显著增加了蚕豆生长量,并且与接种根瘤菌的蚕豆间作后,施氮与不施氮条件下的玉米籽粒产量和成熟期的生物量较单作均有了显著的提高。接种根瘤菌在蚕豆结荚期时对蚕豆根瘤数的影响还不大,而结荚期以后,接种处理比不接种处理的单株蚕豆根瘤数显著增加,并且接种根瘤菌还显著增加了结荚期以后蚕豆的根瘤干重,因此具备了固氮的物质基础。总体来说,在 N0 水平上接种根瘤菌所获得的系统产量与施用 225 kg/hm^2 纯氮的系统产量相当。这充分说明接种根瘤菌显著促进了蚕豆的结瘤固氮作用,节省了氮肥,与其间作的玉米也从中获得了好处,并且还证明在施氮 225 kg/hm^2 田块上接种根瘤菌仍然有显著的增产作用。原因可能是接种根瘤菌促进了蚕豆的结瘤固氮作用,在蚕豆的生育后期,为蚕豆的生长发育提供了大量的氮素,从而促进了其生物量的增加;也有可能是由于接种引入了根瘤菌,而根瘤菌本身能分泌一些类似生长素的物质,促进了蚕豆的生长发育,进而提高了蚕豆的生物量。

施氮与接种均能提高单作蚕豆的生物学产量,而籽粒产量却未增加的原因可能是:蚕豆是由下到上结荚,下部豆荚渐渐充实时,上部仍继续长叶和现蕾开花,但顶部的花朵往往不能结荚,却消耗了大量养分,从而影响了蚕豆的生殖生长,最终影响了籽粒产量的形成;又由于西北地区的单作蚕豆栽培密度较大(20 cm×20 cm),接种或施氮使得植物体生长旺盛,枝叶繁茂,造成单作小区蚕豆的群体过大,从而影响通风透光,结果导致光合产物减少,因此影响籽粒产量的提高。

玉米/蚕豆间作系统中的蚕豆接种后增加了与其间作的玉米产量,这恰恰是豆科/禾本科作物间作系统中存在氮营养吸收利用优势的原因之一。生产上接种根瘤菌的目的是改善豆科作物结瘤并增加固氮量。关于豆科作物接种根瘤菌的研究已有很多,对热带豆科农作物进行长期的接种试验获得了较好的增产效果(Singleton *et al.*,1992)。田间鹰嘴豆的接种试验表明,鹰嘴豆在接种根瘤菌的小区的籽粒比不接种时增加了 116 kg/hm^2;在大范围的接种示范面积中鹰嘴豆籽粒产量的增加幅度在 112~227 kg/hm^2。对木豆接种配合施磷的田间试验结果表明木豆的产量增加了 100％。此外,花生接种试验也获得了增产(Wani *et al.*,1995)。有时接种虽然没有增产效应,但却增加了植株各部位的氮浓度。由此可见,无论是单作豆科作物还是豆科/禾本科作物间作系统中接种根瘤菌的增产效果还是相当显著的。一般来说,土壤中高浓度的无机氮会抑制豆科作物的结瘤作用进而降低对空气 N_2 的固定(Tang *et al.*,1999),该研究在 N0 水平上对蚕豆进行根瘤菌的接种较 N225 水平效果更佳就恰好证明了这一点。还有一点就是施氮与不施氮条件下间作对蚕豆结瘤的促进作用并不是在蚕豆的旺盛生长期内一直出现。且与玉米间作后促进蚕豆结瘤作用的具体原因目前也不太清楚,推测有以下 3 种可能的原因:①禾本科作物玉米对蚕豆根区无机氮的竞争,降低了蚕豆根区的氮浓度,从而促进结瘤;②蚕豆与玉米间作后,使得蚕豆群体变小,有利于通风透光,进而促进光合产物的合成,使蚕豆根部获得更多的光合产物,促进了蚕豆结瘤;③蚕豆/玉米间作系统中的化感物质的促进作用。这些在本书的其他章节有详尽的阐述。

6.2.3 紫花苜蓿／禾本科牧草混播接种高效根瘤菌的效应

与禾本科单作相比,豆科牧草与禾本科牧草混播可以提高禾本科牧草的产量和蛋白质含量。豆科牧草通过固定空气中的氮素来为自身及伴生的禾本科草提供氮素营养。国内外研究结果表明,豆科作物从空气中固定氮素转移到伴生禾本科草中比例在 0～80％(Berdahl *et al.*,2001)。同时豆科牧草与禾本科牧草混播有利于提供营养均衡的饲草饲料(Zemenchik *et al.*,2002)。曾昭海等(2006)利用筛选苜蓿高效根瘤菌(*Sinorhizobium meliloti*)接种紫花苜蓿(*Medicago sativa* L.),分别与高羊茅(*F. arundinacea* Schreb)、无芒雀麦(*Bromus inermis* Leyss.)及 1 年生黑麦草(*Lolium multiflorum* Lam.)组成混播草地,研究接种高效苜蓿根瘤菌对紫花苜蓿及 3 种禾本科牧草生产性能的影响。发现接种根瘤菌显著增加了紫花苜蓿-禾本科混播组合干草产量的影响。

紫花苜蓿接种根瘤菌后再分别与高羊茅、无芒雀麦及 1 年生黑麦草混播。与对照相比,紫花苜蓿-高羊茅混播组合中,苜蓿干草第一茬、第二茬和第三茬增产的比例分别是 44.1％、5.1％和 9.6％,全年增产 17.0％;高羊茅总计收获了两茬,第一茬、第二茬干草产量分别比对照增产 21.0％和 2.75％,全年增产 15.1％。从全年生物量看,接种根瘤菌后,全年总产增产了 16.3％;紫花苜蓿-无芒雀麦混播组合中量,对苜蓿而言,接种根瘤菌后,第一茬、第二茬和第三茬干草产量分别比对照增加 11.2％、17％和 12.3％,全年增产 14.0％;无芒雀麦增产 51％,总生物量增加 20.5％;从干草产量看,接种根瘤菌后,紫花苜蓿-1 年生黑麦草混播处理中,紫花苜蓿第一茬、第二茬及第三茬干草产量分别比对照增加 6.1％、15.6％和 1.1％,总产增产 7.6％;1 年生黑麦草干草产量比对照增产 4.8％,全年总生物量增加 6.8％(曾昭海等,2006)。

接种根瘤菌后,紫花苜蓿-高羊茅、紫花苜蓿-无芒雀麦混播组合的土地当量值明显高于对照,说明接种高效根瘤菌一方面可以增加干草产量,另一方面能提高土地利用效率。从各种禾本科草竞争比也可以看出,在上述 3 种混播组合中,接种高效根瘤菌有利于提高各禾本科草的竞争比。一方面,可能是由于紫花苜蓿本身固定的氮素增加,直接为禾本科牧草提供更多的氮素。另一方面,可能由于紫花苜蓿减少了对土壤氮素的利用,从而降低了与禾本科作物间对氮素营养的竞争(曾昭海等,2006)。

接种高效根瘤菌确实促进了不同混播处理中紫花苜蓿的结瘤。紫花苜蓿-高羊茅混播处理中,第一茬收获时,接种根瘤菌后,紫花苜蓿单株根瘤数显著高于对照(未接种),第二茬与第三茬间差异不显著;紫花苜蓿-无芒雀麦混播组合中,第二次收获与第三次收获时,接种高效根瘤菌可以显著提高紫花苜蓿单株根瘤数,第一次收获时,相互间差异不明显;紫花苜蓿-1年生黑麦草混播组合中,第二次收获时,接种根瘤菌的苜蓿单株根瘤数显著高于对照,第一次和第三次收获时,相互间差异不显著(曾昭海等,2006)。从不同混播组合结果看,接种根瘤菌后,第一次收获时,紫花苜蓿-高羊茅混播组合苜蓿单株根瘤数显著高于紫花苜蓿-无芒雀麦和紫花苜蓿-1年生黑麦草混播组合,后两种混播组合相互间不存在差异;第二次收获时,紫花苜蓿-1年生黑麦草混播组合的单株根瘤数 14.53 个,显著高于紫花苜蓿-高羊茅的混播组合,但与紫花苜蓿-无芒雀麦混播组合间差异不显著;第三次收获时,3 种组合间差异不显著(曾昭海等,2006)。

从各混播组合的干物质产量看,除接种根瘤菌后,紫花苜蓿-高羊茅混播组合干草产量略高于紫花苜蓿单播干草产量外,其他各组合干草产量均低于紫花苜蓿单播时干草产量,上述研究结果与 Byron 等(2000)研究结果相同。

世界范围内,豆科作物与禾本科作物混播都比禾本科作物单作有优越,因为它经常能提高饲草的蛋白质含量和干草产量(Zemenchik *et al.*,2002)。利用禾本科牧草与豆科牧草混播的主要原因是禾本科牧草可以利用豆科作物固定的氮素。放牧草地生产中,氮素通常是限制草地生产的主要因素,采用豆科-禾本科混播有利于提高干草产量(Ta and Faris,1987)。Burity 等(1989)分别利用紫花苜蓿与无芒雀麦和猫尾草混播,研究固定氮素的转移状况,结果表明,禾本科作物生长的第一、第二和第三年所需的氮素中,紫花苜蓿通过生物固氮所提供的氮素分别占 26%、46% 和 38%。

6.3 新开垦土壤玉米/蚕豆间作接种根瘤菌产量与结瘤固氮的效应

在中国西北部毛乌素沙漠边缘的新开垦土壤经常被称为边缘性耕作土壤,主要是因为它土壤结构差,经常有强风,较高的尘降量,并且经常伴随干旱、盐渍化,土壤十分贫瘠。缺氮则是这个新开垦土壤的主要特征之一。而开发利用低肥力土壤或边缘性土壤往往需要增加化学氮肥的施入,因为氮素是作物生长和快速补充植物营养最快捷的方式(Peoples *et al.*,1995)。然而,新开垦土壤一般结构比较差,特别是沙质土壤,保水保肥性能很差,化学氮肥很容易从土壤中流失,导致氮肥的利用率很低,同时氮素损失对环境带来极大的风险(Bohlool *et al.*,1992;Peoples *et al.*,1995)。

豆科/禾本科间作通常被用来作为一种可持续的粮食生产模式,因其可以通过生物固氮来减少化学氮肥的施入(Adu-Gyamfi *et al.*,2007;Corre-Hellou *et al.*,2006;Hauggaard-Nielsen *et al.*,2003;Peoples *et al.*,2002;Neumann *et al.*,2007)。Kessel and Hartley

（2000）曾总结道，豆科与非固氮植物间作的优势在于：①通过增加土地当量比而增加作物的总体产量；②因生物固氮，氮利用效率提高或者氮转移而减少对肥料氮的需求；③增加养分和水分的利用效率；④因多样性种植而减少了因单种所带来的自然灾害风险，或因市场不稳定性而带来的经济损失；⑤减少了病虫害的发生（Willey，1979）。尤其是在中国，间套作往往被用来增加产量。Li 等（1999）通过大田试验研究发现，在石灰性土壤上间作蚕豆和玉米的生物量和籽粒产量分别比其相应单作显著增加。而且，Jensen（1996）研究发现豌豆和大麦间作因不施肥或者施很少的氮肥不影响作物的产量水平，却同时提高了生物固氮的效率。在小麦/玉米和小麦/大豆间作体系中，小麦收获后玉米或者大豆都有一个明显的恢复生长期，而因此能够充分合理的利用土壤中的矿物质元素（Li et al.，2001a，b）。在蚕豆/玉米体系中的研究还发现此体系中间作蚕豆的生物固氮量增加了 98%（Fan et al.，2006）。在花生（Arachis hypogaea）/水稻（Oryza sativa）的间作体系中，间作花生的生物固氮量增加了 20%（Chu et al.，2004）。诸如此类的促进豆科结瘤固氮的结果在本课题组以前的研究中也有发现（Li et al.，2001a，b；2009），而且还有很多豆科/禾本科间作增加氮素利用效率的研究（Graham，1981；Boucher and Espinosa，1982；Santalla et al.，2001a，b）。

如果对豆科植物进行根瘤菌接种则能显示出更明显的生物固氮优势和氮利用效率（Singleton et al.，1992）。对豆科植物进行根瘤菌接种能提高生物固氮和作物产量。对鹰嘴豆接种高效根瘤菌促使其产量比不接菌的增加了 19%～68%（Nambiar et al.，1988）。在本课题组以前的研究中，曾经对与小麦间作的蚕豆接种根瘤菌 NM353 可以增加蚕豆和小麦的生物量（肖焱波，2003），并且对与玉米间作的蚕豆接种 AM 丛枝真菌和根瘤菌可明显增加蚕豆的结瘤特性和玉米的生长量，这在一定程度上是因为蚕豆/玉米体系中氮营养促进作用（Li et al.，2004）。非豆科作物可以将豆科作物根系的分泌物或者是根瘤矿化的氮加以吸收利用（Hauggaard-Nielsen and Jensen，2005）。Vance（2001）曾提出合理利用间作种植体系不仅可以增加氮、磷的利用效率，而且可以通过根瘤菌接种来提高根瘤菌固氮效率，为可持续农业发展服务。然而，对新开垦土壤上豆科/禾本科体系接种根瘤菌，研究其优势作用的现有文献鲜有报道，而我们以前的研究也是在相对肥沃的土壤上进行的。Cardoso 等（2007）对巴西南部的玉米/大豆间作体系进行根瘤菌接种，发现虽然间作使玉米的产量减少 17%，而整个体系的产量则增加 31%，其中 11% 是因为根瘤菌接种所增加的，因此这是一个低成本高效率的体系。Bacilio（2006）曾试图用堆肥和接种 Azospirillum brasilense 来改良贫瘠的荒漠土壤。Gaur（2002）对 5 种饲料作物接种丛枝真菌并增加有机质来改善边缘性土壤。在贫瘠土壤上，最新研究结果显示，在低磷土壤上蚕豆/玉米间作体系因种间根际促进作用而增加作物产量（Li et al.，2007）。Aulakh 等（2003）在亚热带半干旱性土壤上研究发现，可以对灌区大豆小麦轮作体系减少磷肥施用量而不影响产量，从而也减少了环境风险。Mei 等（2012）研究不同施氮量条件下对新开垦土壤上玉米/蚕豆间作体系接种根瘤菌后，其产量、作物生长动态、结瘤特性和生物固氮的特点，以此来评价玉米/蚕豆间作接种根瘤菌这个种植体系可以作为一种可持续发展农业模式，以增加作物产量和生物固氮量，从而实现肥料减量化施用。

6.3.1 接种根瘤菌对玉米/蚕豆间作体系土地当量比的影响

玉米/蚕豆间作接种根瘤菌间作体系具有明显的产量优势,无论是蚕豆的籽粒产量还是玉米的籽粒产量,相对于单作都显著增加,土地当量比(LER)为 1.17~1.78,均大于 1,表明了显著的产量优势,但 LER 在 5 个氮梯度之间没有显著的差异。蚕豆接种根瘤菌的间作体系 LER 的平均值为 1.51,而不接菌的体系 LER 则是 1.33(表 6.11)。说明接种根瘤菌明显增加了间作体系的产量优势,充分发挥了产量潜力。

2009 年,对玉米/蚕豆间作体系接种根瘤菌后土地当量比达到了(LER)1.78,并且是在不施氮条件下产生的,这就显示了在这个新开垦土壤上对玉米/蚕豆间作高效体系接种根瘤菌,与单作蚕豆和玉米的种植体系来说,它具有充分利用土地资源和氮肥的优势。这个试验结果与 Cardoso 等(2007)在贫瘠土壤上的研究结果一致,在不施氮水平下,当菜豆与玉米间作并且接种根瘤菌的条件下,其产量显著高于不接菌的单作种植体系,因此在新开垦土壤上豆科禾本科间作体系优越性远远超过了单作种植体系,尤其是当豆科植物接种根瘤菌之后。

6.3.2 接种根瘤菌对玉米/蚕豆间作体系籽粒产量的影响

接种根瘤菌明显促进了蚕豆/玉米间作体系蚕豆和玉米的生产力。对所有的施氮水平和接菌处理来说,间作蚕豆增加 40.1%,间作玉米增加 3.6%。如果只考虑接种根瘤菌的间作体系,间作蚕豆增加 50.0%,间作玉米增加 19.6%,间作增产的效应更为明显。与其相应的单作蚕豆相比较,接种根瘤菌的间作蚕豆的产量,随着施氮量从 0 到 150 的增加而增加(表 6.11)。然而当施氮量增加到 225 kg N/hm² 时的产量几乎与不施氮时的产量是一样的。随着施氮量的继续增加,增加到 300 kg N/hm² 时,产量又表现出明显的上升趋势。与不施氮比较,施氮后,产量随着施氮量的增加而依次增加了 32.7%、39.2%、38.9% 和 45.6%。对单作玉米来说,其产量随着施氮量的增加而显著增加。与不施氮肥相比较,施氮水平从 75 到 300 kg N/hm² 的 4 个氮水平下产量依次增加了 38.0%、31.8%、48.8% 和 53.9%。对间作玉米来说,与不接种根瘤菌的蚕豆间作的玉米,其产量随着施氮量的增加而增加;然而与接种根瘤菌的蚕豆间作的玉米,其产量并没有表现出与上述相同的趋势,它在 225 kg N/hm² 时达到最高产量 11 964 kg/hm²,这个值与其他 4 个施氮水平下没有显著性差异。在 2008 年,不论与接种还是不接种根瘤菌的蚕豆间作,玉米的产量均不受施氮的影响。

本试验结果证实了我们的假设,接种根瘤菌的间作体系具有很高的产量优势。这些结果表明,接种根瘤菌的玉米/蚕豆间作体系,适应低氮肥力土壤条件的能力很强,而因此也说明了豆科/禾本科种间促进作用和豆科-根瘤菌共生体系的生物固氮优势具有良好的协同作用。这个结果,与本课题组以前在玉米/蚕豆间作方面的研究结果一致,而本研究的特色是试验在新开垦土壤上进行的。Cardoso 等(2007)研究发现在巴西东南部贫瘠土壤上玉米/菜豆间作体系就充分利用有限资源的优势,尤其是当大豆接种根瘤菌之后,该体系表现出更高的生产潜力,另外,地上部生物产量和籽粒产量的增加,正好证明了该体系能充分利用光热等现存的自然资源,并且因此逐渐改善了这个贫瘠土壤的微生态环境。然而,本试验所得出的这个高效间

表 6.11 不同接菌处理和不同施氮水平下单、间作蚕豆和玉米的籽粒产量和土地当量比(LER)

kg/hm²

接种处理	施氮水平/(kg N/hm²)	蚕豆 2008年 间作	蚕豆 2009年 单作	蚕豆 2009年 间作	蚕豆 显著性分析[a]	玉米 2008年 间作	玉米 2009年 单作	玉米 2009年 间作	玉米 显著性分析[a]	土地当量比 2009年
不接菌	0	2 224 a	1 592 a	3 331 a	n.s.	6 075 a	5 903 d	5 884 c	n.s.	1.47 a
	75	3 068 a	2 229 a	4 174 a	*	6 980 a	7 451 c	8 216 bc	n.s.	1.46 a
	150	2 931 a	2 367 a	4 318 a	n.s.	8 025 a	9 453 b	9 736 ab	n.s.	1.20 a
	225	3 309 a	2 465 a	4 093 a	n.s.	8 738 a	10 631a	11 196 a	n.s.	1.34 a
	300	3 422 a	2 287 a	4 914 a	n.s.	8 154 a	11 616a	11 557 ab	n.s.	1.17 a
	平均	2 991 A	2 188 B	4 166 A	*	8 642 A	9 011	9 318 A	n.s.	1.33 B
接菌	0	2 961 a	2 461 a	4 155 a	n.s.	6 538 a		8 984 a	—	1.78 a
	75	3 652 a	2 986 a	5 084 a	*	7 034 a		9 530 a	—	1.22 a
	150	3 235 a	3 500 a	5 821 a	*	8 837 a		10 086 a	—	1.66 a
	225	3 052 a	2 741 a	3 859 a	n.s.	9 301 a		11 964 a	—	1.58 a
	300	2 867 a	3 702 a	4 711 a	△	9 350 a		11 132 a	—	1.32 a
	平均	3 153 A	3 078 A	4 726 A	**	9 321 A		10 339 A	—	1.51 A

注:大田试验在宁夏红寺堡区兴盛村进行。试验地是在 2005 年开垦出来的新地,前茬作物为玉米。试验采用裂区试验设计,主区为接种根瘤菌(所接种根瘤菌为 NM353)和不接种根瘤菌两个处理,副区为不同施氮水平,即玉米公顷施纯氮 0、75、150、225 和 300 kg 5 个处理(蚕豆公顷施氮量比玉米减少 50%),副副区为不同种植方式,即蚕豆单作、玉米单作和玉米/蚕豆间作。本节未标注的图表结果为同一试验方案的结果。

表中所列数据为 3 个观测值的平均值。同一列中不同大写字母表示同一年中同接种处理间差异显著($P<0.05$);同一列中不同小写字母表示同一年中相同接种方式下 5 个施氮水平间的差异显著($P<0.05$)。△、＊＊和 n.s. 分别表示同一施氮水平下的差异显著($P<0.05$)。＊、＊＊、＊＊＊和 n.s. 分别表示同一施氮水平单作和间作间的差异在 10%、5%、1% 水平上显著和差异不显著。a 是表示 2009 年同一作物单作和间作间差异显著性结果。

作体系,对施氮量没有明显的响应。这个结果与 Aulakh 等(2003)在亚热带半干旱土壤上对灌区大豆与小麦轮作体系的研究结果比较相似。他的研究表明,大豆与小麦轮作体系对磷肥的响应也不是很明显,尤其是在低施磷水平 60 kg P_2O_5/hm^2 所表现出来的产量水平,甚至高于 120 kg P_2O_5/hm^2 的施磷量。本试验研究的玉米/蚕豆-根瘤菌间作体系,在较低肥力水平下就表现出了与高施氮水平相当的产量优势。这不仅节约了农业生产成本和农业投入,而且减少了因为过多地施用化肥所对环境造成的污染。因此,对间套作体系接种根瘤菌是一个在新开垦土壤上很适宜使用的农业种植模式,这种间作体系不仅可以减少氮肥的施用量,而且有豆科植物与其匹配的高效根瘤菌可以不断地改善土壤状况,为可持续开发利用新开垦土壤提供了新的技术模式。

6.3.3　接种根瘤菌对玉米/蚕豆间作体系生物量的影响

从图 6.11 分析得出,除了 2008 年在 150 和 225 kg N/hm^2 的施氮水平下生物量没有明显增加外,蚕豆地上部的平均生物量在两年中均随着施氮量的增加而增加。在 2009 年,玉米地上部生物量的累积随着施氮量的增加而提高,而在 2008 年却无明显增加的趋势。在 2009 年各个取样时期,除了与接种根瘤菌的蚕豆间作的玉米,总体上来说,玉米地上部的平均生物量均随着施氮量从 0 到 225 kg N/hm^2 的增加而增加,而蚕豆却没有这样的变化趋势。对于整个作物体系来说,接种根瘤菌的间作体系,2008 年在 75 kg N/hm^2,2009 年在 225 kg N/hm^2 施氮量时,积累了最高的生物学产量,这两个最高值分别与其相应年份的最高施氮量 300 kg N/hm^2 的值相当。不同生长时期的蚕豆地上部生物量,从盛花期之后对种植方式和接菌方式响应强烈,而与施氮水平没有关系,其地上部生物量依次为接种根瘤菌的间作蚕豆>不接种根瘤菌的间作蚕豆>接种根瘤菌的单作蚕豆>不接种根瘤菌的单作蚕豆。这样的趋势在 2009 年玉米苗期和成熟期均有表现。

6.3.4　接种根瘤菌和施氮对玉米/蚕豆间作体系的结瘤动态的影响

6.3.4.1　单株根瘤数的动态变化

种间相互作用和接种根瘤菌显著促进了蚕豆结瘤。我们研究发现,间作并接种根瘤菌的蚕豆,施氮并没有表现出对蚕豆结瘤的抑制作用,因为在各施氮水平下结瘤特性总体上差异不显著(图 6.12)。但同时我们也发现,对玉米/蚕豆-根瘤菌间作体系来说,其所需的最佳施氮量为,2008 年 150 kg N/hm^2,而 2009 年则更低。

从图 6.12 分析得出,结瘤数明显受种间互作和接种根瘤菌的影响。与不接菌的单作蚕豆相比,接菌的单作蚕豆的根瘤数在初花期、盛花期、鼓粒期和成熟期分别增加 41.4%、34.2%、42.9%和45.1%;不接菌的间作蚕豆增加 47.5%、33.9%、54.8%和49.8%;而接种根瘤菌的间作蚕豆在 4 个生育时期分别增加 85.9%、89.0%、119.0%和100.0%。然而结瘤数受施氮水平的影响在两年之间有差异,在 2008 年,与不施氮相比,施氮 75、150、225 和 300 kg N/hm^2 时分别增加 107.6%、120.8%、144.6%和113.5%;在 2009 年,无论何种种植方式和是否接种根瘤菌,蚕豆的根瘤数均不受施氮的影响。

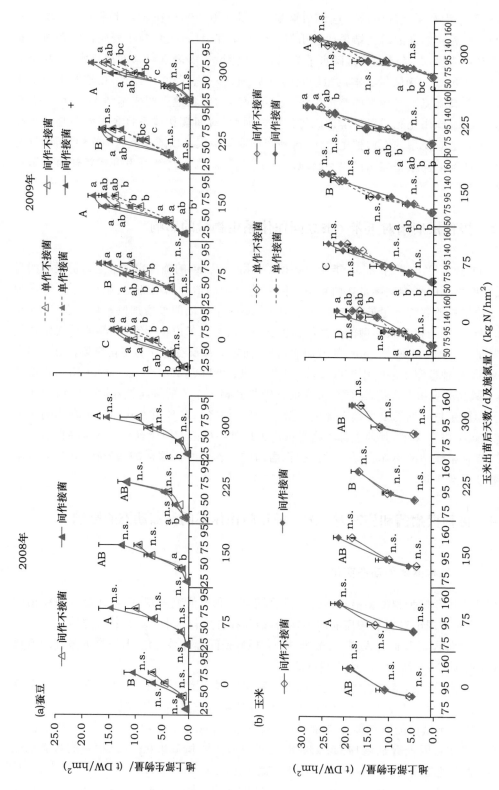

图6.11 不同接菌处理和不同施氮水平下单、间作蚕豆和玉米的地上部生物量

注：图中所列数据为3个重复的平均值。不同大写字母表示5个氮水平间的差异显著（$P<0.05$）；不同小写字母间的差异显著（$P<0.05$）。单作不接菌、间作接菌和间作不接菌间的差异显著（$P<0.05$）；n.s.则表示差异不显著（$P>0.05$）。(a)是两年蚕豆的地上部生物量；(b)是两年玉米的地上部生物量。

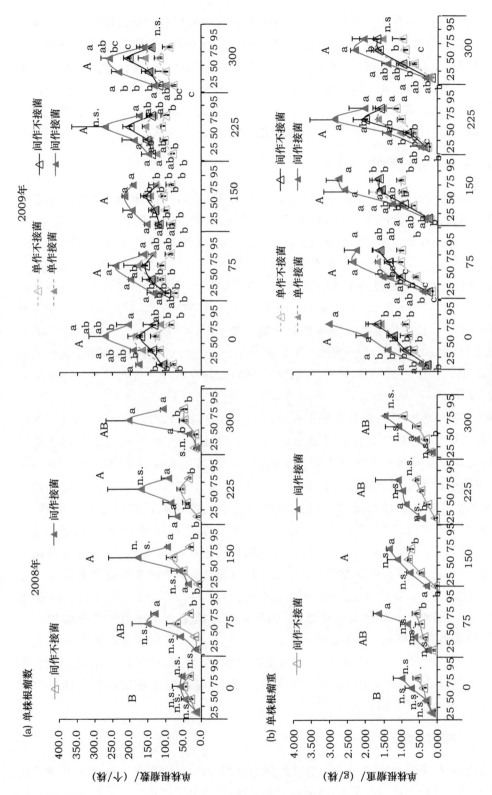

图6.12　不同接菌处理和不同施氮水平下单、间作蚕豆的单株根瘤数和单株根瘤重

注：图中所列数据为3个重复的平均值。不同大写字母表示5个氮水平间的差异显著（P<0.05）；不同小写字母表示同一施氮水平下单作接菌、单作不接菌、间作接菌和间作不接菌间的差异显著（P<0.05）；n.s.则表示差异不显著（P>0.05）。(a)是两年蚕豆的单株根瘤数；(b)是两年玉米的单株根瘤重。

进一步分析得出,对单作蚕豆接种效果不如对间作蚕豆进行接种的效果(图 6.12)。单作蚕豆在接种与不接种条件下,蚕豆单株根瘤数目差异很小。在不施氮条件下,蚕豆单株根瘤数目相差最大,接种比不接种平均多 35.3 个。而间作蚕豆在接种条件下,表现出明显优势,从不施氮到施氮 150 kg N/hm² 时,间作蚕豆接种后比不接种时根瘤数目分别多 68.37%、94.75%、27.11%。在继续增施氮肥后,间作蚕豆根瘤数目下降,在一定程度上也表现出了"氮阻遏"现象。而在此处,我们并没有发现间作后减缓此现象。

6.3.4.2 单株根瘤干重的动态变化

蚕豆单株根瘤重没有随着施氮量的增加而增加,而受种间相互作用和接种根瘤菌的影响很显著,尤其是当蚕豆与玉米间作并且接种根瘤菌的时候,其根瘤重表现出了明显的优势(图 6.12)。在 2008 年,间作蚕豆的单株根瘤重在施氮量为 150 kg N/hm² 时达到最高值,这比不施氮的处理增加了 8.9%,而其他 4 个氮水平之间没有显著性差异。与不接种根瘤菌的单作蚕豆比较,接种根瘤菌单作蚕豆的根瘤干重在 0~300 kg N/hm² 的 5 个氮水平下分别增加 51.8%($P=0.091$),70.0%($P=0.025$),55.2%($P=0.075$),46.8%($P=0.089$)和 64.2%($P=0.052$);不接种根瘤菌的间作蚕豆分别增加 56.1%($P=0.070$),49.1%($P=0.092$),50.5%($P=0.091$),54.6%($P=0.103$)和 65.8%($P=0.074$);而接种根瘤菌的间作蚕豆分别增加 157.0%($P=0.003$),125.1%($P=0.003$),136.7%($P=0.008$),118.9%($P=0.013$)和 120.2%($P=0.005$)。

通过分析各个生育时期的蚕豆单株根瘤重(图 6.12b),我们发现随着蚕豆生长,蚕豆单株根瘤重逐渐增加,到蚕豆盛花期根瘤重已基本达到最大值,而在蚕豆收获时单株根瘤重又下降,但高于初花期。对于单作蚕豆来说,接种后,从不施氮到施氮 75 kg/hm²,成熟期的蚕豆单株根瘤重比初花期的依次增加 34.10% 和 31.26%。而随着施氮量的进一步增加,在成熟期均表现为接种优势。在盛花期和盛花鼓粒期表现出同样的变化趋势。但在蚕豆初花期,随着施氮水平的增加,接种比不接种单作蚕豆根瘤重分别增加 54.33%、78.38%、65.74%、43.51%、15.84%。由此也可以发现,施氮水平增加,接种优势减弱。对于间作蚕豆来说,在成熟期时,接种比不接种根瘤菌,蚕豆单株根瘤重随着施氮水平从 0 增加到 225 kg/hm² 依次增加了 95.90%、94.75%、27.11% 和 8.11%,在施氮 300 kg/hm² 时,接种比不接种反而降低 12.01%。这可能是由于地力不均导致的。在盛花鼓粒期,随着施氮水平从 75 增加到 225 kg/hm² 时接种比不接种蚕豆根瘤重依次增多 23.48%、21.55%、34.62% 和 5.04%。初花期,间作蚕豆接种与不接种间差异不明显。但总体上,我们可以看出,即使在地力较弱的条件下,随着施氮量的增加同样也对蚕豆结瘤固氮产生的一定的"氮阻遏"效应。

6.3.4.3 单瘤重的动态变化

蚕豆单瘤重(数据未列出)随着生育时期变化的总体趋势是:随着蚕豆生长,蚕豆单瘤重逐渐增加,于蚕豆盛花鼓粒期达到最大值,成熟期有所下降,但仍高于盛花期。在各个生育时期,当施氮量为 0 和 75 kg/hm² 时,单作蚕豆单瘤重在接种后均比不接种时增加,在初花期增加

39.70%和90.51%;盛花期增加6.91%和5.65%;盛花鼓粒期增加63.42%和57.86%;在成熟期增加36.22%和27.70%。而随着施氮水平的增加,接种优势在单瘤重方面表现不明显。而间作蚕豆单瘤重接种后比不接种在盛花期和成熟期均增加。在盛花期,随着施氮水平的增加,接种后间作蚕豆单瘤重分别增加2.22%、26.97%、8.76%、2.48%和30.88%;在成熟期时,随着施氮水平的增加,接种后分别增加14.55%、15.54%、10.69%、19.95%和2.70%。而在其他两个取样时期接种后增加效果并不明显。

综合根瘤各性状来看,接种间作蚕豆>接种单作>不接种间作>不接种单作。接种后的间作蚕豆单株根瘤数在不施氮条件下具有最大值,单株根瘤重在75 kg/hm² 施氮水平下达最大值,单瘤重在225 kg/hm² 时达最大值。所以,对于所构建的玉米/蚕豆-根瘤菌高效间作体系来说,研究其施肥最佳水平,可以充分发挥蚕豆的固氮潜力和间作优势。

6.3.5 接种根瘤菌对玉米/蚕豆间作体系的生物固氮的影响

当土壤中缺乏合适的土著根瘤菌时,豆科作物就会对人工接种的根瘤菌具有很强的响应。当鹰嘴豆(*Cicer arietinum* L.)和扁豆(*Lens culinaris* L.)被引入到北美洲后,两者均与接种的根瘤菌匹配良好,发挥了较大的生产优势。从表6.12分析可得,与单作蚕豆相比,蚕豆与玉米之间的种间相互作用显著促进了间作蚕豆的固氮比例%$Ndfa$,平均增加25.7%($P=0.010$)。另外,接种的间作蚕豆比接种的单作蚕豆固氮比例%$Ndfa$高26.4%($P=0.009$),而比不接种根瘤菌的单作蚕豆高42.5%($P=0.0001$)。实际上,固氮量$Ndfa$也呈现出这样的增加趋势,甚至增加得更显著一些。与不接种根瘤菌的单作蚕豆相比,不接种根瘤菌的间作蚕豆固氮量$Ndfa$增加62.1%($P=0.0002$);与接种根瘤菌的单作蚕豆比较,接种根瘤菌的间作蚕豆增加61.9%($P<0.0001$);在种间相互作用和接种根瘤菌的双重作用下,固氮量$Ndfa$增加86.6%($P<0.0001$)。

然而,施氮减弱了种间相互作用和接种根瘤菌交互作用对单间作蚕豆在生物固氮方面的差异(表6.12)。受种间相互作用和接种根瘤菌交互作用的双重影响,接种根瘤菌间作蚕豆的固氮比例和固氮量在0到300 kg N/hm² 的5个施氮水平下,分别比不接种根瘤菌的单作蚕豆增加23.4%($P=0.011$)和59.0%($P=0.067$),30.4%($P=0.047$)和178.8%($P<0.0001$),73.5%($P=0.0007$)和80.7%($P=0.002$),38.6%($P=0.372$)和40.6%($P=0.323$),46.9%($P=0.249$)和73.7%($P=0.066$)。然而,无论何种种植方式和是否接种根瘤菌,蚕豆的固氮比例和固氮量两者均没有随着施氮量的增加而增加,但是,间作蚕豆的固氮比例由于种间促进作用,接种与不接种受施氮量的影响则不一致。对于不接种根瘤菌的间作蚕豆来说,固氮比例在300 kg N/hm² 施氮量下出现最高值56.5%,而5个施氮水平之间没有显著性差异。尤其是当接种根瘤菌的时候,接种根瘤菌间作蚕豆的固氮比例在150 kg N/hm² 施氮量时达到最高值64.9%,这个值与300 kg N/hm² 施氮量下没有显著性差异,却显著高于0、75和225 kg N/hm² 的施氮水平。

表 6.12　不同接菌处理和不同施氮水平下单、间作蚕豆的固氮比例和固氮量(2009 年)

接菌处理	施氮水平/(kg N/hm²)	固氮比例/%			固氮量/(kg/hm²)		
		单作	间作	显著性分析[a]	单作	间作	显著性分析
不接菌	0	44.4 a	47.6 a	n.s.	137.6 a	167.5 c	n.s
	75	42.9 a	50.9 a	n.s.	100.5 a	217.9 abc	*
	150	37.4 a	52.5 a	△	148.3 a	228.0 ab	* *
	225	35.9 a	45.6 a	n.s.	144.7 a	206.4 bc	n.s.
	300	41.8 a	56.5 a	n.s.	153.6 a	269.8 a	△
	平均	40.5 A	50.6 B	B	136.9 B	217.9 B	B
接菌	0	45.7 ab	54.8 ab	n.s.	152.8 ab	218.9 ab	n.s.
	75	45.2 ab	55.9 ab	n.s.	173.1 ab	280.3 a	△
	150	56.5 a	64.9 a	n.s.	220.0 a	268.0 ab	n.s.
	225	31.8 b	49.7 b	n.s.	85.8 b	203.4 b	△
	300	52.4 ab	61.4 a	n.s.	183.6 ab	266.9 ab	*
	平均	46.3 A	57.3 A	A	163.1 A	247.5 A	A

注:表中所列数据为 3 个重复的平均值。同一列中不同大写字母表示同一种植方式下接菌处理间差异显著($P<$0.05);同一列中不同小写字母表示同一种植方式相同接菌处理 5 个施氮水平间差异显著($P<0.05$);△、*、* *和 n.s. 分别表示同一接菌处理相同施 N 水平下单作和间作间在 10%、5%、1%水平下差异显著和 10%水平下的差异不显著。[a]表示在相同接菌方式同一施氮水平下单作和间作蚕豆间的显著性差异。

　　Jensen 在 1996 年曾经发现,当豌豆与大麦间作时,其固氮比例显著高于单种的豌豆。类似的种间促进增加豆科植物结瘤特性的结果在我们前面的研究中也发现(Li *et al.*, 2001; Li *et al.*, 2009)。尤其是在肖焱波(2003)和李淑敏(2004)的研究工作中,通过对间作体系豆科植物接种根瘤菌发现植物种间相互作用和接种根瘤菌的交互促进作用增加了蚕豆的生物固氮和营养生长。Stern(1993)和 Sangakkara(1994)都曾发现,当与不能固氮的植物间作的时候,豆科植物的结瘤特性和生物固氮就表现出了明显的优势。Cardoso 等(2007)验证了当菜豆间作种植并且接种根瘤菌的时候,其结瘤特性就明显增加,而生物固氮量的增加则有效地保持并促进土壤肥力(Wani *et al.*, 1995)。这表明了在氮素肥力水平极低的新开垦土壤上,对玉米/蚕豆间作体系接种根瘤菌是一种有效的农业种植方式,其维持较高的生产潜力一定程度上是因为在间作体系中接种根瘤菌所增加的生物固氮的氮肥贡献。

　　Thies 等(1991a,b)研究发现豆科植物能否与根瘤菌有较好的匹配性,不仅依赖于土壤中有效根瘤菌数目,还主要受土壤中的有效氮肥水平的影响。我们的研究也发现,适宜的氮肥施用量能明显促进玉米/蚕豆-根瘤菌高效间作体系的生物固氮量,而施氮没有明显抑制蚕豆的结瘤。并且间作体系中豆科和禾本科植物在土壤中的残留物因为具有不同的 C/N 比而提高了土壤中的有机质和土壤养分。因为较小的 C/N 比,豆科植物更能增加土壤中的氮,这些氮素将会被下一季作物矿化所利用(Maingi et al.,2001)。玉米/蚕豆-根瘤菌高效间作体系比单作种植体系具有较强的资源利用和产量优势,因此可以推荐给小型种植农户,而使他们节约生产成本并且减少环境风险(Cardoso et al.,2007)。

6.4 新开垦土壤玉米/蚕豆间作接种根瘤菌的磷肥效应

多数研究表明豆科植物可以增加与其间作禾本科植物的吸磷量(Ae et al.,1990;Cu et al.,2005;Li et al.,2004,2007)。在间套作中,豆科植物可以通过质子、有机酸和酸性磷酸酶的分泌来大量活化土壤中的难溶性磷(Dinkelaker et al.,1989;Li et al.,2003;Neumann and Romheld,1999),超过自身需要的那部分磷会被生长在一起的植物吸收。如木豆($Cajamus\ cajanwas$ L.)能够分泌番石榴酸(piscidic acid)络合 $FePO_4$ 中的 Fe^{3+},活化土壤磷。木豆明显地改善了与之相间作高粱($Sorghum\ bicolor$ L.)的磷营养(Ae et al.,1990)。白羽扇豆分泌大量柠檬酸活化土壤中的难溶性磷,显著增加了间作小麦的磷吸收(Cu et al.,2005)。鹰嘴豆($Cicer\ arietimm$ L.)具有很强的酸性磷酸酶分泌能力,能够分解活化土壤中的有机磷,与其间作的玉米明显改善了磷营养(Li et al.,2004)。在石灰性土壤上蚕豆所分泌的质子增加了间作禾本科作物的吸磷量(Li et al.,2007),间作体系中不同的植物利用不同的磷库,间作植物可以通过利用不同的土壤资源来降低种间竞争 (Li et al.,2008)。另一方面,间作植物的根系可以分布在不同的土壤层次中,Li 等(2006)发现田间条件下间作玉米的根系多分布在蚕豆的根系之下。肖焱波等(2003)在温室,通过在不同根系分隔方式中对间作蚕豆接种不同根瘤菌株的盆栽试验,观察到小麦、蚕豆根系相互作用对磷营养有促进作用。还有,不同的间作作物因为可以利用不同形态的磷,从而减少其对同种磷的竞争,如高粱/木豆,木豆利用Fe-P 释放的磷,而高粱吸收利用 Ca-P 释放的磷。利用 VA 真菌和根瘤菌时,均可以显著促进玉米和蚕豆吸收有机磷,与对照相比吸磷量分别增加了 138.1%和82.3%(李淑敏等,2005)。

无论何种种植方式和何种作物,施磷都能增加作物的吸磷量(Li et al.,2003),并且这种促进作用对间作蚕豆的影响比单作更为明显。但在贫瘠土壤上的研究则表明,由于豆科/禾本科间作体系可以充分利用有限的养分资源,在间作体系中表现出了明显的种间促进作用增加磷吸收,而磷吸收对施磷量响应不明显。Aulakh 等(2003)发现在亚热带半干旱地区的大豆/小麦间作体系中,施磷量的增加并不能显著增加作物的磷吸收量。在甘肃蚕豆两年的试验中得到相似结论,随施磷量的增加未明显增加单作蚕豆的籽粒产量和生物学产量(李隆,1999;李文学,2001)。磷的吸收不仅取决于土壤中有效磷的含量而且也受植物自身对磷吸收利用特性的影响。

另外,豆科/非豆科间作中磷的促进作用与豆科的固氮有关。由于固氮植物吸收了更多的阳离子,从而在根际释放出多余的 H^+(Tang et al.,1997),而所分泌出的质子对石灰性土壤上难溶性磷的溶解具有很重要的意义,这因此也促进了间作作物的磷吸收。土壤酸化与生物固氮有很好的相关关系(Tang *et al.*，1999)。这也说明了，在豆科作物参与的间作体系中接种合适的根瘤菌菌株来改善作物氮和磷营养的可能，为养分优化利用提供了可能的调控机制。

间作体系中种间促进作用促进磷的吸收，从而有效利用了珍贵的磷矿资源。现有文献关于这方面的报道非常多，比如，与白羽扇豆(*Lupinus albus* L.)间作的小麦的磷吸收量增加主要是因为白羽扇豆根系所分泌的钙离子与土壤中的难溶性磷进行螯合，随后将磷释放出来而被植物所利用(Gardner and Boundy，1983)。与高粱间作促进了木豆对磷的吸收(Ae *et al.*，1990)，与玉米间作促进了蚕豆对磷的吸收(Li *et al.*，2003)。本小组最新研究结果也显示出，在贫瘠的低磷土壤上蚕豆/玉米间作体系因种间根际促进作用而增加作物产量(Li *et al.*，2007)。

磷缺乏是新开垦土壤开发利用中急需解决的问题，而因为豆科植物生物固氮过程对磷的需求量也很大，因此很多研究工作者将氮和磷联系在一起进行研究(Graham and Vance，2000)。有效磷可以促进作物的生长，而分配更多的碳到植物根系和根瘤中，为结瘤过程提供充足的能量，从而构建庞大的根系和形成更多的根瘤，进而提高生物固氮量。诸如此类的关于磷增加生物固氮的报道还有很多。如豌豆(Jakobsen，1985)、菜豆(Vadez *et al.*，1999)、大豆(Cassman *et al.*，1980；Mullen *et al.*，1988)和豇豆(Sanginga *et al.*，1991)等的研究中均发现增施磷肥可以使它们或增加根瘤数、根瘤重、固氮酶活性或固氮比例。

Mei 等(2012)以新开垦土壤上玉米/蚕豆间作并对蚕豆接种根瘤菌为研究对象，研究不同施磷量条件下对玉米/蚕豆间作体系接种根瘤菌后，其产量、作物生长动态、地上部养分吸收、结瘤特性和生物固氮的特点，探明新开垦土壤上玉米/蚕豆间作接种根瘤菌的磷肥效应。

6.4.1 施磷对玉米/蚕豆接种根瘤菌间作体系的土地当量比的影响

如表 6.13 所示，在磷梯度试验中，玉米/蚕豆根瘤菌间作体系土地当量比平均为 1.41，表现出明显的土地利用优势，尤其是在不施磷条件下，在 2008 年和 2009 年两年的土地当量比分别为 1.56 和 1.43，比施磷后有更高的土地利用效率(表 6.13)。这说明了在新开垦土壤上该间作体系可以有效利用土壤及各种养分资源，充分发挥了豆科/禾本科的间作优势和豆科-固氮菌的固氮优势，比单作种植体系具有明显的优势。Cardoso 等(2007)也得出结论，在磷吸收方面间作体系比单作具有更高的优势。

6.4.2 施磷对玉米/蚕豆接种根瘤菌间作体系的产量的影响

间作蚕豆和玉米的平均产量比其相应的单作分别高 30%～197% 和 0～31%(表 6.13)。尤其是在不施磷条件下，两者分别相应增加 76%～226%($P=0.019$)和 0～37%($P=0.220$；不显著)。而间作体系的产量并没有随着施磷量的增加而增加，仅发现间作蚕豆在施磷 120 kg P_2O_5/hm² 时比不施磷的产量高 12.5%($P=0.080$；边缘性显著)。说明接种根瘤菌的玉米/蚕豆高效间作体系能很好地适应低磷土壤并且获得较高的产量水平。

表 6.13 不同施磷水平下单、间作蚕豆和玉米的籽粒产量和土地当量比（LER）

年份	磷水平 (kg P$_2$O$_5$/hm^2)	蚕豆/(kg/hm^2)		玉米/(kg/hm^2)		土地当量比
		单作	间作	单作	间作	
2008	0	2 246 bA	3 773 aB	7 258 aB	8 143 aA	1.56 a
	120	2 970 aA	4 313 aA	9 178 aA	9 398 aA	1.27 a
2009	0	1 814 aA	4 005 aA	9 948 aA	10 337 aA	1.43 a
	60	2 073 aA	4 427 aA	7 674 aA	9 466 aA	1.41 a
	120	2 243 aA	3 971 aA	8 763 aA	10 291 aA	1.40 a
方差分析 ANOVA						
年份		0.501 9		0.022 6		0.532 4
磷水平		0.462 7		0.321 8		0.438 2
种植方式		0.008 4		0.093 9		
磷水平×种植方式		0.166 2		0.796 6		

注：大田试验在宁夏红寺堡区兴盛村进行。试验地是在 2005 年开垦出来的，前茬作物为玉米。试验采用裂区试验设计，主处理为 2008 年两个磷水平，0 和 120 kg P$_2$O$_5$/hm^2；2009 年 3 个磷水平，0、60 和 120 kg P$_2$O$_5$/hm^2；副处理为不同种植方式，即蚕豆单作、玉米单作和玉米/蚕豆间作。本节未标注的图表结果为同一试验方案的结果。

表中所列数据为 3 个观测值的平均值。同一列中不同大写字母表示同一年中同一种植方式下不同磷处理间差异显著（$P<0.05$）；同一行中不同小写字母表示同一年中相同施磷处理下同种作物单作和间作间的差异显著（$P<0.05$）。ANOVA 下面的结果为方差分析的 P 值。

本试验研究结果证实了前面的假设，对间作体系接种了高效根瘤菌之后，在低磷水平下可以获得较高的产量。间作蚕豆和玉米的平均产量均有所增加，尤其是在不施磷的水平下其比相应单作产量增加的更加明显，间作体系的生物学产量和籽粒产量的结果表现出相一致的趋势，其间作优势主要来源于种间促进作用而非施磷效应，但是地上部生物学产量在最高施磷水平下的平均值却显著高于最低施磷水平。这些结果证明了该高效间作体系能较好地适应低磷土壤环境，也展示了种间促进作用和蚕豆根瘤菌的协同作用。虽然是在新开垦的土壤上进行的，研究结果与我们以前在蚕豆/玉米间作体系中研究结果一致（Li *et al*.，1999，2003，2007，2009）。Cardoso 等（2007）研究发现在巴西东南部玉米/菜豆间作体系中玉米产量减少 17%，而体系的产量增加 31%，由于根瘤菌的作用而产量增加 11%，证明这个体系是一个低投入却高效的种植体系，尤其是当菜豆接种根瘤菌时。然而本试验结果与我们以前在相对较肥沃的长期定位试验中的结果有所偏差。Li 等（1999）在石灰性土壤上研究蚕豆玉米间作体系，间作蚕豆和玉米地上部生物产量和籽粒产量均显著高于其相应单作，该研究结果发现接种根瘤菌的玉米/蚕豆高效间作体系对施磷反应不明显。其中原因有可能是由于种间促进作用，比如生态位（根系分布和生育期）的互补，增加了土地当量比和对有效养分水分等资源的有效利用（Willey，1979）。并且有可能是蚕豆根系释放的有机酸和质子使玉米根际的土壤酸化，从而使难溶性磷的有效性提高（Li *et al*.，2007）。并且接种根瘤菌的豆科植物有更明显的优势（Singleton *et al*.，1992），不仅增加了生物固氮，而且使作物产量提高。另外，非豆科植物将豆科植物的分泌物或者是根瘤分解后所释放出的氮加以吸收利用（Hauggaard-Nielsen and Jensen，2005）。

该间作体系对磷的响应不明显，可能是因为在贫瘠的土壤中，除了缺磷还缺少其他营养元素，并且土壤结构差，盐渍化问题严重，还有农业生产环境欠佳，如经常有大风沙，很高的沉降量，还有明显的干旱等不利于农业生产环境因素的存在。在低施磷水平下，间作玉米的产量很高($>$7 t/hm²),可能是因为相对单作种植体系较低的种植密度;在低施磷水平下,蚕豆可以获取较高的产量是因为蚕豆根系可以分泌有机酸和质子,从而提高了难溶性磷的有效性(Li et al.,2007;Aulakh et al.,2003)。在较低磷水平的沙壤土上,对大豆小麦轮作体系的研究发现这个体系仅需要较低的施磷量 60 kg P₂O₅/hm²,这与较高的施磷处理产量没有显著性差异,本试验也证明了接种根瘤菌的玉米/蚕豆高效间作体系能很好地适应低磷土壤并且获取较高的产量,这也说明了该体系适合于新开垦土壤,并且可以逐渐提高土壤肥力状况。因此,本试验中接种根瘤菌的玉米/蚕豆高效间作体系比单作种植体系具有较强的资源利用和生产优势,可以推荐给小型种植农户,而使他们节约生产成本并且减少环境风险(Cardoso et al.,2007)。玉米/蚕豆和玉米/小麦是中国西北部最主要的种植方式,在当地农民已经采用半机械化的方式去耕种,在蚕豆和小麦收获后,可以用机械直接收割玉米。而且如果有比较合适的小型播种机和收割机的话,玉米/蚕豆体系可以被大范围的推广应用。

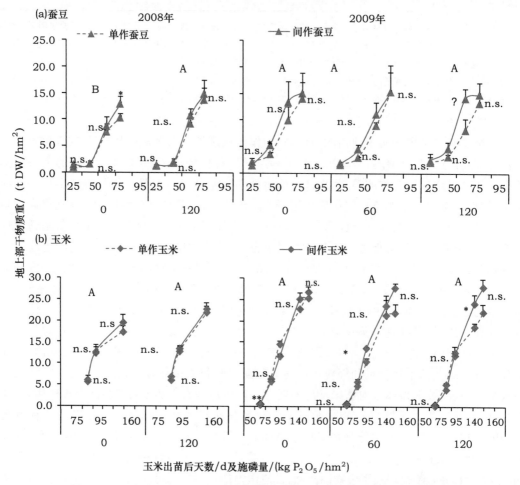

图 6.13　不同施磷水平下单、间作蚕豆和玉米在各生育时期的地上部生物量

注:图中所列数据为 3 个重复的平均值。不同大写字母表示磷水平间差异显著($P<0.05$);△,＊,＊＊和 n.s. 分别表示相同磷水平下同一取样日期单作和间作间的差异在 10%、5%、1% 水平上显著和在 10% 水平上差异不显著。(a)是两年蚕豆的地上部生物量;(b)是两年玉米的地上部生物量。

6.4.3 施磷对玉米／蚕豆接种根瘤菌间作体系的生物量的影响

间作体系地上部生物量的结果与产量结果相似,也是对磷的响应不明显,却很好地体现出了间作种间促进作用的优势。在施磷 120 kg P_2O_5/hm^2 条件下,蚕豆的地上部生物量比其在不施磷水平下平均高 35.3%($P=0.007$)(图 6.13a)。收获前,在不施磷条件下,盛花期间作蚕豆的生物量比其单作高 49.1%($P=0.015$);在施磷 120 kg P_2O_5/hm^2 时,间作蚕豆的生物量仅在灌浆期比其单作增加 72.6%($P=0.097$;边缘性显著),其他各施磷条件下和其他生育期均未表现出明显的单间作差异。与蚕豆间作的玉米的生物量在施磷 60 kg P_2O_5/hm^2 条件下,吐丝期表现出显著增长优势,比相同施氮量下的单作增加 29.9%($P=0.030$);而灌浆期则是在施磷 120 kg P_2O_5/hm^2 时,间作玉米比其相应单作高 50.1%($P=0.018$)(图 6.13b)。

6.4.4 施磷对玉米／蚕豆接种根瘤菌间作体系的养分吸收的影响

6.4.4.1 磷素吸收动态

施磷增加了间作蚕豆和间作玉米的地上部吸磷量,并且施磷在一定程度上增加了单间作间的磷吸收差异。但是,无论是单作还是间作,吸磷量并没有随着施磷量的增加而增加(图 6.14)。间作蚕豆的吸磷量在与玉米共同生长的 4 个生育时期比相应单作依次增加 42.4%($P=0.053$;边缘性显著),54.5%($P=0.001$),32.2%($P=0.021$)和 31.8%($P=0.021$)(图 6.14)。与其相应单作比较,不施磷时,间作蚕豆吸磷量在初花期、盛花期和成熟期分别高 42.2%($P=0.055$;边缘性显著)、80.3%($P=0.002$)和 43.2%($P=0.006$);在施磷 60 kg P_2O_5/hm^2 时,4 个生育时期依次增加 34.2%($P=0.008$)、56.2%($P=0.069$;边缘性显著)、32.8%($P=0.034$)和 11.6%($P=0.786$;不显著);在施磷 120 kg P_2O_5/hm^2 条件下,4 个生育时期依次增加 125.5%($P=0.267$;不显著)、66.7%($P=0.236$;不显著)、98.3%($P=0.020$)和 45.6%($P=0.111$;不显著)。施磷降低了单间作玉米吸磷量间的差异。不施磷时,间作玉米吸磷量在吐丝期和灌浆期分别比单作高 51.5%($P=0.007$)和 28.6%($P=0.053$;边缘性显著);在施磷 60 kg P_2O_5/hm^2 时,仅在成熟期比单作高 20.6%($P=0.075$;边缘性显著)。在施磷 120 kg P_2O_5/hm^2 条件下,单间作却没有表现出明显差异。

与不施磷相比,当施磷量增加到 120 kg P_2O_5/hm^2 时,间作蚕豆的吸磷量在鼓粒期和成熟期分别增加 13.2%和 35.4%,且两者均没有达到差异显著性水平。总体来看,施磷对单间作蚕豆以及玉米的吸磷量没有很大的影响。

多数研究表明豆科植物可以增加与其间作禾本科植物的吸磷量(Ae *et al.*,1990;Cu *et al.*,2005;Li *et al.*,2004,2007),并提出了各种各样的机理来证明这一点。在石灰性土壤上蚕豆所分泌的质子增加了间作禾本科作物的吸磷量(Li *et al.*,2007),间作体系中不同的植物利用不同的磷库,从而降低了竞争作用(Li *et al.*,2008),本研究中发现间作蚕豆的吸磷量在与玉米共同生长的 4 个生育期均比单作蚕豆高,但是在不同施磷水平下间作体系的吸磷量表现也不一致。无论何种种植方式和何种作物,施磷均能增加作物的吸磷量(Li *et al.*,2003)。

本试验中,施磷在一定程度上促进了磷吸收,并且这种促进作用对间作蚕豆的影响比单作更为明显。施磷水平的增加降低了单间作蚕豆之间的差异,这表明了蚕豆和玉米对施磷均不敏感,也就是说该间作体系可以充分利用有限的养分资源,在间作体系中表现出了明显的种间促进作用增加磷吸收(Li *et al.*,2003)。

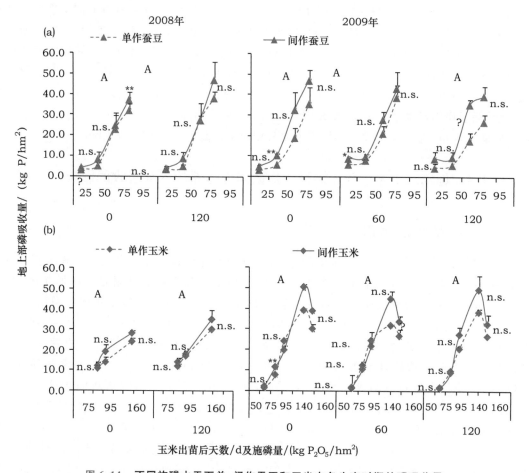

图 6.14　不同施磷水平下单、间作蚕豆和玉米在各生育时期的磷吸收量

　　注:图中所列数据为 3 个重复的平均值。不同大写字母表示磷水平间差异显著($P<0.05$);△、*、**和 n.s.分别表示相同磷水平下同一取样日期单作和间作间的差异在 10%、5%、1%水平上显著和在 10%水平上差异不显著。(a)是两年蚕豆的地上部 P 吸收量;(b)是两年玉米的地上部 P 吸收量。

6.4.4.2 氮素吸收动态

　　与单作蚕豆相比,间作蚕豆的吸氮量(图 6.15)在两年试验中平均比单作增加了 28.3%,虽然从统计分析上在大多数生育时期单间作之间并没有表现出显著的差异,而除了在不施磷肥时,盛花期和成熟期间作的吸氮量分别比单作增加 51.6%和 71.8%;在施磷 120 kg P$_2$O$_5$/hm^2 时,仅在成熟期比单作增加 44.8%。然而施磷对蚕豆的氮吸收量并没有显著的影响,无论是单作还是间作,间作玉米的吸 N 量,平均比单作增加 15.8%;尤其是在不施磷时,间作玉米在初花期、盛花期、鼓粒期和成熟期分别比其单作增加 22.0%($P=0.035\ 4$)、40.8%($P=0.040\ 5$)、26.9%($P=0.004\ 8$)和 27.8%($P=0.010\ 0$)。虽然在统计分析上,施磷并没有显著地增加单间作玉米的吸氮量,但无论是单作还是间作的玉米吸氮量,均表现出随着施磷量的增加而增加的趋势。

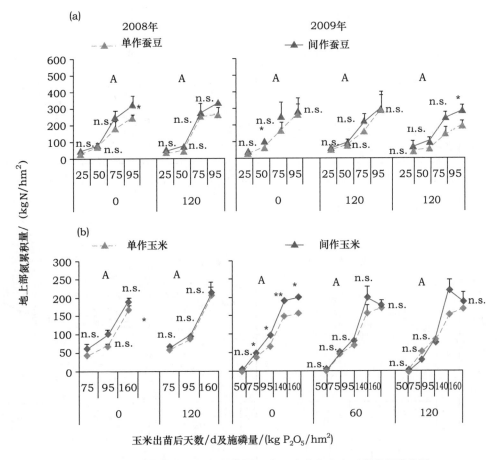

图 6.15　不同施磷水平下单、间作蚕豆和玉米在各生育时期的氮吸收量

注:图中所列数据为 3 个重复的平均值。不同大写字母表示磷水平间差异显著($P<0.05$);△、＊、＊＊和 n.s. 分别表示相同磷水平下同一取样日期单间作间的差异在 10％、5％、1％水平上显著和在 10％水平上差异不显著。(a)是两年蚕豆的地上部氮吸收量;(b)是两年玉米的地上部氮吸收量。

6.4.4.3　钾素吸收动态

单间作蚕豆之间吸钾量(图 6.16)的差异表现得并不明显。在 2008 年,在盛花期和鼓粒期间作蚕豆的吸钾量比单作分别增加 48.0％($P=0.021\ 7$)和 74.6％($P=0.070\ 5$);在 2009 年,成熟期增加 8.6％($P=0.015\ 0$);但是蚕豆的吸钾量随着施磷量的增加有明显上升的趋势,表现出了对磷肥有较强的响应,尤其是在 2008 年,当施磷量为 120 kg P_2O_5/hm² 时,蚕豆的吸钾量比不施磷时增加 33.8％($P=0.049\ 3$);在 2009 年,也表现出了随施磷量增加吸钾量增加的趋势,但差异并不显著。对玉米而言,在吸钾量方面表现出了很强的种间促进优势。在不施磷时,间作玉米的吸钾量在拔节期和灌浆期分别比其单作增加 35.1％($P=0.032\ 6$)和 28.8％($P=0.039\ 7$);在施磷 60 kg P_2O_5/hm² 时,吐丝期间作比单作增加 39.1％($P=0.053\ 4$);在 120 kg P_2O_5/hm² 的施磷下,吐丝期增加 5.3％;施磷量促进了钾的吸收,在 2008 年,

327

施磷120 kg P_2O_5/hm^{2}比不施磷时平均增加 5.3％（$P=0.0274$）；2009 年随着施磷的增加差异不明显。

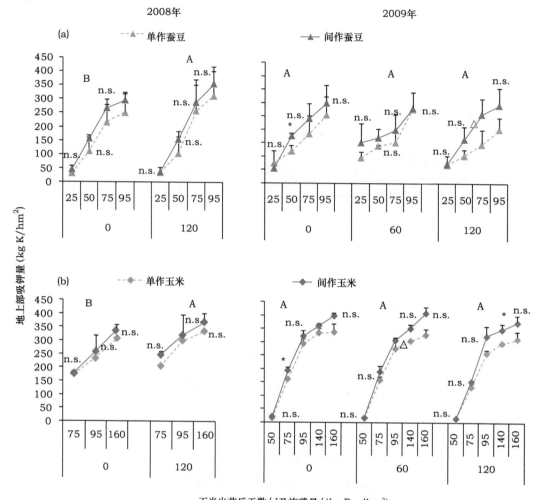

图 6.16　不同施磷水平下单、间作蚕豆和玉米在各生育时期的钾吸收量

注：图中所列数据为 3 个重复的平均值。不同大写字母表示磷水平间差异显著（$P<0.05$）；△,＊,＊＊和 n.s. 分别表示相同磷水平下同一取样日期单间作间的差异在 10％,5％,1％水平上显著和在 10％水平上差异不显著。(a)是两年蚕豆的地上部钾吸收量；(b)是两年玉米的地上部钾吸收量。

6.4.5　施磷对玉米／蚕豆接种根瘤菌间作体系的结瘤动态的影响

6.4.5.1　根瘤数的动态变化

施磷增加了单间作蚕豆的结瘤，尤其是从蚕豆盛花期到成熟期（表 6.14）。间作蚕豆的根瘤数量在初花期、盛花期、鼓粒期和成熟期分别比其单作相应增加 15％～82％（$P=0.203$）、10％～50％（$P=0.02$）、35％～70％（$P=0.093$；边缘性显著）和 23％～54％（$P=0.052$；边缘性显著）。

6.4.5.2 单株根瘤干重的动态变化

蚕豆单株根瘤重并没有随着施磷量的增加而增加,无论是单作还是间作蚕豆的单株根瘤重在各施磷量之间都没有明显差异(表 6.14)。然而,在不施磷和施磷 60、120 kg P_2O_5/hm^2 时,间作蚕豆的根瘤重分别比其相应单作高 5.8%~74.7%($P=0.002$),0~76.7%($P=0.441$;不显著)和16.6%~158.8%($P=0.048$)。

表 6.14 不同施磷水平下单、间作蚕豆在各生育时期的结瘤特性

年份	施磷量/ (kg P/hm²)	玉米出苗后的天数/d							
		25		50		75		95	
		单作	间作	单作	间作	单作	间作	单作	间作
根瘤数/(个/株)									
2008	0	13.0 aA	16.0 aA	62.5 aA	126.9 aA	141.7 aA	186.7 aA	52.8 aA	82.2 aB
	120	14.7 aA	15.7 aA	83.3 aA	120.0 aA	88.3 aB	134.3 aB	60.0 aA	113.3 aA
2009	0	123.4 aA	141.5 aA	120.7 aA	121.9 aB	96.1 aA	134.2 aA	85.8 bB	132.6 aA
	60	101.2 bA	184.4 aA	109.2 aA	147.4 aB	97.0 aA	164.4 aA	112.3 aA	137.9 aA
	120	96.9 aB	151.8 aA	120.4 bA	180.2 aA	92.4 aA	138.9 aA	108.2 aA	137.4 aA
根瘤干重/(g/株)									
2008	0	0.074 aA	0.131 aA	0.089 aA	0.426 aA	0.135 aA	0.577 aA	0.121 aA	0.396 aA
	120	0.065 aA	0.073 aA	0.141 aA	0.139 aB	0.170 aA	0.362 aA	0.130 aA	0.294 aA
2009	0	0.209 aA	0.349 aA	1.010 aA	0.978 aA	1.048 aA	1.398 aA	1.008 aA	1.315 aB
	60	0.323 aA	0.251 aA	0.822 aA	1.000 aA	1.302 aA	1.558 aA	1.428 aA	1.531 aB
	120	0.252 bA	0.457 aA	1.067 aA	1.178 aA	0.965 aA	1.928 aA	1.051 aA	2.046 aA
根瘤大小(10⁻³g/瘤)									
2008	0	6.8 aB	8.6 aB	1.6 bB	3.1 aA	0.8 aB	2.3 aB	1.6 aB	4.0 aA
	120	11.2 aA	13.3 aA	2.6 aA	3.5 aA	1.6 aA	5.6 aA	4.1 aA	4.9 aA
2009	0	1.6 aB	2.5 aA	8.4 aA	8.0 aA	12.7 aA	11.1 aA	12.0 aAB	9.5 aB
	60	3.2 aA	1.4 aA	7.8 aA	6.6 aA	14.8 aA	12.6 aA	14.8 aA	11.6 aA
	120	3.6 aA	3.0 aA	9.3 aA	6.5 aA	10.8 aA	14.8 aA	9.6 aB	13.8 aA

注:表中所列数据为 3 个重复的平均值。同一列中不同大写字母表示同一年中同一个生育时期相同种植方式下磷水平间差异显著($P<0.1$);同一行中不同小写字母表示同一年中同一个生育时期相同施磷水平下单作和间作间差异显著($P<0.1$)。

6.4.5.3 单瘤重的动态变化

在单瘤重方面,虽然单间作蚕豆间没有明显差异,但却依然表现出种间促进作用的优势

(表 6.14)。在不施磷时,间作蚕豆的根瘤重在初花期、盛花期、鼓粒期和成熟期分别比其相应单作增加 26.5%($P=0.564$;不显著)、93.8%($P=0.761$;不显著)、187.5%($P=0.985$;不显著)和 150.0%($P=0.653$;不显著);而在施磷 60 kg P_2O_5/hm^2 时,间作蚕豆并没有比单作具有更高的根瘤重,当施磷 120 kg P_2O_5/hm^2 时,仅在鼓粒期和成熟期分别比其单作相应高 37.0%($P=0.355$;不显著)和 43.8%($P=0.438$;不显著)。施磷并没有显著增加间作蚕豆的根瘤重,施磷 120 kg P_2O_5/hm^2 比不施磷在蚕豆盛花期和鼓粒期分别增加 12.9%($P=0.519$;不显著)和 143.5%($P=0.594$;不显著)。在成熟期,间作蚕豆单瘤重随着施磷量的增加而增加,在 60 和 120 kg P_2O_5/hm^2 条件下,分别比不施磷增加了 22.1%($P=0.120$;不显著)和 45.3%($P=0.825$;不显著),但是在统计上分析却均不显著。

在前面的研究中,我们报道了玉米/蚕豆间作体系的产量优势主要是因为两作物之间根系的交互作用(Li et al.,1999)。本试验中我们发现种间相互作用的优势主要归功于蚕豆结瘤数、根瘤重和单瘤重方面。菜豆的结瘤特性和瘤的寿命均由于与玉米的间作而增加(Santalla et al.,2001a),还有,玉米的根系分泌物刺激了菜豆的结瘤固氮(Hungria and Stacey,1997),非豆科植物对土壤氮的竞争吸收(Siame et al.,1997)刺激了豆科植物的根瘤形成和生物固氮(Santalla et al.,2001b),本课题组以前的研究也发现,间作可以减弱施氮对蚕豆结瘤的阻碍作用(Li,et al.,2009)。

结瘤特性与磷吸收有一定的相关关系,由于固氮植物吸收了更多的阳离子,从而在根际释放出多余的 H^+(Tang et al.,1997),而所分泌出的质子对石灰性土壤上难溶性磷的溶解具有很重要的意义,这因此也促进了间作作物的磷吸收。土壤酸化与生物固氮有很好的相关关系(Tang et al.,1999)。尤其是当豆科与非豆科植物间作时,豆科植物的结瘤特性和生物固氮量明显增加(Stern,1993;Sangakkara,1994)。因此,由于种间促进作用和生物固氮,豆科禾本科间作体系被广泛应用于小型种植农户,由于其可以增加农民收入和单位土地面积上的产量(Mukhala et al.,1999),并且可以降低单种作物的受灾风险(Prasad and Brook,2005)。因此,玉米/蚕豆-根瘤菌高效共生体系能很好地利用有限的资源,并且在低磷土壤上具有很强的适应性。玉米/蚕豆间作体系接种根瘤菌这一种植模式被推荐应用到新开垦土壤上对提高作物产量有很重要的意义。

6.4.6 施磷对玉米/蚕豆接种根瘤菌间作体系的生物固氮的影响

在新开垦土壤上,对玉米/蚕豆间作体系接种高效根瘤菌 NM353 后,成熟期单、间作蚕豆的固氮比例和生物固氮量的效应都很明显。与前面的氮梯度试验中不接菌单作蚕豆的固氮比例 44.7%和固氮量 137.6 kg N/hm^2 相比,我们的研究表明,间作接菌蚕豆在不同磷梯度下的固氮比例和固氮量均增加(图 6.17),而与氮梯度试验中间作蚕豆接种根瘤菌的固氮比例和固氮量相近。在本试验中,我们发现施磷并没有显著增加间作接菌蚕豆的固氮比例和生物固氮量,间作蚕豆虽然比单作蚕豆有所增加,但没有达到统计上的差异显著性。间作接菌蚕豆在中等施磷水平下有增高的趋势,固氮比例在 60 kg P_2O_5/hm^2 条件下比在不施磷时高 9.1%,固氮量也增加 3.6%。而随着施磷量的再次增加,固氮比例和固氮量却有明显下降的趋势。因此,在新开垦土壤上关于施磷肥对间作蚕豆生物固氮方面的影响,需要进一步做更细的磷梯度试验进行验证,以此来确定最佳的施磷量,以供给生产实践提供更多的指导。

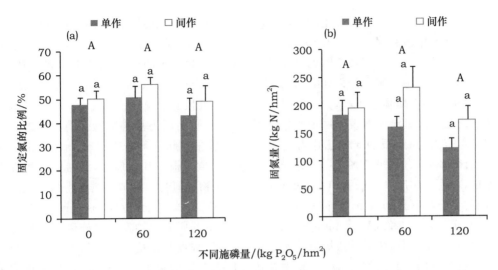

图 6.17 成熟期不同施磷水平下单、间作蚕豆的固氮比例％$Ndfa$ 和固氮量 $Ndfa$(2009 年)

注:图中所列数据为 3 个重复的平均值。不同大写字母表示磷水平间差异显著($P<0.05$);不同小写字母表示相同磷水平下单间作间的差异显著($P<0.05$)。(a)是固氮比例％$Ndfa$;(b)是固氮量 Ndfa。

玉米/蚕豆的种间促进作用与蚕豆接种根瘤菌两种措施结合在一起,使得在新开垦土壤上,两种作物在低磷水平下也能够取得较高的产量。间作体系中两种作物的磷吸收都明显增加,间作体系的磷素回收率比相应单作的加权平均值高,也证明了种间促进作用和施磷的交互关系,并显示出间作体系在低磷土壤上能充分利用所施的磷肥。在适宜的磷肥施用量下,尤其是低施磷水平下,接种根瘤菌的间作体系具有较高的结瘤优势。这些结果表明了在低磷土壤上间作体系接种根瘤菌有利于增加作物产量和改善新开垦土壤的土壤性状。

6.4.7 玉米/蚕豆-根瘤菌间作体系的氮和磷肥当季回收率

玉米/蚕豆间作能够大幅度提高产量,是否能够提高肥料的利用率是众所关心的问题。Li 等(1999)通过大田试验研究发现,在石灰性土壤上间作蚕豆和玉米的生物量和籽粒产量分别比其相应单作显著性增加。间作体系中因为种间促进作用而促进磷的吸收,从而有效利用了珍贵的磷素养分资源。现有研究表明,与白羽扇豆(*Lupinus albus* L.)间作的小麦的磷吸收量增加主要是因为白羽扇豆根系所分泌的有机酸将与磷结合的钙离子螯合,将磷释放出来而被植物所利用(Gardner and Boundy,1983)。与高粱间作促进了木豆对磷的吸收(Ae *et al.*,1990),与玉米间作促进了蚕豆对磷的吸收(Li *et al.*,2003)。但这些结果都是在室内盆栽条件下获得的结果。我们在低磷土壤上,采用田间试验证明了蚕豆/玉米间作体系种间相互作用了作物产量,并增加了磷的吸收(Li *et al.*,2007)。但是否能够增加磷肥的回收率,研究报道并不多见。

豆科/禾本科间作通常被作为一种可持续的粮食增产方式,在热带和温带地区被广泛使用(Francis,1989;Vandermeer,1989),这主要是因为该体系增加了生物固氮而减少了对化学氮肥的依赖性(Adu-Gyamfi *et al.*,2007;Corre-Hellou,*et al.*,2006;Hauggaard-Nielsen *et al.*,2003)。蚕豆/玉米间作体系中,与玉米间作的蚕豆固氮比例增加了 98％(Fan *et al.*,2006);花生(*Arachis hypogaea*)/水稻(*Oryza sativa*)间作体系中,花生的固氮量也增加了

20%(Chu *et al.*,2004)。同样的因为种间促进作用而增加豆科植物结瘤的研究结果在本课题组以前的研究中也有报道,比如靖远(37°05′N,104°40′E)(Li *et al.*,2001a,b)和白云(38°37′N,102°40′E)(Li *et al.*,2009)两个试验点都曾开展过相关的试验,以及其他的一些豆科/禾本科间作系统的很多研究结果(Graham,1981;Santalla *et al.*,2001a,b)。Li 等(2009)研究显示,冷季性粮食作物的生长,如蚕豆对生物固氮有很强的依赖性。

磷缺乏是新开垦土壤开发利用中所急需解决的问题,而因为豆科植物生物固氮过程对磷的需求量也很大,因此很多研究工作者将氮和磷联系在一起进行研究(Graham and Vance,2000)。有效磷可以促进作物的生长,分配更多的碳到植物根系和根瘤中,为结瘤过程提供充足的能量,从而构建庞大的根系和更多的根瘤,提高生物固氮量。类似磷增加生物固氮的报道还有很多。如豌豆(Jakobsen,1985)、菜豆(Vadez *et al.*,1999)、大豆(Cassman *et al.*,1980;Mullen *et al.*,1988)和豇豆(Sanginga *et al.*,1991)中的研究等均发现增施磷可以使它们增加根瘤数、根瘤重、固氮酶活性或固氮比例。但是玉米/蚕豆间作接种根瘤菌体系的氮肥回收率如何? 也是我们关心的问题之一。特别是新开垦土壤一般缺乏土著根瘤菌,接种根瘤菌可能是一个良好的措施,是固氮效果更为明显。这种情况下,氮肥回收率如何,也是众所关心的问题。因此,我们有必要进一步探讨新开垦土壤上玉米/蚕豆接种根瘤菌体系的氮肥和磷肥的表观回收率。

间作体系的肥料表观回收率计算,有两种方式。一种是基于间作体系不施用氮(磷)肥的处理氮(磷)吸收量,另一种是基于单作体系不施用氮(磷)肥的处理氮(磷)吸收量的加权平均值。前者计算的表观回收率有可能低于实际,因为这个方法一方面掩盖了作物种间相互作用对养分的充分利用,因为不施肥条件下作物种间相互作用依然发挥作用,甚至更为强烈,导致氮(磷)吸收量显著增加,从而使计算结果低于实际。后者基于不施肥区单作养分吸收量的加权平均值,单作加权平均值不包含作物种间相互作用的效应,计算结果反映了作物种间相互作用对氮肥或者磷肥的利用效果。

总体来说,无论是接种根瘤菌还是不接种根瘤菌,间作显著增加了作物对氮肥的表观回收率。玉米/蚕豆间作体系的氮肥表观回收率相对于单作种植体系的加权平均值,得到大幅度提高。随施氮量增加,氮肥回收率有下降的趋势。不接种根瘤菌间作体系和单作体系加权平均值的氮肥表观回收率分别为50.0%和30.8%,接种根瘤菌后间作体系和单作体系加权平均值的氮肥表观回收率分别为75.8%和40.2%。可以看出,间作和接种根瘤菌两个措施均提高了氮肥的表观回收率,并且回收率值偏高。这可能主要是由于表观回收率的计算方法,没有考虑种间相互作用增加的生物固氮量和土壤接种根瘤菌增加的生物固氮量所致。除了在施氮量为300 kg N/hm² 不接根瘤菌处理外,其余处理中间作体系的氮素回收率显著高于单作种植体系的加权平均值(表6.15)。并且随着施氮量的增加,单间作体系之间的氮素回收率差异逐渐变小。新开垦土壤上,玉米/蚕豆间作接种根瘤菌,形成一个高效间作体系,能充分利用有限资源,可以使氮肥的施用量从 300 kg N/hm² 降到 150 kg N/hm² 左右,这就大大降低了施用氮肥所带来的过高投入和环境风险,还提高了肥料的利用率。

磷梯度试验中磷肥的当季利用情况分析结果表明,间作体系的磷肥回收率高于相应单作作物的加权平均值计算的磷肥回收率。在施磷60 kg P_2O_5/hm² 时,单作体系的磷肥回收率为 -4.0%,间作体系为18.8%;在施磷 120 kg P_2O_5/hm² 时,单作体系的磷肥回收率为 -9.5%~12.8%,间作体系为5.8%~25.6%(表6.16)。说明相对于无种间相互作用的单作加权平均值,种间相互作用确实提高了蚕豆/玉米间作体系的磷肥回收率。

表 6.15 不同接菌处理和不同施氮水平下单、间作体系的氮肥当季表观回收率(NRE) ％

接菌处理	施氮水平/(kg N/hm²)	2008 年 间作体系[a]	2009 年		
			单作体系[b]	间作体系[a]	间作体系[c]
不接菌	0	—	—	—	—
	75	75.6 a	20.8 a	32.4 a	73.6 a
	150	39.2 a	54.9 a	44.3 a	62.3 a
	225	42.1 a	26.4 a	30.4 a	35.1 a
	300	33.6 a	20.9 a	45.6 a	29.1 a△
	平均	47.6 B	30.8 A	38.2 B	50.0 B
接菌	0	—	—	—	—
	75	139.3 a	72.6 a	113.7 a	147.4 a△
	150	71.7 ab	57.7 a	60.7 b	77.6 b
	225	37.4 b	14.6 b	30.2 b	41.4 b△
	300	47.8 b	15.8 b	28.2 b	36.6 b△
	平均	74.1 A	40.2 A	58.2 A	75.8 A＊＊

注:同一列中不同大写字母表示同一种植方式下接菌处理间差异显著($P<0.05$);同一列中不同小写字母表示同一种植方式相同接菌处理 5 个施 N 水平间差异显著($P<0.05$);△和 ＊＊分别表示同一接菌处理相同施 N 量时单、间作间在 10％水平上差异边缘性显著,在 1％水平上差异显著。在计算 N 肥当季表观回收率时,蚕豆植株地上部吸 N 量包括蚕豆的生物固氮量。

[a] $NRE_{Intercrp/Intercrop0}=100\times(U_{Intercropf}-U_{Intercrop0})/N_f$,$U_{Intercropf}$ 是接菌(或不接菌)条件下施氮时间作体系吸氮量,$U_{Intercroe0}$ 是接菌(或不接菌)条件下不施氮时间作体系吸氮量,P_f 则是所施用的氮肥量。

[b] $NRE=100\times(U_{Solef}-U_{Sole0})/N_f$,$U_{Solef}$ 是接菌(或不接菌)条件下施氮时单作体系吸氮量的加权平均值,U_{Sole0} 是不接菌条件下不施氮时单作体系吸磷量的加权平均值。

[c] $NRE_{Intercrpf/Sole0}=100\times(U_{Intercropf}-U_{Sole0})/N_f$,$U_{Intercropf}$ 是接菌(或不接菌)条件下施氮时间作体系吸氮量,U_{Sole0} 是不接菌条件下不施氮时单作体系吸磷量的加权平均值。

表 6.16 不同施磷水平下单、间作体系的磷肥当季表观回收率 ％

年份	施磷水平/(kg P₂O₅/hm²)	单作			间作[c]
		蚕豆[a]	玉米	加权平均[b]	
2008	0	—	—	—	—
	120	12.9±11.3	12.8±7.5	12.8±9.3	25.6±13.9
2009	0	—	—	—	—
	60	12.7±47.2	−12.3±21.8	−4.0±1.7	18.8±7.1
	120	−15.5±10.9	−6.5±5.6	−9.5±6.6	5.8±3.7

注:[a] $PRE=100\times(U_f-U_0)/P_f$,$U_f$ 是施磷条件下的吸磷量,U_0 是不施磷条件下的吸磷肥量,P_f 则是所施用的磷肥量。

[b] $PRE=100\times(U_{Solef}-U_{Sole0})/P_f$,$U_{Solef}$ 是施磷条件下单作体系吸磷量的加权平均值,U_{Sole0} 是不施磷条件下单作体系吸磷量的加权平均值。

[c] $PRE_{Intercrpf/Sole0}=100\times(U_{Intercropf}-U_{Sole0})/P_f$,$U_{Intercropf}$ 是施磷条件下单间作体系吸磷量,U_{Sole0} 是不施磷条件下单作体系吸磷量的加权平均值。

参考文献

Adu-Gyamfi J. J. , Myaka F. A. , Sakala W. D. , *et al*. 2007. Biological nitrogen fixation and nitrogen and phosphorus budgets in farmer-managed intercrops of maize-pigeonpea in semi-arid southern and eastern Africa. Plant and Soil, 295: 127-136.

Ae N. , Arihara J. , Okada K. , *et al*. 1990. Phosphorus uptake by pigeon pea and its role in cropping systems of the Indian subcontinent . Science, 248: 477-480.

Aulakh M. S. , Pasricha N. S. ,Bahl G. S. 2003. Phosphorus fertilizer response in an irrigated soybean – wheat production system on a subtropical, semiarid soil. Field Crops Research, 80: 99-109.

Bacilio M. , Hernandez J. P. , Bashan Y. 2006. Restoration of giant cardon cacti in barren desert soil amended with common compost and inoculated with Azospirillum brasilense. Biology and Fertility of Soils, 43: 112-119.

Bohlool B. B. , Ladha J. K. , Garrity D. P. ,*et al*. 1992. Biological N fixation for sustainable agriculture: A perspective. Plant and Soil, 141: 1-11.

Boucher D. H. ,Espinosa J. 1982. Cropping system and growth and nodulation responses of beans to nitrogen in Tabasco, Mexico. Tropical Agriculture, 59: 279-282.

Burity H. A. , Ta T. C. , Faris M. A. ,*et al*. 1989. Estimation of nitrogen fixation and transfer from alfalfa to associated grasses in mixed swards under field conditions. Plant and Soil, 114: 93-102.

Byron S. , Moore K. J. , George J. R. ,*et al*. 2000. Binary legume grass mixtures improve forage yield, quality, and seasonal distribution. Agronomy Journal, 92: 24-29.

Cardoso E. J. B. N. , Nogueira M. A. ,Ferraz S. M. G. 2007. Biological N_2 fixation and mineral N in common bean- maize intercropping or sole cropping in southeastern Brazil. Experimental Agriculture, 43: 319-330.

Cassman K. G. , Whitney A. S. , Stockinger K. R. 1980. Root growth and dry matter distribution of soybean as affected by phosphorus stress, nodulation, and nitrogen source. Crop Science, 20: 239-244.

Chu G. , Shen Q. ,Cao J. 2004. Nitrogen fixation and N transfer from peanut to rice cultivated in aerobic soil in an intercropping system and its effect on soil N fertility. Plant and Soil, 263: 17-27.

Corre-Hellou G. , Fustec J. ,Crozat Y. 2006. Interspecific competition for soil N and its interaction with N_2 fixation, leaf expansion and crop growth in pea – barley intercrops. Plant and Soil, 282: 195-208.

Cu S. T. T. , Hutson J. ,Schuller K. A. 2005. Mixed culture of wheat(*Triticum aesti-*

vum L.)with white lupin(*Lupinus albus* L.)improves the growth and phosphorus nutrition of the wheat. Plant and Soil, 272: 143-151.

Dinkelaker B. , Romheld V. ,Marschner H. 1989. Citric acid excretion and precipitation of calcium citrate in the rhizosphere of white lupin (*Lupinus albus L.*). Plant, Cell & Environment, 12: 285-292.

Fan F. , Zhang F. ,Song Y. *et al*. 2006. Nitrogen fixation of faba bean(*Vicia faba* L.) interacting with a non-legume in two contrasting intercropping systems. Plant and Soil, 283: 275-286.

Francis C. A. 1989. Biological efficiencies in mixed multiple cropping systems. Advances in Agronomy, 42:1-42.

Gardner W. K. ,Boundy K. A. 1983. The acquisition of phosphorus by Lupinus albus L. IV. The effect of interplanting wheat and white lupin on the growth and mineral composition of the two species. Plant and Soil, 70: 391-402.

Gaur A. ,Adholeya A. 2002. Arbuscular-mycorrhizal inoculation of five tropical fodder crops and inoculum production in marginal soil amended with organic matter. Biology and Fertility of Soils, 35: 214-218.

Graham P. H. 1981. Some problems of nodulation and symbiotic fixation in *Phaseolus vulgaris* L. : a review. Field Crops Research, 4: 93-112.

Graham P. H. ,Vance C. P. 2000. Nitrogen fixation in perspective: An overview of research and extension needs. Field Crops Research, 65: 93-106.

Hauggaard-Nielsen H. , Jensen E. S. 2001b. Evaluating pea and barley cultivars for complementarity in intercropping at different levels of soil nitrogen availability. Field Crops Research, 72: 185-196.

Hauggaard-Nielsen H. ,Jensen E. S. 2005. Facilitative root interactions in intercrops. Plant and Soil, 274: 237-250.

Hauggaard-Nielsen H. , Ambus H. ,Jensen E. S. 2001a. Temporal and spatial distribution of roots and competition for nitrogen in pea-barley intercrops-a field study employing ^{32}P technique. Plant and Soil, 236: 63-74.

Hauggaard-Nielsen H. , Ambus P. ,Jensen E. S. 2003. The comparison of nitrogen use and leaching in sole cropped versus intercropped pea and barley. Nutrient Cycling in Agroecosystems, 65: 289-300.

Hungria M. ,Stacey G. 1997. Molecular signals exchanged between host plants and rhizobia: Basic aspects and potential application in agriculuture. Soil Biology and Biochemistry, 29: 819-830.

Jakobsen I. 985. The role of phosphorus in nitrogen fixation by young pea plants (*Pisum sativum*). Physiologia Plantarum, 64: 190-196.

Jensen E. S. 1996. Grain yield, symbiotic N₂ fixation and interspecific competition for inorganic N in pea-barley intercrops. Plant and Soil, 182: 25-38.

Kessel C. V., Hartley C. 2000. Agricultural management of grain legumes: has it led to an increase in nitrogen fixation? Field Crops Research, 65: 165-181.

Li H., Shen J., Zhang F., Clairotte M., *et al*. 2008. Dynamics of phosphorus fractions in the rhizosphere of common bean (*Phaseolus vulgaris* L.) and durum wheat(*Triticum turgidum durum* L.) grown in monocropping and intercropping systems. Plant and Soil, 312: 139-150.

Li L., Li S., Sun J., Zhou L., *et al*. 2007. Diversity enhances agricultural productivity via rhizosphere phosphorus facilitation on phosphorus-deficient soils. Proceedings of National Academy of Sciences, United States of America, 27: 11192-11196.

Li L., Sun J., Zhang F., *et al*.. 2006. Root distribution and interaction between intercropped species. Oecologia, 147: 280-290.

Li L., Sun J., Zhang F., *et al*. 2001b. Wheat/maize or soybean strip intercropping. II. Recoveryor compensation of maize and soybean after wheat harvesting. Field Crops Research, 71: 173-181.

Li L., Sun J., Zhang F., *et al*. 2001a. Wheat/maize or wheat/soybean strip intercropping. I. Yield advantage and interspecific interactions on nutrients. Field Crops Research, 71: 123-137.

Li L., Yang S., Li X., *et al*. 1999. Interspecific complementary and competitive interactions between intercropped maize and fababean. Plant and Soil, 212: 105-114.

Li L., Zhang F., Li X., *et al*. 2003. Interspecific facilitation of nutrient uptake by intercropped maize and faba bean. Nutrient Cycling Agroecosystems, 65: 61-71.

Li S., Li L., Zhang F., *et al*. 2004. Acid phosphatase role in chickpea/maize intercropping. Annals of Botany, 94: 297-303.

Li Y., Yu C., Cheng X., *et al*. 2009. Intercropping alleviates the inhibitory effect of N fertilization on nodulation and symbiotic N₂ fixation of faba bean. Plant and Soil, 323: 295-308.

Maingi J. M, Shisanya C. A, Gitonga N. M., *et al*. 2001. Nitrogen fixation by common bean(*Phaseolus vulgaris* L.)in pure and mixedstands in semi-arid south-east Kenya. European Journal of agronomy, 14:1-12.

Mandal B. K., D. Das, A. Saha,. 1996. Yield advantage of wheat (triticum aestivum) and chickpea (Cicer arietinum) under different spatial arrangements in intercropping, India Journal of Agronomy, 41(1): 17-21.

Mei P. P., Gui L. G., Wang P., *et al*. 2012. Maize/faba bean intercropping with rhizobia inoculation enhances productivity and recovery of fertilizer P in a reclaimed desert soil.

336

Field Crops Research, 130: 19-27.

Morris R. A. , Garrity D. P. 1993. Resource capture and utilization in intercropping: non-nitrogen nutrients. Field Crops Research, 34: 319-334.

Moynihan J. M. , Simmons S. R. , C. C. Sheaffer. 1996 Intercropping annual medic with conventional height and semidarf barley grown for grain. Journal of Agronomy, 88: 823-828.

Mukhala E. , De Jager J. M. , Van Rensburg L. D. ,1999. Dietary nutrient deficiency in small-scale farming communities in South Africa: Benefits of intercropping maize (*Zea mays*) and beans (*Phaseolus vulgaris*). Nutrition Research, 19: 629-641.

Mullen M. D. , Israel D. W. ,Wollum A. G. 1988. Effects of Bradyrhizobium japonicum and soybean (*Glycine max* (L.) Merr.) phosphorus nutrition on nodulation and dinitrogen fixation. Applied and Environmental Microbiology, 54: 2387-2392.

Nambiar P. T. C. , Rupela O. P. ,Kumar Rao J. V. D. K. 1988. Nodulation and nitrogen fixation in groundnut (*Arachis hypogaea* L.), chickpea (*Ocer arietinum*), and pigeonpea (*Cajanus cajan* L Millsp). In Biological Nitrogen Fixation: Recent Developments. Oxford and IBH Publishers, New Delhi, pp. 53-70.

Neumann A. , Schmidtke K. ,Rauber R. 2007. Effects of crop density and tillage system on grain yield and N uptake from soil and atmosphere of sole and intercropped pea and oat. Field Crops Research, 100: 285-293.

Neumann G. ,Romheld V. 1999. Root excretion of carboxylic acids and protons in phosphorus-deficient plants. Plant and Soil, 211: 121-130.

Peoples M. B. , Boddey R. M. ,Herridge D. F. 2002. Quantification of nitrogen fixation. In: Leigh GJ (ed) Nitrogen fixation at the millennium. Elsevier, Brighton, 357-389.

Peoples M. B. , Ladha J. K. , Herridge D. F. 1995. Enhancing legume N_2 fixation through plant and soil management. Plant and Soil, 174: 83-101.

Prasad R. B. ,Brook R. M. 2005. Effect of varying maize densities on intercropped maize and soybean in Nepal. Experimental Agriculture, 41: 365-382.

Ragothama K. G. 1999. Phosphate acquisition. Annual Reviews of Plant Physiology and Plant Molecular Biology, 50: 665-693.

Sangakkara R. 1994. Growth, yield and nodule activity of mungbean intercropped with maize and cassava. Journal of the Science of Food and Agriculture, 66: 417-421.

Sanginga N. , Bowen G. D. ,Danso S. K. A. 1991. Intra-specific variation in growth and P accumulation of Leucaena leucocephala and Gliricidia sepium as influnced by soil phosphate status. Plant and Soil, 133: 201-208.

Santalla J. M. , Amurrio J. M. , Rodino A. P. ,*et al.* 2001a. Variation in traits affecting nodulation of common bean under intercropping with maize and sole cropping. Euphytica，122：243-255.

Santalla J. M.，Rodino A. P.，Casquero P. A.，*et al*. 2001b. Interactions of bush bean intercropped with field and sweet maize. European Journal of Agronomy，15：185 - 196

Shantharam S.，Mattoo A. K. 1997. Enhancing biological nitrogen fixation：An appraisal of current and alternative technologies for N input into plants. Plant and Soil，194：205-216.

Siame J.，Willey R. W.，Morse S. 1997. A study of the partitioning of applied nitrogen between maize and beans in intercropping. Experimental Agriculture，33：35-41.

Singleton P. W.，Bohlool B. B.，Nakao P. L. 1992. Legume response to rhizobial inoculation in the tropics：myths and realities. In：Lal，R.，Sanchez，P. A.（Eds.），Myths and Science of Soils of the Tropics. Soil Science Society of America and American Society of Agronomy Special Publications，29：135-155.

Smil V. 1999. Nitrogen in crop production：an account of global flow. Global. Biogeological Cycles，13：647-662.

Stern W. R. 1993. Nitrogen fixation and transfer in intercrop systems. Field Crops Research，34：335-356.

Ta T. C.，Faris M. A. 1987. Species variation in the fixation and transfer of nitrogen from legumes to associated grasses. Plant and Soil，98：265-274.

Tang C.，Mclay C. D. A.，Barton L. 1997. A comparison of proton excretion of twelve pasture legumes grown in nutrient solution. Australian Journal of Experimental Agriculture，37：563- 570.

Tang C.，Unkovich M. J.，Bowden J. W. 1999. Factors affecting soil acidification under legumes. III. Acid production by N -fixing legumes as influenced by nitrate supply. New Phytology，143：513-521.

Thies J. E.，Singleton P. W.，Bohlool B. B. 1991b. Modeling symbiotic performance of introduced rhizobia in yield-based indices of indigenous populations size and nitrogen status of the soil. Applied and Environmental Microbiology，57：29-37.

Vadez V.，Lasso J. H.，Beck D. P. and Drevon J. J. 1999. Variability of N_2-fixation in common bean（*Phaseolus vulgaris* L.）under P deficiency is related to P use efficiency. Euphytica，106：231-242.

Van Kessel C.，Hartley C. 2000. Agricultural management of grain legumes，has it led to an increase in nitrogen fixation? Field Crops Research，465：165-181.

Vance C. P. 2001. Symbiotic nitrogen fixation and phosphorus acquisition：Plant nutrition in a world of declining renewable resources. Plant Physiology，127：390-397.

Vandermeer J. H. 1989. The Ecology of Intercropping. Cambridge University Press，Cambridge，UK.

Wani S. P., Rupela O. P., Lee K. K. 1995. Sustainable agriculture in the semi-arid tropics through biological nitrogen fixation in grain legumes. Plant and Soil，174：29-49.

Willey R. W. 1979. Intercropping - its importance and research needs part Ⅰ. competition and yield advantages. Field Crops Research，32：1-10.

Xiao Y., Li L., Zhang F. 2004. Effect of root contact on interspecific competition and N transfer between wheat and faba bean using direct and indirect ^{15}N techniques. Plant and Soil，2004，262：45-54.

Zemenchik R. A., Albrecht K. A., Shaver R. D. 2002. Improved nutritive value of kura clover and birdsfoot trefoil-grass mixtures compared with grass monocultures. Agronomy Journal，94：1131-1138.

陈丹明,曾昭海,隋新华,等. 2002. 紫花苜蓿高效共生根瘤菌的筛选. 草业学报，19：27-311.

陈文新,李季伦,朱兆良,等. 2006. 发挥豆科植物-根瘤菌共生固氮作用——从源头控制滥施氮肥造成的面源污染. 科学时报，10：19.

陈文新,李卓棣,闰章才. 2002. 我国土壤微生物学和生物固氮研究的回顾与展望. 世界科技研究与发展，24：6-12.

陈文新. 2004. 豆科植物根瘤菌固氮体系在西部大开发中的作用. 草地学报，12：1-2.

褚贵新,沈其荣,李弈林,等. 2004. 用^{15}N叶片标记法研究旱作水稻与花生间作系统中氮素的双向转移. 生态学报，24：278-284.

窦新田,李树藩,李晓鸣,等. 1989. 大豆根瘤菌在黑龙江省接种效果与接种有效性的研究. 中国农业科学，22：62-70.

范分良. 2006. 蚕豆/玉米间作促进生物固氮的机制和应用研究[博士学位论文]. 北京：中国农业大学.

房增国,赵秀芬,孙建好,等. 2009. 接种根瘤菌对蚕豆/玉米间作系统产量及结瘤作用的影响. 土壤学报，46：887-893.

房增国,赵秀芬,孙建好,等. 2009. 接种根瘤菌对蚕豆/玉米间作系统氮营养的影响. 华北农学报，4：124-128.

房增国. 2004. 豆科/禾本科间作的氮铁营养效应及对结瘤固氮的影响[博士学位论文]. 北京：中国农业大学.

郭丽琢,张虎天,何亚慧,等. 2012. 根瘤菌接种对豌豆/玉米间作系统作物生长及氮素营养的影响. 草业学报，21：43-49.

胡博. 2009. 不同氮素水平接种对混作的影响初步研究——以玉米紫花苜蓿为例. 北京：北京林业大学.

胡恒觉,黄高宝. 1999.新型多熟种植研究. 甘肃科学技术出版社,18-204.

胡开辉,罗庆国,汪世华,等. 2006. 化感水稻根际微生物类群及酶活性变化. 应用生态学报，17：1060-1064.

贾瑞宗. 2009. 高效根瘤菌-紫花苜蓿-无芒雀麦农田耕作系统的建立和生物学效应评估 [博士学位论文]. 北京:中国农业大学.

金国柱,马玉兰. 2000. 宁夏淡灰钙土的开发利用. 干旱区研究,17:59-63.

李隆. 1999. 间作作物种间促进与竞争作用的研究.[博士学位论文] 北京:中国农业大学.

李淑敏,李隆,张福锁. 2005. 蚕豆/玉米间作接种 AM 真菌与根瘤菌对其吸磷量的影响. 中国生态学报,13:136-139.

李淑敏,李隆. 2011. 蚕豆/玉米间作接种 AM 真菌和根瘤菌对外源有机磷利用的影响. 农业现代化研究,32:243-247.

李淑敏. 2004. 间作作物吸收磷的种间促进作用机制研究[博士学位论文]. 北京:中国农业大学.

李文学. 2001. 小麦/玉米/蚕豆间作系统中氮、磷吸收利用特点及其环境效应[博士学位论文]. 北京:中国农业大学.

李玉英,孙建好,李春杰,等. 2009. 施氮对蚕豆/玉米间作系统蚕豆农艺性状及结瘤特性的影响. 中国农业科学,42:3467-3474.

李玉英. 2008. 蚕豆/玉米种间相互作用和施氮对蚕豆结瘤固氮的影响研究[博士学位论文]. 北京:中国农业大学.

李增嘉,李风超,赵秉强. 小麦玉米间套作的产量效应与光热资源利用率的研究. 山东农业大学学报,1998,29(4):419-426.

刘杰,王赟文,李颖,等. 2005. 利用土壤筛选紫花苜蓿高效共生根瘤菌的初步研究. 草业科学,22:21-25.

师尚礼. 2005. 甘肃寒旱区苜蓿根瘤菌促生能力影响因子分析及高效促生菌株筛选研究 [博士学位论文]. 兰州:甘肃农业大学.

孙建好,李隆,李娟. 2007,小麦/大豆间作氮磷肥效的双变量分析. 干旱地区农业研究,25(4):183-186.

孙艳梅. 2010. 紫花苜蓿接种根瘤菌与老芒麦间作对根际土壤微生物活性及群落组成的影响[博士学位论文].北京:中国农业大学.

汤东生,朱有勇. 2005. 蚕豆/小麦间作对结瘤效应研究初探. 云南农业大学学报,20:331-334.

王福生,李阜棣,陈华葵. 1989. 土壤中大豆根瘤菌之间竞争结瘤的研究. 接种菌量对大豆生长的影响. 土壤学报,26:388-392.

王宏,姚桂荣,李忠平,等. 1997. 豆科牧草丸衣化接种根瘤菌试验研究. 内蒙古草业,2,3:42-46.

王宏. 1989. 紫花苜蓿接种根瘤菌的效果. 中国草地,2:36-39.

王吉智. 1990. 宁夏土壤,银川. 宁夏人民出版社,102-105.

王立祥,李军. 2003. 农作学. 北京:科学出版社,122-123,152,177.

武帆,李淑敏,孟令波. 2009. 菌根真菌、根瘤菌对大豆/玉米氮素吸收作用的研究. 东北农业大学学报,40：6-10.

肖焱波,李隆,张福锁. 2003. 接种不同根瘤菌对间作蚕豆和小麦生长的促进作用研究. 农业现代化研究,24：275-277.

肖焱波,李隆,张福锁. 2006. 根瘤菌菌株 NM353 对小麦/蚕豆间作体系中作物生长及养分吸收的影响. 植物营养与肥料学报,12：89-96.

肖焱波. 2003. 豆科/禾本科间作体系中养分竞争和氮素转移研究[博士学位论文]. 北京：中国农业大学.

谢军红,黄高宝,赵天武,等. 2009. 豌豆根瘤菌高效菌株的筛选及共生匹配性研究. 甘肃农业大学学报,44：102-106

杨文权,郭军康,冯春生,等. 2007. 宁夏豆科植物根瘤菌资源调查及其生态分布. 干旱地区农业研究,25：176-181。

曾昭海,胡跃高,陈文新,等. 2006. 接种高效根瘤菌对紫花苜蓿-禾本科混播组合生产性能的影响. 干旱地区农业研究,24：55-58,67.

张恩和. 1997. 作物间套作复合群体根系营养竞争与补偿效应研究[博士学位论文]. 兰州：甘肃农业大学

张维江,郭文锋. 1999. 贺兰山东麓中段荒漠地的形成与开发治理. 人民黄河,21：22-24

赵丹丹,李涛,赵之伟. 2006. 丛枝菌根真菌-豆科植物-根瘤菌共生体系的研究进展. 生态学杂志,25：327-333.

钟增涛,沈其荣,孙晓红,等. 2003,根瘤菌在小麦与紫云英混作中的作用. 应用生态学报,14(2)：187-190.

第7章

豆科植物在间套作种植体系中的应用

7.1 蚕豆/玉米间作高产高效种植技术

该种植模式具有很好的前期增温保墒效果,能充分利用光、热、水、土资源,提高单位土地的利用效率,并且种植方法简单、便于操作、适应性广、生产成本低而深受广大农民群众的欢迎,很多地方已把该模式作为种植业结构调整和发展高产优质高效农业的主导模式加以推广。

7.1.1 适用范围

本技术适用于海拔 1 550～2 000 m。年平均气温 6.0～8.2℃,≥10℃的积温 2 200～3 100℃,无霜期 140～162 d,水资源短缺但有良好灌溉条件的灌溉区。

7.1.2 产量指标

蚕豆 1 500～3 000 kg/hm²,玉米 9 800～12 500 kg/hm²。

7.1.3 种植规格

蚕豆/玉米间作采用 1.6 m 带幅,玉米带种 2 行,行距 40 cm;蚕豆带种 4 行,行距 20 cm。3 月上旬整地施肥后,按带幅画行覆膜,播种蚕豆,亩保苗 8 000～8 500 株。玉米播种期为 4 月中、上旬,通常采用 70 cm 地膜覆盖,膜面 50 cm 种 2 行玉米,行距 40 cm,株距 22～25 cm,保苗 5.25～6.00 万株/hm²,玉米与蚕豆行间距离 20 cm,如图 7.1 和图 7.2(彩图 12)所示。

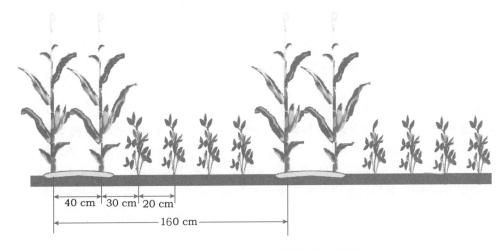

图 7.1 蚕豆/玉米间作栽培模式示意图

图 7.2 蚕豆/玉米间作种植模式的田间照片

7.1.4 栽培技术要点

1. 品种选择

蚕豆品种:宜选择临蚕 2 号、5 号,该品种中早熟,株型紧凑,幼苗深绿色,叶片阔椭圆形,花浅紫色,始荚高 25 cm,有效分枝 1~3 个,单株结荚 20~30 个,单株荚数 10~15 个,荚长 10 cm,百粒重 165~200 g,籽粒粗蛋白含量 23.44%,粗淀粉 50.83%,粗脂肪 1.64%,生育期 150 d 左右。

玉米品种:在海拔 1 500~1 700 m 且受水资源限制较小的地区,可选择沈单 16 号、郑单 958、金穗等中晚熟品种;在海拔 1 700~1 800 m 且受水资源限制较小的地区,可选择中单 2 号、四单 19 号等早熟品种。

2. 水肥管理

施加农肥 45 000 kg/hm²、氮肥(N)300~375 kg/hm²、磷肥(P₂O₅)120~150 kg/hm²。其中农家肥和全部磷肥以及氮肥使用量的 1/3 做基肥。播种覆膜前,用 48% 地乐胺乳油 3 000~3 750 mL/hm² 兑水喷洒土壤,以防除一年生禾本科杂草及阔叶杂草。蚕豆和玉米出苗时要及

343

时放苗,以免烧苗。5月上旬及时灌足头水,6月上旬和7月上旬分别灌好花水和籽粒膨胀水,以满足蚕豆生长对水分的需求;玉米在拔节期(5月下旬至6月上旬)结合灌水追1次氮肥,追肥量为75 kg N/hm²,蚕豆收获后正值玉米大喇叭口期(7月中旬),结合灌水给玉米追施氮肥150 kg N/hm²,8月中、下旬给玉米灌第4次水,全生育期灌水约7 500 m³/hm²。

3.病虫害防治

玉米病虫害主要有锈病、红蜘蛛和玉米螟。

蚕豆上的病虫害主要有赤斑病、锈病、枯萎病和蚕豆象。赤斑病在发病初期喷施1∶2∶100的波尔多液,以后每隔10 d喷50%多菌灵500倍液1次,连喷2~3次。锈病可用15%粉锈宁50 g,兑水50~60 kg喷施,每亩用药液40~60 kg,施药后20 d左右再喷药1次。枯萎病在发病初期可用50%甲基托布津500倍液浇施根部,用药2~3次有较好的防治效果。蚕豆象以幼虫钻进蚕豆子实中危害,可在蚕豆初花至盛花期每亩用20%速灭杀丁20 mL对水60 kg喷雾毒杀成虫,7 d后再喷1次,防效良好。在蚕豆终花期,喷施40%乐果1 000倍液,毒杀幼虫也有良好效果。

7.2 大豆/玉米间作高产高效种植技术

大豆/玉米间作是我国种植面积最大的间作模式,全国粮食主产区均有分布。大豆/玉米间作有效控制病虫害的发生,减少农药使用次数,改善生态环境,降低生产成本,能够获得较好的经济效益和社会效益。现将大豆/玉米间作栽培技术介绍如下。

7.2.1 适用范围

本技术适用于海拔1 650~1 900 m。年平均气温6.0~8.2℃,≥10℃的积温2 200~3 100℃,无霜期140~162 d,水资源短缺但有良好灌溉条件灌溉区。

7.2.2 产量指标

大豆2 250~3 750 kg/hm²,玉米9 800~12 500 kg/hm²。

7.2.3 种植规格

如图7.3、图7.4(彩图13)所示,生产上通常2∶3种植模式,即采用160 cm带幅,玉米带种2行,行距40 cm;大豆带种3行,行距30 cm,大豆行与玉米行间距30 cm。玉米采用70 cm地膜覆盖,膜面50 cm种2行玉米,行距40 cm;露地110 cm种3行大豆,行距30 cm。4月上、中旬整地施肥后,按带幅画行覆膜,先播种玉米,播种期为4月中、下旬,株距22~25 cm,用玉米穴播机点播在膜面上,保苗52 500株/hm²左右。种完玉米后紧接着穴播大豆,株距22~24 cm,穴点播6~8粒,播量120~150 kg/hm²,定苗时每穴留5株,保苗30万~75万株/hm²。

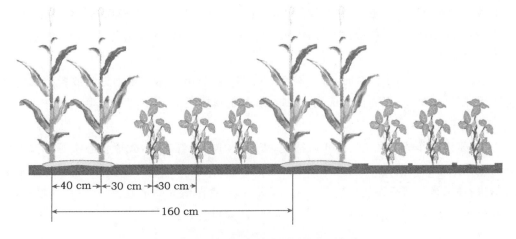

图 7.3　大豆/玉米间作种植模式示意图

40 cm　30 cm　30 cm

160 cm

图 7.4　大豆/玉米间作种植田间生产照片

7.2.4　栽培技术要点

1. 选地、整地和施肥

选择耕作土层深厚,质地疏松,有机质含量高,土壤肥沃的地块。在 4 月上旬结合播前浅耕整地施入基肥。根据玉米对肥的需求,施足底肥,轻施提苗肥,重施拔节、孕穗肥。施肥量为:优质农家肥 75 000 kg/hm²、氮肥(N)300~375 kg/hm²、磷肥(P_2O_5)120~180 kg/hm²、钾肥(K_2O)75~150 kg/hm²。其中氮的 30% 和全部的农家肥、磷肥、钾肥、锌肥作基肥结合耕地一次性施入,其他 70% 氮肥做追肥分别在拔节期(25%)和大喇叭口期(45%)结合浇水追施,玉米灌浆期,根据玉米长势,可适当增加一些追肥。地膜选用幅宽 70 cm 的超薄地膜,覆膜时一定要把好质量关,做到严、紧、平、实的要求,膜与膜之间的距离为 90 cm。

2.选用良种

玉米一般选用稀植大穗型品种,如豫玉 22、陇单 5 号、沈单 16、金穗系列等包衣杂交品种,大豆选用直立、丰产品种,如中黄 5 号、中黄 30 大豆、吉林 3 号、粉豆系列等高产高抗病品种。

3.田间管理

玉米出苗后要将错位苗及时放出,避免烧苗、烫苗,影响玉米产量。玉米散粉结束后要及时剪除天花,降低株高,提高抗倒伏能力,减少大豆的遮阴程度,促进两种作物的增产。

4.病虫害防治

大豆/玉米间作病虫害主要防止斑潜蝇、玉米螟、蚜虫、红蜘蛛,大豆食心虫等。玉米出苗期、七叶期、大喇叭口期、抽雄期分别用"乐斯本"一桶水兑 20 mL 药液喷雾,统一防治玉米螟虫和蚜虫;在玉米灰斑病发病初期用 5% 多菌灵、75% 百菌清 600 倍液、75% 三环唑喷雾防治;大豆在鼓荚期用 2.5% 敌杀死 80 mL 兑水喷雾,防大豆食心虫。

5.适时收获

玉米全生育期约 130 d,大豆全生育期约 110 d,大豆青食可提前 20 d。适时收获,以能增产增收。

7.3 针叶豌豆/玉米间作高产高效种植技术

水资源短缺已经严重影响到我国传统灌溉区农业的可持续发展,提高农田水分利用效率和单位灌水效益是生产实践急需的技术。豌豆/玉米间作是在集成地膜玉米高产栽培的基础上,在玉米宽行间插入 2 行针叶豌豆,在玉米不减产、不增加任何水肥投入的前提下,亩增收豌豆 150～250 kg,全生育期灌水与单作玉米相同,约 440 m³,单方水的效益显著提高,同时还利用豌豆固氮和活化磷素特性培肥土壤肥力,是一项基于高效生产、资源循环利用、农民增收的新技术。

7.3.1 适用范围

本技术适用于海拔 1 650～1 900 m。年平均气温 6.0～8.2℃,≥10℃ 的积温 2 200～3 100 ℃,无霜期 140～162 d,水资源短缺但有良好灌溉条件灌溉区。

7.3.2 产量指标

豌豆 2 250～3 750 kg/hm²,玉米 9 800～12 500 kg/hm²。

7.3.3 种植规格

生产中通常有 2 种种植方式,即 3 行玉米和 4 行豌豆间作,或 2 行玉米和 4 行豌豆间作,以后者效益较好。如图 7.5、图 7.6(彩图 14)所示,玉米采用 70 cm 地膜覆盖,膜面 50 cm 种 2 行玉米,行距 40 cm;玉米带间种 4 行豌豆,行距 20 cm,玉米与豌豆行间距离 20 cm。3 月上旬整地施肥后,按带幅画行覆膜,播种豌豆,播种量 225 kg/hm² 左右;玉米播种期为 4 月中上旬,株距 22～25 cm,用玉米穴播机点播在膜面上,亩保苗 60 000～67 500 株/hm²。

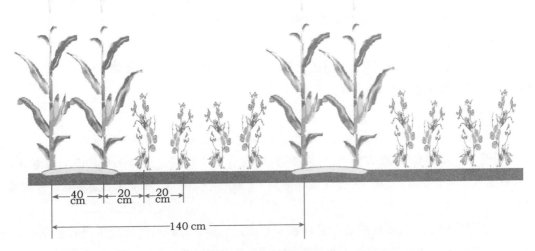

图 7.5 针叶豌豆/间作玉米种植模式示意图

图 7.6 针叶豌豆/玉米间作的田间照片

7.3.4 栽培技术要点

1.选地、整地和施肥

选择耕作土层深厚,质地疏松,有机质含量高,土壤肥沃的地块。在 3 月中、下旬结合播前浅耕整地施入基肥。施肥量为:优质农家肥 75 000 kg/hm²、氮肥(N)300~375 kg/hm²、磷肥(P₂O₅)120~180 kg/hm²、钾肥(K₂O)75~150 kg/hm²、锌肥(ZnSO₄)15~30 kg/hm²。其中氮肥的 30%和全部的农家肥、磷肥、钾肥、锌肥作基肥结合耕地一次性施入,其他 70%氮肥做追肥分别在拔节期(25%)和大喇叭口期(45%)。结合浇水追施,玉米灌浆期,根据玉米长势,可适当追肥,追尿素 150 kg/hm²。地膜选用幅宽 70 cm 的超薄地膜,覆膜时一定要把好质量关,做到严、紧、平、实的要求,膜与膜之间的距离为 90 cm。

2.选用良种

玉米一般选用株型紧凑适合密植的沈单 16、金穗系列、临单 217、武科 2 号等包衣杂交品种,针叶豌豆选用中豌 4 号,陇豌 1、2 号等高产品种。

3.田间管理要点

(1)及时放苗 玉米出苗后要将错位苗及时放出,避免烧苗、烫苗,影响玉米产量。

(2)灌水 掌握在拔节、大喇叭口、抽雄前、吐丝后 4 个时期。头水在 6 月中上旬灌溉,以后可根据玉米生长状况、地墒、天气等情况灌溉,一般每隔 20~25 d 灌 1 次水,全生育期灌 4 次水。

(3)病虫害防治 玉米红蜘蛛在早期螨源扩散时,选用 1.45%阿维吡可湿性粉剂 600 倍液或每公顷用 73%克螨特 750 mL 兑水喷雾防治,在田埂杂草和玉米四周 1 m 内进行交替防治 2~3 次。7 月中旬若发现玉米上有红蜘蛛,用 20%双甲脒乳油 1 000 倍液或 1.45%捕快可湿性粉剂 600 倍液进行防治;玉米棉铃虫用 35%植保博士乳油 1 500 倍液于幼虫 3 龄前尚未蛀入果穗内部喷雾防治效果最佳,在入蛀果穗后用 35%植保博士乳油 2 000 倍液滴液防治;玉米丝黑穗病可用种子重量 0.5%的粉锈宁可湿性粉剂拌种防治。

(4)适时收获 豌豆在 6 月中旬收获,玉米在 10 月上旬收获。

7.4 蚕豆/小麦间作高产高效种植技术

小麦/蚕豆间作主要适宜在高海拔,积温较低,干热风较少,玉米种植不能完全成熟的地区种植,甘肃高寒阴湿区的永登、临夏、岷县及河西沿山高寒区适宜种植,南方冬季小麦种植区也有一定面积。其主要特点是用地养地相结合,提高土地利用率,能通过农田生物多样性减少病虫害发生,便于管理,经济效益十分明显。现将示范推广的栽培技术要点总结如下。

7.4.1 适用范围

本技术适用于高海拔 1 750~2 300 m 的小麦适宜种植区。年平均气温 6.0~8.2℃,≥10℃的积温 1 800~2 500℃,无霜期 120~142 d,有良好灌溉条件。

7.4.2　产量指标

蚕豆 2 250～3 000 kg/hm²,小麦 5 250～6 000 kg/hm²。

7.4.3　种植规格

采用 200 cm 带幅,小麦带幅 100 cm 种 6 行,行距 20 cm;蚕豆带幅 100 cm 种 4 行,行距 25 cm,小麦与蚕豆间距 25 cm(图 7.7、图 7.8,彩图 15)。3月上旬整地施肥后,按带幅画行覆膜,播种小麦,播量 225～270 kg/hm²,成穗 450 万～540 万/hm²;蚕豆和小麦同时开沟播种,种完小麦带紧接着开沟点播蚕豆带,依此类推,蚕豆株距 22～25 cm,穴点播 1 粒,保苗 82 500 ～90 000 株/hm²。

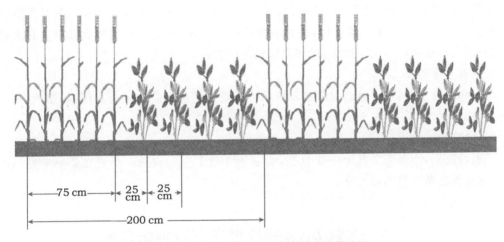

图 7.7　蚕豆/小麦间作高产高效栽培模式图

图 7.8　蚕豆/小麦间作种植田间照片

349

7.4.4　栽培技术要点

1.选用良种,适期早播

小麦应选矮秆紧凑、抗倒丰产、抗逆性强的中早熟品种,如永良 4 号、变异 4 号或陇春 20 号等。蚕豆品种宜选择中早熟,株型紧凑的临蚕 2 号、5 号。小麦播种前采用粉锈宁拌种,以控制病源。

2.科学施肥、合理灌水

一般施优质农肥 60 000～75 000 kg/hm²,优质过磷酸钙 750 kg/hm²,尿素 150～225 kg/hm² 做底肥。小麦浇头水时追施尿素 150 kg/hm²。麦收后蚕豆一般不追肥。小麦全生育期灌水 4 次,麦收后视天气给蚕豆浇水 1 次。

3.加强苗期管理

苗期管理是促进蚕豆全苗、壮苗的重要环节。苗期管理上应主要抓好中耕除草工作。一般应在蚕豆出苗后及时浅中耕一次,以利培育壮苗。小麦浇第二、三次水后杂草危害相继出现,应分别进行中耕以达到消灭杂草、增温保墒的目的。

4.病虫草害防治

小麦病虫害主要防治锈病、吸浆虫和蚜虫。蚕豆上的病虫害主要有赤斑病、锈病、枯萎病和蚕豆象。

5.适时收获

一般情况下,小麦于 7 月上中旬收获,蚕豆于 8 月上中旬收获。小麦在蜡熟末期适时收获,等蚕豆荚发黄变黑即可收获。

7.5　大豆/小麦间作高产高效种植技术

小麦/大豆间套作在甘肃、新疆、宁夏、内蒙古、东北三省广泛种植,全国种植面积超过 100 万 hm²,其主要特点是小麦基本不减产,又增收一季大豆,既能充分利用光、热、气、水等自然资源,并且豆科/禾本科间套作投入少,便于管理;充分利用秋后空闲季节,提高土地利用率,用地养地相结合,经济效益十分明显。现将示范推广的栽培技术要点总结如下。

7.5.1　适用范围

本技术适用于海拔 1 650～1 900 m。要求年平均气温 6.0～8.2℃,≥10℃的积温 2 200～3 100℃,无霜期 140～162 d,有良好灌溉条件。

7.5.2　产量指标

大豆 2 250～3 000 kg/hm²,小麦 6 750～7 500 kg/hm²。

7.5.3 种植规格

如图 7.9、图 7.10(彩图 16)所示,采用 120 cm 带幅,小麦带幅种 6 行,行距 12 cm;大豆带幅种两行,行距 20 cm,小麦与大豆间距 20 cm。3 月上旬整地施肥后,按带幅画行覆膜,播种小麦,播量 225 万～300 kg/hm²,成穗 555 万～600 万/hm²;大豆播种期为 4 月中上旬,株距 22～25 cm,穴点播 6～8 粒,播量 120～150 kg/hm²,定苗时每穴留 5 株,保苗 30 万～38 万株/hm²。

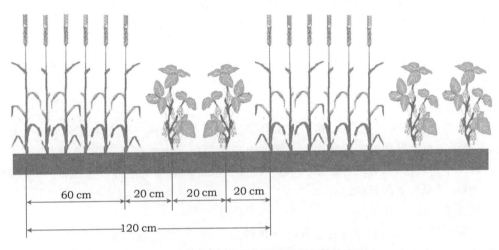

图 7.9 大豆/小麦间作高产高效栽培模式图

图 7.10 大豆/小麦间作种植的田间照片

7.5.4　栽培技术要点

1.选用良种,适期早播

小麦应选矮秆紧凑、抗倒丰产、抗逆性强的中早熟品种,如永良 4 号、15 号或陇春 20 号等。大豆宜选生育期适中、株型紧凑、结荚集中的直立型抗倒伏品种中黄 35 号。小麦于 3 月上中旬及早播种。小麦出苗显行后,及时机播或耧播大豆,播深控制在 3～4 cm。

2.科学施肥、合理灌水

小麦/大豆间作是一年两种两收,科学肥水管理是高产、稳产的关键,特别是大豆中后期管理的好坏直接影响大豆的产量。一般施优质农肥 60 000～75 000 kg/hm²,优质过磷酸钙 750 kg/hm²,尿素 255～300 kg/hm²。小麦浇头水时亩追施尿素 150 kg/hm²。为了防止大豆营养生长过旺而影响成熟,麦收后大豆一般不予追肥。小麦全生育期灌水 4 次,麦收后视天气大豆浇水 1～2 次。

3.加强苗期管理

苗期管理是促进大豆全苗、壮苗的重要环节。小麦大豆带田一般在小麦头水后土壤板结严重,不利于大豆幼苗生长。因此在苗期管理上应主要抓好中耕除草工作。一般应在大豆出苗后及时浅中耕一次,以利培育壮苗。小麦第二、三水后杂草相继危害,应分别进行中耕以达到消灭杂草、增温保墒的目的。

4.病虫草害防治

在小麦播种前 7 d,用 48％地乐胺乳油拌沙撒入地中耙糖,防治阔叶杂草,3～4 叶期用 40％野燕枯 0.40％～0.50％的稀释液叶面喷雾防治野燕麦,生长后期人工拔除杂草。小麦吸浆虫在小麦抽穗扬花期用 2.50％辉丰菊酯或 25％辉丰快克进行叶面穗部喷雾防治,蚜虫用抗蚜威进行喷雾防治。

大豆全生育期注意对根腐病、病毒病及蚜虫进行监控和防治,一旦出现病症,及时施药防治,对根腐病和病毒病严重的植株还应及时拔除,并带出田间丢弃。每亩选用 50％甲基托布津 WP 或 65％代森锌 WP100 g 兑水 50 kg 茎叶喷雾防治根腐病,用满穗 10 mL 兑 15 kg 水防治锈病、纹枯病。对于苗期中出现的卷叶螟,荚期出现的造桥虫、斜纹叶蛾、豆荚螟等害虫用 20 mL 钾维盐兑 15 kg 水进行防治,红蜘蛛用 34％扫螨净乳油 2 000 倍液对大豆叶背面喷雾防治。

5.适时收获

小麦在蜡熟末期适时收获以保证大豆的健壮生长,一般情况下,小麦于 7 月上中旬收获,大豆于 9 月上中旬收获。

7.6　旱地马铃薯/蚕豆间作高产高效种植技术

马铃薯是干旱半干旱雨养农业区重要的经济作物,甘肃、内蒙古、宁夏、贵州等地马铃薯种植面积较大。近年来,随甘肃省旱地全膜双垄沟播技术的推广,旱地农业取得革命性突破。全膜双垄沟播技术在马铃薯种植上试验成功,旱地马铃薯产量和种植效益均有大幅度提升。但连续多年种植,连作障碍已经影响到主产区马铃薯产业的持续发展。旱地马铃薯/蚕豆种植技术就是在双垄沟马铃薯种植技术的基础上引进豆科作物蚕豆,蚕豆根系分泌有机酸活化土壤固态磷及促进根瘤菌固氮,进而培肥土壤;通过间作技术抑制马铃薯病源传播,有效缓解了马铃薯病虫害。该模式投入较少,用养结合,是一种较为科学、节水、高效的种植模式。

7.6.1　适宜范围

适宜于海拔 1 500～2 400 m,年平均气温 7～8℃,≥10℃有效积温 3 000～3 500℃,无霜期 140～162 d,年降雨量 200～500 mm 的地区。

7.6.2　产量指标

马铃薯 27 000～37 500 kg/hm²,蚕豆每亩 1 875～2 250 kg/hm²。

7.6.3　种植规格

如图 7.11、图 7.12(彩图 17)所示,采用双垄沟覆膜技术,每幅垄分为大小两垄,垄幅宽 110 cm,大垄宽 70 cm,高 10 cm,小垄宽 40 cm,高 15 cm。选用幅宽 120 cm 地膜全膜覆盖,膜与膜在大垄中间相接。大垄中播种两行马铃薯,株距 30 cm,定植马铃薯苗 54 000～60 000 穴/hm²;小垄点播蚕豆 1～2 行,株距 15～25 cm,保苗 60 000 ～67 500 株/hm²。

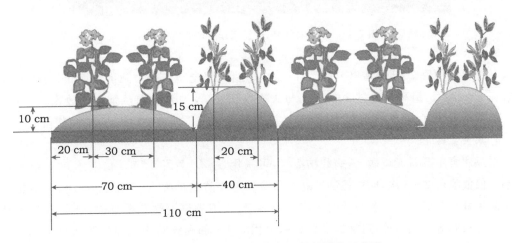

图 7.11　旱地马铃薯/蚕豆间作种植模式示意图

7.6.4　栽培技术要点

1.选地整地,施足底肥

选择土层深厚、土质肥沃、结构疏松的地块,在马铃薯主产区尽量避免重茬连作。前茬作物收获后,及时深耕打糖保墒,翌春浅耕耙糖,结合春耕施农家肥 45 000～75 000 kg/hm²,氮肥(N)90～120 kg/hm²,磷肥(P₂O₅)100～120 kg/hm²,钾肥(K₂O)90～150 kg/hm²。

2.选择良种,适期播种

马铃薯选择高产、抗病品种,如克星系列、陇薯系列等。播种一般采用先起垄播种再盖膜的方式,选用厚度 0.008～0.01 mm、宽 120 cm 的地膜。全膜覆盖,覆完第一幅膜后,将第二幅膜的一边与第一幅膜在大垄中间相接,膜与膜不重叠,每隔 2～3 m 横压土腰带。覆膜时要将地膜拉展铺平,从垄面取土后,应随即整平。马铃薯 3 月中旬播种,8 月中下旬收获,蚕豆和马铃薯同期播种(3 月中旬),8 月上旬收获。

图 7.12 旱地马铃薯/蚕豆间作生产的田间照片

3.生长期管理

马铃薯播种后 20 d 开始出苗,要及时放苗、定苗、保全苗。播种到出苗期间,膜内温度白天宜在 20～25℃,最高不超过 30℃。要每天查看田块,及时将幼苗从地膜中放出来,以免烧苗。若遇低温天气,可先放绿苗,再放黄苗,适当延缓放苗。放苗时要细心,以免伤苗。

4.病虫害防治

蚕豆病害主要有赤斑病、锈病和枯萎病,可采用 50%"多菌灵"500 倍液或 50%甲基托布津 500 倍液喷药 2～3 次,即可控制发病。马铃薯主要防治早晚疫病,用杜邦克露荷甲霜锰锌交替防治效果较好。蚕豆和马铃薯虫害主要有蚜虫、美洲斑潜蝇和蚕豆象,蚜虫用 10%吡虫啉、3%啶虫脒等药剂防治,斑潜蝇和红蜘蛛可用 0.1%的阿维菌素大田喷雾防治 1～2 次;蚕豆象防治主要在蚕豆初花期至盛花期,用 20%速灭杀丁每亩 20 mL 兑水 50 kg 喷雾,隔一周防治一次,防治效果达 80%。

5.适期收获

蚕豆 8 月上旬收获;马铃薯收获应根据市场行情,自 8 月中旬起,适时收获。

7.7　马铃薯间作大豆种植模式

利用作物行间或前后茬的间隙，见缝插针种植豆科绿肥作物，使其参与粮、油、棉、菜等作物的间套作，实行一地多用，集约种植，既生产粮、油、棉、菜等农产品，又生产豆科绿肥饲草。实行用地与养地、农业与畜牧相结合，不仅有利于克服农业内部的比例失调，建立良好的农业生态体系，还有利于促进农村多种经营的发展。

针对马铃薯的连作障碍等问题以及马铃薯前期生长特点和栽培技术要求，种植大豆是解决马铃薯连作障碍并发展畜牧业的新途径。其种植模式是通过改单一马铃薯为豆科作物大豆与马铃薯的粮肥结合生产模式，实现薯业和肥地的良性循环。

7.7.1　适用范围

本技术适用于海拔 1 550～2 000 m，年平均气温 6.0～8.2℃，≥10℃的积温 2 200～3 100℃，无霜期 140～162 d，水资源短缺但有良好灌溉条件的灌溉区。

7.7.2　产量指标

大豆 2 500～3 000 kg/hm²，马铃薯 45 000～60 000 kg/hm²。

7.7.3　种植规格

如图 7.13、图 7.14(彩图 18)所示，马铃薯采用垄宽 60 cm，垄沟 30 cm。马铃薯种植起垄后(即 4 月 20 日左右)随即在沟内播种大豆 2 行，行距 25 cm，穴距 20 cm。

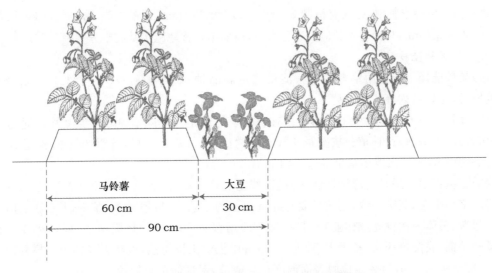

图 7.13　马铃薯/绿肥(大豆)间作种植模式图

图 7.14　马铃薯/大豆间作生产的田间照片

7.7.4　栽培技术模式要点

1.整地与基肥

前茬收获后及时深耕灭茬,深度为 25～30 cm,并及时平整土地,土壤封冻前灌水 1 200～1 500 m³/hm²,翌年开春土壤解冻前进行顶凌镇压、耙糖、保墒。土壤解冻后浅耕 10～15 cm,平整、耙糖、保墒,以备播种。

播种前结合春季整地,施入有机肥 30 000～60 000 kg/hm²、磷酸二铵 225～300 kg/hm²、尿素 150～225 kg/hm²,马铃薯施肥应以底肥为主,播前结合整地施足基肥十分关键。

2.马铃薯种植技术

(1)品种选择　应选用早熟、高产、淀粉含量高品种,如陇薯 7 号、大西洋、LK99、费乌瑞它、夏坡蒂、克星系列等脱毒种薯。

(2)播种　一般在 4 月中下旬播种。有灌溉条件或生育期降水量较多且集中的地区多采用垄作方式(大垄双行)种植。按垄距 90 cm 开沟播种,每垄种 2 行,行距 25 cm,株距 20 cm,播深 8～10 cm,两行穴眼相错呈等边三角形。

(3)起垄覆膜　播种后应随即起垄覆膜,按垄底宽 60 cm、垄沟 30 cm、垄高 25～30 cm 起垄,要求垄面平直,宽窄一致,起垄后要打碎垄面上的土块,拣除硬残茬(有条件最好采用机械播种、起垄、覆膜一次性完成作业)。起垄后随即用幅宽 70 cm 的地膜覆盖,要求将膜拉紧压平,紧贴垄面,膜两侧压实,垄面上每隔 2 m 左右用土或土块压顶,以防大风揭膜。播种后随即在膜面覆土 1～2 cm,避免因地膜表面温度过高烫苗,保证幼苗自然顶出。

3.大豆种植及管理技术

(1)品种选择　应选用速生早发的中黄30、丰豆19、晋豆12等品种。

(2)播种量　112.5 kg/hm²。

(3)播种时间　马铃薯播种、起垄、覆膜后随即在垄沟内播种大豆。

(4)种植方式　每垄沟种植2行大豆,行距25 cm,穴距20 cm。采用穴播器点播,播种后镇压保墒。

(5)水肥管理　间作的大豆不再另行施肥灌水。

(6)中耕管理　当大豆苗高5~7 cm时中耕除草1次。

(7)病虫害防治　间作大豆病虫害较少,但8月下旬如有红蜘蛛发生较重时,用"立郎"杀虫剂等药物防治。如有病害发生时,用甲基托布津、代森锰锌等药物防治大豆锈病、双霉病等。

(8)收获　当大豆豆荚变黄时,一般在9月上、中旬应及时收割,收割时可以留茬15~20 cm,根茬翻压;或在大豆盛花期直接将大豆全株翻压肥田。

4.马铃薯田间管理

(1)查苗放苗　幼苗出土后2~3 d要及时破膜放苗,如发现缺苗要及时补种,及时破膜放苗。

(2)及时除草　马铃薯生长期一般除草3次左右,每次灌水前要除草1次。

(3)水肥管理　马铃薯播后30 d左右陆续出苗,齐苗后浅灌水1次。现蕾期在垄面和垄沟距离植株10~13 cm处用木棍钻追肥孔,孔深6~7 cm,追施尿素75~150 kg/hm²;开花盛期灌足水;出苗60~70 d后灌水1次,以后根据降水和土壤湿度情况灌水;收获前15 d停止灌水。

(4)及时培土　马铃薯生长期间,为防薯块露出地表受日晒变绿而影响商品价值,在薯块膨大期应培土1~2次。

(5)生长调节　现蕾期对徒长的田块喷施多效唑可湿性粉剂0.01~0.15 g/kg,以抑制旺长,促进光合产物向块茎输送。

(6)病虫害防治　出苗后用50%抗蚜威可湿性粉剂2 500倍液喷雾防治蚜虫2~3次;用1.5%植病灵可湿性粉剂1 000倍液加20%病毒A 600倍液喷雾防治,间隔7 d天喷1次,连喷3~4次,可防治病毒病;田间发现晚疫病中心病株时,用25%瑞毒霉锰锌可湿性粉剂800倍液喷雾防治1~2次;马铃薯环腐病发病初期用72%农用链霉素可溶性粉剂4 000倍液防治。播种时沟施3%辛硫磷颗粒剂60~120 kg/hm²可防地下害虫。

(7)适时收获　当马铃薯植株大部分茎叶由绿变黄并逐渐枯黄时即可采挖薯块。收挖时避免机械损伤。采收后分级包装出售或经晾晒、剔除病烂薯、严选后入窖。

7.7.5　种植模式产量

1.马铃薯间作大豆对马铃薯产量的影响

通过连续3年产量结果(表7.1)可以看出,马铃薯间作大豆马铃薯产量为41 866 kg/hm²,较单种马铃薯产量47 358 kg/hm²,减产11.6%。

表7.1　马铃薯间作大豆对马铃薯产量的影响　　　　　　　　kg/hm²

处理	2009 年	2010 年	2011 年	平均	增产量	增产率/%
单作马铃薯	48 617	47 224	46 233	47 358	—	—
马铃薯/针豌—根茬	45 503	41 387	38 708	41 866	−5 492	−11.6

2.马铃薯间作大豆生物产量的影响

从马铃薯间作大豆的生物产量结果(表7.2)看出,马铃薯间作大豆生物产量为 12 252 kg/hm²,较单作大豆生物产量 11 818 kg/hm²,增产 3.7%。

表7.2　马铃薯间作大豆对大豆生物产量的影响　　　　　　　kg/hm²

处　理	Ⅰ	Ⅱ	Ⅲ	平均值	增产量	增产率/%
单作大豆(ck)	9 091	15 455	10 909	11 818		
马铃薯/大豆	10 636	13 485	12 636	12 252	434	3.7

3.马铃薯间作大豆对籽粒产量的影响

结果表明(表7.3):马铃薯间作大豆可产豆类籽粒 2 855 kg/hm²,显著低于单作大豆产量。

表7.3　马铃薯间作大豆对大豆籽粒产量的影响　　　　　　　kg/hm²

处　理	Ⅰ	Ⅱ	Ⅲ	平均值	增产量	增产率/%
单作大豆(ck)	3 230	4 094	2 865	3 396		
马铃薯/大豆	2 622	3 032	2 910	2 855	−541	−15.9

7.7.6　种植模式经济效益

将马铃薯/大豆间作体系中马铃薯产量与大豆产籽量(3年平均)进行经济效益核算比较。结果(表7.4)表明,马铃薯间作大豆3年平均净产值可达 40 024 元/hm²;较马铃薯单作净产值33 151 元/hm²,增益 20.7%。

表7.4　马铃薯间作绿肥经济效益核算　　　　　　　　　　kg/hm²

处理	马铃薯		大豆		合计产值/ (元/hm²)	间作成本/ (元/hm²)	合计收入/ (元/hm²)	增加 收入	增加 率/%
	产量/ (kg/hm²)	产值/ (元/hm²)	产量/ (kg/hm²)	产值/ (元/hm²)					
单作马铃薯	47 358	33 151	—		33 151	0	33 151		
马铃薯/大豆	41 866	29 306	2 855	12 848	42 154	2 130	40 024	6 873	20.7

注:产值:马铃薯按 0.70 元/kg、大豆按 4.5 元/kg;间作成本:大豆种子 112.5 kg/hm²,计 630 元,种植大豆播种、收获用工费 1 500 元/hm²。

7.8　马铃薯间作豆科绿肥作物豌豆种植模式

针对马铃薯的连作障碍等问题以及马铃薯前期生长特点和栽培技术要求。种植豌豆也是解决马铃薯连作障碍并发展畜牧业的新途径。其种植方式是通过改单一马铃薯为豌豆与马铃薯结合的农牧结合生产模式,实现薯业和畜牧业共同良性发展。

7.8.1　适用范围

本技术适用于海拔 1 550～2 000 m,年平均气温 6.0～8.2℃,≥10℃的积温 2 200～3 100℃,无霜期 140～162 d,水资源短缺但有良好灌溉条件的灌溉区。

7.8.2　产量指标

豌豆 2 250～3 000 kg/hm²,马铃薯 45 000～60 000 kg/hm²。

7.8.3　种植规格

如图 7.15、图 7.16(彩图 19)所示,马铃薯采用垄宽 60 cm,垄沟 30 cm。马铃薯种植起垄后(即 4 月 5 日左右),随即在沟内播种针叶豌豆 2 行,行距 20 cm,株距 10 cm。

7.8.4　栽培技术模式要点

1.整地与基肥

前茬收获后及时深耕灭茬,深度为 25～30 cm,并及时平整土地,土壤封冻前灌水1 200～1 500 m³/hm²,翌年开春土壤解冻前进行顶凌镇压、耙糖、保墒。土壤解冻后浅耕10～15 cm,平整、耙糖、保墒,以备播种。

播种前结合春季整地,施入有机肥 30 000～60 000 kg/hm²、磷酸二铵 225～300 kg/hm²、尿素 150～225 kg/hm²。马铃薯施肥应以底肥为主,播前结合整地施足基肥十分关键。

2.马铃薯播种要点

(1)品种选择　应选用早熟、高产、淀粉含量高的品种,如大西洋、费乌瑞它、夏坡蒂、克星系列等脱毒种薯。

(2)播种　一般在 4 月中下旬到 5 月初播种。有灌溉条件或生育期降水量较多且集中的地区多采用垄作方式(大垄双行)种植。按垄距 90 cm 开沟播种,每垄种 2 行,行距 25 cm,株距 20 cm,播深 8～10 cm,两行穴眼相错呈等腰三角形。

(3)起垄覆膜　播种后应随即起垄覆膜,按垄底宽 60 cm、垄沟 30 cm、垄高 25～30 cm 起垄,要求垄面平直,宽窄一致,起垄后要打碎垄面上的土块,拣除硬残茬(有条件最好采用机械播种、起垄、覆膜一次性完成作业)。起垄后随即用幅宽 70 cm 的地膜覆盖,要求将膜拉紧压

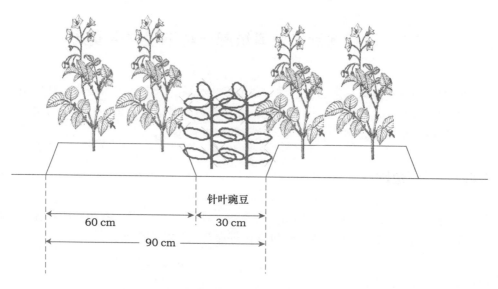

图 7.15　马铃薯/绿肥(针叶豌豆)间作种植模式图

图 7.16　马铃薯/绿肥(针叶豌豆)间作生产技术模式的田间照片

平,紧贴垄面,膜两侧压实,垄面上每隔 2 m 左右用土或土块压顶,以防大风揭膜。播种后随即在膜面覆土 1~2 cm,避免因地膜表面温度过高烫苗,保证幼苗自然顶出。

　　3.豆科绿肥作物针叶豌豆种植及管理要点

　　(1)品种选择　　应选用速生早发的陇豌 1 号、陇豌 2 号针叶豌豆。

　　(2)播种量　　150 kg/hm²。

　　(3)播种时间　　马铃薯播种、起垄、覆膜后随即在垄沟内播种针叶豌豆。

　　(4)种植方式　　每垄沟种植 2 行豆科作物针叶豌豆,行距 20 cm,株距 10 cm。采用穴播器点播,播种后镇压保墒。

(5)水肥管理　间作的豌豆不再另行施肥灌水。

(6)中耕管理　当豌豆苗高 5~7 cm 时,中耕除草 1 次。

(7)病虫害防治　间作豆科作物豌豆病害较少,无需防治;虫害主要是潜叶蝇危害针叶豌豆的托叶,应及时用 40% 的绿菜宝乳油 1 000 倍液,或 48% 乐斯本乳油 1 000 倍液喷雾防治。

(8)收获　当马铃薯达到旺盛生长期,一般在 6 月上中旬应及时刈割豌豆,收割时可留茬 15~20 cm,根茬翻压;或在豌豆盛花期直接将豌豆全株翻压肥田。

4. 马铃薯田间管理

(1)查苗放苗　幼苗出土后 2~3 d 要及时破膜放苗,如发现缺苗要及时补种。

(2)及时除草　马铃薯生长期一般除草 3 次左右,每次灌水前要除草 1 次。

(3)水肥管理　马铃薯播后 30 d 左右陆续出苗,齐苗后浅灌水 1 次。现蕾期在垄面和垄沟距离植株 10~13 cm 处用木棍钻追肥孔,孔深 6~7 cm,追施尿素 75~150 kg/hm^2;开花盛期灌足水;出苗 60~70 d 后最后灌水 1 次,以后根据降水和土壤湿度情况灌水;收获前 15 d 停止灌水。

(4)及时培土　马铃薯生长期间,为防薯块露出地表受日晒变绿而影响商品价值,在薯块膨大期应培土 1~2 次。

(5)生长调节　现蕾期对徒长的田块喷施多效唑可湿性粉剂 0.01~0.15 g/kg,以抑制旺长,促进光合产物向块茎输送。

(6)病虫害防治　出苗后用 50% 抗蚜威可湿性粉剂 2 500 倍液喷雾防治蚜虫 2~3 次;用 1.5% 植病灵可湿性粉剂 1 000 倍液加 20% 病毒 A 600 倍液喷雾防治,间隔 7 d 喷 1 次,连喷 3~4 次,可防治病毒病;田间发现晚疫病中心病株时,用 25% 瑞毒霉锰锌可湿性粉剂 800 倍液喷雾防治 1~2 次。马铃薯环腐病发病初期用 72% 农用链霉素可溶性粉剂 4 000 倍液喷雾防治。播种时沟施 3% 辛硫磷颗粒剂 60~120 kg/hm^2,可防地下害虫。

(7)适时收获　当马铃薯植株大部分茎叶由绿变黄并逐渐枯黄时即可采挖薯块。收挖时避免机械损伤。采收后分级包装出售或经晾晒、剔除病烂薯后严选入窖。

7.8.5　种植模式产量

1. 马铃薯间作针叶豌豆对马铃薯产量的影响

通过连续 3 年产量结果(表 7.5)可以看出,马铃薯产量以针叶豌豆压青处理产量最高,为 23 463 kg/hm^2,增产 11.4%,其次为针叶豌豆根茬处理,产量为 22 779 kg/hm^2,增产 8.1%。

表 7.5　马铃薯间作针叶豌豆对马铃薯产量的影响　　　　　　　　　kg/hm^2

处理	2009 年	2010 年	2011 年	平均	增产量	增产率/%
单作马铃薯	23 751	23 224	16 233	21 069 bc	—	—
马铃薯/针豌—根茬	25 242	26 387	16 708	22 779 a	1 710	8.1
马铃薯/针豌—压青	25 989	27 562	17 139	23 563 a	2 494	11.8

2.马铃薯间作针叶豌豆绿肥鲜草产量的影响

从绿肥鲜草产量结果(表7.6)看出,针叶豌豆与马铃薯间作产鲜草量为 7 214 kg/hm²,根茬处理产草量略高于压青处理。

表 7.6　马铃薯间作针叶豌豆对绿肥鲜草产量的影响　　　　　　　　kg/hm²

处理	I	II	III	平均值
单作马铃薯(ck)	—	—	—	—
马铃薯/针豌—根茬	7 534	6 785	7 324	7 214
马铃薯/针豌—压青	8 360	6 407	6 112	6 960

3.马铃薯间作针叶豌豆对绿肥籽粒产量的影响

结果(表7.7)表明:马铃薯间作针叶豌豆根茬处理可产豆类籽粒 1 590 kg/hm²,显著高于马铃薯间作甜豌豆。

表 7.7　马铃薯间作针叶豌豆对绿肥籽粒产量的影响　　　　　　　　kg/hm²

处理	I	II	III	平均值
马铃薯/针叶豌豆	1 725	1 605	1 440	1 590

7.8.6　种植模式经济效益

将马铃薯间作针叶豌豆的马铃薯产量与针叶豌豆产籽量（3 年平均)进行经济效益核算比较。结果(表7.8)表明,以马铃薯间作针叶豌豆采用收获籽粒、根茬肥地处理经济效益较优,3 年平均净产值可达 19 869 元/hm²;较马铃薯单作净产值 14 748 元/hm²,增益 34.7%。

表 7.8　马铃薯间作绿肥经济效益核算　　　　　　　　kg/hm²

处理	马铃薯		针叶豌豆		合计产值/ (元/hm²)	间作成本/ (元/hm²)	合计增收/ (元/hm²)	增加收入/(元/hm²)	增产率/%
	产量/ (kg/hm²)	产值/ (元/hm²)	产量/ (kg/hm²)	产值/ (元/hm²)					
单作马铃薯	21 069	14 748.3	—		14 748.3	0	14 748		
马铃薯/针叶豌豆根茬	22 779	15 945.3	1 590	5 724	21 669.3	1 800	19 869	5 121	34.7
马铃薯/针叶豌豆压青	23 763	16 634.1	0	0	16 634.1	1 800	14 834	85.8	0.6

注:产值:马铃薯按 0.7 元/kg,针叶豌豆按 3.6 元/kg;间作成本:针叶豌豆种子 150 kg/hm²,计 300 元,种植针叶豌豆播种、收获用工费 1 500 元/hm²。

7.9　玉米前期间作豆科绿肥作物毛苕子种植技术

针对玉米对出苗温度要求高、前期生长缓慢的特点,开创性地在玉米生长早期间作喜凉、速生的毛苕子等短期豆科作物,既可提高水肥光热的利用效率、增加玉米产量和品质、培肥土壤,又可增收一茬豆类产品,其效益十分显著。

7.9.1　适用范围

本技术适用于海拔 1 500～1 700 m,年平均气温 6.0～8.2℃,≥10℃的积温 2 200～3 100℃,无霜期 140～162 d,水资源短缺但有良好灌溉条件的灌溉区。

7.9.2　产量指标

玉米 13 500～15 000 kg/hm²,毛苕子 12 000～15 000 kg/hm²。

7.9.3　种植规格

如图 7.17、图 7.18(彩图 20)所示,玉米采用宽窄行种植,宽行 80 cm,窄行 40 cm。玉米带顶凌覆膜(即 3 月 30 日前)后随即在宽行(露地带)播种 3 行毛苕子,待毛苕子开始出苗现行后在窄行播种 2 行玉米。

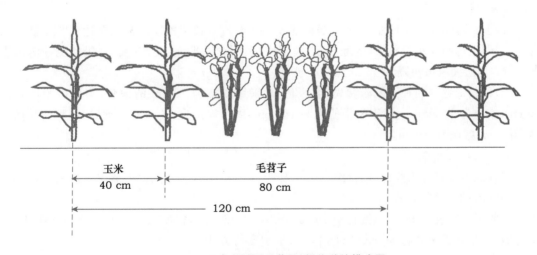

图 7.17　玉米/绿肥(毛苕子)间作种植模式图

图 7.18　玉米/绿肥(毛苕子)间作生产技术模式的田间照片

7.9.4　栽培技术模式要点

1.整地与基肥

前茬收获后及时深耕灭茬,深度为 25～30 cm,并及时平整土地,土壤封冻前灌水 1 200～1 500 m³/hm²,翌年开春土壤解冻前进行镇压、耙糖、保墒。土壤解冻后浅耕 10～15 cm,平整、耙糖、保墒,以备播种。

播种前结合春季整地,施入有机肥 30 000～60 000 kg/hm²、磷酸二铵 225～300 kg/hm²、尿素 150～225 kg/hm²。播前结合整地施足基肥十分关键。

2.覆膜

(1)覆膜时间　3 月下旬(在玉米播种前 8～10 d)进行顶凌覆膜。覆膜要达到"平、展、紧、直、实",即土地必须耙细整平,清除残茬、大土块,膜要紧贴地面,无皱折。地膜两侧开沟压土各 5 cm,为防大风可每隔 3～5 m 压一小土带。

(2)覆膜带宽　制种玉米带幅宽为 100 cm,采用规格为 70 cm 的地膜,覆膜后膜面宽达 60 cm,露地为 40 cm。一般玉米带幅宽为 160 cm,采用规格为 120 cm 的地膜,覆膜后膜面宽达 100 cm,露地为 60 cm。

3.玉米种植规格

制种玉米每膜种植 2 行,按行距 40 cm,株距 20～22 cm。播完后,可形成玉米宽行 60 cm、窄行 40 cm 的宽窄行方式。

一般玉米每膜种植 3 行,按行距 40 cm,株距 23～25 cm,密度为 75 000～82 500 株/hm²。播完后,可形成玉米宽行 80 cm、窄行 40 cm 的宽窄行方式。

4.豆科绿肥作物毛苕子种植技术

(1)品种选择　应选用速生早发的土库曼毛叶苕子、苏联毛叶苕子、郑州 4606 苕子。

(2)播种量　毛叶苕子 30 kg/hm²。

(3)播种时间　玉米带覆膜后随即在宽行(露地带)播种毛叶苕子。

(4)种植方式　制种玉米每带种 2 行绿肥,非制种玉米每带种 3 行绿肥,行距 20 cm,株距 10 cm。采用穴播器点播,播种后镇压保墒。

(5)水肥管理　间作的毛苕子不再另行施肥灌水。

(6)中耕管理　当毛叶苕子苗高 5～7 cm 时中耕除草 1 次。

(7)病虫害防治　间作毛叶苕子绿肥病虫害较少,无需防治。

(8)收获　当玉米达旺盛生长(小喇叭口期),一般在 6 月上旬应及时刈割后喂畜,或作压青还田肥地。

5.玉米种植技术

(1)播种时间　待间作的豆科绿肥作物毛苕子出苗后播种玉米。

(2)追肥　玉米间作绿肥的尿素追施量应减少 5%～10%,总追施尿素量为 750 kg/hm²。其中,玉米拔节期(5 月下旬至 6 月上旬)结合灌水追施尿素 300 kg/hm²。玉米大喇叭口期(7 月上旬)结合灌水追施尿素 300 kg/hm²。玉米灌浆期(7 月下旬),结合灌水追施尿素 150 kg/hm²。

(3)病虫害防治　玉米害虫主要是玉米螟和红蜘蛛。玉米螟每亩用 20%敌杀死乳油 20 mL 或 1605 乳油 50 mL,兑水 30 kg 左右,将喷头对准玉米喇叭口,向下喷心;红蜘蛛用 1.8%阿维菌素乳油 3 000 倍液,或 20%达螨灵乳油 2 000 倍液,或 8%中保杀螨乳油 3 000 倍液喷雾,药液量 30 kg/hm² 左右。玉米病害主要有锈病、瘤黑粉病,可用 15%粉锈宁可湿性粉剂 800 倍液 30～50 kg/hm² 喷雾。

6.玉米其他栽培技术

制种玉米栽培技术规格执行 GB/T 17315 和 DB62/T 1052 标准。一般玉米栽培技术规格执行 DB62/T 1069 标准。

7.9.5　种植模式产量

1.玉米间作毛苕子对玉米产量的影响

通过 3 年的试验结果(表 7.9)表明,玉米宽行种 2 行毛苕子,玉米亩保苗 5 300 株。玉米/苕子间作的压青处理的玉米产量高于单作玉米,增产幅度达到 9.7%。玉米/毛苕子间作根茬处理的玉米产量较单种玉米产量增产幅度较小为 1.6%。

表 7.9　玉米/毛苕子种植模式对玉米产量影响

处理	产量/(kg/hm²)				较单作玉米增产	
	2009 年	2010 年	2011 年	平均	数量/(kg/hm²)	比例/%
单作玉米	10 773	14 669	13 699	13 047		
玉米/箭·毛混播(根茬)	12 093	14 409	13 273	13 258	211	1.6
玉米/箭·毛混播(压青)	12 523	16 334	14 088	14 315	1 268	9.7

2.不同处理对毛苕子鲜草产量的影响

试验结果(表 7.10)表明:玉米间作豆科绿肥作物毛苕子鲜草产草量可达 13 561 ～ 13 891 kg/hm²,绿肥压青处理产草量高于根茬处理。

表 7.10　玉米间作毛苕子对绿肥鲜草产量的影响　　　　　　　kg/hm²

处理	Ⅰ	Ⅱ	Ⅲ	均值
玉米/箭筈豌豆＋毛叶苕子—根茬	12 875	13 785	14 023	13 561
玉米/箭筈豌豆＋毛叶苕子—压青	14 867	14 881	11 926	13 891

7.9.6　种植模式经济效益

将玉米间作毛叶苕子的玉米产量与绿肥产干草（3 年平均）进行经济效益核算比较。结果（表 7.11）表明,以玉米间套作毛苕子采用绿肥割草、根茬肥地处理经济效益较优,3 年平均净产值可达 28 844 元/hm²;较玉米单作净产值 26 094.3 元/hm²,增益 10.5%。

表 7.11　玉米间作毛苕子经济效益核算　　　　　　　kg/hm²

处理	玉米		绿肥		合计产值/	间作成本/	合计增收/	增加收入/	增产
	产量/ (kg/hm²)	产值/ (元/hm²)	产量/ (kg/hm²)	产值/ (元/hm²)	(元/hm²)	(元/hm²)	(元/hm²)	(元/hm²)	率/%
单作玉米	13 047	26 094	—		26 094	0	26 094		
玉米/箭筈豌豆＋毛叶苕子—根茬	13 258	26 516	13 561	4 068	30 584	1 740	28 844	2 750	10.5
玉米/箭筈豌豆＋毛叶苕子—压青	14 315	28 630	13 891	0	28 630	1 740	26 890	796	3.1

注:产值:玉米按 2 元/kg、毛苕子鲜草按 0.3 元/kg;间作成本:毛苕子种子 30 kg/hm²,计 240 元,种植毛苕子播种、收获用工费 1 500 元/hm²。

7.10　玉米间作豆科绿肥作物甜豌豆种植技术

针对玉米对出苗温度要求高、前期生长缓慢的特点,开创性地在玉米生长早期间作速生、早熟的甜豌豆短期作物,既可提高水肥光热的利用效率、增加玉米产量和品质、培肥土壤,又可增收一茬青豆荚,其效益十分显著。

7.10.1　适用范围

本技术适用于海拔 1 500～1 700 m,年平均气温 6.0～8.2℃,≥10℃的积温 2 200～3 100℃,无霜期 140～162 d,水资源短缺但有良好灌溉条件的灌溉区。

7.10.2 产量指标

玉米 13 500～15 000 kg/hm²，甜豌豆荚 5 250～7 500 kg/hm²。

7.10.3 种植规格

如图 7.19、图 7.20(彩图 21)所示，玉米采用宽窄行种植，宽行 80 cm，窄行 40 cm。玉米带顶凌覆膜(即 3 月 30 日前)后随即在宽行(露地带)播种 3 行甜豌豆，待甜豌豆开始出苗后在窄行播种 2 行玉米。

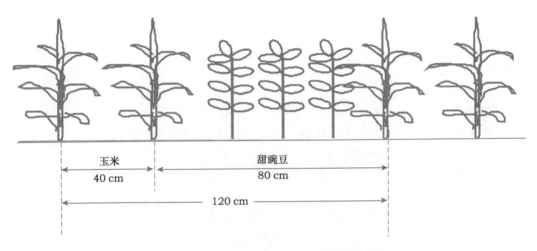

图 7.19　玉米/绿肥(甜豌豆)间作种植模式图

图 7.20　玉米/绿肥(甜豌豆)间作生产技术模式的田间照片

7.10.4 栽培技术模式要点

1.整地与基肥

前茬收获后及时深耕灭茬,深度为 25～30 cm,并及时平整土地,土壤封冻前灌水 1 200～1 500 m³/hm²,翌年开春土壤解冻前进行镇压、耙糖、保墒。土壤解冻后浅耕 10～15 cm,平整、耙糖、保墒,以备播种。

播种前结合春季整地,施入有机肥 30 000～60 000 kg/hm²、磷酸二铵 225～300 kg/hm²、尿素 150～225 kg/hm²。播前结合整地施足基肥十分关键。

2.覆膜

(1)覆膜时间　3 月下旬(在玉米播种前 8～10 d)进行顶凌覆膜。地膜两侧开沟压土各 5 cm,为防大风可每隔 3～5 m 压一小土带。

(2)覆膜带宽　玉米间作甜豌豆每带幅宽为 120 cm,采用规格为 70 cm 的地膜,覆膜后膜面宽达 60 cm。

3.种植规格

每膜种植 2 行玉米,按行距 40 cm,穴距 23～25 cm,密度为 75 000～82 500 株/hm²。播完后,可形成玉米宽行 80 cm(露地带约 60 cm)、窄行 40 cm 的宽窄行方式。

4.豆科绿肥作物甜豌豆种植技术

(1)品种选择　应选用速生早发的甘肃甜豌豆。

(2)播种量　150.0 kg/hm²。

(3)播种时间　玉米带覆膜后随即在宽行(露地带)播种甜豌豆。

(4)种植方式　玉米每带种 3 行豆科绿肥作物甜豌豆,按行距 20 cm,株距 10 cm 穴播。采用穴播器点播,播种后镇压保墒。

(5)水肥管理　间作的甜豌豆不再另行施肥灌水。

(6)中耕管理　当甜豌豆苗高 5～7 cm 时中耕除草 1 次。

(7)病虫害防治　玉米间作甜豌豆,虫害主要是潜叶蝇,主要危害甜豌豆的托片,应及时用 40％的绿菜宝乳油 1 000 倍液,或 48％乐斯本乳油 1 000 倍液,或 1.8％集琦虫螨克乳油 3 000 倍液喷雾防治。

5.玉米种植技术

(1)播种时间　待间作的豆科绿肥作物甜豌豆出苗后播种玉米。

(2)追肥　玉米间作甜豌豆总追施尿素量为 750 kg/hm²。其中,玉米拔节期(5 月下旬至 6 月上旬)结合灌水追施尿素 300 kg/hm²。玉米大喇叭口期(7 月上旬)结合灌水追施尿素 300 kg/hm²。玉米灌浆期(7 月下旬)结合灌水追施尿素 150 kg/hm²。

(3)病虫害防治　玉米害虫主要是玉米螟和红蜘蛛。玉米螟每亩用 20％敌杀死乳油 20 mL,兑水 30 kg 左右,将喷头对准玉米喇叭口,向下喷心;红蜘蛛用 1.8％阿维菌素乳油 3 000倍液,或 20％达螨灵乳油 2 000 倍液,或 8％中保杀螨乳油 3 000 倍液喷雾,药液量 30 kg/hm²左右。玉米病害主要有锈病、瘤黑粉病,可用 15％粉锈宁可湿性粉剂 800 倍液 30～50 kg/hm² 喷雾。

6. 玉米其他栽培技术

玉米栽培技术规格执行 DB62/T 1069 标准。

7.10.5　种植模式产量

通过3年的试验结果(表7.12)表明,采用玉米宽窄行法,在玉米宽行前期套种一茬甜豌豆,玉米拔节期前后及时收获豌豆,主攻玉米,这种模式已被城郊农民普遍采用。其目的是在不影响主作物的前提下利用玉米前期空间资源多收一茬矮秆豆科养地作物。玉米/豌豆间作玉米产量为 12 183 kg/hm²,生物学产量 25 410 kg/hm²,单作玉米生物学产量为 32 055 kg/hm²,间作玉米相当于单作玉米的 79.3%;间作豌豆生物学产量 8 790 kg/hm²,相当于单作豌豆田的 57.2%,但间作玉米、豌豆两种作物总产量为 34 200 kg/hm²,比等面积的单作玉米增加 6.7%,从籽粒和秸秆产量分析,间作对籽粒产量影响不显著,相对产量 93%;对秸秆产量影响较大,相对产量 69.7%,也就是说对玉米前期营养生长有一定影响,后期生殖生长影响较小。土地当量比为 1.364 9,表明套作的效应远优于单作,但禾本科与豆科间作的效应没有禾本科与禾本科间作的效应显著。

表 7.12　玉米/甜豌豆试验结果　　　　　　　　　　　　　　　　kg/hm²

作物	行数	保苗数/(株/hm²)	株粒数/(粒/株)	千粒重/g	产籽量/(kg/hm²)	株高/cm	鲜草产量/(kg/hm²)	干草产量/(kg/hm²)
带田玉米	2	79 500	562.8	340.4	12 183	296	—	—
带田甜豌豆	2	—	—	—	5 250	156.1	26 805	6 700
单作玉米		79 500	605	340.1	13 081	308	—	—
单作甜豌豆					8 250	176	48 240	12 060

7.10.6　经济效益

玉米与甜豌豆间作,玉米的生物学产量为 34 200 kg/hm²,比单作增产 6.7% 和 69.7%;这两种间作形式产量较高,青豆具有较高的商品价值,按每千克按 0.8 元计算,可增加经济收入 4 200~10 800 元/hm²,经济效益非常显著。

7.11　小麦/绿肥—玉米超常规带幅种植技术

随着耕作制度的改革,小麦玉米带状种植发展迅速。据统计,河西地区带田面积约达百万亩,由于"一田两用,一年两收"种植结构的变化,致使农田生态因素也随之改变,土壤肥力得不到恢复与提高,化肥用量猛增,增大了农业成本,且有碍土壤耕性的改善。带田内套种绿肥作物为农作物提供所需养分和维持土壤肥力的平衡起着极其重要的作用。小麦玉米产量可达 13 500 kg/hm² 以上,而且在小麦行间可套种箭筈豌豆、毛苕子,鲜草产量可达 11 250 kg/hm²

以上,形成"二粮一肥"的种植方式,既可提高粮食产量,生产绿肥饲草,又能培肥地力,相得益彰。

7.11.1　适用范围

本技术适用于海拔 1 500～1 700 m,年平均气温 6.0～8.2℃,≥10℃的积温 2 200～3 100℃,无霜期 140～162 d,水资源短缺但有良好灌溉条件的灌溉区。

7.11.2　产量指标

玉米 13 500～15 000 kg/hm²,毛苕子鲜草 15 000～18 000 kg/hm²。

7.11.3　种植规格

如图 7.21,图 7.22,图 7.23 至图 7.25(彩图 22 至彩图 24)所示,改小麦—玉米 80 cm(6 行小麦):80 cm(2 行玉米)带幅为 240 cm(18 行小麦):160 cm(4 行玉米)带幅。

7.11.4　栽培技术模式要点

1. 整地施肥

选择中上等肥力,有机质含量＞1%,无盐碱,灌排条件良好的耕地。前茬收获后及时深耕灭茬,深度为 25～30 cm,并及时平整土地,土壤封冻前灌水 1 200～1 500 m³/hm²,早春解冻前耙地保墒、镇压,防止土壤水分散失和踏实土地。土壤解冻后浅耕 10～15 cm,平整、耙糖、创造一个深松、细匀、肥沃、墒好的土壤条件,以备播种。

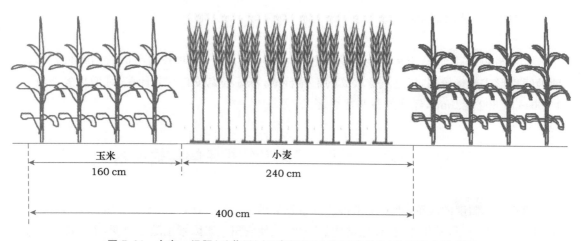

图 7.21　小麦—绿肥(毛苕子)/玉米间作(小麦玉米共生)生产技术模式图

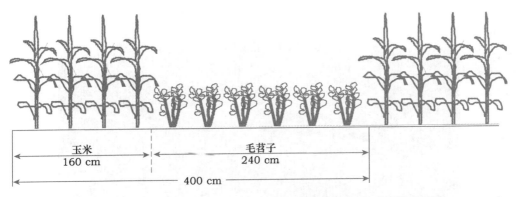

图 7.22　小麦—绿肥(毛苕子)/玉米间作(小麦绿肥共生)生产技术模式图

图 7.23　小麦—绿肥(毛苕子)/玉米间作(小麦玉米共同生长阶段)的田间照片

图 7.24　小麦—绿肥(毛苕子)/玉米间作(小麦收获前播种绿肥)的田间照片

图 7.25　小麦收获后毛苕子和玉米共同生长的田间照片

播种前结合春季整地,施入有机肥 30 000~60 000 kg/hm²、磷酸二铵 225~300 kg/hm²、尿素 150~225 kg/hm²。

2.产量及群体结构

(1)目标产量　小麦 5 250~6 000 kg/hm²,玉米 9 750~10 500 kg/hm²,豆科绿肥毛苕子鲜草产量 22 500 kg/hm² 以上。

(2)群体结构　小麦基本苗 525 万~600 万株/hm²;玉米 6.7 万~7.50 万株/hm²;毛苕子 35.0 万~38.0 万株/hm²。

3.选用品种

小麦选用生育期 100 d 左右,株高 85 cm 左右,株型紧凑,高产、综合抗性好的品种,如永良 4 号、陇春 25、陇春 26 号等。

玉米选用武科 2 号、吉祥 1 号、先玉 335、郑单 958 等高产、优质、株型紧凑、耐密植品种。

豆科绿肥毛苕子选用速生早发的土库曼毛叶苕子、苏联苕子。

4.选种及处理

(1)精选种子　小麦种子纯度达到 99%,净度达到 99%,发芽率不低于 90%,种子含水量不高于 13.0%;玉米选用杂交种纯度不低于 97%,净度不低于 99%,发芽率不低于 95%,种子含水量不高于 13.0%。

(2)种子处理　播前晾晒种子 1~2 d,要均摊薄晒,经常翻动。每 100 kg 小麦种子用 2% 立克秀干拌剂或湿拌剂 100~150 g(有效成分 2~3 g),或选用 6% 立克秀悬浮剂 30~45 mL (有效成分 1.8~2.7 g)拌种,防治散黑穗病;玉米种子用专用种衣剂进行包衣。

5.带型选择

为了适应机械化作业,采用 4.0 m 机播机收优化带型:小麦 18 行,行距 15 cm,带宽 240 cm;玉米 4 行,行距 40 cm,带宽 160 cm。

6.播种

在整好的土地上,按带型比例先画好带段。小麦顶凌播种,采用 9 行播种机播种,在 3 月 20 日前播完。

玉米应适时早播,当 10 cm 土壤温度稳定在 10℃、土壤耕层相对含水量在 70% 时为适宜播种期,一般在 4 月 10—25 日播种。玉米采用 2BP-5 型多功能覆膜穴播机播种,播种后及时覆土,防止播种孔散墒造成缺苗。

豆科绿肥作物毛苕子在小麦灌浆期灌"麦黄水"前套种(6 月 20 至 7 月 5 日),采用撒播方式进行播种。

7. 田间管理

(1)小麦田间管理

①施肥灌水:三叶期灌第一水,同时追施尿素 150 kg/hm²,为提高小麦品质,孕穗期根外混合喷施"磷酸二氢钾 3.0 kg/hm² + 尿素 3.75 kg/hm² + 水 450 kg/hm²"。全生育期共浇水 4 次,分别于分蘖、拔节、抽穗、灌浆期进行,后期灌水注意选择无风天气,防止倒伏。

②病虫草害防治:灌头水后 2~3 d,选用 2,4-D 丁酯 450 g/hm²,兑水 450 kg/hm² 喷雾,杀灭双子叶杂草;中后期人工拔除田间大草。

6 月中下旬密切注意蚜虫、锈病的发生,达到防治指标,及时实施药物防治。

蚜虫:抽穗期至灌浆期百株蚜虫量达 500 头时进行防治。每亩用 50% 的抗蚜威(辟蚜雾)可湿性粉剂 150 g/hm²,兑水 450 kg/hm² 喷雾。

小麦锈病、白粉病:抽穗前后防治,孕穗期病叶率达 20%,扬花期倒三叶病叶率达 10% 时,每亩用 20% 粉锈宁 600g/hm²,兑水 450 kg/hm² 喷雾。

③及时收获:小麦蜡熟末期及时进行机械收割,适时抢收,为绿肥、玉米创造良好的生长环境。

(2)毛苕子田间管理

①高茬收割:小麦收割应采用高茬收割方式,留茬高度控制在 20 cm 以上。

②灌水施肥:麦收后及时拉运,随即灌水(不能超过 2 d,以防太阳暴晒,降低保苗率)。麦收后至绿肥毛苕子收割鲜草共灌水 2~3 次。土壤肥力高的地块绿肥作物毛苕子可不追肥,否则,在绿肥作物灌第二水时追施尿素 30~60 kg/hm²。

(3)玉米田间管理

①力保全苗:在出苗时,要及时检查封孔土,如遇雨板结,需人工碎土辅助出苗。

②间苗定苗:在出齐苗后,结合锄草,进行间苗,留强去弱;在 5~6 叶期,结合中耕进行定苗,缺苗处可就近从留双苗穴移栽,同时锄去垄背杂草,并封死压严膜内杂草。

③灌水施肥:5 月下旬,灌拔节水,同时追尿素 375 kg/hm²;大喇叭口期灌孕穗水,并亩深追施尿素 375 kg;8 月中旬灌灌浆水,可补施尿素 75 kg;乳熟期视干旱情况决定是否灌水。

④病虫防治:对常发生病虫如黏虫、玉米螟、红蜘蛛等,做到早测报、早防治。

玉米螟:玉米大喇叭口期,采用 3% 呋喃丹颗粒剂或 1.5% 辛硫磷颗粒剂按每亩 22.5~30 kg/hm² 用量灌心,防治效果明显。

黏虫:用 5% 灭扫利 1 000~1 500 倍液喷雾防治。

玉米红蜘蛛:用 20% 三氯杀螨醇乳油、73% 克螨特乳油 1 500 倍液喷雾防治。

玉米黑粉病:采用种子量 0.4% 的 20% 粉锈宁乳油播种前拌种,同时以多菌灵等杀菌剂进行土壤和粪肥处理。

⑤适时收获:玉米田间 90% 的植株叶片变黄,果穗苞叶枯黄松散,籽粒变硬呈现固有颜色,并有光泽时,及时收获。

7.11.5 种植模式产量

1. 不同处理对小麦/玉米产量的影响

带幅不同组成的边行大小不一,这影响到植株个体的发育,使产量有一定的差异。试验结果(表7.13)表明:小麦/玉米间作套种绿肥的玉米 400 cm 带幅,小麦玉米混合平均产量为 14 301.5 kg/hm²,而玉米 150 cm 带幅,产量为 14 320.5 kg/hm²,较对照玉米 150 cm 带幅不种绿肥 14 365.3 kg/hm² 基本持平,经方差分析各处理间差异不显著。从而表明,采用小麦/玉米间作玉米 400 cm 带幅小麦带套种绿肥的这种优化种植模式,既能使主作物不减产,又可套种生产一季绿肥饲草。

表7.13　不同带幅组合对小麦/玉米产量的影响　　　　　kg/hm²

处　理	小麦	玉米	合计	增产量	增产率/%
(小麦→绿肥)/玉米 4 行 400 cm 带幅	4 636.3	9 665.2	14 301.5	63.8	0.4
(小麦→绿肥)/玉米 2 行 150 cm 带幅(CK₁)	4 498.5	9 822.0	14 320.5	44.8	0.3
小麦/玉米 2 行 150 cm 带幅(CK₂)	4 562.1	9 803.2	14 365.3		

2. 不同处理对绿肥鲜草产量的影响

2009—2011 年 3 年试验,玉米收获后于 10 月 10—16 日刈割绿肥鲜草产量的测定,结果(表7.14)表明,玉米 400 cm 带幅套种绿肥鲜草产量 16 557 kg/hm² 最高,较对照玉米 150 cm 带幅套种绿肥 11 082 kg/hm²,增产 5 475 kg/hm²,增产 49.4%;经方差分析各处理间差异达显著性水平。

表7.14　不同带幅组合对绿肥鲜草产量的影响　　　　　kg/hm²

处理	年份			平均产量/(kg/hm²)	增产量/(kg/hm²)	增产率/%
	2009	2010	2011			
(小麦—绿肥)/玉米 4 行 400 带幅	16 145	18 668	14 858	16 557	5 475	49.4
(小麦—绿肥)/玉米 2 行 150 带幅(CK)	9 668	15 778	7 800	11 082	/	/

7.11.6 经济效益

将小麦玉米不同带幅麦带套种绿肥的小麦玉米产量与绿肥产草饲喂羊的转化效益(3年平均)进行经济效益核算比较。结果(表7.15)表明,以小麦/玉米间套作采用玉米 4 行 400 cm 带幅套种绿肥的优化种植模式经济效益较优,3 年平均产值可达 15 756.7 元/hm²;较对照玉米 2 行 150 cm 带幅不种绿肥净增产值 1 515.3 元/hm²,增益 10.64%,采用此种植模式具有较高的经济效益。

表 7.15　不同带幅组合对经济效益的影响

处理	小麦		玉米		绿肥干草		合计 (元/hm²)	较对照	
	产量/ (kg/hm²)	产值/ (元/hm²)	产量/ (kg/hm²)	产值/ (元/hm²)	干草/ (kg/hm²)	草的转化 效益/ (元/hm²)		增加 产值/ (元/hm²)	比例/ %
(小麦—绿肥)/ 玉米 4 行 400 带幅	4 932.7	6 905.8	7 195.0	7 195.0	4 139	1 655.7	15 756.5	1 515.3	10.64
(小麦—绿肥)/ 玉米 2 行 150 带幅(CK₁)	4 459.5	6 243.3	7 999.5	7 999.5	2 770	1 108.2	1 5351.0	1 109.8	7.79
小麦/玉米 2 行 150 带幅(CK₂)	4 460.7	6 245.0	7 996.2	7 996.2	0	0	10.0 14241.2		

注:计算单价:小麦 1.40 元/kg;玉米 1.00 元/kg;草的转化效益为 400 kg,干草饲喂 1 个羊单位,每羊单位净收益为 160 元。

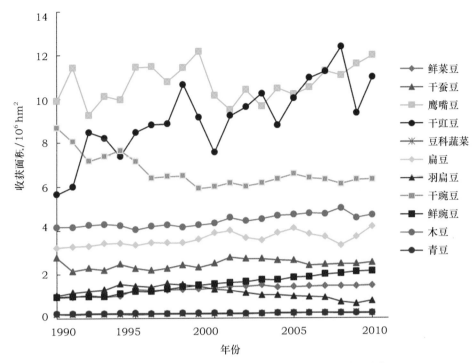

彩图1　全球1990—2010年间各种豆科作物总收获面积变化趋势
来源：FAOSTAT 2012。

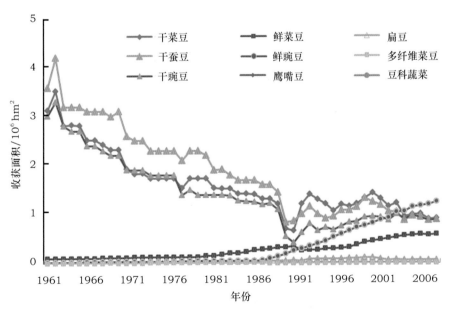

彩图2　1960—2010年中国主要豆科作物及豆科蔬菜的收获面积变化趋势
来源：FAOSTAT 2012。

A. 玉米和蚕豆间作（甘肃靖远）

B. 玉米和豌豆间作（甘肃武威）

C. 小麦和蚕豆间作（甘肃永登）

D. 玉米、胡麻和大豆3种作物间作（甘肃景泰）

E. 四川丘陵地区的麦/玉/豆间作体系，冬小麦和玉米间套作，小麦收获后套种大豆（四川仁寿，四川农大试验基地）

F. 木薯与花生间作（广西）

彩图3　常见的豆科作物的间套作

A. 红枣与菜豆间作（新疆和田）

B. 红枣与花生间作（新疆和田）

C. 核桃与大豆间作（新疆喀什）

D. 红枣与大豆间作（新疆喀什）

E. 火龙果与大豆间作（广东）

F. 香蕉和大豆间作（广西）

彩图4　几种常见的农林复合系统

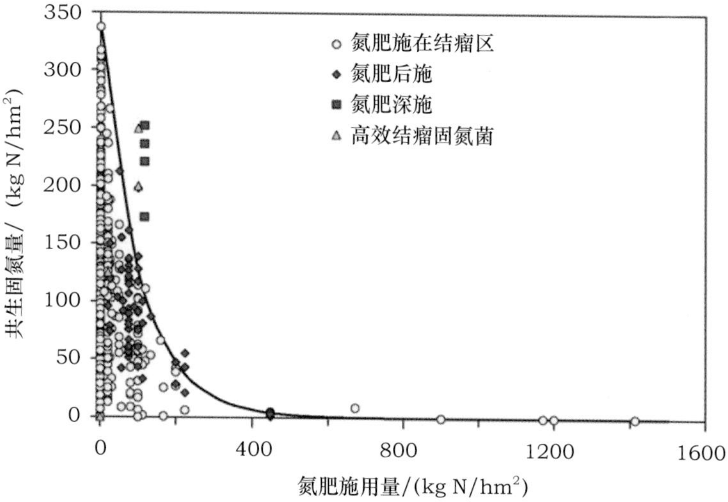

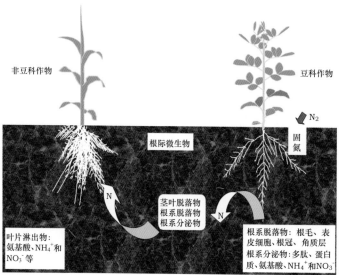

彩图5 氮肥施用对大豆共生固氮
的抑制作用
来源：Salvagiotti et al., 2008

彩图6 植物之间氮素转移途径示意图

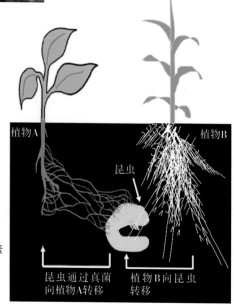

彩图7 植物—昆虫—真菌—植物氮素
转移途径示意图
来源：由Behie et al. 2012修改。

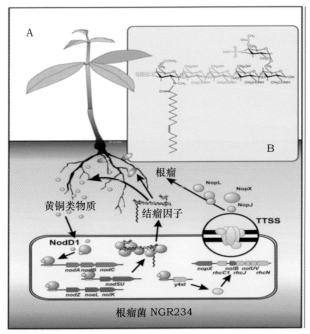

彩图8　黄酮类信号物质诱导的根瘤菌（*Rhizobium* sp. NGR234）与豆科植物结瘤的主要过程和决定因素

A. 根系分泌的黄酮类物质激发受NodD1调控的根瘤菌结瘤必需基因(*nod, nol* 和 *noe*)的表达。很多结瘤基因与结瘤因子合成有关。根瘤菌NGR234体内的NodD1 还通过y4xI对细菌类III型分泌系统(TTSS)组分的表达进行调控。III型分泌系统TTSS 分泌的效应因子(Nop) 能够调控根瘤菌NGR234在不同寄主植物上结瘤的能力；B. 结瘤因子是由脂壳寡糖 (lipo-chito-oligosaccharide) 修饰而成，比如，N-乙酰葡萄糖由一个脂肪酸代替了其非还原末端的N-乙酰基形成β-1,4 型寡聚体。结瘤因子核由链延伸必须的N-乙酰葡萄糖胺基转移酶NodC、去除非还原末端乙酰基的脱乙酰基酶NodB和将酰基连接到寡聚糖的酰基转移酶NodA合成。根瘤菌NGR234结瘤因子的合成还需要一系列其他结瘤基因，比如参与氮端甲基化的*nod*S甲氨酰化的*nod*U、和岩藻糖基化的*nod*Z。

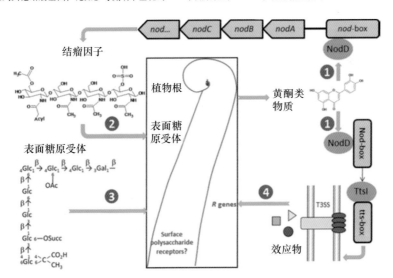

彩图9　豆科植物与根瘤菌的根际识别过程

①首先，植物产生并向根系周围的根瘤菌释放黄酮类信号物质（如图中的苜蓿产生的木犀草素 (luteolin)），激活细菌NodD蛋白。NodD蛋白结合到结瘤基因启动子上保守的nod box，诱导结瘤基因表达。 ②结瘤基因编码合成结瘤因子的酶。细菌分泌的结瘤因子被植物表面跨膜受体以品系或生态型特有的方式识别。结瘤因子的修饰，如酰基长度和饱和度，决定了寄主的专一性。结瘤因子受体的激活促使根毛生长发生变化，以利于吸纳形成整个根瘤细菌群落的少量细菌。 ③可能在结瘤因子的下游，根瘤菌也可能利用其表面的多糖（如来自于S. meliloti 的EPS）来调整寄主的范围。植物受体还不清楚，但可能类似于识别细菌类病菌表面多糖的动物受体。 ④在某些根瘤菌菌系中，NodD还诱导TtsI的表达。TtsI是一种与III型分泌系统及效应器纵子上游、高度保守的启动子元件tts box结合的转录调控因子。效应蛋白只能被部分生态型或品种的植物R基因识别，这样就限定了寄主范围。

来源：引自Wang *et al.*, 2012。

5

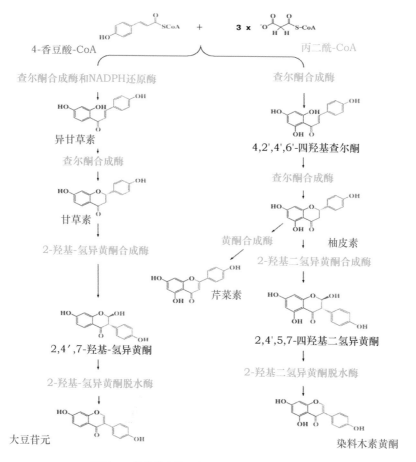

彩图10　植物体内黄酮类和相关化合物生物合成的两个途径

初花期

成熟期

盛花鼓粒期

盛花期

彩图11　田间条件下不同生长期根瘤生长情况

彩图12　蚕豆/玉米间作种植模式的田间照片

彩图13　大豆/玉米间作种植模式的田间照片

彩图14　针叶豌豆/玉米间作种植模式的田间照片

彩图15　蚕豆/小麦间作种植模式的田间照片

彩图16　大豆/玉米间作种植模式的田间照片

彩图17　旱地马铃薯/蚕豆间作种植模式的田间照片

彩图18　马铃薯/绿肥（大豆）间作种植模式的田间照片

彩图19　马铃薯/绿肥（针叶豌豆）间作种植模式的田间照片

彩图20　玉米/绿肥（毛苕子）间作种植模式的田间照片

彩图21　玉米/绿肥（甜豌豆）间作种植模式的田间照片

彩图22　小麦—绿肥（毛苕子）/玉米间作（小麦、玉米共同生长阶段）的田间照片

彩图23　小麦—绿肥（毛苕子）/玉米间作（小麦收获前播种绿肥）的田间照片

彩图24　小麦收获后毛苕子和玉米共同生长